"十四五"职业教育国家规划教材

"十二五"职业教育国家规划教材
经全国职业教育教材审定委员会审定

建筑力学与结构

第 5 版

主　编　牛少儒　丁　锐
副主编　飞　虹　张　娜
参　编　韩淑芳　冯培霞　杨曙光　白秀英

机械工业出版社

本书为"十四五"职业教育国家规划教材、"十二五"职业教育国家规划教材。本书根据教育部《职业院校教材管理办法》的要求，基于"岗课赛证"相结合的思路，依据建筑工程技术专业教学标准，结合《建筑工程施工工艺实施与管理职业技能等级标准》《工程结构通用规范》（GB 55001—2021）、《混凝土结构通用规范》（GB 55008—2021）、《混凝土结构设计规范》（GB 50010—2010）等现行规范、标准编写。

本书以两个工程项目为载体，以实际工作过程为主线，设计项目任务式教学内容，通过"工程引例→引例分析→引例解析"的形式将理论与实践相统一。本书遵循职业院校学生的学习特点和认知规律，所讲内容由易到难共分为 15 个项目 57 个任务，主要内容包括：建筑结构选型、分析结构上的荷载、选择建筑材料、确定结构计算简图、构件的平衡、几何组成分析、轴向受力构件的受力和变形分析、受弯构件的受力和变形分析、结构设计方法、设计板、设计梁、设计柱、设计肋梁楼盖、设计框架结构、设计砌体结构等。

本书可作为土木建筑大类各专业的教学用书，也可作为从事相关专业技术人员的参考用书。

图书在版编目（CIP）数据

建筑力学与结构/牛少儒，丁锐主编 . —5 版 . —北京：机械工业出版社，2023.12（2025.1 重印）

"十四五"职业教育国家规划教材

ISBN 978-7-111-72406-3

Ⅰ. ①建… Ⅱ. ①牛…②丁… Ⅲ. ①建筑科学 – 力学 – 高等职业教育 – 教材②建筑结构 – 高等职业教育 – 教材　Ⅳ. ①TU3

中国国家版本馆 CIP 数据核字（2024）第 006521 号

机械工业出版社（北京市百万庄大街22号　邮政编码100037）
策划编辑：王靖辉　　　　　　责任编辑：王靖辉　陈将浪
责任校对：张勤思　张　薇　　责任印制：刘　媛
唐山三艺印务有限公司印刷
2025 年 1 月第 5 版第 2 次印刷
184mm×260mm · 19.25 印张 · 536 千字
标准书号：ISBN 978-7-111-72406-3
定价：58.00 元

电话服务　　　　　　　　　　网络服务
客服电话：010-88361066　　　机　工　官　网：www.cmpbook.com
　　　　　010-88379833　　　机　工　官　博：weibo.com/cmp1952
　　　　　010-68326294　　　金　书　网：www.golden-book.com
封底无防伪标均为盗版　　　　机工教育服务网：www.cmpedu.com

前　　言

本书根据教育部《"十四五"职业教育规划教材建设实施方案》的要求，遵循职业教育教材建设规律和职业教育教学规律、技术技能人才成长规律，依据国家颁布的建筑工程技术专业教学标准体系，对接《建筑工程施工工艺实施与管理职业技能等级标准》，基于"岗课赛证"相结合的思路，以福州小城镇住宅楼项目和北京小城镇住宅楼项目为载体，分析结构设计的实际工作过程，并转化为学习场景下的典型工作项目和任务。本书内容基于工作过程进行组织，尽力体现产业发展的新技术、新工艺、新材料、新标准。本书在编写过程中注重贯彻落实党的二十大精神，全面贯彻党的教育方针，落实立德树人根本任务，有机融入建筑行业的先进案例、先进人物，培养学生正确的世界观、人生观、价值观、职业观，满足新形式下职业教育培养德智体美劳全面发展的社会主义建设者和接班人的需要。

本书主要特色体现在以下几个方面：

1. 以学生为中心，依据学情分析，选取教学内容

本次修订，转变了编写思路，从学生的角度出发编写。教材是学生学习的工具，教材的内容、难易程度应该适应学生学习的需求和现状。本书的编写基于学情分析，内容的组织和选取考虑学生的认识能力和学习能力，将力学中较难的理论推导部分略去，以够用为原则组织全书内容。本书的编写立足于学生就业与岗位能力培养，从岗位职业能力需求出发选取教学内容，构件的内力分析以应用为主、计算为辅，构件设计突出构造处理和图集资料的融入。

2. 校企合作，"岗课赛证"融通，紧扣标准，基于工作过程分析组织教学内容

本书编写团队由一线教师和企业专家组成。本书在内容选取上对接建筑工程技术专业教学标准、建筑工程施工职业技能标准、建筑工程施工工艺实施与管理职业技能等级标准、混凝土相关各类规范等，增加"职考链接"版块，引入建筑"八大员"、一级建造师、二级建造师历年考试真题，有机融合学历教育和职业等级能力教育，实现课证融通，教学内容体现新标准、新规范、新图集、新知识。

本书内容组织基于工作过程分析，将工作过程与学习情景相结合确定典型项目任务，依据典型项目任务组织教学内容。

3. 以能力培养为目标，学做合一

本书引入福州小城镇住宅楼项目和北京小城镇住宅楼项目，以这两个工程案例为载体，并以这两个工程案例的解析贯穿全书，实现学做合一、理实一体。

"课后巩固与提升"版块既关注知识的吸收，又关注知识的应用和职业素养的提升，将知识传授、技能培养和价值塑造融为一体。

4. 落实党的二十大精神，强调规范意识，弘扬职业精神

本书贯彻落实党的二十大精神，在内容组织中结合行业、职业标准，依托住宅楼项目、优秀工程案例、中国传统建筑结构等载体，引导学生树立绿色低碳理念，为绿色低碳生产方式的实现奠定人才基础；激发学生四个自信，增进中国特色社会主义的制度认同。教学内容结合现行规范要求，凸显规范作用，树立规范意识，弘扬精益求精的专业精神、职业精神和工匠精神。

5. 立体化学习模式，提供大量数字资源

本书有效融入数字化信息技术，配套资源有微课、电子教案、教学PPT、习题答案等，凡使用本书作为教材的教师均可登录机械工业出版社教育服务网www.cmpedu.com下载。并且，本课程正在进一步建设开放课程平台，提供视频课程讲解、习题库、课前测试、课后提升训练等线上配套服务，以及规范、图集等工具书，以满足教师组织分层次教学的需求和线上线下相结合教学的需求。

本书本次修订由内蒙古建筑职业技术学院牛少儒、丁锐担任主编；由内蒙古建筑职业技术学院飞虹、张娜担任副主编；参编人员还有内蒙古建筑职业技术学院韩淑芳、内蒙古昊源项目管理有限责任公司冯培霞、内蒙古和利工程项目管理有限公司杨曙光、山西大同大学白秀英，全书由牛少儒负责统稿并校稿，冯培霞和杨曙光全程参与教学内容的选取和编写工作。

由于编者水平有限，书中不当之处在所难免，欢迎广大读者批评指正。

编　者

微课视频清单

页码	名称	图形	页码	名称	图形
8	杆件的基本变形		66	平面一般力系的平衡方程	
16	力在坐标轴上的投影		105	压杆稳定的概念	
18	力矩的概念		121	梁的内力	
20	力偶的概念		157	板的自重计算（永久荷载标准值计算）	
27	钢筋的种类		157	梁的自重计算（永久荷载标准值计算）	
41	约束的概念		171	板中的钢筋	
44	物体的受力分析和结构的计算简图		179	单筋矩形截面正截面承载力计算	

（续）

页码	名称	图形	页码	名称	图形
183	板的平法施工图识读		236	单向板肋梁楼盖设计——结构的平面布置	
207	梁的平法施工图识读		241	板的分类	
228	柱的平法制图规则		242	次梁的构造	
231	柱的截面注写方式				

目　　录

前言
微课视频清单

项目1　建筑结构选型 1
任务1　认识建筑结构 2
任务2　认识建筑力学 7
课后巩固与提升 10
职考链接 10

项目2　分析结构上的荷载 11
任务1　分析荷载 11
任务2　静力学基本公理 13
任务3　力的投影及合力投影定理 16
任务4　计算力矩 18
任务5　计算力偶 20
课后巩固与提升 23
职考链接 25

项目3　选择建筑材料 26
任务1　选用钢筋 27
任务2　选用混凝土 32
任务3　钢筋的锚固长度 36
课后巩固与提升 40
职考链接 40

项目4　确定结构计算简图 41
任务1　认识约束及约束反力 41
任务2　结构计算简图的确定 44
任务3　绘制结构受力图 55
课后巩固与提升 59
职考链接 61

项目5　构件的平衡 62
任务1　简化平面一般力系 62
任务2　建立平面一般力系平衡方程 65
任务3　求解构件约束反力 68
课后巩固与提升 76
职考链接 78

项目6　几何组成分析 79
任务1　几何组成分析的目的 79
任务2　几何组成分析的方法 80
课后巩固与提升 84
职考链接 85

项目 7　轴向受力构件的受力和变形分析　86
任务 1　分析轴向拉压杆的内力　86
任务 2　绘制轴向拉压杆的内力图　89
任务 3　计算静定平面桁架内力　92
任务 4　分析轴向拉压杆的应力与强度　97
任务 5　计算轴向拉压杆的变形　102
任务 6　分析轴向拉压杆的稳定性　105
课后巩固与提升　115
职考链接　118

项目 8　受弯构件的受力和变形分析　119
任务 1　分析受弯构件的内力　119
任务 2　绘制受弯构件的内力图　124
任务 3　分析受弯构件的应力和强度　135
任务 4　分析受弯构件的变形　144
课后巩固与提升　147
职考链接　153

项目 9　结构设计方法　154
任务 1　结构的功能要求　154
任务 2　荷载代表值及荷载效应　156
任务 3　结构抗力　160
任务 4　结构的极限状态设计法　160
课后巩固与提升　167
职考链接　168

项目 10　设计板　169
任务 1　确定板厚和相关构造　169
任务 2　确定板的受力钢筋　174
任务 3　绘制板的平法施工图　183
课后巩固与提升　187
职考链接　188

项目 11　设计梁　189
任务 1　确定梁的截面尺寸和相关构造　189
任务 2　确定梁的纵向受力钢筋　194
任务 3　确定梁的箍筋　195
任务 4　验算梁的变形和裂缝宽度　203
任务 5　绘制梁的平法施工图　207
课后巩固与提升　210
职考链接　211

项目 12　设计柱　212
任务 1　确定柱的截面及构造　213
任务 2　设计轴心受压柱　215
任务 3　设计偏心受压柱　220
任务 4　受压柱施工图绘制　228
课后巩固与提升　231
职考链接　232

项目13　设计肋梁楼盖 ··· 233
任务1　楼盖选型 ·· 233
任务2　设计单向板肋梁楼盖 ··· 235
任务3　设计双向板肋梁楼盖 ··· 244
任务4　设计装配式楼盖 ·· 247
课后巩固与提升 ·· 250
职考链接 ··· 251

项目14　设计框架结构 ··· 252
任务1　框架结构平面布置 ··· 252
任务2　分析框架结构的内力 ··· 254
任务3　框架结构构件设计及构造 ·· 257
课后巩固与提升 ·· 261
职考链接 ··· 261

项目15　设计砌体结构 ··· 262
任务1　选择砌体结构材料 ··· 263
任务2　砌体结构平面布置 ··· 270
任务3　无筋砌体结构构件的构造处理 ··· 275
任务4　砌体结构构件的高厚比验算 ··· 280
任务5　无筋砌体结构构件的抗压承载力计算 ···································· 284
任务6　砌体结构中的过梁和雨篷 ·· 291
课后巩固与提升 ·· 292
职考链接 ··· 293

附录 ··· 294
附录A　钢筋面积表 ·· 294
附录B　等截面三等跨连续梁常用荷载作用下的内力系数 ······················· 295

参考文献 ·· 297

项目 1　建筑结构选型

【知识目标】
1. 了解建筑结构的概念、组成、分类。
2. 了解建筑力学的任务。
3. 理解杆件的基本变形。

【能力目标】
1. 能判断建筑的结构形式。
2. 认识结构的各组成构件。
3. 能判断基本杆件的变形。

【素质目标】
1. 了解我国建筑实力,增强职业认同感,激发爱国情怀。
2. 了解身边的结构类型,培养分析问题的能力。
3. 了解我国建筑业的相关政策,培养绿色建筑意识。

【工程引例——福州小城镇住宅楼项目】

如图 1-1 所示为福州小城镇住宅楼效果图,基于《小城镇住宅通用(示范)设计——福建福州地区》(05SJ917-6)绘制,该住宅项目的全套建筑施工图,详见二维码。

福州小城镇住宅楼项目

图 1-1　福州小城镇住宅楼效果图

【引例分析——福州小城镇住宅楼项目结构设计分析】

住宅楼从无到有,需要经过建筑设计、结构设计和施工建设。在"建筑构造"课程中,同学们已经学习了如何设计住宅楼的平面、立面、剖面以及细节处理。要将该住宅楼建成,我们还需确定住宅楼采用的结构形式和基本组成构件,分析构件之间的联系,确定各构件选用的材料、截面和尺寸,以保证在使用过程中建筑物是安全可靠的,这些都属于结构设计要解决的问题。而结构形式、构件材料、尺寸等又和构件受力息息相关。所以,学习建筑力学知识,分析构件受力,保证结构的强度、刚度和稳定性,完成构件设计,是本课程的主要任务。

任务1 认识建筑结构

一、结构的概念及组成

1. 结构的概念

建筑结构是由多个单元,按照一定的组成规则,通过有效的连接方式连接而成的能承受并传递荷载的骨架体系。组成骨架体系的单元称为建筑结构的基本构件。

2. 结构的组成构件

构件是指组成建筑结构的每一个基本受力单元。以图 1-2 所示的多层房屋为例,属于建筑结构基本构件的有板、梁、墙、楼梯、基础等。在这些构件中,板、梁、楼梯等构件承受竖向荷载并将荷载水平传递到墙或柱,所以梁、板、楼梯等构件称为水平受力构件。墙或柱承受梁、板、楼梯传来的荷载并将荷载沿竖直方向传给基础,基础再将荷载传给地基,所以墙、柱和基础又称为竖向受力构件。

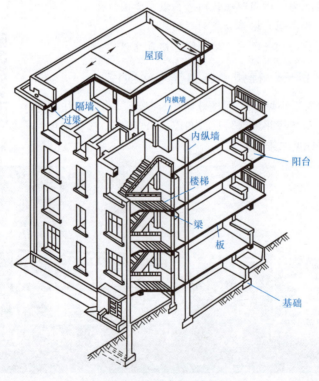

图 1-2 多层房屋透视图

(1) 板 板承受施加在板面上并与板面垂直的重力荷载(包括楼板、地面层、顶棚的永久荷载和楼面上的人群、设备、家具等可变荷载)。建筑物中的阳台板、雨篷板、楼梯板、楼板等都属于板。

(2) 梁 梁承受板传来的荷载及梁的自重,荷载方向垂直于梁轴线。建筑物中的大梁、次梁、悬臂梁、楼梯梁、雨篷梁等都属于梁。

(3) 墙 墙承受梁、板传来的荷载及墙的自重,荷载作用方向与墙面平行。墙的作用效应主要为受压(当荷载作用于墙的形心轴时),有时为压弯(当荷载偏离形心轴时)。

（4）柱　柱承受梁传来的压力以及柱的自重，荷载方向平行于柱的轴线。

（5）基础　基础承受墙、柱传来的荷载并将其扩散到地基。

3. 构件的分类

构件根据其几何尺寸关系可分为杆件、板或壳、实体构件三类。

1）杆件是指长度方向比其他两个方向尺寸大得多（5 倍以上）的构件。根据形状不同杆件可分为直杆和曲杆，如图 1-3 所示。建筑结构中的梁、柱等都属于杆件。

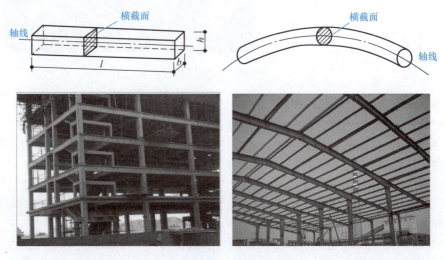

图 1-3　杆件

2）板或壳是指构件的某两个方向的尺寸远远大于另外一个方向的尺寸，构件宽而薄，如图 1-4 所示。建筑结构中的楼板、薄壳等都属于此类构件。

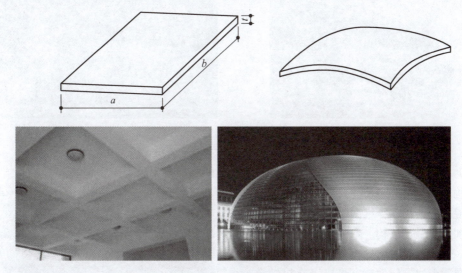

图 1-4　板或壳

3）实体构件是指三个方向的尺寸比较接近的构件，如图 1-5 所示。建筑结构中的独立基础等属于此类构件。

二、结构的分类

建筑结构有多种分类方法，常见的是根据组成结构的材料分类和根据承重结构的类型分类。

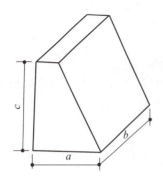 

图 1-5 实体构件

1. 根据组成结构的材料分类

根据组成结构的材料不同,结构可以分为木结构、砌体结构、混凝土结构以及钢结构等。

(1) 木结构　木结构是指组成承重构件的材料为木材的结构。故宫博物院中的太和殿是木结构建筑的典型代表(图1-6),是世界上最大最复杂的木结构,是我国古代劳动人民的智慧在建筑中的完美体现。木结构的榫卯结构既保证了结构的整体性,又为构件之间的相对位移留有一定空间,使木结构具有良好的抗震性能。在故宫建成的数百年里,共经历了200多场地震,但它仍然安然无恙,保存至今。

(2) 砌体结构　砌体结构是指组成承重构件的材料为砖、石材料的结构。我国的万里长城是砌体结构的典型代表(图1-7),万里长城是我国古代劳动人民创造的奇迹,体现了因势利导的建筑理念,记录了我国古代先进的砖瓦烧制技术,标志着当时建筑技术的超高成就。

图 1-6　太和殿　　　　　　　　　　图 1-7　万里长城

(3) 混凝土结构　混凝土结构是指组成承重构件的材料为混凝土和钢筋等材料的结构。混凝土结构包括素混凝土结构、钢筋混凝土结构、预应力混凝土结构、纤维混凝土结构和其他各种类型的加筋混凝土结构。本书主要研究钢筋混凝土结构。钢筋混凝土结构充分利用了钢筋的抗拉性能和混凝土的抗压性能,将二者有机结合,得到了广泛应用。

(4) 钢结构　钢结构是指组成承重构件的材料为钢材的结构。"鸟巢"(国家体育场)是典型的钢结构建筑(图1-8),"鸟巢"的建设体现了我国强大的经济实力和建筑能力。"鸟巢"钢结

图 1-8　"鸟巢"

构的钢板厚达 110mm,外部钢结构顶部几乎为直角,边缘构件承受巨大的扭矩,我国科研人员自主创新,历经半年的技术攻关,为"鸟巢"量身打造了 Q460 钢。"鸟巢"在建设过程中采用自然通风和自然采光、雨水全回收、利用可再生地热能源、应用太阳能光伏发电技术等先进的节能设计和环保措施,充分践行了绿色、节能、环保的建筑理念。

2. 根据承重结构的类型分类

(1) 砖混结构　砖混结构是指由砖、石、砌块等块材砌筑成竖向承重构件,并与钢筋混凝土或预应力混凝土楼盖、屋盖组成的房屋建筑结构,如图 1-9 所示。主要用于层数不多、开间进深较小、房间面积小的多层或低层建筑,如住宅、宿舍、办公楼、旅馆等民用建筑。

(2) 框架结构　框架结构是指由板、梁和柱组成承重体系的结构,如图 1-10 所示。框架结构房屋的墙体不承重,仅起到围护和分隔作用,一般用预制的加气混凝土、膨胀珍珠岩、空心砖或多孔砖、浮石、蛭石、陶粒等轻质材料砌筑或装配而成。

框架结构空间分隔灵活,自重较轻,节省材料;但侧向刚度较小,属柔性结构,在强烈地震作用下结构产生水平位移较大。广泛应用于住宅、学校、办公楼;常用于大跨度的公共建筑、多层工业厂房和一些特殊用途的建筑物,如剧场、商场、小型体育馆、火车站、展览厅、轻工业车间等。

图 1-9　砖混结构房屋

图 1-10　框架结构房屋

(3) 框架-剪力墙结构　框架-剪力墙结构是指在框架结构中的适当部位增设一定数量的钢筋混凝土剪力墙,形成的框架和剪力墙结合在一起共同承受竖向和水平载荷的体系,如图 1-11 所示。框架-剪力墙体系的侧向刚度比框架结构更大,大部分水平荷载由剪力墙承担,而竖向荷载主要由框架承受,因而用于高层房屋时比框架结构更为合理;同时,由于它只在部分位置上有剪力墙,保持了框架结构易于分割空间、立面易于变化等优点。

框架-剪力墙结构广泛应用于多层及高层办公楼、旅馆等建筑,适用高度为 15~25 层,一般不宜超过 30 层。

(4) 剪力墙结构　剪力墙结构是指利用建筑物的钢筋混凝土墙体作为竖向承重和抵抗侧力的结构,如图 1-12 所示。剪力墙实质上是固结于基础的钢筋混凝土墙片,具有很高的抗侧移能力,墙体既是承重构件,又起围护、分隔作用。剪力墙结构横墙较多,侧向刚度较大,整体性好,对承受水平荷载有利;无突出墙面的梁、柱,整齐美观,特别适合居住建筑;可使用大模板、隧道模板、滑升模板等先进施工方法,可缩短工期,节省人力。其缺点是房间划分受到较大限制。剪力墙结构一般用于住宅、旅馆等开间要求较小的建筑,适用高度为 15~50 层。

(5) 筒体结构　筒体结构是指由竖向悬臂的筒体组成的能承受竖向和水平作用的高层建筑结构。筒体分为由剪力墙围成的薄壁筒和由密柱框架围成的框筒等。根据开孔的多少,筒体有实腹筒和空腹筒之分。实腹筒一般由电梯井、楼梯间、管道井等形成,开孔少,因其常位于房屋中

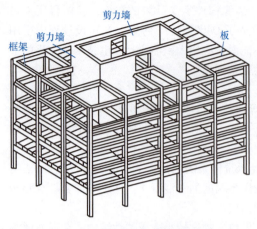

图 1-11 框架-剪力墙结构房屋

图 1-12 剪力墙结构房屋

部,又称核心筒。空腹筒又称框筒,由布置在房屋四周的密排立柱和截面高度很大的横梁组成。根据房屋高度及其所受水平荷载的不同,筒体结构可以布置成核心筒结构、框筒结构、筒中筒结构、框架-核心筒结构、成束筒结构和多重筒结构等形式。筒中筒结构通常用框筒作外筒,实腹筒作内筒。筒体结构一般用于 45 层左右甚至更高的建筑。上海中心大厦是截至 2021 年 12 月的世界第三高楼,如图 1-13 所示。它创新性地采用了巨型框架-核心筒-伸臂桁架结构。大楼在建造过程中,面临软土地基、工作面小、超厚超长超大混凝土一次性浇筑等技术问题,我国工程师们发明了摆式电涡流调谐质量阻尼器技术,首创五种类型的柔性链接滑移支座,创造了建筑工程大体积混凝土一次连续浇筑的世界纪录,研制出世界上最大的拖式混凝土泵等。上海中心大厦的建造展现了我国建筑的新技术、新材料,也是我国工程师们严谨工作的全面体现。该建筑还采用了分布式能源利用技术、变风量空气调节技术、热回收利用技术、涡轮式风力发电技术等绿色节能技术,体现了绿色节能的环保意识。在施工过程中全面引入 BIM 技术,为工程建设的顺利开展提供了技术手段。

除上述常用结构体系外,建筑结构中还有悬挂结构、巨型框架结构、巨型桁架结构、悬挑结构、大跨结构等新式结构体系。

图 1-13 上海中心大厦

三、结构方案确定

结构方案确定包括结构选型、构件布置及传力途径设计。结构方案对建筑物的安全有决定性的影响。结构方案在与建筑方案协调时要考虑结构形体(高宽比、长宽比)的问题,传力路径和构件布置要能保证结构的整体稳定性。结构方案的确定应符合以下要求:

1)选择合理的结构体系、构件形式和构件布置方式,根据建筑物的特点选择适合的结构形式。

2)结构的平面、立面布置宜规则,各部分的质量和刚度宜均匀、连续;与建筑方案协调考虑结构的高宽比、长宽比等结构形体问题。

3)结构传力路径应简捷、明确,竖向构件宜连续、对齐。

4)结构设计应符合节省材料、方便施工、降低能耗和环境保护的要求。根据工程经验,板的经济跨度为 1.5~3m,次梁的经济跨度为 4~6m,主梁的经济跨度为 5~8m。

【引例解析——福州小城镇住宅楼选型】

根据福州小城镇住宅楼项目的建筑图和设计资料可知,平面为一层店面联排式村镇住宅,平面布局采用小开间、大进深,底层房屋较大,选用钢筋混凝土框架结构。结合建筑平面和构件经济跨度,横向柱距取 5.1m,纵向柱距取 3.9m 和 4.5m,结构平面布置图如图 1-14 所示。

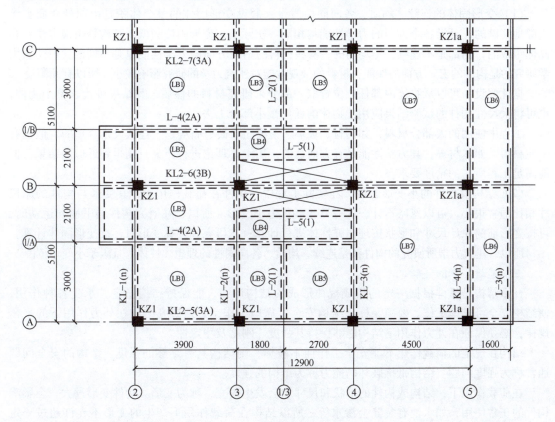

图 1-14　福州小城镇住宅楼结构平面布置图

任务2　认识建筑力学

一、建筑力学的研究对象

建筑力学是力学在建筑结构中的应用,它包括静力学、材料力学和结构力学三个部分的内容,它为土木工程中的结构设计、施工现场等许多问题的解决提供基本的力学知识和计算方法,为进一步学习土木工程相关专业课打下基础。建筑力学主要研究的是建筑结构中杆件的受力,及在力的作用下杆件的反应。

1. 变形固体

工程中的所有构件都是由固体材料组成的,如钢材、混凝土、砖、石等,这些材料在外力作用下或多或少会产生变形,一般把外力作用下产生变形的固体称为变形固体。变形固体在外力作用下会发生弹性变形和塑性变形,工程中的常用材料既发生弹性变形又发生塑性变形,但在外力不超过一定范围时，塑性变形很小，可忽略不计，认为只发生弹性变形，这种只有弹性变形的变形固体称为完全弹性体。本书力学部分主要讨论弹性范围内的受力及变形。

2. 变形固体的假设

变形固体多种多样，组成和性质比较复杂。在研究建筑中构件的受力及其反应时，为了使问题得到简化，常常略去一些次要性质。所以，研究变形固体一般基于以下几点假设：

（1）变形固体的连续、均质、各向同性假设　假设变形固体的整个体积是由同种介质毫无空隙地充满的，且沿各个方向的力学性能均相同。实际上，变形固体的微观结构是由很多微粒和晶体组成的，内部是不连续、不均匀的，有些材料的不同方向的力学性能也是不同的，但建筑力学研究的是构件的宏观方面的性能，材料的微观性能对建筑力学的研究影响较小，所以有此假设。

据此假设，可以从物体内部任意位置取一部分来研究材料的性质，其结果可代表整个物体，也可将大尺寸构件的试验结果应用于物体的任何微小部分上去。

工程中使用的大部分材料，如钢材、玻璃、混凝土、砖、石等，上述假设是合理的。但也有一些材料，如木材等，其力学性能是有方向性的，用上述理论进行研究只能得到近似的结果，但能满足工程所需的精度要求。

（2）结构及构件的小变形假设　在实际工程中，构件在荷载作用下，其变形与构件的原尺寸相比通常很小，可以忽略不计，这一类变形称为小变形。所以，在研究构件的平衡和运动时，可按变形前的原始尺寸和形状按理想弹性体进行计算；在研究和计算变形时，按变形固体计算。

所以，建筑力学所研究的构件都是连续、均质、各向同性的理想弹性体，且限于小变形范围。

二、建筑力学的任务

杆系结构是杆件根据一定的组成规律形成的结构形式，能保持结构稳定并承受各种作用，使结构安全可靠地工作。要确保杆系结构安全可靠地工作，必须研究结构在外力作用下的平衡规律，必须保证在外力作用下结构能够保持其强度、刚度及稳定性。

结构在规定的荷载作用下能安全工作而不破坏，则结构具有足够的强度。结构的安全问题通常称为强度问题，结构抵抗破坏的能力称为结构的强度。

在荷载作用下，结构或构件的形状和尺寸均会发生改变，称为变形。构件变形过大，会影响构件的正常使用，如水池有裂缝会渗水等，所以结构在荷载作用下产生的变形不允许超过一定的限值，此类问题通常称为刚度问题。结构抵抗变形的能力称为结构的刚度。

细长的受压杆件，在力的作用下会发生侧向的弯曲，当力的大小超过一定的数值时，杆件将因变形过大突然被压溃，不能保持原有的平衡状态，导致杆件被破坏，称为结构失去稳定。如何避免受压构件失去稳定的问题通常称为稳定性问题，结构保持其原有平衡形式的能力称为结构的稳定性。

工程上要求结构或构件具有足够的承载能力，就是指结构满足强度、刚度、稳定性三个方面的要求。

建筑力学的任务是研究各类建筑结构或构件在荷载作用下的平衡条件以及强度、刚度和稳定性，为构件选择合理的材料、确定合理的截面形式和尺寸、配置适量的钢筋提供计算理论和计算方法。

三、杆件的基本变形

杆件体系是建筑力学研究的主要对象，杆件在不同形式荷载作用下将发生不同形式的变形，形成不同类型的结构构件。杆件的变形有下列四种基本形式。

1. 轴向拉伸或压缩

当一直杆在一对大小相等、方向相反、作用线与杆轴线重合的外力作

杆件的基本变形

用下（拉力或压力），杆件将产生沿轴线方向的长度的改变（伸长与缩短），此变形称为轴向拉伸或压缩，如图 1-15 所示。框架结构的中柱、屋架结构中的杆件发生的就是此类变形。

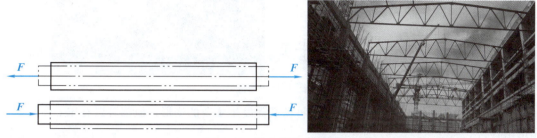

图 1-15　轴向拉伸或压缩

2. 剪切

当构件在两相邻的横截面处受一对相距很近、大小相等、方向相反、作用线垂直于杆轴线的外力作用下，杆件的横截面沿外力方向发生错动，此变形称为剪切变形，简称剪切，如图 1-16 所示。钢结构中螺栓连接的螺栓杆在水平力作用下发生此类变形。

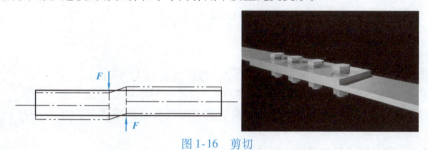

图 1-16　剪切

3. 扭转

当杆件在两端承受一对大小相等、方向相反、位于垂直于杆轴线的平面内的力偶作用时，杆的任意两横截面将发生绕轴线的相对转动，此变形称为扭转变形，简称扭转，如图 1-17 所示。框架结构的边梁有时会发生此变形。

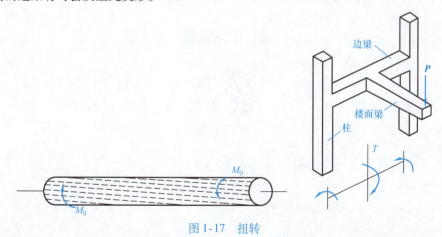

图 1-17　扭转

4. 弯曲

当杆件在横向力或一对大小相等、方向相反、位于杆的纵向平面内的力偶作用下，杆的轴线由直线弯曲成曲线，此类变形称为弯曲变形，简称弯曲，如图 1-18 所示。建筑结构中的梁、板一般会发生此类变形。

图 1-18 弯曲

工程实际中的杆件，可能同时承受多种荷载而发生复杂的变形，但都可以看作上述基本变形的组合。

【引例解析——福州小城镇住宅楼构件变形类型分析】

在图 1-14 中，位于①/③轴上的"L-2（1）"在荷载作用下，杆件的轴向会由直线变成曲线，发生弯曲变形。

课后巩固与提升

三、案例分析

北京中信大厦（中国尊）占地面积 $11478m^2$，总建筑面积 43.7 万 m^2，其中地上 35 万 m^2，地下 8.7 万 m^2，建筑总高 528m，集甲级写字楼、会议、商业、观光以及多种配套服务功能于一体。请同学们查阅相关资料阐述下面几个问题：

（1）北京中信大厦采用的是什么结构形式？
（2）北京中信大厦在建筑设计上有什么特点？
（3）北京中信大厦在绿色可持续发展方面有哪些考虑？在"碳达峰、碳中和"方面有哪些贡献？
（4）北京中信大厦在科技应用方面有哪些突破？

同学们也可以以小组为单位介绍自己想推荐给大家的其他建筑物。

项目 1：一、填空题，
二、选择题

职 考 链 接

目 1：职考链接

项目 2　分析结构上的荷载

【知识目标】
1. 理解荷载的概念及分类。
2. 理解静力学基本公理。
3. 理解力在坐标轴上的投影。
4. 理解力矩、力偶和力的等效平移的概念。

【能力目标】
1. 能分析结构上的荷载,判断荷载的类型。
2. 能应用静力学基本公理分析问题。
3. 能计算力在坐标轴上的投影。
4. 能计算力矩、力偶。

【素质目标】
1. 了解力学的发展史,培养严谨的学习态度。
2. 理解力学基本公理,激发学习兴趣和科技报国的热情。
3. 了解工程实例,培养职业素养和社会责任感。

【引例分析——福州小城镇住宅楼项目结构荷载分析】

福州小城镇住宅楼项目要进行结构设计,首先要分析结构上的荷载。那么,什么是荷载?荷载如何表达?结构上都有哪些荷载?

任务 1　分析荷载

一、荷载的概念

建筑物的结构或构件在施工和使用过程中受到各种力的作用,其中主动使物体产生运动或运动趋势的力称为主动力。通常把作用于结构上的主动力称为荷载,如结构的自重、土压力、风荷载、雪荷载等。

二、荷载的表达

荷载是一个物体对另一个物体的作用力。

1. 力的效应

力是物体间相互的机械作用,这种作用使物体的运动状态发生变化或者使物体发生变形,前者称为力的运动效应,或外效应;后者称为力的变形效应,或内效应。静力学中主要讨论力的外效应。注意,既然力是物体与物体之间的相互作用,力就不可能脱离物体而单独存在,有受力物体时必定有施力物体。

在建筑力学中,力的作用方式一般有两种情况,一种是两物体相互接触时,它们之间相互产生的拉力或压力;一种是物体与地球之间相互产生的吸引力,对物体来说,这种吸引力就是重力。

2. 力的三要素

实践证明,力对物体的作用效果取决于三个要素:力的大小、方向和作用点。力的大小表示力对物体作用的强弱。力的单位是牛（N）或千牛（kN）。力的方向包括力作用线在空间的方位以及力的指向。力的作用点表示力对物体的作用位置。力的作用位置实际上有一定的范围，不过当作用范围与物体相比很小时，可近似看作是一个点。作用于一点的力，称为集中力。

在力的三要素中，有任一要素改变时，都会对物体产生不同的效果。

力是一个有大小和方向的量，所以力是矢量。通常可以用一段带箭头的线段来表示力的三要素，如图 2-1 所示。线段的长度（按选定的比例）表示力的大小；线段与某直线的夹角表示力的方位，箭头表示力的指向；带箭头线段的起点或终点表示力的作用点。按比例量出图 2-1 中力 F 的大小是 10kN，力的方向与水平线成 60°角，指向右上方，作用在物体的 A 点上。

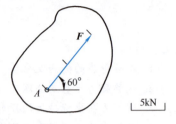

图 2-1 力的三要素

用字母符号表示力矢量时，常用黑体字如 F 表示，而 F 只表示力矢量的大小。

三、荷载的类型

工程中常见的荷载分类如下：

1. 按作用形式分类

作用在结构上的荷载，根据其作用形式可分为集中荷载和分布荷载。

（1）集中荷载 集中荷载是指作用在结构某一点上的荷载，单位是牛（N）或千牛（kN）。例如，人站在地面上，人与地面接触的双脚面积相对于地面很小，可以忽略，人的重量对地面来说可以看作集中荷载。

（2）分布荷载 分布荷载是指作用点分布在一定长度、一定面积或一定体积上的荷载；根据分布情况，又可以分为均布荷载和非均布荷载。杆件的自重是典型的均布荷载，对于梁、柱这样的细长杆件，自重相当于沿着杆件的长度均匀分布，所以用单位长度上的重量来表示，单位是 N/m 或 kN/m，这样的荷载又称为均布线荷载。楼板的自重是分布在楼板板面上的，用单位面积上的重量来表示，单位是 N/m^2 或 kN/m^2，这样的荷载又称为均布面荷载。混凝土试块的自重是分布在试块内的每一个点上的，用单位体积上的重量来表示，单位是 N/m^3 或 kN/m^3，这样的荷载又称为均布体荷载。

2. 按荷载随时间的变化分类

作用在结构上的荷载，根据其随时间变化的情况，可分为永久荷载、可变荷载和偶然荷载。

（1）永久荷载 永久荷载也称为恒荷载，是指在结构使用期内，其荷载值不随时间变化，或其变化与平均值相比可以忽略不计的荷载，如结构自重、土压力等。

（2）可变荷载 可变荷载也称为活荷载，是指在结构使用期内，其荷载值随时间变化，且其变化与平均值相比不可以忽略不计的荷载，如楼面活荷载、屋面积灰荷载、风荷载、雪荷载、起重机荷载等。

（3）偶然荷载 偶然荷载是指在结构设计使用年限内不一定出现，而一旦出现，其量值很大，且持续时间很短的荷载，如地震作用、爆炸作用、撞击作用等。

【引例解析——福州小城镇住宅楼荷载分析】

福州小城镇住宅楼项目采用框架结构，其荷载分析如下：

1）框架柱、框架梁和板的自重，都是永久荷载；雪荷载和积灰荷载是屋面活荷载；家具等是楼面活荷载。

2）板受到的永久荷载为板的自重；屋面板受到的可变荷载为屋面活荷载、雪荷载和积灰荷载；楼面板受到的可变荷载为楼面活荷载。

3）框架梁受到的永久荷载为框架梁自重，以及从楼板传来的永久荷载和墙自重；受到的可变荷载是从楼板传来的可变荷载。

4）框架柱受到的永久荷载为框架柱自重，以及从上层框架柱传来的永久荷载和从框架梁传来的永久荷载；受到的可变荷载是从框架梁传来的可变荷载。

任务2　静力学基本公理

和其他自然科学的学科一样，力学最初发源于人们的生产、生活实践，人们通过长期的观察与实验，在大量客观事实的基础上，对力的一些基本性质进行了概括和总结，研究了两个力的合成和平衡，以及两个物体间相互作用的最基本的力学规律。人们从观察、实践和科学实验的角度出发，对这些规律经过分析、抽象、归纳和总结，建立起了力学模型，形成了力学理论；之后又经过实践的反复检验，这些规律被证明是符合客观实际的普遍性规律，由此这些规律被称为静力学公理。

公理1　力的平行四边形公理

作用在物体上同一点的两个力，可以合成为一个力，合力的作用点也在该点，合力的大小和方向，由这两个力为邻边所构成的平行四边形的对角线确定，如图2-2所示。这个公理说明力的合成是遵循矢量加法的，只有当两个力共线时才能用代数加法，即

$$\boldsymbol{F}_R = \boldsymbol{F}_1 + \boldsymbol{F}_2$$

$\boldsymbol{F}_R$ 称为 $\boldsymbol{F}_1$、$\boldsymbol{F}_2$ 的合力，$\boldsymbol{F}_1$、$\boldsymbol{F}_2$ 称为合力 $\boldsymbol{F}_R$ 的分力。

在工程实际问题中，常把一个力 $\boldsymbol{F}$ 沿直角坐标轴方向分解，可得出两个互相垂直的分力 $\boldsymbol{F}_x$ 和 $\boldsymbol{F}_y$，如图2-3所示。$\boldsymbol{F}_x$ 和 $\boldsymbol{F}_y$ 的大小可由三角公式求得：

$$\begin{cases} \boldsymbol{F}_x = \boldsymbol{F}\cos\alpha \\ \boldsymbol{F}_y = \boldsymbol{F}\sin\alpha \end{cases}$$

式中　α——$\boldsymbol{F}$ 与 x 轴所夹的锐角。

这个公理总结了最简单力系简化的规律，它是复杂力系简化的基础。

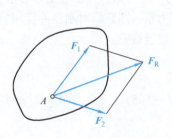

图2-2　力的合力

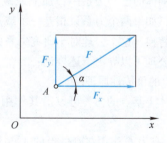

图2-3　力的分力

公理2　二力平衡公理

静力学中的平衡是指相对于地面保持静止或做匀速直线运动，如桥梁、房屋、作匀速直线飞行的飞机等，都是处于平衡状态。平衡是物体运动的一种特殊形式。

静力学是研究物体在力系作用下的平衡条件的科学。

物体处于平衡状态时，作用在物体上的各种力系所需满足的条件，称为力系的平衡条件。力系是指作用于物体上的一群力。

力系的平衡条件，在工程实际中有着十分重要的意义。在设计建筑物的构件、工程结构时，需要先分析构件的受力情况，再应用平衡条件计算所受的未知力，最后按照材料的性能确定几

何尺寸或选择适当的材料品种。有时，机械零件的运动虽非匀速，但速度较低或加速度较小时，也可近似地应用平衡条件进行计算。因此，力系的平衡条件是设计构件、结构和机械零件时进行静力计算的基础。由此可知，静力学在工程实际中有着广泛的应用。

满足平衡条件的力系称为平衡力系。

作用在同一刚体上的两个力，使刚体平衡的必要和充分条件是：这两个力的大小相等，方向相反，且作用在同一直线上，如图2-4所示，即 $F_A = -F_B$。这个公理总结了作用于刚体上最简单的力系平衡时所必须满足的条件。对于刚体这个条件是既必要又充分的；但对于变形体，这个条件是必要但不充分的。例如，软绳受两个等值反向的拉力作用可以平衡，而受两个等值反向的压力作用就不能平衡。

在两个力作用下处于平衡状态的构件称为二力构件，也称为二力杆件。二力构件所受二力的作用线一定是沿着此二力作用点的连线大小相等、方向相反，如图2-5所示，$F_A = -F_B$。

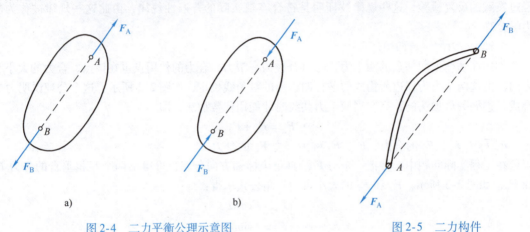

图 2-4 二力平衡公理示意图　　　　　　图 2-5 二力构件

公理 3　加减平衡力系公理

在作用于刚体的已知力系中，加上或减去任意的平衡力系，并不改变原力系对刚体的作用效应。就是说，如果两个力系只相差一个或几个平衡力系，则它们对刚体的作用效果是相同的，因此可以等效替换。这个公理对于研究力系的简化问题很重要。

根据上述公理可以导出下述推论：

推论1　力的可传性原理

作用于刚体上某点的力，可以沿其作用线移动至刚体的任意点，而不改变该力对刚体的作用效应。

证明：1) 有力 F 作用在刚体上的 A 点，如图 2-6a 所示。

2) 根据加减平衡力系公理，可以在力的作用线上任取一点 B，在 B 点加上一个平衡力系 F_1 和 F_2，并使 $F_1 = -F_2 = F$（图2-6b）。

3) 由于力 F 和 F_2 也是一个平衡力系，根据加减平衡力系公理可以去掉，这样只剩下一个力 F_1，如图 2-6c 所示。

4) 力 F_1 和力 F 等效，就相当于把作用在刚体上 A 点的力 F 沿其作用线移到 B 点。

由此可知，对于刚体来说，力的作用点已不是决定力的作用效果的要素，它已被作用线所代替。因此，作用于刚体上的力的三要素是：力的大小、方向和作用线。

作用于刚体上的力矢可以沿着作用线移动，这种矢量称为滑动矢量。

应当指出的是，加减平衡力系公理和力的可传性原理只适用于刚体而不适用于变形体，即

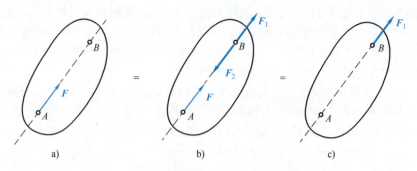

图 2-6 力的可传性原理示意图

只适用于研究力的外效应（运动效果），而不适用于研究力的内效应（变形效应）。例如，直杆 AB 的两端受到等值、反向、共线的两个力 F_1、F_2 作用而处于平衡状态，如图 2-7a 所示；如果将这两个力各沿其作用线移到杆的另一端，如图 2-7b 所示。显然，直杆 AB 仍然处于平衡状态，但是直杆的变形不同了，图 2-7a 的直杆变形是拉伸，图 2-7b 的直杆变形是压缩。这就说明，当研究物体的变形效应时，力的可传性原理就不适用了。

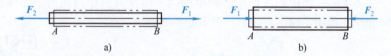

图 2-7 不适用力的可传性原理

推论 2　三力平衡汇交定理

一刚体受共面不平行的三个力作用而平衡时，则此三力的作用线必汇交于一点。

证明：1）设有共面不平行的三个力 F_1、F_2、F_3，分别作用在一刚体上的 A_1、A_2、A_3 三点而处于平衡状态，如图 2-8 所示。

2）根据力的可传性原理，将力 F_1、F_2 沿其作用线移到两力作用线的交点 A，并按力的平行四边形公理合成为合力 F_R，合力 F_R 也作用在 A 点。

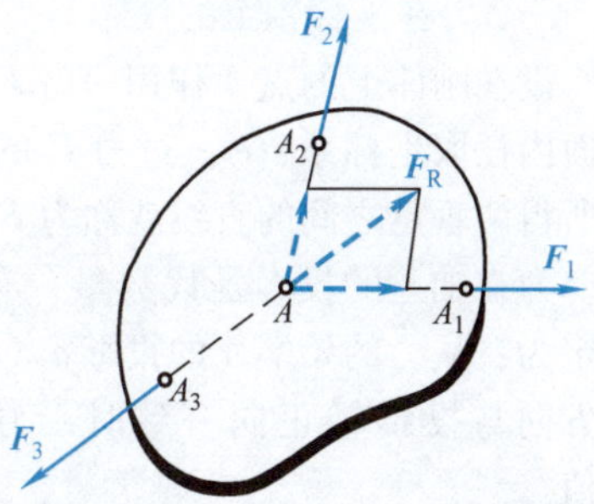

图 2-8 三力平衡汇交定理示意图

3）因为 F_1、F_2、F_3 三力呈平衡状态，所以力 F_R 应与力 F_3 平衡，由二力平衡公理可知，力 F_3 和 F_R 一定是大小相等，方向相反且作用在同一直线上，就是说，力 F_3 的作用线必通过力 F_1 和 F_2 的交点 A，即三力 F_1、F_2、F_3 的作用线必汇交于一点。于是定理得证。

三力平衡汇交定理常用来确定物体在共面不平行的三个力作用下平衡时其中未知力的方向。

公理 4　作用和反作用公理

作用力和反作用力总是同时存在，两力的大小相等、方向相反，沿着同一直线分别作用在两个相互作用的物体上。这个公理概括了两个物体间相互作用力的关系，物体间的作用总是相互的，有作用力就有反作用力，两者总是同时存在又同时消失。

2022 年 6 月 5 日 10 时 44 分，我国神州十四号载人飞船在酒泉卫星发射中心发射成功。"坐地日行八万里，巡天遥看一千河。"千百年来，人类的共同梦想，又一次实现了，这不仅是中国的成就，更是世界的荣耀。搭载载人飞船的运载火箭点火时，火箭向下喷出气体，气体给火箭一个向上的力，火箭向上运动，气体向下运动，说明火箭与气体之间存在作用力和反作用力。

航天员如果在外太空进行拔河比赛，轻则相互"问候"，重则相互"伤害"，与地球上的比赛体验完全不同。其实，其中的原理很简单，当他们在向后拉绳子的时候，把力传递到了绳子上，绳子对他们产生同等的反作用力，两人被绳子拉着向前，最终结果就是撞在了一起。由于地球引力的原因，这个规律在太空中比在地球上更明显。

图 2-9a 是一个放置在光滑水平面上的物块。该物块受重力 G 和支承平面给予的反力 F_N 的作用而平衡。其中 $F_N = F'_N$，互为作用与反作用力，而 F_N 和 G 是作用于同一物体上的一对平衡力，且满足二力平衡公理。另外，应注意的是，不论物体是静止还是运动，作用和反作用公理都成立。

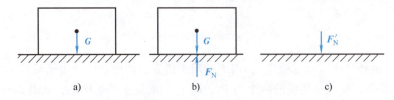

图 2-9 作用力与反作用力

必须注意，不能把作用与反作用的关系与二力平衡问题混淆起来。二力平衡公理中的两个力是作用在同一物体上的，作用和反作用公理中的两个力是分别作用在两个物体上的，虽然是大小相等、方向相反、作用在同一直线上，但不能平衡。

任务3　力的投影及合力投影定理

一、力在坐标轴上的投影

设在刚体上的点 A 作用一力 F，如图 2-10 所示，在力 F 作用线所在平面内任取坐标系 xOy，过力 F 的两端点 A 和 B 分别向 x、y 轴作垂线，则所得两垂足之间的直线就称为 F 在 x、y 轴上的投影，记作 F_x、F_y。

力在轴上的投影是代数量，有大小和正负，其正负号的规定为：从力的始端 A 的投影 a（a'）到末端 B 的投影 b（b'）的方向与投影轴正向一致时，力的投影取正值；反之，取负值。

通常，采用力 F 与坐标轴 x 轴所夹的锐角来计算投影，设力 F 与 x 轴的夹角为 α，投影 F_x 与 F_y 可用下列式子计算：

$$F_x = \pm F\cos\alpha \tag{2-1}$$

$$F_y = \pm F\sin\alpha \tag{2-2}$$

当力与坐标轴垂直时，投影为零；力与坐标轴平行时，投影的绝对值等于该力的大小。反之，若已知力 F 在坐标轴上的投影 F_x、F_y，也可求出该力的大小和方向角，即

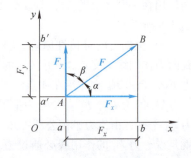

图 2-10 力在坐标轴上的投影

$$F = \sqrt{F_x^2 + F_y^2} \qquad \tan\alpha = \left|\frac{F_y}{F_x}\right| \tag{2-3}$$

式中　α——力 F 与 x 轴所夹的锐角，其所在象限由 F_x、F_y 的正负号决定。

若将力 F 沿 x、y 轴分解，可得分力 F_x、F_y，如图 2-10 所示。应当注意的是：投影和分力是两个不同的概念，投影是代数量，分力是矢量；只有在直角坐标系中，分力 F_x 与 F_y 的大小才分别与投影 F_x、F_y 的绝对值相等。

力在坐标轴上的投影是力系合成以及研究力系平衡的基础，引入力在坐标轴上的投影的概

念后，就可将力的矢量计算转化为标量计算。

【例2-1】 试分别求出图2-11中各力在 x 轴和 y 轴上的投影。已知：$F_1 = F_2 = 100\text{N}$，$F_3 = F_4 = 200\text{N}$，各力的方向如图2-11所示。

【解】 由式（2-1）、式（2-2）可得出各力在 x、y 轴上的投影为

$$F_{1x} = F_1\cos45° = 100\text{N} \times 0.707 = 70.7\text{N}$$
$$F_{1y} = F_1\sin45° = 100\text{N} \times 0.707 = 70.7\text{N}$$
$$F_{2x} = -F_2\cos0° = -100\text{N} \times 1 = -100\text{N}$$
$$F_{2y} = F_2\sin0° = 200\text{N} \times 0 = 0$$
$$F_{3x} = -F_3\cos90° = 200\text{N} \times 0 = 0$$
$$F_{3y} = -F_3\sin90° = -200\text{N} \times 1 = -200\text{N}$$
$$F_{4x} = -F_4\sin30° = -200\text{N} \times 0.5 = -100\text{N}$$
$$F_{4y} = -F_4\cos30° = -200\text{N} \times 0.866 = -173.2\text{N}$$

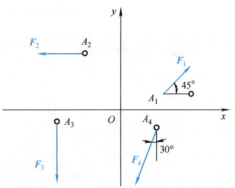

图2-11 各力的方向示意图

二、合力投影定理

合力投影定理建立了合力的投影与分力的投影之间的关系。

如图2-12所示的平面力系，F_R 为合力，F_1、F_2、F_3、F_4、F_5 为分力，将各力投影到 x 轴上，由图2-12可知：

$$af = ab + bc + cd + de - ef$$

由投影的定义可知，上式等号左端为合力 F_R 的投影，等号右端为五个分力的投影代数和，即

$$F_{Rx} = F_{1x} + F_{2x} + F_{3x} + F_{4x} + F_{5x}$$

显然，上式可推广到任意多个力的情况，即

$$F_{Rx} = F_{1x} + F_{2x} + \cdots + F_{nx} = \sum F_x \qquad (2\text{-}4)$$

于是得到结论：合力在任一轴上的投影等于各分力在同一轴上投影的代数和，这就是合力投影定理。

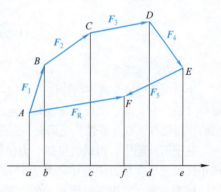

图2-12 平面力系

据此，求出合力 F_R 的投影 F_{Rx} 及 F_{Ry} 后，即可按式（2-3）求出合力 F_R 的大小及方向角，即

$$F_R = \sqrt{F_{Rx}^2 + F_{Ry}^2} = \sqrt{\left(\sum F_x\right)^2 + \left(\sum F_y\right)^2} \qquad (2\text{-}5)$$

$$\tan\alpha = \left|\frac{F_{Ry}}{F_{Rx}}\right| = \left|\frac{\sum F_y}{\sum F_x}\right| \qquad (2\text{-}6)$$

式中 α——合力 F_R 与 x 轴所夹的锐角，其所在象限由 $\sum F_x$ 与 $\sum F_y$ 的正负号决定。

【例2-2】 如图2-13所示一平面汇交力系，已知：$F_1 = 200\text{N}$，$F_2 = 300\text{N}$，$F_3 = 100\text{N}$，$F_4 = 250\text{N}$。求此力系的合力。

【解】 建立如图2-13所示坐标系 xOy，由合力投影定理得

$$F_{Rx} = \sum F_x = F_{1x} + F_{2x} + F_{3x} + F_{4x}$$
$$= (200 \cdot \cos30° - 300 \cdot \cos60° - 100 \cdot \cos45° + 250 \cdot \cos45°)\text{N} = 129.3\text{N}$$

$$F_{Ry} = \sum F_y = F_{1y} + F_{2y} + F_{3y} + F_{4y}$$
$$= (200 \cdot \cos30° + 300 \cdot \sin60° - 100 \cdot \sin45° - 250 \cdot \sin45°)\text{N} = 185.55\text{N}$$

故合力的大小和方向分别为

$$F_R = \sqrt{F_{Rx}^2 + F_{Ry}^2} = 226.16\text{N}$$

$$\alpha = \arctan\left|\frac{F_{Ry}}{F_{Rx}}\right| = \arctan\left|\frac{185.55}{129.3}\right| = 55°$$

因 $\sum F_x$ 为正，$\sum F_y$ 为正，故合力 F_R 在第一象限，且与 x 轴所夹锐角为 55°。

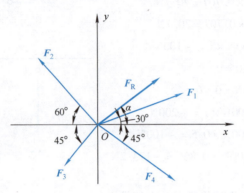

图 2-13 平面汇交力系

任务 4 计算力矩

力矩的概念

一、力矩的概念

生活中我们经常遇到物体绕一点或一个轴转动的情况，比如用扳手拧动螺母（图 2-14）等。要使物体绕某一点（或轴）发生转动，必须使所作用的力的作用线与该点（或轴）之间有一定的垂直距离，这个距离称为力臂。

在平面问题中，由试验可知，力使物体转动的效果，既与力的大小成正比，又与力臂的大小成正比。为了度量力使物体绕某点转动的效应，将力的大小与力臂的乘积 Fd 冠以适当的正负号，称为力对点的矩，记作 $m_O(F)$，即

$$m_O(F) = \pm Fd \tag{2-7}$$

被选定用于计算力矩的参考点叫作矩心，力臂就是力的作用线到矩心的垂直距离。由矩心和力的作用线所决定的平面称为力矩作用面，过矩心而与此平面垂直的直线是该力矩使物体转动的轴线。

力矩的单位为牛·米（N·m）或千牛·米（kN·m）。

顺着力矩使物体转动的转动轴线看力矩所在的平面，如图 2-15 所示从上往下看，物体绕矩心转动的方向有逆时针和顺时针两种，通常规定"顺负逆正"。

二、力矩的性质

力矩有如下性质：

1）力矩的值与矩心位置有关，同一力对不同的矩心，其力矩不同。

2）力沿其作用线任意移动时，力矩不变。

3）力的作用线通过矩心时，力矩为零。

4）合力对平面内任一点的矩等于各分力对同一点之矩的代数和，即

$$m_O(F_R) = \sum m_O(F)$$

上述性质即平面力系的合力矩定理。

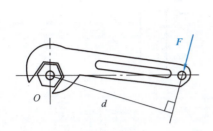

图 2-14 扳手拧动螺母

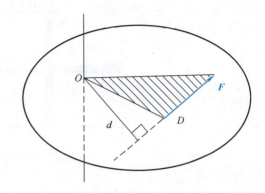

图 2-15 力矩所在平面

应用合力矩定理可以简化力矩的计算。在求一个力对某点的矩时，若力臂不易计算，就可将该力分解为两个相互垂直的分力，若两分力对该点的力臂比较容易计算，就可方便地求出两分力对该点的矩的代数和，以此来代替原力对该点的矩。

合力矩定理的证明，参见本书项目 5 相关内容。

【例 2-3】 如图 2-16 所示，刚架上作用有力 F，已知 $F = 10\text{kN}$，$\alpha = 45°$，试分别计算力 F 对点 A 和点 B 的力矩。

【解】 1）计算力 F 对点 A 的矩，可直接按力矩的定义求得，即

$$m_A(F) = -Fd$$

其中，$d = 5\cos\alpha$，故

$$m_A(F) = -F5\cos45° = -10 \times 5 \times \frac{\sqrt{2}}{2}\text{kN}\cdot\text{m} = -25\sqrt{2}\text{kN}\cdot\text{m}$$

也可以根据合力矩定理，求得力 F 对点 A 的矩，即将力 F 分解为 F_x 和 F_y，如图 2-16 所示，则

$$m_A(F) = m_A(F_x) + m_A(F_y)$$

由于 F_y 通过矩心 A，故 $m_A(F_y) = 0$，于是得

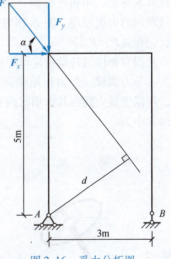

图 2-16 受力分析图

$$m_A(F) = m_A(F_x) = -F5\cos45° = -10 \times 5 \times \frac{\sqrt{2}}{2}\text{kN}\cdot\text{m} = -25\sqrt{2}\text{kN}\cdot\text{m}$$

2）计算力 F 对点 B 的矩，根据合力矩定理计算，即

$$m_B(F) = m_B(F_x) + m_B(F_y) = -F5\cos45° + F3\sin45°$$

$$= -10 \times 5 \times \frac{\sqrt{2}}{2}\text{kN}\cdot\text{m} + 10 \times 3 \times \frac{\sqrt{2}}{2}\text{kN}\cdot\text{m} = -10\sqrt{2}\text{kN}\cdot\text{m}$$

【引例解析——福州小城镇住宅楼项目中的力矩分析】

福州小城镇住宅楼项目所采用的悬挑雨篷如图 2-17 所示，雨篷板的自重可简化为均布荷载，雨篷板在自重作用下产生绕支座处顺时针转动的趋势，也就是负的力矩。

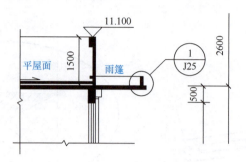

图 2-17 悬挑雨篷

任务 5 　计 算 力 偶

力偶的概念

一、力偶的概念

平面内一对等值反向且不共线的平行力称为力偶，它是一个不能再简化的基本力系。它对物体的作用效果是使物体产生单纯的转动。例如，用手拧开水龙头、用钥匙开锁、用旋具拧紧螺钉、两手转动方向盘等，往往就是利用的力偶原理。图 2-18 中两手转动方向盘的力 F 与 F' 如果平行且相等，就构成一个力偶，记作 (F, F')。

力偶对物体的转动效应与组成力偶的力的大小和力偶臂的长短有关，力学上把力偶中一力的大小与力偶臂（二力作用线间垂直距离）的乘积 Fd 加上适当的正负号，称为此力偶的力偶矩，用以度量力偶在其作用面内对物体的转动效应，记作 $m(F, F')$ 或 m，如图 2-18 所示。力偶矩的大小为

$$m(F, F') = m = \pm Fd \tag{2-8}$$

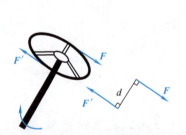

图 2-18　两手转动方向盘

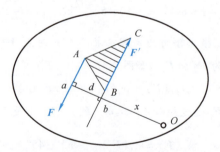

图 2-19　平面力系

力偶矩与力矩一样，也是代数量。其正负值规定：力偶使物体逆时针转动时，力偶矩为正，反之为负。由图 2-19 可知，力偶矩也可采用三角形面积表示，即

$$m = \pm 2 \triangle ABC \tag{2-9}$$

综上所述，力偶对物体的转动效应取决于力偶矩的大小、力偶的转向及力偶的作用面，此即为力偶的三要素。

二、力偶的性质

力偶有如下的重要性质：

1. 力偶没有合力

力偶既不能用一个力代替，也不能与一个力平衡。

如果在力偶作用面内任取一投影轴，则力偶在任一轴上的投影恒等于零。

既然力偶在轴上的投影为零，则力偶对于物体不会产生移动效应，只产生转动效应。

力偶和力对物体作用的效应不同，说明力偶不能和一个力平衡，力偶只能与力偶平衡。

2. 力偶对其所在平面内任一点的矩恒等于力偶矩

如图 2-19 所示，在力偶作用面内任取一点 O 为矩心，以 $m_O(\boldsymbol{F}, \boldsymbol{F}')$ 表示力偶对点 O 的矩，则有

$$m_O(\boldsymbol{F}, \boldsymbol{F}') = m_O(\boldsymbol{F}) + m_O(\boldsymbol{F}') = F(x+d) - Fx = Fd$$

因为矩心 O 是任意选取的，由此可知，力偶的作用效果决定于力的大小和力偶臂的长短，与矩心的位置无关。

3. 同一平面内的两个力偶，只要其力偶矩（包括大小和转向）相等，则此两力偶彼此等效

证明：如图 2-20 所示，设在同平面内有两个力偶（$\boldsymbol{F}$, $\boldsymbol{F}'$）和（$\boldsymbol{F}_3$, $\boldsymbol{F}_3'$）作用，它们的力偶矩相等，且力的作用线分别交于点 A 和点 B，现证明这两个力偶是等效的。

将力 $\boldsymbol{F}$ 和 $\boldsymbol{F}'$ 分别沿它们的作用线移到点 A 和点 B，然后分别沿连线 AB 和力偶（$\boldsymbol{F}_3$, $\boldsymbol{F}_3'$）的两力的作用线方向分解，得到 $\boldsymbol{F}_1$、$\boldsymbol{F}_2$ 和 $\boldsymbol{F}_1'$、$\boldsymbol{F}_2'$ 四个力；显然，这四个力与原力偶（$\boldsymbol{F}$, $\boldsymbol{F}'$）等效。由于两个平行四边形全等，于是力 $\boldsymbol{F}_1'$ 与 $\boldsymbol{F}_1$ 大小相等、方向相反，并且共线，是一对平衡力，可以除去；力 $\boldsymbol{F}_2$ 与 $\boldsymbol{F}_2'$ 构成一个新力偶（$\boldsymbol{F}_2$, $\boldsymbol{F}_2'$），与原力偶（$\boldsymbol{F}$, $\boldsymbol{F}'$）等效。连接 CB 和 DB，根据式 (2-9) 计算力偶矩，有

$$m(\boldsymbol{F}, \boldsymbol{F}') = -2\triangle ACB, \quad m(\boldsymbol{F}_2, \boldsymbol{F}_2') = -2\triangle ADB$$

由于 $\triangle ACB$ 和 $\triangle ADB$ 同底等高，它们的面积相等，于是得

$$m(\boldsymbol{F}, \boldsymbol{F}') = m(\boldsymbol{F}_2, \boldsymbol{F}_2')$$

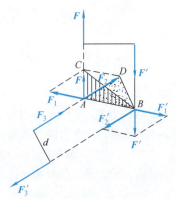

图 2-20 平面内的两个力偶

即力偶（$\boldsymbol{F}, \boldsymbol{F}'$）与（$\boldsymbol{F}_2, \boldsymbol{F}_2'$）等效时，它们的力偶矩相等（定理的必要性得证）。

由假设知 $m(\boldsymbol{F}, \boldsymbol{F}') = m(\boldsymbol{F}_3, \boldsymbol{F}_3')$，因此 $m(\boldsymbol{F}_2, \boldsymbol{F}_2') = m(\boldsymbol{F}_3, \boldsymbol{F}_3')$，即 $-F_2 d = -F_3 d$，于是有 $F_2 = F_3$，$F_2' = F_3'$。

由上可知力偶（$\boldsymbol{F}_2, \boldsymbol{F}_2'$）与（$\boldsymbol{F}_3, \boldsymbol{F}_3'$）完全相等。由于力偶（$\boldsymbol{F}_2, \boldsymbol{F}_2'$）与（$\boldsymbol{F}, \boldsymbol{F}'$）等效，所以力偶（$\boldsymbol{F}_3, \boldsymbol{F}_3'$）与（$\boldsymbol{F}, \boldsymbol{F}'$）等效（定理的充分性得证）。

由上述等效定理的推证，可得出如下推论：

推论 1　力偶可以在其作用面内任意移转，而不影响它对刚体的效应。

推论 2　只要力偶矩保持不变，可以同时改变力偶中力的大小和力偶臂的长度，而不改变它对刚体的效应。

由上述推论可知，在研究有关力偶的问题时，只需考虑力偶矩，而不必论究其力的大小及力臂的长短。正因为如此，在受力图中常用一个带箭头的圆弧线↶和↷来表示力偶矩，并标上字母 m，其中 m 表示力偶矩的大小，箭头表示力偶在平面内的转向。

4. 在同一个平面内的 n 个力偶，其合力偶矩等于各分力偶矩的代数和

证明：设在同一刚体平面内有三个力偶（$\boldsymbol{F}_1, \boldsymbol{F}_1'$）、（$\boldsymbol{F}_2, \boldsymbol{F}_2'$）、（$\boldsymbol{F}_3, \boldsymbol{F}_3'$），它们的力偶臂分别为 d_1、d_2、d_3，如图 2-21a 所示，并用 m_1、m_2、m_3 分别表示这三个力偶的力偶矩，即 $m_1 = F_1 d_1$，$m_2 = F_2 d_2$，$m_3 = -F_3 d_3$，现求其合成结果。

根据推论 2，将三个力偶转化为力偶臂均等于 d 的等臂力偶（$\boldsymbol{F}_1'', \boldsymbol{F}_1'''$）、（$\boldsymbol{F}_2'', \boldsymbol{F}_2'''$）、（$\boldsymbol{F}_3'', \boldsymbol{F}_3'''$），

如图 2-21b 所示。它们的力偶矩分别与原力偶矩相等，即 $m_1 = F''_1 d$、$m_2 = F''_2 d$、$m_3 = -F''_3 d$。然后，任取一线段 $AB = d$，再将变换后的各力偶在作用面内移动和转动，使它们的力偶臂都与 AB 重合，如图 2-21c 所示。将作用在 A、B 点的三个共线力合成，可得合力 $\boldsymbol{F}_R$ 和 $\boldsymbol{F}'_R$，设 $F''_1 + F''_2 > F''_3$、$F'''_1 + F'''_2 > F'''_3$，则 $\boldsymbol{F}_R$、$\boldsymbol{F}'_R$ 的大小为

$$F_R = F''_1 + F''_2 - F''_3 \qquad F'_R = F'''_1 + F'''_2 - F'''_3$$

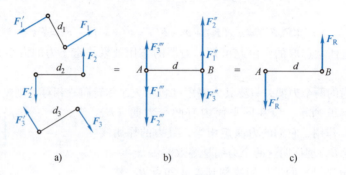

图 2-21 平面内力偶

显然，力 $\boldsymbol{F}_R$ 和 $\boldsymbol{F}'_R$ 大小相等、方向相反，作用线平行但不共线，组成一力偶（$\boldsymbol{F}_R$、$\boldsymbol{F}'_R$），如图 2-21c 所示，这个力偶与原来的三个力偶等效，称为原来三个力偶的合力偶，其力偶矩为

$$M = F_R d = (F''_1 + F''_2 - F''_3)d = F''_1 d + F''_2 d - F''_3 d = m_1 + m_2 + m_3$$

若有 n 个力偶，仍可用上述方法合成，即

$$M = m_1 + m_2 + \cdots + m_n \tag{2-10}$$

【例 2-4】 如图 2-22 所示，在刚体的某平面内受到三个力偶的作用。已知 $F_1 = 100\text{N}$，$F_2 = 300\text{N}$，$M = 200\text{N}\cdot\text{m}$，求合力偶。

【解】 三个共面力偶合成一个合力偶，则各分力偶矩为

$m_1 = -F_1 d_1 = (-100 \times 2)\text{N}\cdot\text{m} = -200\text{N}\cdot\text{m}$

$m_2 = F_2 d = (300 \times 0.5 \div \sin 30°)\text{N}\cdot\text{m} = 300\text{N}\cdot\text{m}$

$m_3 = M = 200\text{N}\cdot\text{m}$

由式（2-10）得合力偶矩为

$M = m_1 + m_2 + m_3 = (-200 + 300 + 200)\text{N}\cdot\text{m} = 300\text{N}\cdot\text{m}$

即合力偶矩的大小等于 300N·m，转向为逆时针方向，与原力偶系共面。

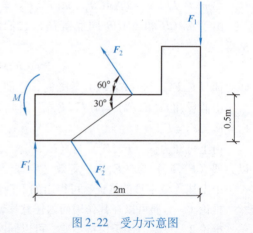

图 2-22 受力示意图

三、力的等效平移

定理：作用于刚体上的力可平行移动到刚体内的任一点，但必须同时附加一个力偶，这个附加力偶的矩等于原来的力对新作用点的矩；这样，平移前的一个力与平移后的一个力和一个力偶对刚体的作用效果等效。

证明：图 2-23a 中的力 $\boldsymbol{F}$ 作用于刚体的点 A，在同一刚体内任取一点 B，并在点 B 上加两个等值反向的力 $\boldsymbol{F}'$ 和 $\boldsymbol{F}''$，使它们与力 $\boldsymbol{F}$ 平行，且 $\boldsymbol{F}' = \boldsymbol{F} = -\boldsymbol{F}''$，如图 2-23b 所示。显然，三个力 $\boldsymbol{F}$、$\boldsymbol{F}'$、$\boldsymbol{F}''$ 与原来的力 $\boldsymbol{F}$ 是等效的；而这三个力又可视为过 B 点的一个力 $\boldsymbol{F}'$ 和作用在点 B 与力 $\boldsymbol{F}$ 决定平面内的一个力偶 $m(\boldsymbol{F}, \boldsymbol{F}'')$，如图 2-23c 所示。所以，作用在点 A 的力 $\boldsymbol{F}$ 就与作用在点 B 的力 $\boldsymbol{F}'$、力偶矩为 $m(\boldsymbol{F}, \boldsymbol{F}'')$ 的力偶（$\boldsymbol{F}$、$\boldsymbol{F}''$）等效，其力偶矩为 $m = Fd = m_B(\boldsymbol{F})$，证毕。

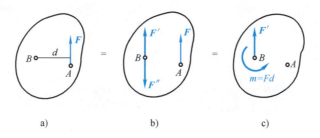

图 2-23　刚体受力分析图

这表明，作用于刚体上的力可平移至刚体内任一点，但不是简单的平移，平移时必须附加一力偶，该力偶的矩等于原力对平移点的矩。

根据该定理，可将一个力分解为一个力和一个力偶；反过来，也可以将同一平面内的一个力和一个力偶合成为与原力平行，且大小、方向都与原力相同的一个力。

力的等效平移定理及其逆定理不仅是力系简化的基本依据，也是分析力对物体作用效应的一个重要手段。

【例 2-5】　如图 2-24a 所示，在柱子的 A 点受到从吊车梁传来的荷载 $F_P = 200$kN，求将这个力 F_P 平移到柱轴上 B 点时所应附加的力偶矩。

【解】　根据力的等效平移定理，力 F_P 从 A 点平移到 B 点，必须附加一个力偶，如图 2-24b 所示，它的力偶矩 m 等于 F'_P 对 B 点的矩，即

$$m = m_B(F_P) = (200 \times 0.3)\text{kN} \cdot \text{m} = 60\text{kN} \cdot \text{m}$$

转向为逆时针转向。

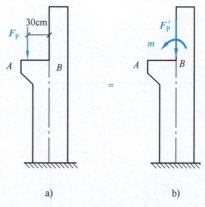

图 2-24　物体的受力分析

课后巩固与提升

四、计算题

1. xOy 平面内的四个力如图 2-25 所示，各作用点括号内的数字为该点的坐标值。试求：

（1）各力在 x、y 轴上的投影。

（2）各力对 O 点的矩。

2. 一个 200N 的力作用在 A 点，方向如图 2-26 所示，求：

（1）此力对 O 点的矩。

（2）在 B 点加一水平力，使对 O 点的矩等于第（1）题所求的矩，求这个水平力。

（3）要在 B 点加一最小力得到与第（1）题所求相同的矩，求这个最小力。

3. 如图 2-27 所示杆件，其上作用两个力偶，试求其合力偶。

项目2：一、填空题，
二、单项选择题，
三、多项选择题

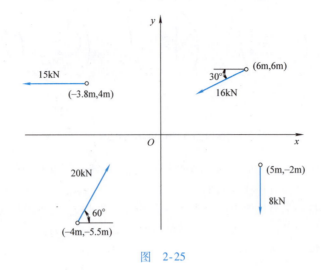

图 2-25

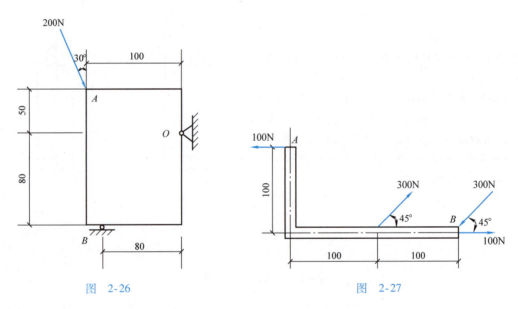

图 2-26　　　　　　　　　　　图 2-27

五、案例分析

港珠澳大桥是一座连接香港、珠海和澳门地区的桥隧工程，位于我国广东省珠江口伶仃洋海域内，被国内媒体誉为"大国丰碑"。这是一座人类建设史上迄今为止里程最长、施工难度最大、设计使用寿命最长的跨海公路桥梁，为了实现抗风能力16级、抗震能力8级、使用寿命120年的目标，设计、施工团队创新研发了31项工法、31套海洋装备、13套软件、454项专利。大桥全长55km，其中包含22.9km的桥梁工程和6.7km的海底沉管隧道，隧道由东、西两个人工岛连接，图2-28为其中一段斜拉桥。

（1）查阅资料，探索港珠澳大桥的"科技密码"，同学们根据自己的经验分析一下图中箭头所指的一对斜拉钢索受到什么样的力。

（2）分析图中两个力的合力方向。

图 2-28

职 考 链 接

项目2：职考链接

项目 3　选择建筑材料

【知识目标】

1. 了解钢筋的分类。
2. 理解混凝土的强度。
3. 掌握钢筋和混凝土的力学性能。
4. 掌握钢筋和混凝土的选用。
5. 掌握钢筋与混凝土的黏结。

【能力目标】

1. 能为建筑结构构件选择合适的建筑材料。
2. 能在施工中进行材料代换工作。

【素质目标】

了解选用不合格建筑材料的危害,培养质量意识、安全意识。

【引例分析——福州小城镇住宅楼项目材料选择】

福州小城镇住宅楼项目选用钢筋混凝土框架结构,已经完成了基本构件的受力分析,结构设计的目标是保证构件安全可靠工作,具有足够的强度、刚度和稳定性。结构构件的强度和变形性能,主要取决于材料的强度和变形性能。钢筋混凝土结构是由钢筋和混凝土两种力学性能截然不同的材料组成的复合结构,如图3-1所示。要正确合理地进行钢筋混凝土结构设计,必须掌握钢筋混凝土结构材料的物理、力学性能。钢筋混凝土结构材料的物理、力学性能是指钢筋混凝土组成材料——混凝土和钢筋各自的强度及变形的变化规律,以及两者结合组成钢筋混凝土后的共同工作性能。这些都是建立钢筋混凝土结构设计计算的理论基础,是学习和掌握钢筋混凝土结构构件工作性能必备的基础知识。本项目主要讲述钢筋和混凝土的力学性能及二者间的相互作用。

图 3-1　钢筋与混凝土

任务1　选 用 钢 筋

一、钢筋的种类

钢筋混凝土结构所用钢筋种类很多，主要有以下几种分类方式：

1. 按化学成分分类

钢材按化学成分可分为碳素钢和普通低合金钢两大类。建筑工程中使用的建筑钢材一般是碳素结构钢和低合金高强度结构钢。

钢筋的种类

碳素钢除含铁元素外，还有少量的碳、锰、硅、磷等元素。其中，碳含量越高，钢筋的强度越高，但钢筋的塑性和焊接性越差。一般把碳含量少于 0.25% 的钢材称为低碳钢；碳含量在 0.25%~0.6% 的钢材称为中碳钢；碳含量大于 0.6% 的钢材称为高碳钢。

在碳素钢的成分中加入少量合金元素就成为普通低合金钢，如 20MnSi、20MnSiV、20MnTi 等，其中名称前面的数字代表平均碳含量（以万分之一计）。普通低合金钢由于加入了少量的合金元素，可有效提高钢材的强度，改善塑性和焊接性。

2. 按外形分类

钢筋按照外形可分为光圆钢筋和带肋钢筋两大类，如图 3-2 所示。光圆钢筋的横截面通常为圆形，表面光滑无花纹，如图 3-2a 所示。带肋钢筋表面通常带有两条纵肋和沿长度方向均匀分布的横肋，其中横肋斜向一个方向呈螺纹形的称为螺纹钢筋，如图 3-2b 所示。横肋斜向不同方向呈"人"字形的称为人字形钢筋，如图 3-2c 所示。纵肋与横肋不相交且横肋呈月牙形状的称为月牙纹钢筋，如图 3-2d 所示。带肋钢筋表面的肋纹有利于钢筋和混凝土两种材料的结合。

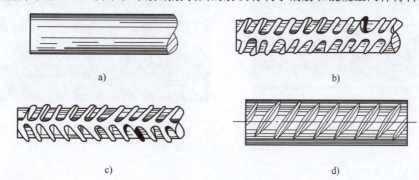

图 3-2　钢筋按外形分类
a）光圆钢筋　b）螺纹钢筋　c）"人"字形钢筋　d）月牙纹钢筋

光圆钢筋的直径一般为 6~22mm，带肋钢筋的直径一般为 6~50mm，直径较小的钢筋（直径小于 6mm）称为钢丝，钢丝的外形通常为光圆的。光圆钢丝一般以多根钢丝组成钢丝束或由若干根钢丝扭结成钢绞线的形式应用。钢绞线可分为 1×3（三股）、1×7（七股）两种类型。在光圆钢丝的表面轧制肋纹，可形成螺旋类钢丝。

3. 按生产和加工工艺分类

钢筋按生产和加工工艺可分为热轧钢筋、冷拉钢筋、热处理钢筋、冷轧带肋钢筋和钢丝五大类。工程上常用的钢筋主要为热轧钢筋，下面主要介绍热轧钢筋。

热轧钢筋是经热轧成型并自然冷却的成品钢筋，一般由低碳钢、普通低合金钢在高温状态下轧制而成，常见于混凝土结构中的钢筋和预应力混凝土结构中的非预应力钢筋。

钢筋的牌号是由几个英文字母和数字组成的，其中 HPB 代表热轧光圆钢筋；HRB 代表热轧带肋钢筋；HRBF 代表细晶粒热轧带肋钢筋。钢筋牌号中的数字代表钢筋的屈服强度标准值，单位为"N/mm²"。热轧钢筋根据其强度不同分为四个等级，工程中常用的热轧钢筋牌号有 HPB300、HRB400、RRB400、HRBF400、HRB500、HRBF500。

HPB300 为一级钢筋，用符号ϕ表示。该牌号钢筋强度较低，但塑性和焊接性较好，广泛用于钢筋混凝土结构中。

HRB400 和 HRBF400 为三级钢筋，分别用符号Φ与Φ^F表示；RRB400 为余热处理带肋钢筋，用符号Φ^R表示。这三个牌号的钢筋强度较高，塑性和焊接性比较好，广泛用于大中型钢筋混凝土结构中的受力钢筋。

HRB500 和 HRBF500 为四级钢筋，符号分别为Φ与Φ^F。这两个牌号的钢筋强度高，但塑性和焊接性较差，可用作预应力钢筋。

钢筋牌号后面加"E"表示的是抗震钢筋，如 HRB400E 表示强度等级为 400MPa 且有较高抗震性能的普通热轧带肋钢筋。

生产厂家在生产钢筋的时候，通常会将钢筋的一些信息如牌号、生产厂家和直径刻在钢筋上，称为钢筋的标志，钢筋上的标志表示为"牌号+厂名+规格"，其中 HRB400 用"4"表示；HRB500 用"5"表示；HRBF400 用"C4"表示；HRBF500 用"C5"表示。图 3-3a 中所刻标志代表的意思为："4"代表牌号为 HRB400 钢筋（即三级钢筋），中间标志为钢筋生产厂家的代号，"25"代表钢筋直径。

a)

b)

图 3-3 钢筋标志

二、钢筋的力学性能

钢筋的力学性能是衡量钢筋质量的重要指标，包括强度和变形。

1. 钢筋的应力-应变曲线（强度）

根据钢筋在受拉时的应力-应变曲线的特点，可将钢筋分为有明显屈服点和无明显屈服点两类，前者包括热轧钢筋和冷轧钢筋；后者包括钢丝、钢绞线及热处理钢筋。

（1）有明显屈服点钢筋的应力-应变曲线　一般热轧钢筋属于有明显屈服点的钢筋，工程上习惯称为软钢，其拉伸试验的典型应力-应变曲线如图 3-4 所示。

从图 3-4 可以看出，软钢从加载到拉断，共经历了四个阶段。自开始加载至应力达到 a 点以前，应力-应变呈线性关系，a 点应力称为比例极限，a' 点应力称为弹性极限，oa' 段属于弹性工作阶段；过 a' 点后，应变的增长略快于应力增长速度，钢筋进入屈服阶段，此时应力波动不大，应变增长较快，产生很大的塑性变形，在应力-应变图上呈现锯齿形，称为屈服台阶或流幅，b 点应力为屈服阶段的最小应力，称为屈服强度；过 c 点后，钢筋应力开始重新增长，应力-应变关系为上升曲线，曲线最高点 e 的应力称为极限抗拉强度，曲线 ce 段称为强化阶段；过 e 点后，在试件内部某个薄弱部分，截面将急剧缩小，发生局部缩颈现象，应力-应变曲线呈下降趋势，应变继续增加，直到 f 点试件断裂，f 点所对应的应变称为钢筋的极限拉应变，曲线 ef 段称为缩颈阶段。

有明显屈服点的钢筋有两个强度指标：一个是 b 点所对应的屈服强度，另一个是 e 点对应的极限抗拉强度。工程上取屈服强度作为钢筋强度取值的依据，因为钢筋屈服后产生了较大的塑性变形，将使构件变形和裂缝宽度大大增加，使构件无法正常工作。钢筋的极限强度是钢筋的实际破坏强度，不能作为设计中钢筋强度取值的依据，因为当应力达到极限强度时，构件出现颈缩并很快被拉断，无任何安全储备。

（2）无明显屈服点钢筋的应力-应变曲线　各种类型的钢丝属于无明显屈服点的钢筋，工程上习惯称为硬钢，其拉伸试验的典型应力-应变曲线如图 3-5 所示。由图可见，它没有明显的屈服台阶，其强度很高，但伸长率减小，塑性降低。设计上取相应于残余应变 0.2% 时的应力（$\sigma_{0.2}$）作为假定屈服强度，或称条件屈服点，其值相当于 $0.85\sigma_b$，σ_b 为抗拉强度。

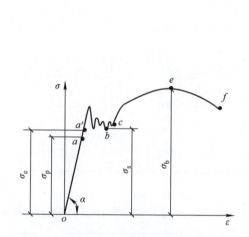

图 3-4　有明显屈服点钢筋的应力-应变曲线

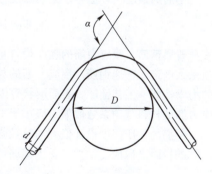

图 3-5　无明显屈服点钢筋的应力-应变曲线

2. 钢筋的塑性（变形）

钢筋除应具有足够的强度外，还应具有一定的塑性。钢筋的塑性通常用伸长率和冷弯性能两个指标来衡量。

钢筋的伸长率是指钢筋试件上标距为 $10d$ 或 $5d$（d 为钢筋试件直径）范围内的极限伸长率，记为 δ_{10} 或 δ_5。钢筋的伸长率越大，表明钢筋的塑性越好。

冷弯性能是将直径为 d 的钢筋围绕某个规定直径（规定直径 D 为 $1d$、$2d$、$3d$、$4d$、$5d$）的辊轴弯曲，并形成一定的角度（90°或 180°），弯曲后钢筋应无裂纹、鳞落或断裂现象，如图 3-6 所示。弯芯（辊轴）的直径越小，弯转角越大，说明钢筋的塑性越好。

图 3-6　钢筋冷弯试验

3. 钢筋的冲击韧性

冲击韧性是指材料在冲击荷载作用下吸收塑性变形功和断裂功的能力，反映材料内部的细微缺陷和抗冲击性能。冲击韧性随温度的降低而下降；其规律是开始下降缓慢，当达到一定温度范围时，突然下降很多而呈脆性，这种性质称为钢材的冷脆性，这时的温度称为脆性临界温度。钢材的脆性临界温度越低，低温冲击韧性越好。

对于直接承受动荷载而且可能在负温下工作的重要结构，应进行冲击韧性验算。

工程上对钢筋进行力学性能检测时主要的检测项目为：屈服强度、极限抗拉强度、伸长率和冷弯性能。

三、钢筋的强度指标

在结构构件的承载能力极限状态设计和正常使用极限状态设计中，经常会用到钢筋的强度标准值、强度设计值和弹性模量。

1. 钢筋的强度标准值

钢材的强度具有变异性。按同一标准生产的钢材，不同时间生产的各批钢材之间的强度也不会完全相同；即使同一炉产出的钢材，其强度也会有差异。因此，在结构设计中采用其强度标准值作为基本代表值。强度标准值是指正常情况下可能出现的最小材料强度值。

《混凝土结构通用规范》（GB 55008—2021）规定，混凝土结构用普通钢筋、预应力筋的强度标准值应具有不小于95%的保证率，普通钢筋强度标准值按表3-1采用。

表 3-1 普通钢筋强度标准值 （单位：N/mm²）

牌号	符号	公称直径 d/mm	屈服强度标准值 f_{yk}	极限强度标准值 f_{stk}
HPB300	Φ	6～14	300	420
HRB400	Φ	6～50	400	540
HRBF400	ΦF			
RRB400	ΦR			
HRB500	Φ	6～50	500	630
HRBF500	ΦF			

2. 钢筋的强度设计值

为了保证结构设计的安全性，混凝土结构承载力设计采用钢筋的强度设计值，其值比钢筋强度标准值要低。

钢筋的强度设计值等于钢筋强度标准值除材料分项系数，即

$$\text{钢筋的强度设计值} = \frac{\text{钢筋强度标准值}}{\text{材料分项系数}} \tag{3-1}$$

普通钢筋、预应力筋的强度设计值应按其强度标准值分别除普通钢筋、预应力筋的材料分项系数确定，普通钢筋、预应力筋的材料分项系数应根据工程结构的可靠性要求综合考虑钢筋的力学性能、工艺性能、表面形状等因素确定；普通钢筋材料分项系数的取值不应小于1.1，预应力筋的材料分项系数取值不应小于1.2。

钢筋的抗压强度设计值f'_y与抗拉强度设计值相同，这是由于构件中钢筋受到混凝土的约束，实际的极限受压应变增大，受压钢筋可达较高强度，具体数值参见表3-2。

表 3-2 普通钢筋强度设计值 （单位：N/mm²）

牌号	抗拉强度设计值 f_y	抗压强度设计值 f'_y
HPB300	270	270
HRB400、HRBF400、RRB400	360	360
HRB500、HRBF500	435	435

3. 钢筋的弹性模量 E_s

钢筋的弹性模量是反映弹性阶段钢筋应力应变关系的物理量，$E_s = \dfrac{\sigma_s}{\varepsilon_s}$。其中，$\sigma_s$ 为钢筋屈

服前的应力,单位为 N/mm²;ε_s 为相应钢筋的应变。

钢筋的弹性模量由拉伸试验测定,对同一类的钢筋,受拉和受压的弹性模量相同。钢筋的弹性模量参见表 3-3。

表 3-3　钢筋的弹性模量　　　　　　　　　　　　　　　(单位:N/mm²)

牌号或种类	弹性模量 E_s
HPB300	2.10×10^5
HRB400、HRB500、HRBF400、HRBF500、RRB400、预应力螺纹钢筋	2.00×10^5
消除应力钢丝、中强度应力钢丝	2.05×10^5
钢绞线	1.95×10^5

四、钢筋的加工

钢筋加工是为钢筋混凝土工程或预应力混凝土工程提供钢筋制品的制作工艺过程。钢筋加工主要包括调直、切断和弯折。

1. 钢筋调直

钢筋调直就是利用钢筋调直机或采用冷拉的方法,通过拉力将弯曲的钢筋拉直,以便于加工的过程。钢筋调直宜采用机械方法,也可采用冷拉方法。

2. 钢筋切断

资源是有限的,钢筋下料时须按计算的下料长度切断,避免浪费。钢筋切断可采用钢筋切断机或手动切断器。手动切断器只用于切断直径小于 16mm 的钢筋;钢筋切断机可切断直径 40mm 以内的钢筋。

3. 钢筋弯折

1) 受力钢筋。HPB300 钢筋的末端应做 180°弯钩,如图 3-7 所示,其弯弧内直径不应小于钢筋直径的 2.5 倍,弯钩的弯后平直部分长度不应小于钢筋直径的 3 倍。400MPa 的带肋钢筋,弯弧内直径不应小于钢筋直径的 4 倍。500MPa 的带肋钢筋,当直径为 25mm 以下时,弯弧内直径不应小于钢筋直径的 6 倍;当直径为 25mm 及以上时,弯弧内直径不应小于钢筋直径的 7 倍。

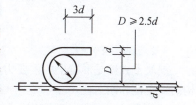

图 3-7　光圆钢筋末端 180°弯钩

2) 箍筋。除焊接封闭环形箍筋外,箍筋的末端应做弯钩。弯钩形式应符合设计要求,当设计无具体要求时,应符合下列规定:

① 箍筋弯钩的弯弧内直径不小于受力钢筋的直径。

② 箍筋弯钩的弯折角度:对一般结构,不应小于 90°;对有抗震等级要求的结构,应为 135°。

③ 箍筋弯后的平直部分长度:对一般结构,不宜小于箍筋直径的 5 倍;对有抗震等级要求的结构,不应小于箍筋直径的 10 倍。

在钢筋加工过程中,我们要意识到资源是有限的,要合理下料,不浪费资源,树立环保意识和节能意识。

五、钢筋的选用

钢筋混凝土结构使用的钢筋,不仅要强度高,而且要具有良好的塑性和焊接性,同时还要求与混凝土有较好的黏结性能。因此,混凝土结构对钢筋性能的要求主要包括以下几方面:

1. 强度

钢筋应具有可靠的屈服强度和极限抗拉强度,屈服强度是进行结构设计时的主要依据,钢筋的屈服强度越高，则钢筋的用量就越少。

2. 塑性

钢筋在断裂前应有足够的变形，能给人以破坏的预兆。钢筋的塑性好，也易于钢筋的加工成型，因此要保证钢筋的伸长率和冷弯性能。

3. 焊接性

很多情况下，钢筋之间的连接需要通过焊接的方式进行，因此要求在一定的工艺条件下，钢筋焊接后施焊的热影响区域不能产生裂纹及过大的变形，保证焊接后的接头性能良好。

4. 与混凝土的黏结力

钢筋和混凝土两种物理性能不同的材料能结合在一起共同工作，主要是混凝土在凝结硬化时牢固地与钢筋黏结在一起，相互传递内力的原因。通常选取带肋钢筋来提高钢筋和混凝土的黏结力。

《混凝土结构设计规范》（GB 50010—2010）与《混凝土结构通用规范》（GB 55008—2021）规定：

1）纵向受力普通钢筋可采用 HRB400、HRB500、HRBF400、HRBF500、RRB400、HPB300 钢筋。

2）梁、柱和斜撑构件的纵向受力普通钢筋宜采用 HRB400、HRB500、HRBF400、HRBF500 钢筋。

3）箍筋宜采用 HRB400、HRBF400、HPB300、HRB500、HRBF500 钢筋。

4）预应力筋宜采用预应力钢丝、钢绞线和预应力螺纹钢筋。

为追求高额利润，在选用钢筋时，有人会选用"瘦身"钢筋，使用"瘦身"钢筋的目的是减少建设成本，但给工程带来了极大的安全隐患，这样的做法是违反法律规定的。

任务 2　选用混凝土

一、混凝土的强度

混凝土强度是混凝土的重要力学性能，是设计钢筋混凝土结构的重要依据，它直接影响结构的安全性和耐久性。

1. 混凝土立方体抗压强度

《混凝土物理力学性能试验方法标准》（GB/T 50081—2019）规定，以边长为 150mm 的立方体标准试件，在温度为（20±2）℃、相对湿度 95% 以上的潮湿空气中养护 28d，依照标准制作方法和试验方法测得的具有 95% 保证率的抗压强度作为混凝土立方体抗压强度标准值，用 $f_{cu,k}$ 表示，单位为 N/mm²。

试验时，试件在试验机上单向受压，试件于纵向缩短、横向扩张。由于混凝土试件的刚度比试验机承压钢板的刚度要小得多，混凝土的横向变形系数大于试验机承压钢板的横向变形系数，因而试件在受压时，与垫板接触的混凝土的横向变形受到承压面摩擦阻力的约束，垫板就像"箍"一样把试件的上下面箍住；发生破坏时，在"箍"的约束作用较弱的试件中部处，外围混凝土剥落，致使混凝土试件在破坏时形成两个对顶的锥形破坏面。混凝土试块越大，环箍效应越大，因此当采用非标准试块时，应将混凝土立方体抗压强度的试验值乘以表 3-4 中的换算系数，将非标准尺寸混凝土试块的立方体抗压强度换算成标准尺寸混凝土试块的立方体抗压强度。

表 3-4　混凝土立方体抗压强度换算系数

立方体试块边长/mm	100	150	200
集料最大粒径/mm	31.5	40	63
换算系数	0.95	1.00	1.05

《混凝土结构设计规范》（GB 50010—2010）按 $5N/mm^2$ 的级差，将混凝土分为 C15、C20、C25、C30、C35、C40、C45、C50、C55、C60、C65、C70、C75、C80 共 14 个强度等级。

2. 混凝土轴心抗压强度

实际工程中，结构构件一般不是立方体，而是棱柱体。因此，采用棱柱体要比采用立方体能更好地反映混凝土结构的实际抗压能力。用混凝土棱柱体试件测得的抗压强度称为轴心抗压强度。

《混凝土物理力学性能试验方法标准》（GB/T 50081—2019）规定，混凝土轴心抗压强度试验采用 150mm×150mm×300mm 的棱柱体作为标准试件，按与立方体试件相同的制作、养护条件和标准试验方法测得的具有 95% 保证率的抗压强度称为混凝土轴心抗压强度标准值，记为 f_{ck}，单位为 N/mm^2。

轴心抗压强度是混凝土受压承载力计算的强度指标。

3. 混凝土轴心抗拉强度

混凝土的轴心抗拉强度是混凝土的基本力学特征之一，它比轴心抗压强度要小得多，一般只有轴心抗压强度的 5%~10%。混凝土试件的轴心抗拉强度是确定混凝土抗裂度的重要指标。

混凝土的轴心抗拉强度可采用尺寸为 100mm×100mm×500mm 的棱柱体试件进行直接轴心受拉试验，但其准确性较差，故一般采用圆柱体或边长为 150mm 的立方体进行劈裂试验来间接测定。混凝土轴心抗拉强度标准值用 f_{tk} 表示，单位为 N/mm^2。

二、混凝土的强度指标

1. 混凝土强度标准值

《混凝土结构通用规范》（GB 55008—2021）规定，结构混凝土的强度标准值应具有不小于 95% 的保证率。混凝土轴心抗压、抗拉强度的标准值参见表 3-5。

表 3-5 混凝土轴心抗压、抗拉强度标准值　　　　　　　　　　（单位：N/mm^2）

强度	混凝土强度等级													
	C15	C20	C25	C30	C35	C40	C45	C50	C55	C60	C65	C70	C75	C80
f_{ck}	10.0	13.4	16.7	20.1	23.4	26.8	29.6	32.4	35.5	38.5	41.5	44.5	47.4	50.2
f_{tk}	1.27	1.54	1.78	2.01	2.20	2.39	2.51	2.64	2.74	2.85	2.93	2.99	3.05	3.11

2. 混凝土强度设计值

《混凝土结构通用规范》（GB 55008—2021）规定，结构混凝土强度设计值应按其强度标准值除材料分项系数确定，且材料分项系数取值不应小于 1.4。混凝土轴心抗压、抗拉强度设计值见表 3-6。

表 3-6 混凝土轴心抗压、抗拉强度设计值　　　　　　　　　　（单位：N/mm^2）

强度	混凝土强度等级													
	C15	C20	C25	C30	C35	C40	C45	C50	C55	C60	C65	C70	C75	C80
f_c	7.2	9.6	11.9	14.3	16.7	19.1	21.1	23.1	25.3	27.5	29.7	31.8	33.8	35.9
f_t	0.91	1.10	1.27	1.43	1.57	1.71	1.80	1.89	1.96	2.04	2.09	2.14	2.18	2.22

三、混凝土的变形

混凝土的变形有两类：一类是混凝土的受力变形，包括一次短期荷载下的变形、长期荷载下的变形和多次重复荷载下的变形；另一类是混凝土的体积变形，如因收缩、膨胀及温度变化而产生的变形。

1. 混凝土在一次短期荷载作用下的变形

混凝土在一次短期荷载下的变形性能，可以用混凝土棱柱体受压时的应力-应变曲线表示，如图3-8所示，曲线由上升段和下降段两部分组成。

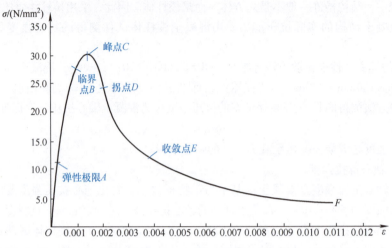

图3-8 混凝土在一次短期荷载作用下的应力-应变曲线

1）上升段 OC。在曲线的开始部分 OA 段，混凝土应力很小，当 $\sigma \leqslant 0.3f_c$ 时，应力-应变曲线可视为直线，混凝土表现出理想的弹性性质，其变形主要是集料和水泥结晶体的弹性变形，内部微裂缝没有发展。在 AB 段，应力 $\sigma = (0.3 \sim 0.8)f_c$，应力-应变曲线逐渐偏离直线而表现出明显的非弹性特征，这是水泥胶凝体的黏性流动以及混凝土中微裂缝的发展和新的微裂缝不断产生的结果。应力超过 B 点后，由于混凝土内部组织结构进入破坏阶段，塑性变形增长的速度比应力的增长速度更快，直到应力达到峰值应力 f_c，在此过程中混凝土内部贯通的微裂缝转变为明显的纵向裂缝，试件开始破坏，但相应于峰值应力的应变不是最大应变而是 ε_0。《混凝土结构设计规范》（GB 50010—2010）规定，当计算得出的 ε_0 小于0.002时，取0.002。

2）下降段 CE。如果试验机的刚度很大，试验机释放的能量不会立即将试件破坏，而是随着缓慢的卸载过程，应力逐渐减小，而应变还可以持续增加，曲线在 D 点出现反弯，该点称为"拐点"，此时混凝土达到极限压应变 ε_{cu}。超过"拐点"以后，结构的受力性能开始发生本质的变化，曲线表现的低受荷能力是破碎试件的咬合力或摩擦力提供的。随着变形的增加，应力-应变曲线逐渐凸向水平轴方向，此段曲线中曲率最大的一点 E 称为"收敛点"。从"收敛点"以后开始的曲线称为收敛段，此时贯通的主裂缝已经很宽了，结构黏聚力几乎耗尽，收敛段 EF 对于无侧向约束的混凝土结构已失去意义。

在对构件进行受力分析时，对于均匀受压的混凝土棱柱体，由于压应力达到 f_c 时混凝土不能再负担更大的荷载，所以不管有无下降段，极限压应变都按 ε_0 考虑；对于非均匀受压的混凝土构件（如受弯构件或大偏心受压构件的受压区），当混凝土受压区最外层纤维的应力达到 f_c 时，最外层纤维可将部分应力传给附近的纤维，起到卸载的作用，所以构件不会立即破坏，只有当受压区最外层纤维的应变达到极限压应变 ε_{cu} 时，构件才会破坏。《混凝土结构设计规范》（GB 50010—2010）对非均匀受压时的混凝土的极限压应变取 $\varepsilon_{cu} = 0.0033$。

混凝土的极限压应变 ε_{cu} 由弹性应变和塑性应变两部分组成，塑性变形部分越大，表示变形能力越大，也就是延性越好。

2. 混凝土在荷载的长期作用下的变形性能

混凝土在荷载的长期作用下，即使应力维持不变，它的应变也会随时间继续增长，这种现象称为混凝土的徐变。产生徐变的原因是尚未转化为结晶体的水泥胶体发生塑性变形，同时混凝土内部的微裂缝在长期荷载作用下的持续发展也会导致徐变。混凝土的徐变对钢筋混凝土构件的受力性能有重要影响，使受弯构件在荷载的长期作用下挠度增加；长细比较大的偏心受压柱的偏心距增大；对预应力混凝土构件会产生较大的预应力损失。

混凝土的配合比是影响徐变的内在因素，集料的弹性模量越大，体积比越大，徐变就越小；水灰比越小，徐变也越小。

养护及使用条件下的温度、湿度是影响徐变的环境因素。养护的温度、湿度越高，水泥水化作用越充分，徐变就越小，蒸汽养护可使徐变减少 20%～25%。试件受荷后所处环境的温度越高、湿度越低，徐变就越大。因此，高温干燥环境将使徐变显著增大。

应力因素包括施加初应力的水平（σ 与 f_c 的比值）和加载时混凝土的龄期，是影响徐变的重要因素。加载时试件的龄期越长，混凝土中结晶体的比例越大，胶体的黏性流动就越小，徐变就越小；加载时混凝土的龄期相同时，初应力越大，徐变就越大。

3. 混凝土的收缩、膨胀和温度变形

混凝土在空气中硬结时，体积会收缩；在水中硬结时，体积会膨胀。在钢筋混凝土结构中，当混凝土的收缩受到结构内部钢筋或外部支座的约束时，会在混凝土中产生拉应力，从而加快裂缝的出现和开展。在预应力混凝土结构中，混凝土的收缩会引起预应力损失。因此，应采取各种措施，减少混凝土的收缩变形。

引起混凝土收缩的原因主要是硬化初期水泥石在水化凝固硬结过程中产生的体积变化，后期主要是混凝土内自由水分蒸发而引起的干缩。

混凝土的组成和配合比是影响混凝土收缩的重要因素，水泥的用量越多，水灰比较大，收缩就越大；集料级配好、密度大、弹性模量高、粒径大，能减小混凝土的收缩，这是因为集料对水泥石的收缩有制约作用，粗集料所占的体积比越大、强度越高，对混凝土收缩的制约作用就越大。

干燥失水是引起收缩的重要原因，所以构件的养护条件、使用环境的温度与湿度，以及影响混凝土中水分保持的因素，都对混凝土的收缩有影响。蒸汽养护可加快水化作用，减少混凝土中的自由水分，因而可使收缩减少。使用环境的温度越高，相对湿度较低，收缩就越大。

混凝土的最终收缩量还和构件的体表比有关，因为这个比值决定着混凝土中水分蒸发的速度。体表比较小的构件如工字形、箱形薄壁构件，收缩量较大，而且收缩的发展也较快。

4. 混凝土的弹性模量

进行结构构件的变形验算和超静定结构的内力分析时，需要用到混凝土的弹性模量，理论上应取通过原点的 $\sigma - \varepsilon$ 曲线的切线的斜率作为混凝土的弹性模量，混凝土的弹性模量见表 3-7。

表 3-7　混凝土的弹性模量　　　　　　　　　　（单位：N/mm²）

混凝土强度等级	C15	C20	C25	C30	C35	C40	C45	C50	C55	C60	C65	C70	C75	C80
$E_c/(\times 10^4)$	2.20	2.55	2.80	3.00	3.15	3.25	3.35	3.45	3.55	3.60	3.65	3.70	3.75	3.80

注：1. 当需要时，可根据试验实测数据确定结构混凝土的弹性模量。
　　2. 当混凝土中掺有大量矿物掺合料时，弹性模量可按规定龄期根据实测值确定。

混凝土的剪切变形模量 G_c 可按相应弹性模量的 40% 采用，混凝土的泊松比 ν_c 可按 0.2 采用。

四、混凝土的选用

在进行混凝土结构设计时，为了避免混凝土结构构件承载力过低，防止其在使用阶段出现过大的变形和过宽的裂缝，确保结构构件的耐久性，在设计混凝土结构构件时，混凝土的强度等级选用不宜过低。混凝土的强度等级还要与钢筋的强度相匹配，钢筋的强度较高时，混凝土的强度等级也应该较高。

《混凝土结构通用规范》（GB 55008—2021）规定：结构混凝土强度等级的选用应满足工程结构的承载力、刚度及耐久性需求。对设计工作年限为50年的混凝土结构，结构混凝土的强度等级还应符合下列规定（对设计工作年限大于50年的混凝土结构，结构混凝土的最低强度等级应比下列规定提高）：

1）素混凝土结构构件的混凝土强度等级不应低于C20；钢筋混凝土结构构件的混凝土强度等级不应低于C25；预应力混凝土楼板结构的混凝土强度等级不应低于C30，其他预应力混凝土结构构件的混凝土强度等级不应低于C40；钢-混凝土组合结构构件的混凝土强度等级不应低于C30。

2）承受重复荷载作用的钢筋混凝土构件，混凝土强度等级不应低于C30。

3）抗震等级不低于二级的钢筋混凝土结构构件，混凝土强度等级不应低于C30。

4）采用500MPa及以上等级的钢筋的钢筋混凝土结构构件，混凝土强度等级不应低于C30。

在进行结构设计与施工时，在选用混凝土时，要按规范规定选取混凝土，避免使用不达标的混凝土，要始终树立质量意识、安全意识。

任务3　钢筋的锚固长度

一、钢筋和混凝土共同工作的原因

钢筋与混凝土之所以能够共同工作，主要有两个因素：一是两者具有相近的线胀系数（钢筋为$1.2 \times 10^{-5} ℃^{-1}$，混凝土为$1.2 \times 10^{-5} ℃^{-1}$），因此当温度变化时，两种材料不会因为产生过大的变形差而导致两者间的黏结力发生破坏；二是因为混凝土硬结并达到一定的强度以后，两者之间建立起了足够的黏结力，保证了钢筋不会从混凝土中拔出或压出，与混凝土更好地共同工作。黏结和锚固是钢筋和混凝土形成整体、共同工作的基础。

因此，钢筋混凝土受力后，会沿钢筋和混凝土的接触面产生剪应力，这种剪应力称为黏结力。

二、钢筋和混凝土黏结力的组成及分布

1. 黏结力的组成

一般黏结力由以下三部分组成：

（1）化学胶结力　化学胶结力是由混凝土中水泥凝胶体和钢筋表面的化学变化而产生的吸附作用力，这种作用力很弱，一旦钢筋与混凝土接触面上发生相对滑移即消失。

（2）摩擦力（握裹力）　摩擦力是由混凝土收缩后紧紧地握裹住钢筋而产生的力。这种摩擦力与压应力的大小及接触面的粗糙程度有关，挤压应力越大、接触面越粗糙，摩擦力越大。

（3）机械咬合力　机械咬合力是由于钢筋表面凹凸不平而与混凝土之间产生的机械咬合作用力。变形钢筋的横肋会产生这种咬合力。

光圆钢筋黏结力以摩擦力为主，变形钢筋黏结力以机械咬合力为主。

2. 黏结强度与黏结力的分布

钢筋与混凝土的黏结面上所能承受的平均剪应力的最大值称为黏结强度。黏结强度通常可用拔出试验确定，如图3-9所示，将钢筋的一端埋入混凝土，在另一端施加拉力将其拔出。试验表明，黏结力沿钢筋长度方向的分布是非均匀的，故拔出试验测定的黏结强度f_t是指钢筋拔出力到达极限时钢筋与混凝土剪切面上的平均剪应力。

三、保证钢筋和混凝土之间黏结力的措施

为了保证钢筋和混凝土能够共同工作，钢筋不从混凝土中拔出或压出，钢筋与混凝土之间需有足够的黏结强度；该黏结强度通过钢筋的良好锚固得以保证，如在光圆钢筋的端部设置弯钩、钢筋伸入支座一定的长度等（当钢筋长度不足时，钢筋需要有接头）。

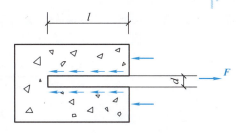

1. 保证钢筋具有足够的锚固长度

在钢筋与混凝土的接触界面之间实现应力传递，建立结构承载所必需的工作应力的长度称为钢筋的锚固长度。

图 3-9　拔出试验与黏结力分布

（1）受拉钢筋的基本锚固长度 l_{ab}　受拉钢筋的基本锚固长度 l_{ab} 取决于钢筋强度及混凝土的抗拉强度，并与钢筋的直径及外形有关。其计算式如下：

普通钢筋

$$l_{ab} = \alpha \frac{f_y}{f_t} d \tag{3-2}$$

预应力钢筋

$$l_{ab} = \alpha \frac{f_{py}}{f_t} d \tag{3-3}$$

式中　f_y、f_{py}——普通钢筋、预应力钢筋抗拉强度设计值；

　　　f_t——混凝土轴心抗拉强度设计值，当混凝土强度等级高于 C60 时，按 C60 取值；

　　　d——锚固钢筋的直径；

　　　α——锚固钢筋的外形系数，按表 3-8 采用。

表 3-8　锚固钢筋的外形系数 α

钢筋类型	光圆钢筋	带肋钢筋	螺旋肋钢丝	三股钢绞线	七股钢绞线
α	0.16	0.14	0.13	0.16	0.17

注：光圆钢筋末端应做 180° 弯钩，弯后平直段长度不应小于 $3d$，但作为受压钢筋时可不做弯钩。

（2）受拉钢筋的锚固长度　受拉钢筋的锚固长度 l_a 即工程实际的锚固长度，为钢筋的基本锚固长度乘以钢筋锚固长度修正系数，具体计算式如下：

$$l_a = \zeta_a l_{ab} \tag{3-4}$$

式中　ζ_a——锚固长度修正系数。

锚固长度修正系数 ζ_a 按下列规定取用：

1）带肋钢筋的公称直径大于 25mm 时取 1.10。

2）环氧树脂涂层带肋钢筋取 1.25。

3）施工过程中易受扰动的钢筋取 1.10。

4）当纵向受力钢筋的实际配筋面积大于其设计计算面积时，修正系数取设计计算面积与实际配筋面积的比值，但对有抗震设防要求及直接承受动力荷载的结构构件，不应考虑此项修正。

5）锚固钢筋的保护层厚度为 $3d$ 时，修正系数可取 0.80；保护层厚度不小于 $5d$ 时的修正系数可取 0.70，中间范围按内插取值，此处的 d 为锚固钢筋的直径。

6）当锚固钢筋同时具有上述多项情况时，修正系数可连乘计算。

当纵向受拉普通钢筋的末端采用弯钩或机械锚固措施时，包括弯钩或锚固端头在内的锚固

长度（投影长度）可取为基本锚固长度 l_{ab} 的 60%。弯钩和机械锚固的形式与技术要求应符合表 3-9 和图 3-10 的规定。

表 3-9　弯钩和机械锚固的形式与技术要求

锚固形式	技术要求
90°弯钩	末端 90°弯钩，弯钩内径 $4d$，弯后直段长度 $12d$
135°弯钩	末端 135°弯钩，弯钩内径 $4d$，弯后直段长度 $5d$
焊端锚板	末端与厚度 d 的锚板穿孔塞焊
螺栓锚头	末端旋入螺栓锚头

注：1. 焊缝和螺纹长度应满足承载力要求。
　　2. 螺栓锚头和焊接锚板的承压净面积不应小于锚固钢筋截面面积的 4 倍。
　　3. 螺栓锚头的规格应符合相关标准的要求。
　　4. 螺栓锚头和焊接锚板的钢筋净间距不宜小于 $4d$，否则应考虑群锚效应的不利影响。
　　5. 截面角部的弯钩布筋方向宜向截面内侧偏置。

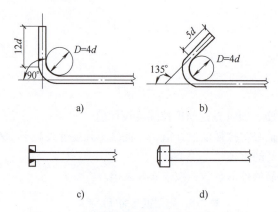

图 3-10　弯钩和机械锚固的形式与技术要求
a）90°弯钩　b）135°弯钩　c）焊端锚板　d）螺栓锚头

混凝土结构中的纵向受压钢筋，当计算中充分利用其抗压强度时，锚固长度不应小于相应受拉锚固长度的 70%。

2. 保证钢筋的有效连接

钢筋长度不够时就需要把钢筋连接起来使用，但连接必须保证将一根钢筋的力传给另一根钢筋。钢筋的连接可分为三类：绑扎搭接、机械连接与焊接连接。由于钢筋通过连接接头传力，传力效率不如完整的钢筋，所以混凝土结构中的受力钢筋接头宜设置在受力较小处，同一根受力钢筋上宜少设接头。结构的重要构件和关键传力部位，纵向受力钢筋不宜设置连接接头。

（1）绑扎搭接　轴心受拉构件及小偏心受拉构件的纵向受力钢筋不得采用绑扎搭接；其他构件中的钢筋采用绑扎搭接时，受拉钢筋直径不宜大于 25mm，受压钢筋直径不宜大于 28mm。

同一构件中相邻纵向受力钢筋的绑扎搭接接头宜相互错开。钢筋绑扎搭接接头连接区段的长度为 1.3 倍的搭接长度，凡搭接接头中点位于该连接区段长度内的搭接接头，均属于同一连接区段，如图 3-11 所示。同一连接区段内纵向搭接钢筋的接头面积百分率为该区段内有搭接接头的纵向受力钢筋与全部纵向受力钢筋截面面积的比值。当直径不同的钢筋搭接时，按直径较小的钢筋计算。

位于同一连接区段内的受拉钢筋的搭接接头面积百分率：对梁类、板类及墙类构件，不宜大

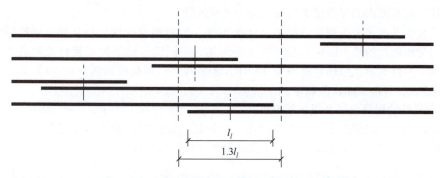

图 3-11　同一连接区段内纵向受拉钢筋的绑扎搭接接头

于 25%；对柱类构件，不宜大于 50%。当工程中确有必要增大受拉钢筋的搭接接头面积百分率时，对梁类构件，不宜大于 50%；对板、墙、柱及预制构件的拼接处，可根据实际情况放宽。

纵向受拉钢筋绑扎搭接接头的搭接长度，应根据位于同一连接区段内的钢筋搭接接头面积百分率按下式计算，且不应小于 300mm：

$$l_l = \zeta_l l_a \tag{3-5}$$

式中　l_l——纵向受拉钢筋搭接长度；

ζ_l——纵向受拉钢筋搭接长度修正系数，按表 3-10 取用；当纵向搭接钢筋接头面积百分率为表的中间值时，修正系数可按内插取值。

表 3-10　纵向受拉钢筋搭接长度修正系数

纵向搭接钢筋接头面积百分率（%）	≤25	50	100
ζ_l	1.2	1.4	1.6

构件中的纵向受压钢筋当采用搭接连接时，其受压搭接长度不应小于纵向受拉钢筋搭接长度 l_l 的 70%，且不应小于 200mm。

搭接接头区域的配箍构造对保证搭接传力至关重要。在梁、柱类构件的纵向受力钢筋搭接长度范围内，箍筋直径不应小于 0.25d，且不小于构件所配箍筋直径；间距不应大于 5d，且不应大于 100mm。当受压钢筋直径大于 25mm 时，尚应在搭接接头两个端面外 100mm 范围内各设置两道箍筋。

（2）机械连接　钢筋的机械连接是通过连接件的直接或间接的机械咬合或钢筋端面的承压作用，将一根钢筋中的力传递到另一根钢筋的连接方式。

纵向受力钢筋的机械连接接头宜相互错开。虽然机械连接的套筒长度很短，但传力影响范围并不小，因此规定钢筋机械连接接头连接区段的长度为 35d（d 为连接钢筋的较小直径）。凡接头中点位于该连接区段长度内的机械连接接头，均属于同一连接区段。

机械连接的原则是"接头宜相互错开，并避开受力较大部位"，位于同一连接区段内的纵向受拉钢筋的接头面积百分率不宜大于 50%；但对板、墙、柱及预制构件的拼接处，可根据实际情况放宽。纵向受压钢筋的接头面积百分率可不受限制。

直接承受动力荷载的结构构件中的机械连接接头，除应满足设计要求的抗疲劳性能外，位于同一连接区段内的纵向受力钢筋的接头面积百分率不应大于 50%。

（3）焊接连接　焊接连接是常用的连接方法，有焊条电弧焊、气体保护电弧焊、埋弧焊、电渣压力焊、气电立焊和药芯焊丝自保护焊等焊接方法。纵向受力钢筋的焊接接头应相互错开。钢筋焊接接头连接区段的长度为 35d 且不小于 500mm（d 为连接钢筋的较小直径）。凡接头中点位于该连接区段长度内的焊接接头均属于同一连接区段。

纵向受拉钢筋的接头面积百分率不宜大于50%，但对预制构件的拼接处，可根据实际情况放宽。纵向受压钢筋的接头面积百分率可不受限制。不同牌号钢筋的焊接性及焊后力学性能的影响有差别，因此规定：余热处理钢筋（RRB）不宜焊接；细晶粒钢筋（HRBF）以及直径大于28mm的钢筋，其焊接应经试验确定。

3. 保证足够的钢筋混凝土保护层厚度

应保证钢筋周围的混凝土有足够的厚度，即混凝土保护层的厚度，使混凝土牢固包裹并保护钢筋。施工中通常通过设置垫块等措施保证混凝土保护层厚度。

【引例解析——福州小城镇住宅楼项目梁、板、柱的材料选择】

根据《混凝土结构设计规范》（GB 50010—2010）和《混凝土结构通用规范》（GB 55008—2021）的规定，福州小城镇住宅楼项目的梁、板、柱混凝土的强度等级选用C30，钢筋选用HRB400。

课后巩固与提升

三、简答题

1. 混凝土的立方体抗压强度标准值是如何确定的？如何确定混凝土强度等级？
2. 钢筋和混凝土为什么能在一起工作？黏结力由哪几部分组成？保证黏结力的措施有哪些？
3. 如何确定材料的设计值？

四、案例分析

北京亚洲金融大厦位于北京市朝阳区奥林匹克公园中心区，总用地面积约6.1hm²，总建筑规模约39万 m²，建筑高度82.95m。大厦设计以"鲁班锁"为设计理念，从高空俯视为"中国结"造型，设计风格融合了现代设计和中国传统元素，大楼内80根清水混凝土柱平滑优美、引人注目。请同学们查阅相关资料阐述下面几个问题：

（1）北京亚洲金融大厦的清水混凝土柱采用了什么类型的清水混凝土？怎么控制其质量？

（2）北京亚洲金融大厦在绿色建筑方面做了哪些考虑？

项目3：一、填空题，二、选择题

职 考 链 接

项目3：职考链接

项目 4 确定结构计算简图

【知识目标】
1. 掌握几种常见约束及约束反力的形式。
2. 掌握结构计算简图简化的原则及方法。
3. 掌握物体及物体系受力分析的方法。

【能力目标】
1. 能准确画出工程中常见约束的约束反力。
2. 具有确定常见结构计算简图的能力，能真实地反映实际结构的主要受力特征。
3. 能够完整、准确地画出构件和结构的受力图。

【素质目标】
1. 养成用力学方法分析结构问题的意识。
2. 养成用唯物辩证法分析问题的意识。

【引例分析——福州小城镇住宅楼项目计算简图的确定】

福州小城镇住宅楼项目选用框架结构，此空间结构如何简化为平面结构？构件如何简化？结点如何简化？支座如何简化？荷载如何简化？简化后的力学模型如何进行受力分析？

任务 1 认识约束及约束反力

一、自由与约束

约束的概念

在工程实际中，构件的运动大多受到某些限制，某些方向的运动受到限制的物体称为非自由体，如梁、柱等。对非自由体的运动趋势起限制作用的物体称为约束体，简称约束，例如框架结构中的柱是梁的约束。由此可以把物体受到的力归纳为两类：一类是使物体运动或使物体有运动趋势的主动力，如重力、水压力、土压力、风压力等；另一类是约束体对物体的约束力，又称约束反力，这种力是被动力。约束限制了物体某些方向的运动，所以约束反力的方向与其所限制的物体的运动方向相反。一般主动力是已知的，而约束反力是未知的。在受力分析计算中，约束反力和已知的主动力共同作用使物体平衡，利用平衡条件就可以求解出约束反力。

二、工程中常见的约束和约束反力

1. 柔体约束

柔软的绳索、链条、胶带等用于阻碍物体的运动时，称为柔体约束。其特点是只能承受拉力，不能承受压力。所以，柔体约束只能限制物体沿柔体中心线且离开柔体的运动，而不能限制物体沿其他方向的运动。因此，柔体约束的约束反力通过接触点，其方向沿着柔体的中心线且背离被约束物体（为拉力），常用 F_T 表示，如图 4-1 所示。工程中塔式起重机的吊索为柔体约束。

2. 光滑接触面约束

物体与约束体的接触面光滑，摩擦力可以忽略不计时，此时在接触面上形成的约束就是光滑接触面约束。这类约束不能限制物体沿约束表面公切线的运动，只能阻碍物体沿接触表面公法线并指向约束物体方向的运动。因此，光滑接触面约束对物体的约束反力是作用于接触点，沿接触面的公法线且指向物体的压力,常用 F_N 表示,如图 4-2 所示。

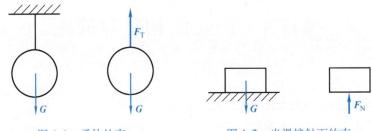

图 4-1　柔体约束　　　　　　图 4-2　光滑接触面约束

3. 光滑圆柱铰链约束

两个构件被钻上同样大小的孔,并用圆柱形销钉连接起来,略去摩擦,如图 4-3a 所示,将这种约束称为光滑圆柱铰链约束,又称为中间铰链、铰接。图 4-3b 表示两个可动件被铰接的情形,图 4-3d 是它的简图。这类约束的特点是只能限制物体的任意径向移动,而不能限制物体绕圆柱形销钉 C 的转动,如图 4-3b 所示。圆柱形销钉与圆孔是光滑接触面约束,约束反力应是过接触点、沿公法线方向指向物体。由于接触点的位置不能预先确定,因此约束反力的方向也不能预先确定,所以圆柱铰链的约束反力是垂直于销钉轴线并通过销钉中心的,但方向不定,如图 4-3e 所示。将这个约束反力分解在水平和竖直两个方向,用两个垂直的分力 F_{Cx} 和 F_{Cy} 来表示,箭头指向为假设方向,如图 4-3f 所示。

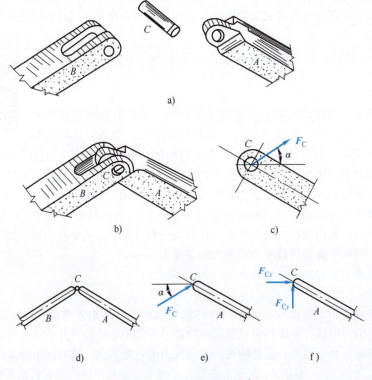

图 4-3　光滑圆柱铰链约束

4. 链杆约束

两端用铰链与物体连接且中间不受力(自重忽略不计)的刚性杆(可以是直杆,也可以是曲杆），称为链杆，如图 4-4 中的 AB 杆。链杆在两端铰链处各有一个力作用而处于平衡状态，故链杆又是二力杆。这种约束只能阻止物体沿着杆两端铰心的连线方向的运动，不能阻止其他方向的运动。所以，链杆的约束反力方向沿着链杆两端铰心的连线，指向未定。

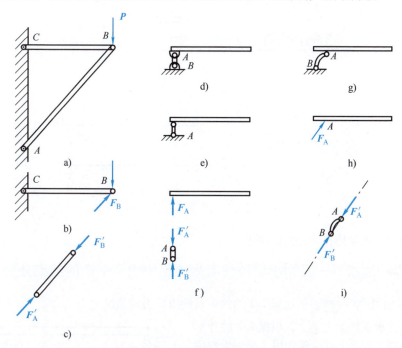

图 4-4 链杆约束

三、工程中常见的支座和支座反力

1. 固定铰支座（铰链支座）

用圆柱铰链把结构或构件与支座底板连接，并将底板固定在基础上构成的支座称为固定铰支座，如图 4-5a 所示，固定铰支座的计算简图如图 4-5b 所示。这种支座能限制构件在垂直于销钉平面内任意方向的移动，而不能限制构件绕销钉的转动。可知，固定铰支座的约束性能与光滑圆柱铰链相同，固定铰支座对构件的支座反力也通过铰链中心，而方向不定，如图 4-5c 所示。

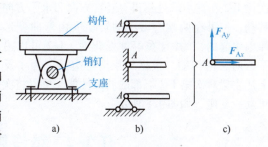

图 4-5 固定铰支座

2. 可动铰支座

在固定铰支座的下面加几个辊轴支承于平面上，并且由于支座的连接，使它不能离开支承面，就构成了可动铰支座，如图 4-6a 所示，可动铰支座的计算简图如图 4-6b 所示。这种支座只能限制物体垂直于支承面方向的移动，但不能限制物体沿支承面的切线方向的运动，也不能限制物体绕销钉转动。所以，可动铰支座的约束反力通过销钉中心，垂直于支承面，但指向未定，如图 4-6c 所示。图中约束反力的指向是假设的。

3. 固定端支座

房屋建筑中的悬挑梁、悬挑板，它们的一端嵌固在墙壁内，墙壁既限制它们沿任何方向移动，又限制它们的转动，这样的约束称为固定端支座，如图 4-7 所示。

在结构体系中各构件相互约束，形成整体。这给予我们的启示在于：我们都是世界人类命运

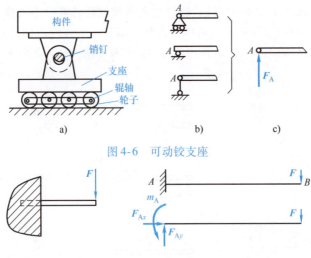

图 4-6 可动铰支座

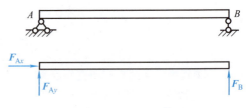

图 4-7 固定端支座

共同体的一份子，团结协作才会共同进步。

【引例解析——福州小城镇住宅楼项目中次梁 L-2 的约束分析】

分析图 1-14 中Ⓐ~⑴/Ⓐ轴的次梁 L-2 的约束及约束反力的情况。

次梁 L-2 支承于框架主梁上，根据 L-2 的变形分析可知，次梁 L-2 在上部荷载作用下会发生弯曲变形，主梁对其弯曲有一定的约束作用，但不能完全限制其弯曲变形，但可以限制其竖向位移。次梁 L-2 在支承端处不得有竖直方向和水平方向的移动，但可在两端有微小的转动（由弯曲变形等原因引起的），并且在温度变化时，L-2 可以沿水平方向自由伸缩。根据约束变形分析，为了反映上述主梁对次梁 L-2 端部的约束性能，可以将次梁 L-2 的一端简化为固定铰支座，另一端简化为可动铰支座，如图 4-8 所示。

图 4-8 简化为固定铰支座和可动铰支座的次梁 L-2

任务 2　结构计算简图的确定

一、简化原则

实际工程结构是复杂的，完全按照实际结构进行力学分析是不可能的，也是没必要的。所以，在进行结构力学分析之前，应首先将实际结构进行抽象和简化，抓住主要矛盾，忽略次要矛盾，使之既能反映实际的主要受力特征，同时又能使计算大大简化。这种经过了合理抽象和简化，用来代替实际结构的力学模型叫作结构的计算简图。

物体的受力分析和结构的计算简图

计算简图的选取在结构的力学分析中占有相当重要的地位，它直接影响到计算工作量的大小和计算模型与实际结构间的差异。计算简图的选取应遵循下列两条原则：

1）正确反映结构的实际受力情况，使计算结果尽可能与实际相符。

2) 对结构的内力和变形影响较小的次要因素,可以较大地简化甚至忽略,可使计算大大简化。

二、简化过程

1. 结构体系简化

结构体系简化是指根据结构的受力状态和特点,把实际的空间体系在可能的条件下简化或分解为若干个平面结构体系,这样对整个空间体系的计算就可以简化为对平面体系的计算。

2. 构件简化

构件简化主要是考虑由于杆件截面尺寸比其长度小得多,构件纵轴线的变形基本能反映该构件的实际变形,可以按照平面假设,根据截面内力来计算截面应力,而且截面内力又只沿杆件长度方向变化,因此在计算简图中,可以用杆件纵轴线代替杆件,忽略截面形状和尺寸的影响,如图4-9所示。

图4-9 构件简化

【例4-1】 对图4-10所示的现浇整体式框架结构进行结构体系简化。

【解】 图4-10a所示的框架结构是由横向框架和纵向框架组成的空间结构,作用于结构上的竖向荷载沿水平方向传递到横向和纵向框架上,进行力学分析时通常将空间结构体系简化为横向和纵向的平面框架计算,并取具有代表性的一榀或几榀框架作为计算单元。一般可取纵向边框架、纵向中框架、横向边框架和横向中框架共四榀作为计算单元,构件用轴线代替,计算简图如图4-10b、c所示。

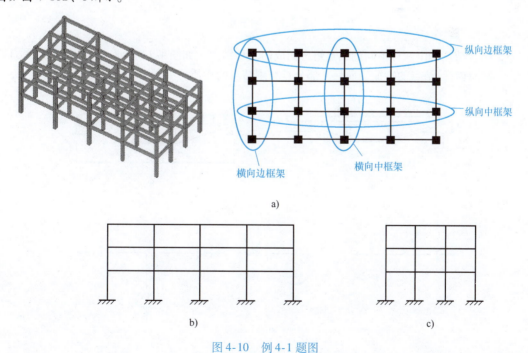

图4-10 例4-1题图

3. 结点简化

结构中，把各个杆件连接在一起的区域称为结点，通常根据其实际构造和结构的受力特点，分为铰结点、刚结点和组合结点三种形式。

1）铰结点的特征是所连接的各杆件可以绕节点自由转动，杆件夹角的大小可以改变，如图4-11所示，该类节点对杆件的约束作用类似于光滑圆柱铰链约束，在计算简图中一般用小圆圈表示，如图4-11所示。

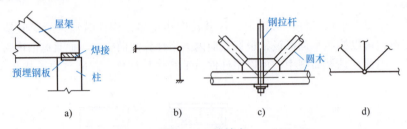

图 4-11　铰结点

2）刚结点的特征是结点对与之相连的各杆件的转动和移动有约束作用，如图4-12所示。其受力特点为转动时各杆间的夹角保持不变，该类节点对杆件的约束作用类似于固定端支座，在计算简图中一般用杆件轴线的交点表示，如图4-12所示。

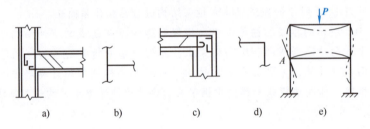

图 4-12　刚结点

3）组合结点是由两种不同的结点组合而成的一种结点，如图4-13所示。组合结点的受力特点为一部分具有铰结点的特征，而另一部分具有刚结点的性质，如图4-14c所示。

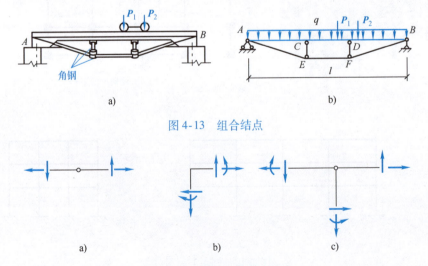

图 4-13　组合结点

图 4-14　不同结点的受力特点

【例4-2】 对例4-1中的现浇整体式框架结构进行结点简化。

【解】 由于现浇整体式框架结构的梁、柱结点是现浇成整体的,所以该结点一般认为是刚结点,如图4-15所示。

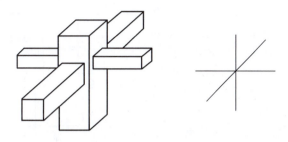

图4-15 例4-2题图

【例4-3】 如图4-16所示为一屋架,试对其节点进行简化。

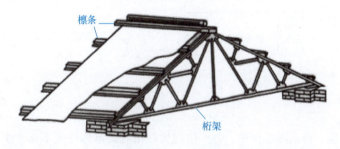

图4-16 例4-3题图

【解】 屋架各杆件均以其轴线来表示,杆件与杆件连接的结点可简化为铰结点,这样的结构体系称为桁架结构,如图4-17所示。

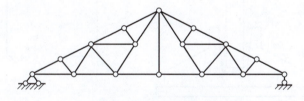

图4-17 屋架计算简图

4. 支座简化

结构构件与其基础间的连接装置就是支座。在对支座进行简化时,一般忽略支座与构件接触面间摩擦以及接触面大小的影响,认为支座与杆件是以一个支承点(即反力的合力作用点)连接起来的。支座根据实际构造和约束特点可分为以下几种:

(1)固定铰支座(简称铰支座) 如图4-18a所示的结构,预制柱插入杯形基础中,四周用沥青麻丝填实。因沥青麻丝的刚度较小,不能约束柱子相对杯形基础的转动,仅能约束柱子相对杯形基础的移动,所以杯形基础简化为柱子的固定铰支座,约束反力和计算简图如图4-18所示。

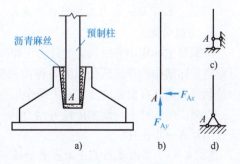

图4-18 固定铰支座

(2) 可动铰支座 在单层多跨并有纵向变形缝的厂房中，当中柱为单柱时，搭在中柱柱顶的其中一榀屋架将直接搁置于钢辊轴上，而钢辊轴又搁置于柱顶或牛腿顶面上。此时，牛腿柱仅能约束屋架沿着支承面方向的移动，可视为屋架的可动铰支座，如图 4-19 所示。

一根横梁通过混凝土垫块支承在砖柱上，假设忽略梁与垫块之间的摩擦，则垫块只能沿铅垂方向移动，而不能限制梁的转动和沿水平方向的移动，可将梁视为置于可动铰支座上，如图 4-20 所示。

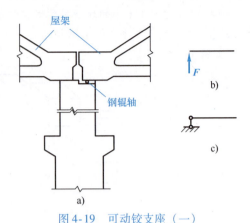

图 4-19 可动铰支座（一）

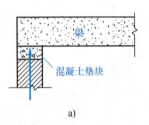
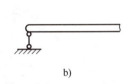

图 4-20 可动铰支座（二）

(3) 固定端支座 在实际工程中，有些结构构件相对支承构件既不能发生任何方向的移动，也不能发生任何角度的转动，如图 4-21 所示，柱子与杯形基础用细石混凝土灌缝，则杯形基础可简化为柱子的固定端支座。

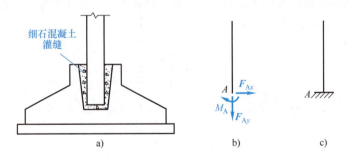

图 4-21 固定端支座

【例 4-4】 对例 4-1 中的现浇整体式框架结构进行结点简化。

【解】 柱下端一般与基础整体浇筑在一起，可简化为固定端支座，如图 4-10b、c 所示。

5. 荷载简化

荷载是主动作用在结构上的外力，如结构自重、人的重量、水压力、风压力等。荷载的简化是指将实际结构构件上所受到的各种荷载简化为作用在构件计算简图上的面荷载、线荷载、集中荷载或力偶。在简化时应注意力的作用点、方向和大小。

根据实际构件上荷载的传递并结合构件的计算简图，不同荷载将简化成不同的形式。下面通过例题进一步阐述。

【例 4-5】 某教室楼盖平面布置如图 4-22 所示，楼面构造层次分别为：

1) 20mm 厚水泥砂浆抹面（重力密度为 20kN/m³）。

2) 50mm 厚钢筋混凝土垫层（重力密度为 25kN/m³）。

3) 120mm 厚预制钢筋混凝土楼板（重力密度为 25kN/m³）。

4) 16mm 厚板底石灰砂浆抹灰（重力密度为 17kN/m³）。

梁 L-1 的截面尺寸为 $b \times h = 200mm \times 450mm$，试确定楼板以及梁 L-1 的计算简图及永久荷载。

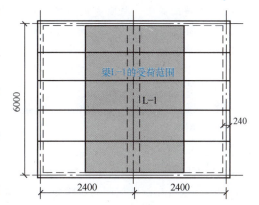

图 4-22　某教室楼盖平面布置图

【解】　1. 板的计算简图及永久荷载计算

（1）构件的简化　楼板在确定计算简图时简化为平面，取 1m 宽的板带作为计算单元，可用纵向轴线来代替计算单元，如图 4-23 所示。

（2）支座的简化　由于板端嵌入墙内的实际长度较短，并且砂浆砌筑的墙体坚实性较差，所以在受力后，板端有产生微小松动的可能，即由于板受力后发生弯曲，板端可能产生微小转动；温度发生变化时，板也可以产生微量的水平伸缩，但不能沿着竖向发生位移，所以可把板两端的支座简化为一端固定铰支座，另一端为可动铰支座，形成简支板，如图 4-23 所示。

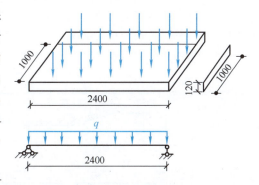

图 4-23　板的荷载转化

（3）荷载的简化与计算　板上的荷载包括永久荷载（即板的自重）和楼面的可变荷载（形式为面荷载），在计算简图中取 1m 为计算单元，面荷载转化成线荷载。永久荷载标准值由板的各层重量的总和确定，可变荷载根据荷载规范确定，具体确定方法在项目 9 中学习。板的荷载计算如下：

20mm 厚水泥砂浆抹面：　　$20kN/m^3 \times 0.02m \times 1m = 0.4kN/m$

50mm 厚钢筋混凝土垫层：　　$25kN/m^3 \times 0.05m \times 1m = 1.25kN/m$

120mm 厚预制钢筋混凝土楼板：　　$25kN/m^3 \times 0.12m \times 1m = 3kN/m$

16mm 厚板底石灰砂浆抹灰：　　$17kN/m^3 \times 0.016m \times 1m = 0.272kN/m$

以上合计：$g_{板} = 4.922kN/m$

2. 梁的计算简图及永久荷载计算

（1）构件的简化　一根梁为一个计算单元，可用纵向轴线来代替计算单元，如图 4-24 所示。

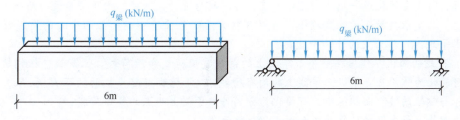

图 4-24　梁的荷载转化

(2) 支座的简化　与简支板同理，可把梁两端支座简化为一端固定铰支座，另一端可动铰支座，形成简支梁，如图4-24所示。

(3) 荷载的简化与计算　梁的永久荷载包括楼板传来的荷载和梁的自重，可简化为作用在梁的纵向对称平面内的均布线荷载。梁的荷载计算如下：

板传给梁的永久荷载：4.922kN/m

梁的自重：　　　　　25kN/m³ × 0.2m × 0.45m = 2.25kN/m

梁的粉刷重量：　　　17kN/m³ × 0.016m × 0.45m × 2 = 0.2448kN/m

以上合计：$g_{梁}$ = 7.4168kN/m

在结构计算中，荷载的计算与简化尤为重要。加拿大魁北克大桥桥宽29m，高104m，臂距达到549m。该桥在设计初期没有将桥梁与板的重量考虑进去，导致其中一根压杆因承载力不足而发生破坏，引起桥体整体坍塌，大量人员掉入水中，有数十人遇难。这一事故给所有的工程师以警示：在工作中必须保持严谨认真的工作态度。

【例4-6】　图4-25a、b所示为工业建筑厂房内的组合式吊车梁，上弦为钢筋混凝土T形截面梁，下弦杆件由角钢和钢板组成，节点处为焊接。梁上铺设钢轨，起重机在钢轨上可左右移动，吊车梁两端由柱子上的牛腿支承，试确定该结构的计算简图。

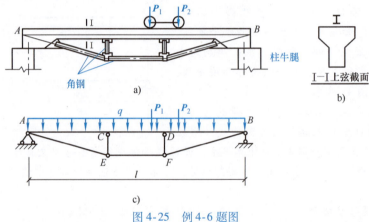

图4-25　例4-6题图

【解】　(1) 体系、杆件及其节点的简化　首先假设组成结构的各杆的轴线都是直线，并且位于同一平面内，将各杆都用其轴线来表示，由于上弦为整体的钢筋混凝土梁，其截面较大，因此将AB简化为一根连续梁；而其他杆都视为二力杆（即链杆）。AE、BF、EF、CE和DF各杆之间的连接，都简化为铰接，其中C、D铰节点在AB梁的下方。

(2) 支座的简化　整个吊车梁搁置在柱的牛腿上，梁与牛腿相互之间仅由较短的焊缝连接，吊车梁既不能上下移动，也不能水平移动；但是，梁在受到荷载作用后，其两端仍然可以做微小的转动。此外，当温度发生变化时，梁还可以发生自由伸缩。为便于计算，同时考虑支座的约束反力情况，将支座简化成一端为固定铰支座，另一端为可动铰支座。由于吊车梁的两端搁置在柱的牛腿上，其支承接触面的长度较小，所以可取梁两端与柱子牛腿接触面中心的间距（即两支座间的水平距离）作为梁的计算跨度l。

(3) 荷载的简化　作用在整个吊车梁上的荷载有恒荷载和活荷载。恒荷载包括钢轨、梁的自重，可简化为作用在沿梁纵向轴线上的均布荷载q；活荷载是起重机的轮压P_1和P_2，由于起重机轮子与钢轨的接触面积很小，可简化为分别作用于梁上两点的集中荷载。

综上所述，吊车梁的计算简图如图4-25c所示。

【例4-7】　如图4-26a所示的单层工业厂房，屋架为钢屋架，基础为现浇独立基础，试确定其各部分的计算简图。

项目 4　确定结构计算简图

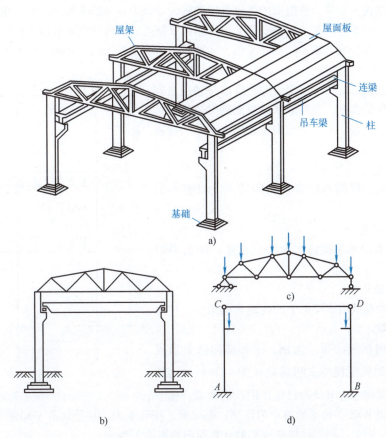

图 4-26　例 4-7 题图

【解】（1）体系的简化　由图 4-26a 可知，该厂房是一个空间结构。由屋架与柱组成的各个排架的轴线均位于各自的平面内，且由屋面板和吊车梁传来的荷载，主要作用在各横向排架上，因而可以把空间结构简化为如图 4-26b 所示的平面结构进行分析。

（2）屋架杆件和结点的简化　屋架各杆件均以其轴线来表示；杆件之间通过焊接连接，相互之间可以有轻微的转动，但不能相对移动，杆件与杆件连接的结点可简化为铰结点。在分析排架立柱的内力时，可以用实体杆来代替屋架整体，并且将立柱及实体杆均以轴线表示。

（3）支座的简化　通常情况下，屋架与立柱仅由较短的焊缝连接，既不能上下移动，也不能水平移动。但是，屋架在受到荷载作用后，其两端仍然可以做微小的转动。此外，当温度发生变化时，屋架整体还可以自由伸缩。为便于计算，将屋架一端简化为固定铰支座，另一端简化为可动铰支座。基础为现浇独立基础，与柱整体浇筑，柱相对于基础既不能自由转动又不能自由移动，简化为柱的固定端支座。

（4）荷载的简化　将屋面板传来的荷载及构件自重，均简化为作用在结点上的集中荷载如图 4-26d 所示。

【引例解析——福州小城镇住宅楼项目计算简图的确定】

一、确定④轴横向框架的计算简图

1. 体系的简化

实际框架结构是三维空间结构，当结构布置规则、荷载均匀时，一般通常将空间框架结构简化为平面框架结构。由梁与柱组成的各榀框架的轴线均位于各自的平面内，而且由屋面板、楼面板传来的荷载，主要作用在各榀框架梁上，因而可以把空间结构简化成平面结构进行分析，可以将空间框架结构拆分成②轴、③轴、④轴、⑤轴的横向框架和Ⓐ轴、Ⓑ轴、Ⓒ轴的纵向框架。

2. 杆件的简化

杆件用其轴线来定位，框架梁的跨度取柱轴线之间的距离；框架柱的高度，底层取基础顶面到二层楼板结构顶面的距离，其余层取下层结构楼层到上层结构楼面的距离，如图4-27所示。

3. 结点的简化

现浇框架梁、柱的连接简化为刚结点，如图4-27所示。

4. 支座的简化

框架柱与基础的连接简化为固定支座，如图4-27所示。

5. 荷载的简化

框架结构的荷载由框架梁上的荷载和框架梁、柱节点上的荷载组成。

以④轴横向框架的顶层为例，④轴横向框架顶层Ⓐ～Ⓑ跨梁受到屋面板传来的荷载（图4-28）、①/Ⓐ轴梁传来的集中力和Ⓐ～Ⓑ梁的自重作用；框架梁、柱节点④、Ⓐ受到梁WKL-5传来的集中力作用；框架梁、柱节点④、Ⓑ受到梁WKL-6传来的集中力作用；其余各层同理。则④轴横向框架的计算简图如图4-27所示。

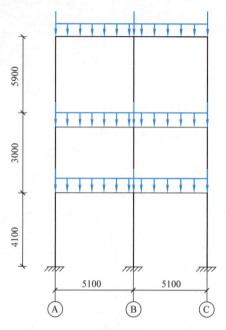

图4-27　④轴横向框架的计算简图

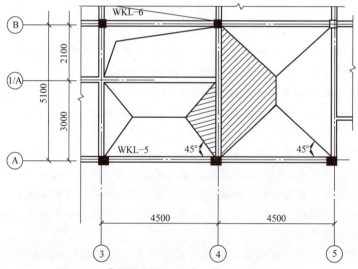

图4-28　④轴横向框架梁Ⓐ～Ⓑ顶层的受荷范围

二、确定二层次梁 L-2 的计算简图

次梁 L-2 位于③～④轴与Ⓐ～①/Ⓐ轴之间。

1. 杆件的简化

L-2 的位置如图1-14所示，L-2 用其轴线来定位，跨度为3m，如图4-29所示。

2. 支座的简化

依据 L-2 与支座的连接方式,将 L-2 的支座一侧简化为固定铰支座,另一侧简化为可动铰支座,如图 4-29 所示。

3. 荷载的简化

L-2 受到两侧双向板传来的荷载(图 4-30)、自重及 L-2 上隔墙自重的作用。

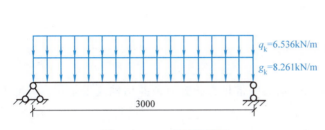

图 4-29 L-2 的计算简图

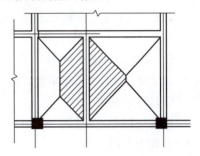

图 4-30 L-2 的受荷范围

荷载计算如下:

(1) L-2 两侧板面荷载计算 L-2 左边为卫生间,楼面为防滑地砖,顶棚为轻钢龙骨 PVC 板吊顶,做法如下:10mm 厚地面砖干水泥擦缝,30mm 厚 1∶3 干硬性水泥砂浆结合层,1.5mm 厚聚氨酯防水层,20mm 厚 1∶3 水泥砂浆找坡层,90mm 厚钢筋混凝土现浇板,轻钢龙骨 PVC 板吊顶。

楼面永久荷载:

10mm 厚地面砖干水泥擦缝:(0.01×12.5) kN/m² = 0.125kN/m²

30mm 厚 1∶3 干硬性水泥砂浆结合层:(0.03×20) kN/m² = 0.6kN/m²

1.5mm 厚聚氨酯防水层:(0.0015×10) kN/m² = 0.015kN/m²

20mm 厚 1∶3 水泥砂浆找坡层:(0.03×20) kN/m² = 0.6kN/m²

90mm 厚钢筋混凝土现浇板:(0.09×25) kN/m² = 2.25kN/m²

轻钢龙骨 PVC 板吊顶:0.1kN/m²

以上合计:3.69kN/m²

根据《建筑结构荷载规范》(GB 50009—2012),卫生间的楼面活荷载大小为 2.5kN/m²。

L-2 右边为储藏间,楼面为水泥砂浆面层,顶棚为白色乳胶漆。

楼面永久荷载:

20mm 厚 1∶2.5 水泥砂浆:(0.02×20) kN/m² = 0.4kN/m²

90mm 厚钢筋混凝土现浇板:(0.09×25) kN/m² = 2.25kN/m²

以上合计:2.65kN/m²

根据《建筑结构荷载规范》(GB 50009—2012),储藏间的楼面活荷载大小为 5.0kN/m²。

根据双向板荷载传递的规律,板传来的永久荷载为

$$\left\{\left[1 - 2 \times \left(\frac{1.8}{2 \times 3}\right)^2 + \left(\frac{1.8}{2 \times 3}\right)^3\right] \times \frac{1.8}{2} \times 3.69 + \left[1 - 2 \times \left(\frac{2.7}{2 \times 3}\right)^2 + \left(\frac{2.7}{2 \times 3}\right)^3\right] \times \frac{2.7}{2} \times 2.65\right\} \text{kN/m}$$
$$= 5.267 \text{kN/m}$$

板传来的可变荷载为

$$\left\{\left[1 - 2 \times \left(\frac{1.8}{2 \times 3}\right)^2 + \left(\frac{1.8}{2 \times 3}\right)^3\right] \times \frac{1.8}{2} \times 2.5 + \left[1 - 2 \times \left(\frac{2.7}{2 \times 3}\right)^2 + \left(\frac{2.7}{2 \times 3}\right)^3\right] \times \frac{2.7}{2} \times 5\right\} \text{kN/m}$$
$$= 6.536 \text{kN/m}$$

（2）L-2 自重及隔墙自重的计算

梁 L-2 的自重（L-2 的截面尺寸为 $b \times h = 200\text{mm} \times 300\text{mm}$）：$[0.2 \times (0.3 - 0.09) \times 25]$ kN/m = 1.05kN/m

梁 L-2 上的隔墙自重（砌块尺寸为 $600\text{mm} \times 250\text{mm} \times 90\text{mm}$，材料重度 $\gamma = 8\text{kN/m}^3$）：$[0.09 \times (3 - 0.3) \times 8]$ kN/m = 1.944kN/m

梁 L-2 上的永久荷载标准值合计为 $(5.267 + 1.05 + 1.944)$ kN/m = 8.261kN/m

综上可得，L-2 的计算简图如图 4-29 所示。

三、确定二层板 LB6 的计算简图

二层板 LB6 位于⑤轴右侧，Ⓐ~Ⓑ轴之间。

1. 杆件的简化

如图 1-14 所示，LB6 为阳台板，取 1m 宽的板带作为研究对象并用轴线来定位，跨度为 1.6m，如图 4-31 所示。

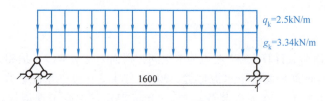

图 4-31　LB6 计算简图

2. 支座的简化

依据 LB6 与支座的连接方式及板的类型，将 LB6 的支座一侧简化为固定铰支座，另一侧简化为可动铰支座，如图 4-31 所示。

3. 荷载的简化

LB6 的恒荷载为其自重。

LB6 工程做法：10mm 厚地面砖干水泥擦缝，30mm 厚 1:3 干硬性水泥砂浆结合层，1.5mm 厚聚氨酯防水层，20mm 厚 1:3 水泥砂浆找坡层，80mm 厚钢筋混凝土现浇板。

楼面永久荷载：

10mm 厚地面砖干水泥擦缝：$(0.01 \times 12.5 \times 1)$ kN/m = 0.125kN/m

30mm 厚 1:3 干硬性水泥砂浆结合层：$(0.03 \times 20 \times 1)$ kN/m = 0.6kN/m

1.5mm 厚聚氨酯防水层：$(0.0015 \times 10 \times 1)$ kN/m = 0.015kN/m

20mm 厚 1:3 水泥砂浆找坡层：$(0.03 \times 20 \times 1)$ kN/m = 0.6kN/m

80mm 厚钢筋混凝土现浇板：$(0.08 \times 25 \times 1)$ kN/m = 2kN/m

以上合计：3.34kN/m

根据《建筑结构荷载规范》（GB 50009—2012），卫生间的楼面活荷载为 (2.5×1) kN/m = 2.5kN/m。

综上可得，LB6 的计算简图如图 4-31 所示。

四、确定 KZ1 的计算简图

KZ1 位于Ⓒ轴与④轴的交点处。

1. 杆件的简化

如图 1-14 所示，KZ1 用轴线来定位，其各层高度如图 4-32 所示。

2. 支座的简化

框架柱与基础的连接简化为固定支座，如图 4-32 所示。

3. 荷载的简化

KZ1 的受荷范围如图 4-33 所示，KZ1 承受受荷范围内所有梁传来的集中力作用，梁的荷载计算方法参照 L-2。

计算得 KZ1 的计算简图如图 4-32 所示。

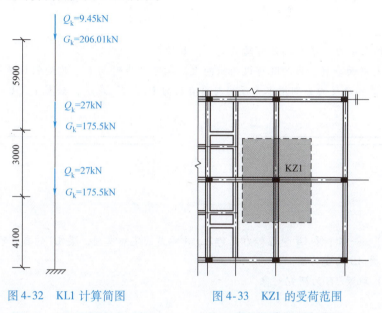

图 4-32　KL1 计算简图　　　　图 4-33　KZ1 的受荷范围

任务 3　绘制结构受力图

解决力学问题时，首先要选定需要进行研究的物体，即选择研究对象，然后根据已知条件、约束类型并结合基本概念和静力学基本公理分析研究对象的受力情况，这个过程称为受力分析。

为了方便分析，需要先把研究对象从周围物体中分离出来，解除全部约束，画出隔离体简图。解除约束后，为保持隔离体平衡，必须用相应的约束反力来代替原有的约束对隔离体的作用。将作用在隔离体上的所有主动力和约束反力以力矢的形式表示在隔离体上，一般把这种描述研究对象所受全部主动力和约束反力的简图称为受力图。受力图能形象直观地表达研究对象的受力情况。如果受力图不准确，随后的计算则毫无意义，所以准确绘制受力图至关重要。

绘制受力图的一般步骤为：

1）明确研究对象，画出研究对象的隔离体简图。
2）在隔离体上画出全部的主动力。
3）在隔离体上画出全部的约束反力，注意约束反力一定要与约束的类型相对应。

一、单一构件受力分析

【例 4-8】　重量为 G 的梯子 AB，放置在光滑的水平地面上并靠在竖直的墙上，在 D 点用一根水平绳索与墙相连，如图 4-34a 所示。试画出梯子的受力图。

【解】　1）将梯子从周围的物体中分离出来，取梯子作为研究对象画出其隔离体。

2）画主动力。已知梯子的重量 G，作用于梯子的重心（几何中心），方向竖直向下。

3）画墙和地面对梯子的约束反力。根据光滑接触面约束的特点，A、B 处的约束反力 F_{NA}、

F_{NB} 分别与墙面、地面垂直并指向梯子；绳索的约束反力 F_{TD} 应沿着绳索的方向离开梯子，为拉力。图 4-34b 为梯子的受力图。

【例 4-9】 如图 4-35a 所示，梁 AB 上作用有已知力 F，梁的自重不计，A 端为固定铰支座，B 端为可动铰支座，试画出梁 AB 的受力图。

【解】 1) 取梁 AB 为研究对象。

2) 画出主动力 F。

3) 画出约束反力。梁 B 端是可动铰支座，其约束

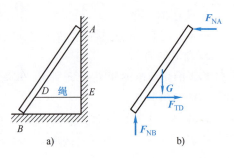

图 4-34 例 4-8 题图

反力是 F_{NB}，与斜面垂直，指向既可设为斜向上，也可设为斜向下，此处假设是斜向上。A 端为固定铰支座，其约束反力分别用水平反力与垂直反力 F_{Ax}、F_{Ay} 表示，如图 4-35b 所示。

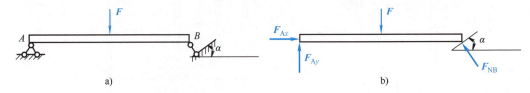

图 4-35 例 4-9 题图

【例 4-10】 一水平梁 AB 受已知力 F 作用，A 端是固定端支座，梁 AB 的自重不计，如图 4-36a 所示，试画出梁 AB 的受力图。

【解】 1) 取梁 AB 为研究对象。

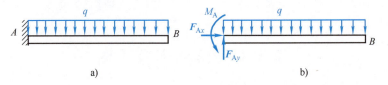

图 4-36 例 4-10 题图

2) 画出主动力 q。

3) 画出约束反力。A 端是固定端支座，约束反力为水平和垂直方向的未知力 F_{Ax}、F_{Ay}，以及未知的约束力偶 M_A，受力图如图 4-36b 所示。

二、构件体系受力分析

以上例题是单个杆件的受力分析，在实际工程中，结构体系往往由多个杆件组合成整体，形成一个系统，即杆件体系。杆件体系是指由几个杆件通过某种联系（一般是铰结点或刚结点）组成的系统，又称物体系。下面举例说明物体系受力图的画法。

画物体系受力图与画单个物体受力图的方法基本相同，只是研究对象可能是整个物体系中的某一部分或者是整体。画整个物体系受力图时，只需把整体作为单个物体一样看待，只考虑外部对整体的作用力；画物体系的某一部分或某一物体的受力图时，要注意被拆开的相互联系处有相应的约束反力，且约束反力是相互作用的，应遵循作用力与反作用力公理。

【例 4-11】 梁 AC 和 CD 用圆柱铰链 C 连接，并支承在三个支座上，A 处是固定铰支座，B 和 D 处是可动铰支座，如图 4-37a 所示。试画梁 AC、CD 及整梁 AD 的受力图，梁的自重不计。

【解】 1) 梁 CD 的受力分析。没有主动力作用，D 处是可动铰支座，其约束反力 F_D 垂直于支承面，指向假定向上；C 处为铰链约束，其约束反力可用两个相互垂直的分力 F_{Cx} 和 F_{Cy} 来表

示,指向假定,如图 4-37b 所示。

2)梁 AC 的受力分析。梁 AC 受主动力 F 作用,A 处是固定铰支座,它的约束反力可用 F_{Ax} 和 F_{Ay} 表示,指向假定;B 处是可动铰支座,其约束反力用 F_{NB} 表示,指向假定;C 处是铰链,它的约束反力 F'_{Cx}、F'_{Cy} 与作用在梁 CD 上的 F_{Cx}、F_{Cy} 是作用力与反作用力的关系,其指向不能再任意假定。梁 AC 的受力图如图 4-37b 所示。

3)取整梁 AD 为研究对象。A、B、D 处支座反力假设的指向应与图 4-37b、c 相一致。C 处由于没有解除约束,故 AC 与 CD 两段梁相互作用的力不必画出,其受力图如图 4-37c 所示。

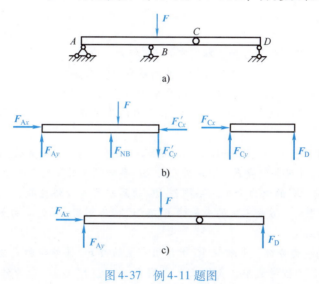

图 4-37 例 4-11 题图

【例 4-12】 如图 4-38a 所示的三角形架中,A、C 处是固定铰支座,B 处为铰链连接。各杆的自重及各处的摩擦不计。试画出水平杆 AB、斜杆 BC 及整体的受力图。

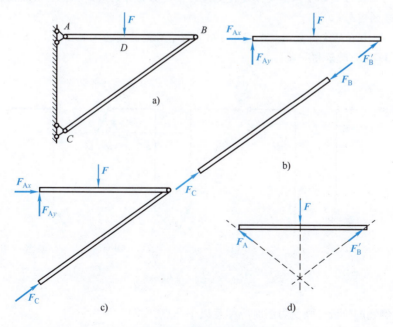

图 4-38 例 4-12 题图

【解】 1) 斜杆 BC 的受力分析。BC 杆的两端都是铰链连接,其约束反力应当是通过铰链中心、方向不定的未知力 F_C 和 F_B,而 BC 杆只受到这两个力的作用,且处于平衡,则 F_C 和 F_B 两力必定大小相等、方向相反,作用线沿两铰链中心的连线,指向可先任意假定。BC 杆的受力如图 4-38b 所示,图中假设 BC 杆受压。

2) 水平杆 AB 的受力分析。杆上作用有主动力 F。A 处是固定铰支座,其约束反力用 F_{Ax}、F_{Ay} 表示;B 处为铰链连接,其约束反力用 F'_B 表示,F'_B 与 F_B 应为作用力与反作用力关系,F'_B 与 F_B 等值、共线、反向,如图 4-38b 所示。

3) 整个三角架 ABC 的受力分析。如图 4-38c 所示,B 处作用力不画出,A、C 处的支座反力的指向应与图 4-38b 所示相一致。

说明:①根据二力杆的概念可知,本例中的 BC 杆为二力杆,二力杆既可以是直杆,也可以是曲杆。在受力分析中,正确地判别二力杆可使问题得到简化。

②杆 AB 的 A 处的约束反力 F_{Ax}、F_{Ay} 可以合成为一个力,则杆 AB 在三个力的作用下平衡,可根据三力平衡汇交定理,确定 A 处铰支座约束反力的作用线方位,箭头指向假设,可画成如图 4-38d 所示图形。

【例 4-13】 图 4-39a 为一个三铰刚架,A、B 两处为铰支座,C 处用光滑铰链连接,不计自重,已知左刚架 AB 上作用有荷载 F,试分析 AC、BC 半刚架及刚架整体的受力情况。

【解】 1) 半刚架 BC 的受力分析。半刚架 BC 的两端都是铰链连接,属于二力杆,其约束反力应当是通过铰链中心、方向不定的未知力 F_C 和 F_B,半刚架 BC 的受力如图 4-39b 所示,图中假设半刚架 BC 受压。

2) 半刚架 AC 的受力分析。半刚架 AC 上作用有主动力 F。A 处是固定铰支座,其约束反力用 F_{Ax}、F_{Ay} 表示;C 处为铰链连接,其约束反力用 F'_C 表示,F'_C 与 F_C 应为作用力与反作用力关系,F'_C 与 F_C 等值、共线、反向,如图 4-39b 所示。

3) 半刚架 AC 的 A 处约束反力 F_{Ax}、F_{Ay} 可以合成为一个力,则半拱 AB 在三个力的作用下平衡,可根据三力平衡汇交定理,确定 A 处铰支座约束反力的作用线方位,箭头指向假设,可画成如图 4-39c 所示的图形。

4) 整个刚架 ACB 的受力分析。如图 4-39d 所示,C 处作用力不画出,A、B 处的支座反力的指向应与图 4-39b、c 所示相一致。

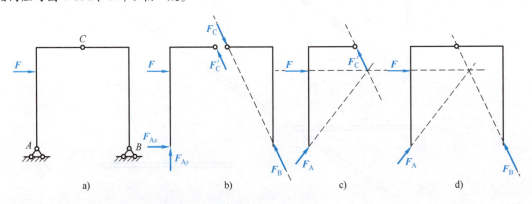

图 4-39 例 4-13 题图

通过以上例题的分析,画受力图时应注意以下几点:

1) 必须明确研究对象。画受力图首先必须明确要画哪个物体的受力图,因为不同的研究对象的受力图是不同的。

2）明确约束反力的数量。凡是研究对象与周围物体相接触的地方，一定有约束反力，不可随意增加或减少。

3）注意约束反力与约束类型相对应。要根据约束的类型画约束反力，即按约束的性质确定约束反力的作用位置和方向，不能主观臆断。另外，同一约束反力在不同的受力图中假定的指向应一致。

4）二力杆要优先分析。

5）注意作用力与反作用力之间的关系。当分析两物体之间的相互作用时，要注意作用力与反作用力的关系。作用力的方向一旦确定，其反作用力的方向就必须与其相反。

6）整体与部分的受力图中，同一支座的约束反力完全相同。

课后巩固与提升

二、简答题

1. 确定约束反力方向的原则是什么？
2. 常见的约束有哪些？它们的约束反力的形式是什么样的？
3. 常见的支座有哪些？它们的约束反力的形式是什么样的？
4. 如图 4-40 所示，两种情况下，D 处的约束反力有何不同？

三、实训题

1. 图 4-41 为房屋建筑中楼面的梁板结构，梁的两端支承在砖墙上，梁上的板用以支承楼面上的人群、设备等的重量，试画出梁的计算简图。

项目4：一、单项选择题

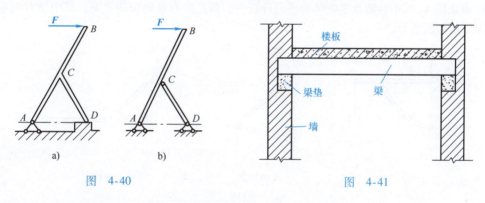

图 4-40　　　　　　　　　图 4-41

2. 图 4-42 为钢筋混凝土预制阳台挑梁，试画出梁的计算简图。
3. 图 4-43 所示楼梯沿长度方向作用有竖向均布荷载，试画出楼梯的计算简图。
4. 画出图 4-44 所示各个物体的受力分析图。假定所有接触面均光滑，其中没有画重力矢的物体均不考虑重力。

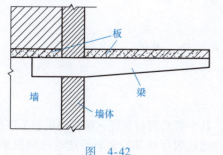
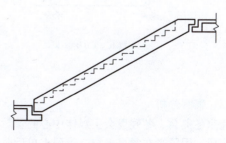

图 4-42　　　　　　　　　图 4-43

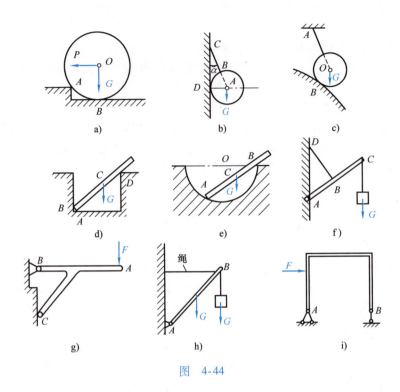

图 4-44

5. 画出图 4-45 中各图指定物体的受力分析图。假定所有接触面均光滑，其中没有画重力矢的物体均不考虑重力。

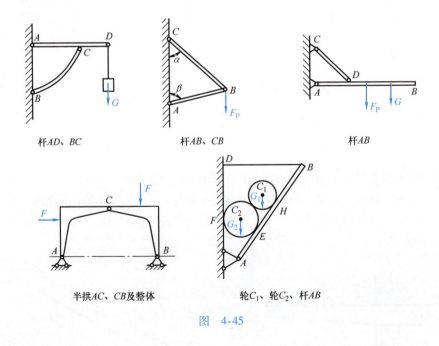

图 4-45

四、案例分析

北京冬奥会、冬残奥会主媒体中心的智慧餐厅，其中餐和西餐烹饪、调制鸡尾酒工序都由机器人完成。用餐者在餐桌上扫二维码点单后，菜品会通过餐厅顶部的云轨系统运送到餐桌上方，随缆绳降落，悬停在人们面前，供人们取用，如图 4-46 所示。试分析该云轨系统对菜品的约束情况。

图 4-46

职 考 链 接

项目 4：职考链接

项目 5　构件的平衡

【知识目标】
1. 掌握平面一般力系的简化方法，理解简化结果。
2. 掌握平面一般力系平衡方程的形式。
3. 掌握应用平面一般力系平衡方程求解约束反力的方法。

【能力目标】
1. 能准确地将某一平面的一般力系按要求进行简化。
2. 能应用平面一般力系平衡方程求解约束反力。

【素质目标】
1. 养成用力学方法分析结构问题的意识。
2. 养成用唯物辩证法分析问题的意识。

【引例分析——福州小城镇住宅楼项目构件受力分析】

在项目 4 中已经确定了福州小城镇住宅楼结构和构件的计算简图，明确了各构件和结构的力学模型及受力情况，要想设计福州小城镇住宅楼的结构和构件，首先需要确认结构和构件在这些外力作用下是否处于平衡状态，结构或构件满足什么条件才能平衡。

任务 1　简化平面一般力系

一、简化方法和结果

设在物体上作用有平面一般力系 F_1、F_2、$\cdots$、F_n，如图 5-1a 所示。为将该力系简化，首先在该力系的作用面内任选一点 O 作为简化中心，根据力的平移定理，将各力全部平移到 O 点，如图 5-1b 所示，得到一个平面汇交力系 F_1'、F_2'、$\cdots$、F_n' 和一个附加的平面力偶系 m_1、m_2、$\cdots$、m_n。其中，平面汇交力系中各力的大小和方向分别与原力系中对应的各力相同，即

$$F_1' = F_1 \text{、} F_2' = F_2 \text{、} \cdots \text{、} F_n' = F_n$$

各附加的力偶矩分别等于原力系中各力对简化中心 O 点的矩，即

$$m_1 = M_O(F_1) \text{、} m_2 = M_O(F_2) \text{、} \cdots \text{、} m_n = M_O(F_n)$$

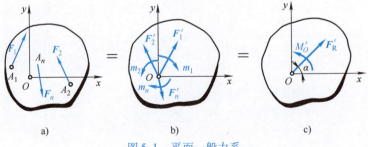

图 5-1　平面一般力系

由平面汇交力系合成理论可知，F_1'、F_2'、$\cdots$、F_n' 可合成为一个作用于点 O 的力 F_R'，称为原力系的主矢（图 5-1c），即

$$F'_R = F'_1 + F'_2 + \cdots + F'_n = F_1 + F_2 + \cdots + F_n = \sum F_i \qquad (5\text{-}1)$$

主矢 F'_R 的大小和方向，可利用合力投影定理计算得出。过 O 点取直角坐标系 Oxy，如图5-1所示，主矢 F'_R 在 x 轴和 y 轴上的投影为

$$F'_{Rx} = F'_{1x} + F'_{2x} + \cdots + F'_{nx} = F_{1x} + F_{2x} + \cdots + F_{nx} = \sum F_x$$

$$F'_{Ry} = F'_{1y} + F'_{2y} + \cdots + F'_{ny} = F_{1y} + F_{2y} + \cdots + F_{ny} = \sum F_y$$

上式中的 F'_{1x}、F'_{2x}、$\cdots$、F'_{nx}、F'_{1y}、F'_{2y}、$\cdots$、F'_{ny} 是力 F'_i 在坐标轴 x 轴和 y 轴上的投影。由于 F'_i 和 F_i 大小相等、方向相同，所以它们在同一轴上的投影相等。

主矢 F'_R 的大小和方向为

$$F'_R = \sqrt{F'^2_{Rx} + F'^2_{Ry}} = \sqrt{\left(\sum F_x\right)^2 + \left(\sum F_y\right)^2} \qquad (5\text{-}2)$$

$$\tan\alpha = \frac{|F'_{Ry}|}{|F'_{Rx}|} = \frac{\sum F_y}{\sum F_x} \qquad (5\text{-}3)$$

式（5-3）中的 α 为 F'_R 与 x 轴所夹的锐角，F'_R 的象限由 $\sum F_x$ 和 $\sum F_y$ 的正负号确定。

由力偶系合成理论可知，m_1、m_2、$\cdots$、m_n 可合成为一个力偶（图5-1c），并称为原力系对简化中心 O 的主矩，即

$$M'_O = m_1 + m_2 + \cdots + m_n = M_O(F_1) + M_O(F_2) + \cdots + M_O(F_n) = \sum M_O(F_i) \qquad (5\text{-}4)$$

综上所述，得到如下结论：平面一般力系向作用面内任一点简化的结果是一个力和一个力偶，这个力作用在简化中心，称为原力系的主矢，并等于原力系中各力的矢量和；这个力偶的力偶矩称为原力系对简化中心的主矩，并等于原力系各力对简化中心的力矩的代数和。应当注意，只有 F'_R 与 M'_O 两者相结合才与原力系等效。

由于主矢等于原力系各力的矢量和，因此主矢 F'_R 的大小和方向与简化中心的位置无关。而主矩等于原力系各力对简化中心的力矩的代数和，取不同的点作为简化中心，各力的力臂都要发生变化，则各力对简化中心的力矩也会改变，因而主矩一般随着简化中心的位置不同而改变。

二、平面一般力系简化结果的讨论

平面一般力系向一点简化，一般可得到一个力和一个力偶，但这并不是最后的简化结果。根据主矢与主矩是否存在，可能出现下列几种情况：

1）若 $F'_R = 0$、$M'_O \neq 0$，说明原力系与一个力偶等效，这个力偶的力偶矩就是主矩。由于力偶对平面内任意一点的矩都相同，因此当力系简化为一个力偶时，主矩和简化中心的位置无关，无论向哪一点简化，所得的主矩相同。

2）若 $F'_R \neq 0$、$M'_O = 0$，则作用于简化中心的力 F'_R 就是原力系的合力，作用线通过简化中心。

3）若 $F'_R \neq 0$、$M'_O \neq 0$，这时根据力的平移定理的逆过程，可以进一步合成为合力 F_R，如图5-2所示。将力偶矩为 M'_O 的力偶用两个反向平行力 F'_R 和 F''_R 表示，并使 F'_R 和 F''_R 等值、共线，使它们构成一平衡力（图5-2b），为保持 M'_O 不变，只要取力臂 $d = \dfrac{|M'_O|}{F'_R} = \dfrac{|M'_O|}{F_R}$，将 F'_R 和 F''_R 这一平衡力系去掉，这样就只剩下力 F_R 与原力系等效（图5-2c）。合力 F_R 在 O 点的哪一侧，由 F_R 对 O 点的矩的转向应与主矩 M'_O 的转向相一致来确定。

4）若 $F'_R = 0$、$M'_O = 0$，此时力系处于平衡状态。

三、平面一般力系的合力矩定理

由上面的分析可知，当 $F'_R \neq 0$、$M'_O \neq 0$ 时，还可进一步简化为一个合力 F_R，图5-2中合力对

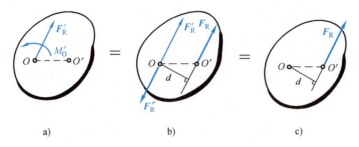

图 5-2 力的平移定理

O 点的矩是 $M_O(F_R) = F_R d$,而 $F_R d = M'_O$,$M'_O = \sum M_O(F)$,所以 $M_O(F_R) = \sum M_O(F)$。

由于简化中心 O 是任意选取的,故上式有普遍的意义,于是可得到平面一般力系的合力矩定理:平面一般力系的合力对作用面内任一点的矩等于力系中各力对同一点的矩的代数和。

【例 5-1】 如图 5-3a 所示,梁 AB 的 A 端是固定端支座,试用力系向某点简化的方法说明固定端支座的反力情况。

【解】 梁的 A 端嵌入墙内成为固定端,固定端约束的特点是使梁的端部既不能移动也不能转动。在主动力作用下,梁插入部分与墙接触的各点都受到大小和方向都不同的约束反力的作用(图 5-3b),这些约束反力就构成一个平面一般力系,将该力系向梁上 A 点简化就得到一个力 F_{NA} 和一个力偶矩为 M_A 的力偶(图 5-3c),为了便于计算,一般可将约束反力 F_{NA} 用它的水平分力 F_{NAx} 和垂直分力 F_{NAy} 来代替。因此,在平面一般力系情况下,固定端支座的约束反力包括三个:阻止梁端向任何方向移动的水平反力 F_{NAx} 和竖向反力 F_{NAy},以及阻止物体转动的反力偶 M_A,它们的指向都是假定的(图 5-3d)。

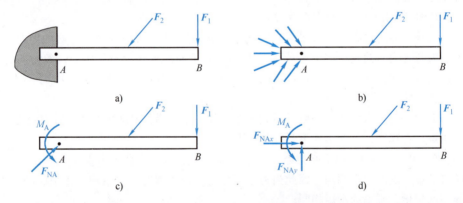

图 5-3 例 5-1 题图

【例 5-2】 重力坝受力情况如图 5-4a 所示,设 $W_1 = 450$kN,$W_2 = 200$kN,$F_{P1} = 300$kN,$F_{P2} = 70$kN,试求合力 F_R 的大小和方向,以及合力与基线 OA 的交点到点 O 的距离 x。

【解】 1)以 O 为坐标原点,建立坐标系 Oxy,将力系向 O 点简化,求得其主矢 F'_R 和主矩 M_O,如图 5-4b 所示。主矢 F'_R 在 x、y 轴上的投影为

$$F'_{Rx} = \sum F_x = F_{P1} - F_{P2}\cos\theta$$

$$F'_{Ry} = \sum F_y = -W_1 - W_2 - F_{P2}\sin\theta$$

其中,$\theta = \arctan\dfrac{AB}{CB} = \arctan\dfrac{2.7}{9} = 16.7°$

所以
$$F'_{Rx} = (300 - 70\cos16.7°)\text{ kN} = 232.95\text{kN}$$
$$F'_{Ry} = (-450 - 200 - 70\sin16.7°)\text{ kN} = -670\text{kN}$$

主矢 F'_R 的大小为
$$F'_R = \sqrt{(F'_{Rx})^2 + (F'_{Ry})^2} = (\sqrt{(232.95)^2 + (-670)^2})\text{ kN} = 709.33\text{kN}$$

主矢 F'_R 的方向为
$$\alpha = \arctan\left|\frac{F'_{Ry}}{F'_{Rx}}\right| = \arctan\left|\frac{-670}{232.95}\right| = 70.83°$$

F'_R 在哪个象限由 F'_{Rx} 与 F'_{Ry} 的正负来判定。因为 F'_{Rx} 为正，F'_{Ry} 为负，故 F'_R 在第四象限内，与 x 轴夹角为 70.83°。

力系对点 O 的主矩为
$$M_O = \sum m_O(\boldsymbol{F}) = -3F_{P1} - 1.5W_1 - 3.9W_2$$
$$= (-3 \times 300 - 1.5 \times 450 - 3.9 \times 200)\text{kN·m}$$
$$= -2355\text{kN·m}(\text{顺时针转向})$$

F'_R、M_O 表示如图 5-4b 所示。

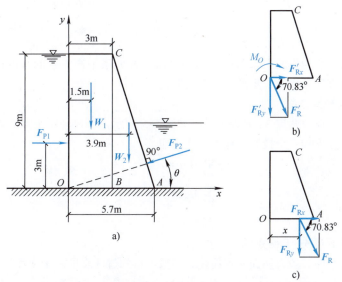

图 5-4 例 5-2 题图

2）因为 $F'_R \neq 0$、$M_O \neq 0$，所以原力系合成的结果是一个合力。合力 F_R 的大小和方向与主矢 F'_R 相同，因为 M_O 为负值，合力 F_R 对 O 点的矩也应该为负值，故合力 F_R 的作用线必在 O 点的右侧，如图 5-4c 所示。合力 F_R 的作用线与基线的交点到点 O 的距离 x，可根据合力矩定理求得，即
$$M_O = m_O(\boldsymbol{F}_R) = m_O(\boldsymbol{F}_{Rx}) + m_O(\boldsymbol{F}_{Ry})$$

其中，$m_O(\boldsymbol{F}_{Rx}) = 0$，故 $M_O = m_O(\boldsymbol{F}_{Ry}) = F_{Ry}x$

解得
$$x = \frac{M_O}{F_{Ry}} = \left(\frac{-2355}{-670}\right)\text{m} = 3.5\text{m}$$

任务 2　建立平面一般力系平衡方程

我国古代数学家刘徽在对《九章算术》所作的注释中说："程，课程也。群务总杂，各列有数，总言其实。令每行为率。二物者再程，三物者三程，皆如物数程之，并列为行，故谓之方

程。"其中，"二物者再程，三物者三程"是指求两物的数就列两个方程，求三物的数就列三个方程。显然，有几个未知数，就需要列几个方程。

一、平面一般力系的平衡方程

平面一般力系向任一点简化时，当主矢、主矩同时等于零时，则该力系为平衡力系。因此，平面一般力系处在平衡状态的必要与充分条件是力系的主矢与力系对于任一点的主矩都等于零，即 $F_R' = 0$、$M_O' = 0$，根据式（5-2）及式（5-4）可得到平面一般力系的平衡方程为

平面一般力系的平衡方程

$$\left. \begin{array}{l} \sum F_x = 0 \\ \sum F_y = 0 \\ \sum M_O(\boldsymbol{F}) = 0 \end{array} \right\} \quad (5\text{-}5)$$

式（5-5）说明，力系中所有的力在两个坐标轴上的投影的代数和均等于零，所有的力对任一点的矩的代数和等于零。

式（5-5）中包含两个投影方程和一个力矩方程，是平面一般力系平衡方程的基本形式。这三个方程是彼此独立的（即其中的一个方程不能由另外两个方程得出），因此可求解三个未知量。

二、平面一般力系平衡方程的其他形式

前面通过平面一般力系的平衡条件导出了平面一般力系平衡方程的基本形式，除了这种形式外，还可将平衡方程表示为二矩形式及三矩形式。

1. 二矩形式的平衡方程

在力系作用面内任取两点 A、B 及 x 轴，如图 5-5 所示，可以证明平面一般力系的平衡方程可改写成两个力矩方程和一个投影方程的形式，即

$$\left. \begin{array}{l} \sum M_A(\boldsymbol{F}) = 0 \\ \sum M_B(\boldsymbol{F}) = 0 \\ \sum F_x = 0 \end{array} \right\} \quad (5\text{-}6)$$

上式中的 x 轴不与 A、B 两点的连线垂直。

证明：首先将平面一般力系向 A 点简化，一般可得到过 A 点的一个力和一个力偶。若 $M_A = 0$ 成立，则力系只能简化为通过 A 点的合力 $\boldsymbol{F}_R$ 或呈平衡状态。如果 $\sum M_B = 0$ 成立，说明 $\boldsymbol{F}_R$ 必通过 B，则合力 $\boldsymbol{F}_R$ 的作用线必为 AB 连线。又因 $\sum F_x = 0$ 成立，则 $F_{Rx} = \sum F_x = 0$，即合力 $\boldsymbol{F}_R$ 在 x 轴上的投影为零，因 AB 连线不垂直于 x 轴，合力 $\boldsymbol{F}_R$ 亦不垂直于 x 轴，由 $F_{Rx} = 0$ 可推得 $\boldsymbol{F}_R = 0$。这就满足方程（5-6）的平面一般力系要求，若将合力向 A 点简化，其主矩和主矢都等于零，从而力系必为平衡力系。

2. 三矩形式的平衡方程

在力系作用面内任意取三个不在同一直线上的点 A、B、C，如图 5-6 所示，则力系的平衡方程可写为三个力矩方程的形式，即

$$\left. \begin{array}{l} \sum M_A(\boldsymbol{F}) = 0 \\ \sum M_B(\boldsymbol{F}) = 0 \\ \sum M_C(\boldsymbol{F}) = 0 \end{array} \right\} \quad (A、B、C \text{ 三点不在同一直线上}) \quad (5\text{-}7)$$

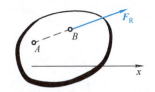 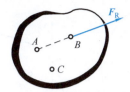

图 5-5 二矩形式的平衡方程　　图 5-6 三矩形式的平衡方程

同二矩形式的平衡方程的证明一样，若 $\sum M_A(\boldsymbol{F}) = 0$ 和 $\sum M_B(\boldsymbol{F}) = 0$ 成立，则力系合成的结果只能是通过 A、B 两点的一个力（图 5-6）或者呈平衡状态。如果 $\sum M_C(\boldsymbol{F}) = 0$ 也成立，则合力必然通过 C 点，而一个力不可能同时通过不在一直线上的三点，只有当合力为零时 $\sum M_C(\boldsymbol{F}) = 0$ 才能成立。因此，力系必然是平衡力系。

综上所述，平面一般力系共有三种不同形式的平衡方程：式（5-5）、式（5-6）、式（5-7），在解题时可以根据具体情况选取某一种形式。无论采用哪种形式，都只能写出三个独立的平衡方程，求解三个未知数。任何第四个方程都不是独立的，但可以利用这个方程来校核计算的结果。

三、几种特殊力系的平衡方程

1. 平面平行力系

平面平行力系是指各力的作用线在同一平面上并相互平行的力系，如图 5-7 所示。

图 5-7 所示力系，Ox 轴与力系中的各力平行，则各力在 y 轴上的投影恒为零，则平衡方程只剩下两个独立的方程：

$$\left. \begin{array}{l} \sum F_x = 0 \\ \sum M_O(\boldsymbol{F}) = 0 \end{array} \right\} \tag{5-8}$$

式（5-8）为平面平行力系平衡方程的基本形式，平面平行力系只有两个独立的平衡方程，只能求解两个未知量。

2. 平面力偶系

平面力偶系如图 5-8 所示，因构成力偶的两个力在任何轴上的投影必为零，则恒有 $\sum F_x = 0$ 和 $\sum F_y = 0$，只剩下第三个力矩方程，但因为力偶对某点的矩等于力偶矩，则力矩方程可改写为

$$\sum m_O = 0 \tag{5-9}$$

式（5-9）为平面力偶系的平衡方程，平面力偶系只有一个独立的平衡方程，只能求解一个未知量。

3. 平面汇交力系

平面汇交力系如图 5-9 所示，各个力的作用线汇交于一点 O，则 $\sum M_O(\boldsymbol{F}) = 0$ 为恒等式，由恒等式不能解出任何未知量，因此平面汇交力系的平衡方程为

$$\left\{ \begin{array}{l} \sum F_x = 0 \\ \sum F_y = 0 \end{array} \right. \tag{5-10}$$

式（5-10）为平面汇交力系的平衡方程，平面汇交力系只有两个独立的平衡方程，只能求解两个未知量。

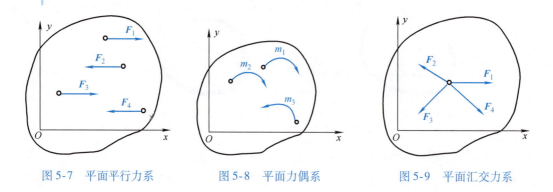

图 5-7 平面平行力系　　　图 5-8 平面力偶系　　　图 5-9 平面汇交力系

任务 3　求解构件约束反力

一、求解思路

平面一般力系平衡问题的解题步骤为：

1) 选取研究对象，作研究对象的受力图。
2) 对所选取的研究对象列出平衡方程。
3) 由平衡方程解出未知量。
4) 将计算结果代入不独立的平衡方程，以校核解题过程有无错误。

二、求解单个构件的约束反力

【例 5-3】　求如图 5-10 所示简支梁 AB 的约束反力。

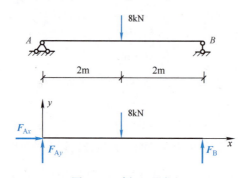

图 5-10　例 5-3 题图

【解】　1) 选梁 AB 为研究对象，取分离体。

2) 画受力图，梁所受的主动力为跨中的 8kN 集中力，约束反力有 F_{Ax}、F_{Ay}、F_B，如图 5-10 所示，未知力的指向均为假定。

3) 建立如图 5-10 所示的坐标系，列平衡方程：

$\sum F_x = 0$　　　　　　　　$F_{Ax} = 0$

$\sum F_y = 0$　　　　　　　　$F_{Ay} + F_B - 8 = 0$

$\sum M_A(F) = 0$　　　　　　$-8 \times 2 + F_B \times 4 = 0$

联立方程解得　　　　　　$F_{Ax} = 0$　$F_{Ay} = 4\mathrm{kN}$　$F_B = 4\mathrm{kN}$

4) 校核。$\sum M_B(F) = 0$，$-F_{Ay} \times 4 + 8 \times 2 = -4 \times 4 + 8 \times 2 = 0$，说明计算结果无误。

【例 5-4】 求如图 5-11 所示外伸梁 AB 的约束反力。

【解】 1) 选梁 AC 为研究对象，取分离体。

2) 画受力图，梁所受的主动力为 C 端的 5kN·m 的集中力偶，约束反力有 F_{Ax}、F_{Ay}、F_B，如图 5-11 所示，未知力的指向均为假定。

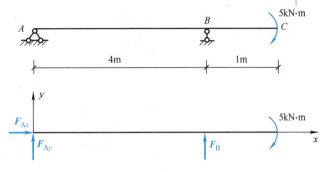

图 5-11 例 5-4 题图

3) 建立如图 5-11 所示的坐标系，列平衡方程：

$\sum F_x = 0$ $F_{Ax} = 0$

$\sum F_y = 0$ $F_{Ay} + F_B = 0$

$\sum M_A(F) = 0$ $-5 + F_B \times 4 = 0$

联立方程解得 $F_{Ax} = 0$ $F_{Ay} = -1.25 \text{kN}$ $F_B = 1.25 \text{kN}$

4) 校核。$\sum M_B(F) = 0$，$-F_{Ay} \times 4 - 5 = 1.25 \times 4 - 5 = 0$，说明计算结果无误。

【例 5-5】 求如图 5-12 所示悬挑雨篷板的约束反力。

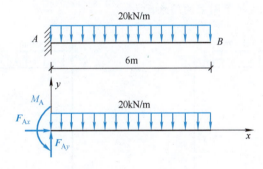

图 5-12 例 5-5 题图

【解】 1) 选板 AB 为研究对象，取分离体。

2) 画受力图，梁所受的主动力为 20kN/m 的均布荷载，约束反力有 F_{Ax}、F_{Ay}、M_A，如图 5-12 所示，未知力的指向均为假定。

3) 建立如图 5-12 所示的坐标系，列平衡方程：

$\sum F_x = 0$ $F_{Ax} = 0$

$\sum F_y = 0$ $F_{Ay} - 20 \times 6 = 0$

$\sum M_A(F) = 0$ $M_A - 20 \times 6 \times 3 = 0$

联立方程解得 $F_{Ax} = 0$ $F_{Ay} = 120 \text{kN}$ $M_A = 360 \text{kN}$

4) 校核。$\sum M_B(F) = 0$，$M_A + 20 \times 6 \times 3 - F_{Ay} \times 6 = 0$，说明计算结果无误。

【例 5-6】 求如图 5-13 所示简支梁 AB 的约束反力。

【解】 1) 选梁 AB 为研究对象，取分离体。

2) 画受力图，梁所受的主动力为 6kN 的集中力、3kN/m 的均布荷载和 3.5kN·m 的集中力偶，约束反力有 F_{Ax}、F_{Ay}、F_B，如图 5-13 所示，未知力的指向均为假定。

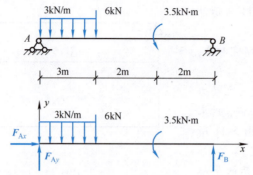

图 5-13 例 5-6 题图

3）建立如图 5-13 所示的坐标系，列平衡方程：

$\sum F_x = 0 \qquad F_{Ax} = 0$

$\sum F_y = 0 \qquad F_{Ay} + F_B - 3 \times 3 - 6 = 0$

$\sum M_A(\boldsymbol{F}) = 0 \qquad -3 \times 3 \times 1.5 - 6 \times 3 + 3.5 + F_B \times 7 = 0$

联立方程解得 $\qquad F_{Ax} = 0 \quad F_{Ay} = 11 \text{kN} \quad F_B = 4 \text{kN}$

4）校核。$\sum M_B(\boldsymbol{F}) = 0, -F_{Ay} \times 7 + 3 \times 3 \times 5.5 + 6 \times 4 + 3.5 = 0$，说明计算结果无误。

【例 5-7】 求如图 5-14 所示刚架的约束反力。

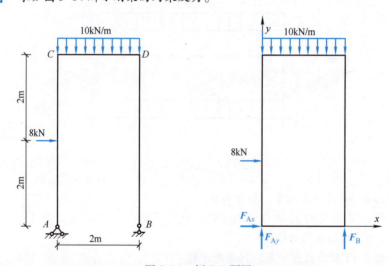

图 5-14 例 5-7 题图

【解】 1）选刚架 AB 为研究对象，取分离体。

2）画受力图，梁所受的主动力为 8kN 的集中力、10kN/m 的均布荷载，约束反力有 F_{Ax}、F_{Ay}、F_B，如图 5-14 所示，未知力的指向均为假定。

3）建立如图 5-14 所示的坐标系，列平衡方程：

$\sum F_x = 0 \qquad F_{Ax} + 8 = 0$

$\sum F_y = 0 \qquad F_{Ay} + F_B - 10 \times 2 = 0$

$\sum M_A(\boldsymbol{F}) = 0 \qquad -8 \times 2 - 10 \times 2 \times 1 + F_B \times 2 = 0$

联立方程解得 $\qquad F_{Ax} = -8 \text{kN} \quad F_{Ay} = 2 \text{kN} \quad F_B = 18 \text{kN}$

4) 校核。$\sum M_B(\boldsymbol{F}) = 0$, $-F_{Ay} \times 2 - 8 \times 2 + 10 \times 2 \times 1 = 0$, 说明计算结果无误。

此例题也可以用三矩形式的平衡方程来求解, A、B、C 三点不共线, 选择 A、B、C 三点作为矩心, 列三矩形式平衡方程:

$\sum M_A(\boldsymbol{F}) = 0$　　　$-8 \times 2 - 10 \times 2 \times 1 + F_B \times 2 = 0$

$\sum M_B(\boldsymbol{F}) = 0$　　　$-F_{Ay} \times 2 - 8 \times 2 + 10 \times 2 \times 1 = 0$

$\sum M_C(\boldsymbol{F}) = 0$　　　$F_{Ax} \times 4 + 8 \times 2 - 10 \times 2 \times 1 + F_B \times 2 = 0$

联立方程解得　　　$F_B = 18 \text{kN}$　$F_{Ay} = 2 \text{kN}$　$F_{Ax} = -8 \text{kN}$

校核: $\sum F_y = 0$, $F_{Ay} + F_B - 10 \times 2 = 0$ 或 $\sum F_x = 0$, $F_{Ax} + 8 = 0$, 说明计算结果无误。

【例 5-8】 求如图 5-15 所示悬臂刚架的约束反力。

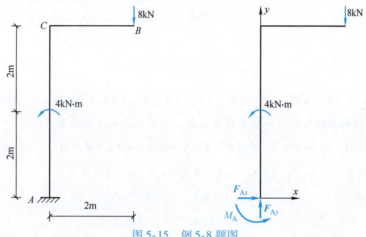

图 5-15　例 5-8 题图

【解】 1) 选刚架 AB 为研究对象, 取分离体。

2) 画受力图, 梁所受的主动力为 8kN 的集中力和 4kN·m 的集中力偶, 约束反力有 F_{Ax}、F_{Ay}、M_A, 如图 5-15 所示, 未知力的指向均为假定。

3) 建立如图 5-15 所示的坐标系, 列平衡方程:

$\sum F_x = 0$　　　　　$F_{Ax} = 0$

$\sum F_y = 0$　　　　　$F_{Ay} - 8 = 0$

$\sum M_A(\boldsymbol{F}) = 0$　　　$M_A + 4 - 8 \times 2 = 0$

联立方程解得　　　$F_{Ax} = 0$　$F_{Ay} = 8 \text{kN}$　$M_A = 12 \text{kN·m}$

4) 校核。$\sum M_B(\boldsymbol{F}) = 0$, $-F_{Ay} \times 2 + 4 + M_A = 0$, 说明计算结果无误。

【例 5-9】 如图 5-16 所示为某钢屋架计算简图, 求其约束反力。

【解】 1) 选桁架整体为研究对象, 取分离体。

2) 画受力图, 约束反力有 F_{Ax}、F_{Ay}、F_B, 如图 5-16 所示, 未知力的指向均为假定。

3) 建立如图 5-16 所示的坐标系, 列平衡方程:

$\sum F_x = 0$　　　$F_{Ax} = 0$

$\sum F_y = 0$　　　$F_{Ay} + F_B - 5 \times 5 = 0$

$\sum M_A(\boldsymbol{F}) = 0$　　　$-5 \times 2 - 5 \times 4 - 5 \times 6 - 5 \times 8 + F_B \times 8 = 0$

联立方程解得　　　$F_{Ax} = 0$　$F_{Ay} = 12.5 \text{kN}$　$F_B = 12.5 \text{kN}$

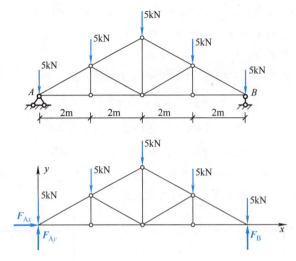

图 5-16 例 5-9 题图

4）校核。$\sum M_B(\boldsymbol{F}) = 0$，$-F_{Ay} \times 8 + 5 \times 2 + 5 \times 4 + 5 \times 6 + 5 \times 8 = 0$，说明计算结果无误。

此例题也可以用二矩形式的平衡方程来求解，列二矩形式平衡方程：

$\sum M_A(\boldsymbol{F}) = 0 \qquad -5 \times 2 - 5 \times 4 - 5 \times 6 - 5 \times 8 + F_B \times 8 = 0$

$\sum M_B(\boldsymbol{F}) = 0 \qquad -F_{Ay} \times 8 + 5 \times 2 + 5 \times 4 + 5 \times 6 + 5 \times 8 = 0$

联立方程解得 $\qquad F_{Ay} = 12.5\text{kN} \quad F_B = 12.5\text{kN}$

校核：$\sum F_y = 0$，$F_{Ay} + F_B - 5 \times 5 = 0$，说明计算结果无误。

三、求解物体系的约束反力

前面研究了平面力系单个物体的平衡问题。但是在工程结构中往往是由若干个物体通过一定的约束组成一个系统的，这种系统称为物体系。例如，图 5-17a 所示的组合梁，就是由梁 AC 和梁 CD 通过铰 C 连接，并支承在 A、B、D 支座上而组成的一个物体系。

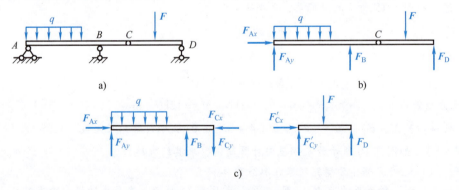

图 5-17 组合梁受力图

在一个物体系中，一个物体的受力与其他物体是紧密相关的，整体受力又与局部紧密相关。物体系的平衡是指组成系统的每一个物体及系统的整体都处于平衡状态。

在研究物体系的平衡问题时，不仅要知道外界物体对这个系统的作用力，同时还应分析系统内部物体之间的相互作用力。通常将系统以外的物体对这个系统的作用力称为外部力，系统内各物体之间的相互作用力称为内部力。例如，图 5-17b 所示的组合梁的受力图，荷载 q、$\boldsymbol{F}$

及 A、B、D 支座的约束反力就是外部力；而在铰 C 处，左右两段梁之间的互相作用的力就是内部力。

应当注意，外部力和内部力是相对的概念，是对一定的考察对象而言的，例如图 5-17 中的组合梁在铰 C 处的两段梁的相互作用力，对组合梁的整体来说，就是内部力，而对左段梁或右段梁来说，就是外部力了，如图 5-17c 所示。

当物体系平衡时，组成该系统的每个物体都处于平衡状态，因而对于每一个物体一般可写出三个独立的平衡方程。如果该物体系有 n 个物体，而每个物体又在平面一般力系作用下，则就有 $3n$ 个独立的平衡方程，可以求出 $3n$ 个未知量。但是，如果系统中的物体受平面汇交力系或平面平行力系的作用，则独立的平衡方程将相应减少，而所能求的未知量数量也相应减少。当整个系统中未知量的数量不超过独立的平衡方程数量时，则未知量可由平衡方程全部求出，这样的问题称为静定问题。当未知量的数量超过了独立平衡方程的数量时，未知量由平衡方程就不能全部求出，这样的问题称为超静定问题，在静力学中，一般不考虑超静定问题。

在解答物体系的平衡问题时，既可以选取整个物体系作为研究对象，也可以选取物体系中的某部分物体（一个物体或几个物体组合）作为研究对象，以建立平衡方程。由于物体系的未知量较多，应尽量避免从总体的联立方程组中解出，通常先对整体和部分分别进行受力分析，选取未知力数量为三个的部分计算，然后依次分析其他部分。有时，会出现整体和部分的未知力数量都多于三个的情况，这时要合理使用力矩方程来有效减少未知力的数量，以简化计算。

【**例 5-10**】 支架如图 5-18a 所示，由杆 AB 与 AC 组成，A、B、C 处均为铰链，在圆柱销 A 上悬挂重量为 G 的重物，试求杆 AB 与 AC 所受的力。

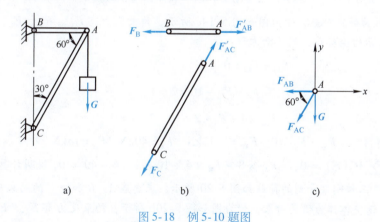

图 5-18 例 5-10 题图

【**解**】 1) 取圆柱销 A 为研究对象，画受力图，作用于圆柱销 A 上的力有重力 G，杆 AB 和 AC 的作用力 F_{AB} 和 F_{AC}，因杆 AB 和 AC 均为二力杆，所以力 F_{AB} 和 F_{AC} 的方向分别沿杆 AB 和 AC 两端的连线，指向暂假设，如图 5-18b 所示。圆柱销 A 受力如图 5-18c 所示，显然这是一个平面汇交力系的平衡问题。

2) 列平衡方程。建立坐标系，如图 5-18c 所示，列平衡方程：

$$\sum F_x = 0 \qquad -F_{AB} - F_{AC}\cos 60° = 0$$

$$\sum F_y = 0 \qquad -F_{AC}\sin 60° - G = 0$$

联立方程解得 $F_{AC} = -\dfrac{G}{\sin 60°} = -\dfrac{2\sqrt{3}}{3}G$（杆 AC 受压） $F_{AB} = -F_{AC}\cos 60° = \dfrac{2\sqrt{3}}{3}G \times \dfrac{1}{2} = \dfrac{\sqrt{3}}{3}G$

（杆AB受拉）

【例5-11】 由AC和CD构成的组合梁通过铰链C连接，如图5-19所示，求支座A、B、D的约束反力及铰链C所受的力。

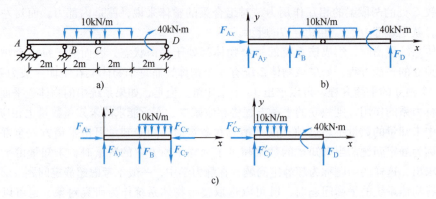

图5-19 例5-11题图

【解】 1) 选整体作为研究对象，受力图如图5-19b所示，约束反力有F_{Ax}、F_{Ay}、F_B、F_D，建立如图5-19b所示的坐标系，列平衡方程：

$\sum F_x = 0$ $F_{Ax} = 0$

$\sum F_y = 0$ $F_{Ay} + F_B + F_D - 10 \times 4 = 0$

$\sum M_A(F) = 0$ $F_B \times 2 - 10 \times 4 \times 4 - 40 + F_D \times 8 = 0$

2) 选AC段为研究对象，受力图如图5-19c所示，约束反力有F_{Ax}、F_{Ay}、F_B、F_{Cx}、F_{Cy}，建立如图5-19c所示的坐标系，列平衡方程：

$\sum F_x = 0$ $F_{Ax} - F_{Cx} = 0$

$\sum F_y = 0$ $F_{Ay} + F_B - F_{Cy} - 10 \times 2 = 0$

$\sum M_C(F) = 0$ $-F_{Ay} \times 4 - F_B \times 2 + 10 \times 2 \times 1 = 0$

联立方程解得 $F_{Ax} = F_{Cx} = 0$ $F_{Ay} = -15\text{kN}$ $F_B = 40\text{kN}$ $F_D = 15\text{kN}$

3) 校核。$\sum M_D(F) = 0$，$-F_{Ay} \times 8 - F_B \times 6 + 10 \times 4 \times 4 - 40 = 0$，说明计算结果无误。

【例5-12】 三铰刚架受到的荷载如图5-20所示，求支座A、B和铰C的约束反力。

【解】 1) 选整体作为研究对象，受力图如图5-20b所示，约束反力有F_{Ax}、F_{Ay}、F_{Bx}、F_{By}，建立如图5-20b所示的坐标系，列平衡方程：

$\sum F_x = 0$ $F_{Ax} + F_{Bx} = 0$

$\sum F_y = 0$ $F_{Ay} + F_{By} - 16 \times 2 - 24 = 0$

$\sum M_A(F) = 0$ $F_{By} \times 4 - 16 \times 2 \times 1 - 24 \times 3 = 0$

2) 选AC段为研究对象，受力图如图5-20c所示，约束反力有F_{Ax}、F_{Ay}、F_{Cx}、F_{Cy}，建立如图5-20c所示的坐标系，列平衡方程：

$\sum F_x = 0$ $F_{Ax} + F_{Cx} = 0$

$\sum F_y = 0$ $F_{Ay} + F_{Cy} - 16 \times 2 = 0$

$\sum M_C(F) = 0$ $F_{Ax} \times 8 - F_{Ay} \times 2 + 16 \times 2 \times 1 = 0$

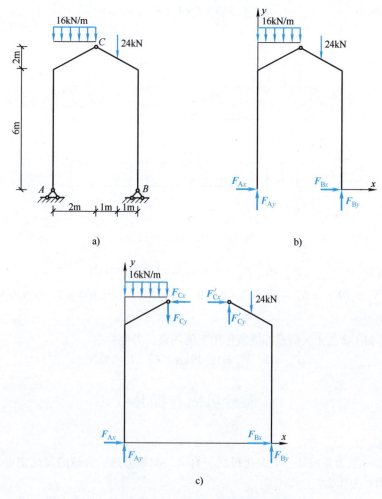

图 5-20 例 5-12 题图

联立方程解得

$$F_{Ax} = 3.5\text{kN} \quad F_{Ay} = 30\text{kN}$$
$$F_{Bx} = -3.5\text{kN} \quad F_{By} = 26\text{kN}$$
$$F_{Cx} = 3.5\text{kN} \quad F_{Cy} = -2\text{kN}$$

3) 校核。$\sum M_B(\boldsymbol{F}) = 0$,$-F_{Ay} \times 4 + 16 \times 2 \times 3 + 24 \times 1 = 0$,说明计算结果无误。

【引例解析——福州小城镇住宅楼项目梁 L-2 约束反力的计算】

根据图 5-21 所示 L-2 的计算简图,确定其在可变荷载标准值和永久荷载标准值作用下的约束反力。

1) 选 L-2 为研究对象,画分离体。

2) 画受力图,梁所受的主动力为跨中的 6.536kN/m 的均布荷载,约束反力有 F_{Ax}、F_{Ay}、F_B,如图 5-21 所示,未知力的指向均为假定。

3) 建立如图 5-21 所示的坐标系,列平衡方程:

$$\sum F_x = 0 \quad\quad F_{Ax} = 0$$
$$\sum F_y = 0 \quad\quad F_{Ay} + F_B - 6.536 \times 3 = 0$$

$$\sum M_A(F) = 0 \qquad -6.536 \times 3 \times 1.5 + F_B \times 3 = 0$$

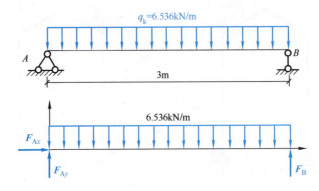

图 5-21　L-2 计算简图

联立方程解得　　　　$F_{Ax} = 0$　　$F_{Ay} = 9.804\text{kN}$　　$F_B = 9.804\text{kN}$

4）校核。$\sum M_B(F) = 0$，$-F_{Ay} \times 3 + 6.536 \times 3 \times 1.5 = -9.804 \times 3 + 6.536 \times 3 \times 1.5 = 0$，说明计算结果无误。

同理，可算得 L-2 在永久荷载标准值作用下的约束反力为

$$F_{Ax} = 0 \qquad F_{Ay} = 12.39\text{kN} \qquad F_B = 12.39\text{kN}$$

课后巩固与提升

一、简答题

1. 设一平面一般力系向某一点简化得到一合力，如果另选一合适的简化中心，问力系能否简化为一个力偶？为什么？

2. 如图 5-22 所示，分别作用在一平面上 A、B、C、D 四点的四个力 F_1、F_2、F_3、F_4，这四个力画出的力多边形刚好首尾相接，请问该力系是否平衡？若不平衡，简化结果是什么？

3. 如图 5-23 所示，$F_1 = F_2 = F_3 = F_4$，则力系向 A 点和 B 点简化的结果分别是什么？二者是否等效？

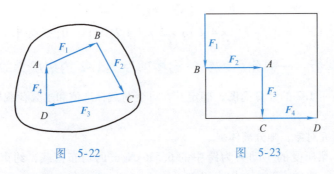

图 5-22　　　　　　　图 5-23

4. 从哪些方面去理解平面一般力系只有三个独立方程？

二、计算题

1. 某厂房柱如图 5-24 所示，高 9m，柱上段 BC 重 $G_1 = 10\text{kN}$，下段 CO 重 $G_2 = 40\text{kN}$，柱顶水平力 $F = 6\text{kN}$，各力作用位置如图所示，以柱底中心 O 为中心简化，求该力系的主矢和主矩。

2. 求图 5-25 所示各梁的约束反力。

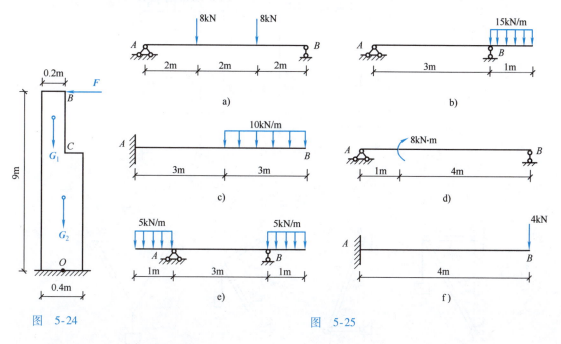

图 5-24   图 5-25

3. 求图 5-26 所示各梁的约束反力。

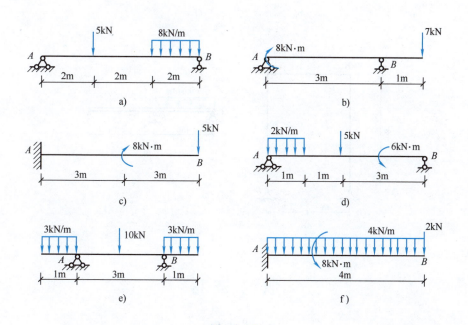

图 5-26

4. 求图 5-27 所示刚架的约束反力。

5. 各个支架均由杆 AB 和杆 AC 组成，如图 5-28 所示，A、B、C 均为铰链，在销钉 A 上悬挂重物 $F_w = 20$kN，杆重不计，试求各分图中杆 AB 和杆 AC 所受的力。

6. 求如图 5-29 所示各组合结构的约束反力。

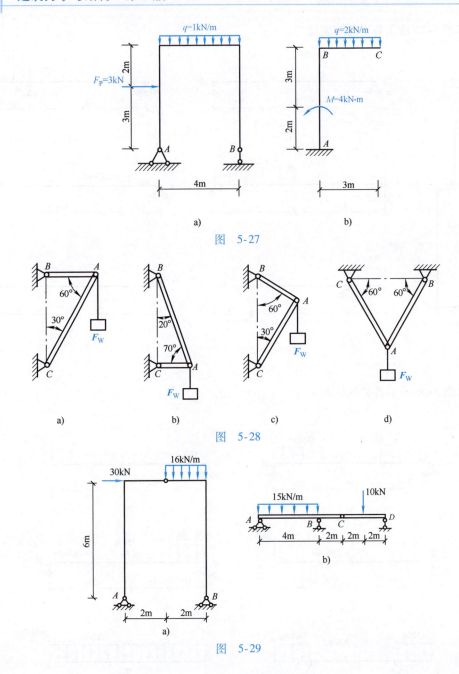

图 5-27

图 5-28

图 5-29

职 考 链 接

项目5：职考链接

项目6 几何组成分析

【知识目标】
1. 了解几何不变体系和几何可变体系的概念。
2. 熟悉几何组成分析的原则。

【能力目标】
1. 能判断杆件体系的几何性质。
2. 能分析杆件体系的结构性能。

【素质目标】
1. 养成用力学方法分析结构问题的意识。
2. 养成用唯物辩证法分析问题的意识。

【引例分析——福州小城镇住宅楼项目建筑结构几何组成分析】

福州小城镇住宅楼项目选用框架结构,根据力学模型分析,将该体系分解为横向和纵向两个方向的杆件体系,这两个杆件体系能否作为受力结构承受并传递荷载?

作为承受荷载的体系,在荷载作用下体系必须能够保持形状的稳定。当多个杆件组成复杂体系时,需要用正确的方法分析其保持形状的能力。

任务1 几何组成分析的目的

杆件体系是由多个杆件相互连接组成的整体,用来承受作用于其上的荷载。设计时,杆件体系在荷载作用下必须能保证其几何形状和位置不变,才能保证结构的安全性。

1)在荷载作用下,几何形状和位置不发生改变的杆件体系称为几何不变体系,这样的体系可以作为工程结构使用,如图6-1所示。

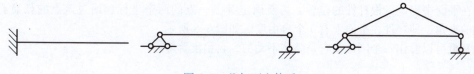

图6-1 几何不变体系

2)在荷载作用下,几何形状和位置发生改变的杆件体系称为几何可变体系,这样的体系不可以作为工程结构使用,如图6-2所示。

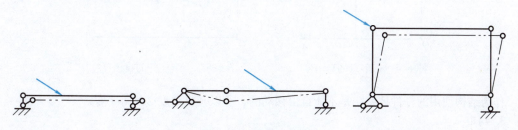

图6-2 几何可变体系

实际工程结构中，构件在荷载作用下，材料会发生微小的变形，这种变形与构件的尺寸相比很微小，在进行几何组成分析时可以忽略这种变形。

几何可变体系对于结构来说是不安全的，但在人们的日常生活中也有专门利用杆件体系的几何可变性来实现某种功能的，例如图 6-3 所示的伸缩门就利用了杆件体系的几何可变性实现了拉伸功能。

结构必须是几何不变体系，杆件体系要作为结构使用，首先需要判断它是否为几何不变体系，这种判断过程称为几何组成分析。进行几何组成分析的目的在于：

1）判断杆件体系的几何组成，决定是否可以作为结构使用。

图 6-3　伸缩门

2）研究几何不变体系的组成规律及杆件体系组成的合理形式。

3）确定结构是否有多余约束，分析结构是静定结构还是超静定结构，选择适用的分析计算方法。

在进行几何组成分析时，因为忽略材料的变形，所以组成结构的某一杆件或已确定是几何不变的部分，可以视作刚体。

任务 2　几何组成分析的方法

一、自由度和约束的概念

1. 刚片

在几何组成分析中，把刚体称为刚片。在平面杆件体系中判定为几何不变的部分都可以称为刚片，例如每一根梁、柱，每一个杆件、基础，都可以看成一个刚片。

2. 自由度

确定杆件或杆件体系的几何位置所需的独立坐标数量，称为该体系的自由度。

在平面中确定一个点的位置，需要两个独立的坐标，即平面上的点有两个自由度，如图 6-4 所示。在平面中确定一根杆件的位置，需要确定其上一点的两个坐标和通过该点的任意直线与坐标轴的夹角，即杆件在平面上有 3 个自由度，如图 6-5 所示。

地基也可以看作一个刚片，它是整体不动的，自由度为零。

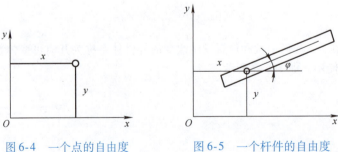

图 6-4　一个点的自由度　　图 6-5　一个杆件的自由度

作为结构使用的杆件体系，是不能自由移动的，所以其自由度必须等于零。

3. 约束

能减少体系自由度的装置称为约束。约束是杆件与杆件之间的连接装置，每减少一个自由度，相当于有一个约束。工程中常见的约束有链杆（如可动铰支座）、铰（如固定铰支座）和刚性连接（如固定端支座）。

二、约束对自由度的影响

1. 链杆

链杆是两端用铰与其他两个构件相连的刚性杆。如图6-6所示，将杆件Ⅰ与杆件Ⅱ用链杆AB连起来，原来两个杆件各有三个自由度，共六个自由度。用链杆连接后，确定杆件Ⅰ需要三个坐标；再确定链杆AB的位置，需要一个与杆件Ⅰ的夹角；然后再确定杆件Ⅱ的位置，需要与链杆AB的一个夹角，共需要五个坐标。所以，两个构件通过链杆相连后，共五个自由度，一个链杆使体系减少一个自由度，即一个链杆相当于一个约束。

2. 铰

如图6-7所示，将杆件Ⅰ与杆件Ⅱ用铰A连起来，原来两个构件各有三个自由度，共六个自由度。用铰连接后，确定杆件Ⅰ需要三个坐标；再确定杆件Ⅱ的位置，需要与杆件Ⅰ的一个夹角，共需要四个坐标。所以，两个构件通过铰相连后，共四个自由度，一个铰使体系减少两个自由度，即一个铰相当于两个约束，也相当于两个链杆的约束。连接两个构件的铰称为单铰。

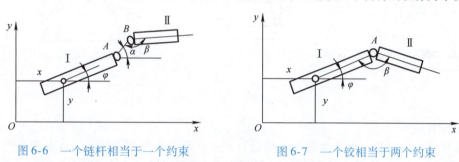

图6-6 一个链杆相当于一个约束　　图6-7 一个铰相当于两个约束

如图6-8所示，两根链杆的一端直接相交，但两杆不共线的铰称为实铰；如图6-9所示，两根链杆的轴线延长相交于一点，但两杆不共线的铰称为虚铰，它们的约束效果与单铰相同。

3. 刚性连接

如图6-10所示，将杆件Ⅰ与杆件Ⅱ用刚性节点连起来，原来两个构件各有三个自由度，共六个自由度。用刚性节点连接后，确定杆件Ⅰ需要三个坐标，杆件Ⅰ的位置确定后，杆件Ⅱ的位置也就确定了，共需要三个坐标。所以，两个构件通过刚性节点相连后，共三个自由度，一个刚性节点使体系减少三个自由度，即一个刚性节点相当于三个约束。固定端支座也有同样的效果。

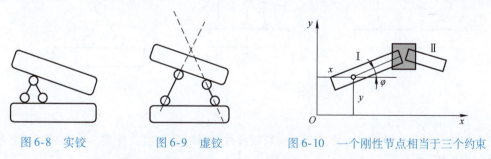

图6-8 实铰　　图6-9 虚铰　　图6-10 一个刚性节点相当于三个约束

在杆件体系中，应通过合理设置约束，减少体系的自由度到零，使杆件体系能作为结构使用。使体系自由度减少为零的约束称为必要约束。如果体系中增加一个约束而自由度并不减少，该约束称为多余约束。如图6-11a所示的简支梁，杆件用三个链杆与基础相连，杆件减少三个自由度；若在中间再增加一个链杆C，杆件仍减少三个自由度，所以体系中有一个多余约束，如

图 6-11b 所示。

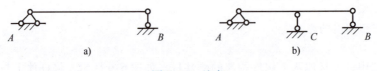

图 6-11 约束
a) 无多余约束 b) 有一个多余约束

三、平面几何不变体系的判定规则

1. 三刚片规则

三刚片用三个不在同一直线的铰两两相连，所组成的体系几何不变，且无多余约束，如图 6-12a 所示。同理，若刚片之间由两个链杆相连，且链杆的交点不在同一直线，也形成几何不变体系，且无多余约束，如图 6-12b、c 所示。

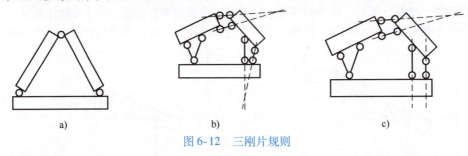

图 6-12 三刚片规则

2. 两刚片规则

两刚片用一个铰和一根不通过铰心的链杆相连，组成几何不变体系，且无多余约束，如图 6-13a 所示。同理，若两刚片之间由三个链杆相连，且三根链杆的轴线既不汇交于一点也不全部平行，也形成几何不变体系，且无多余约束，如图 6-13b 所示。

3. 二元体规则

在一个体系上增加或减少二元体，不改变原有体系的几何组成性质。两根不共线的链杆通过同一个铰相连形成的装置称为二元体，如图 6-14 所示。

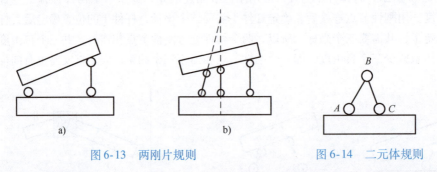

图 6-13 两刚片规则   图 6-14 二元体规则

四、几何组成分析示例

几何组成分析是指根据上述的三个规则判断杆件体系的几何组成性质，从而判断其是否可以作为结构使用。

几何组成分析的基本思路：首先找到一个几何不变部分，把它作为刚片，再逐步运用上述三个规则判断杆件体系的几何组成性质。分析前可以先撤除二元体，使结构简化，便于分析。分析过程中，要避免杆件的遗漏和重复。

【例 6-1】 分析图 6-15 所示体系的几何组成性质。

【解】 将地基看作刚片Ⅰ，AD 杆看作刚片Ⅱ，BD 杆看作刚片Ⅲ，地基与 AD 杆通过铰 A 相连，地基与 BD 杆通过铰 B 相连，AD 杆与 BD 杆通过铰 D 相连，三个铰不共线，根据三刚片规则可知 ABD 与地基形成几何不变体系，且无多余约束。将该部分看作一个大刚片，ACD、CED、EFD 是三个二元体，根据二元体规则可知，整个体系是几何不变体系，且无多余约束。

【例 6-2】 分析图 6-16 所示体系的几何组成性质。

【解】 AD、AC、DC 三个杆件通过铰 A、C、D 两两相连，且三个铰不共线，根据三刚片规则，它们组成一个几何不变体系；同理，CEB 也组成一个几何不变体系。分别将这两部分看作刚片Ⅰ和刚片Ⅱ，将地基看作刚片Ⅲ，三个刚片通过铰 A、B、C 两两相连，且三个铰不共线，根据三刚片规则，它们组成一个几何不变体系，且无多余约束，可将它们看作一个大刚片。根据三刚片规则，DF、FH、DH 和 GE、GH、EH 分别形成两个刚片。ADCEB 大刚片与 DFH 刚片、GHE 刚片形成三个刚片，分别用铰 D、E、H 相连，但三个铰共线，且无多余约束，所以杆件体系为瞬变体系，且无多余约束。

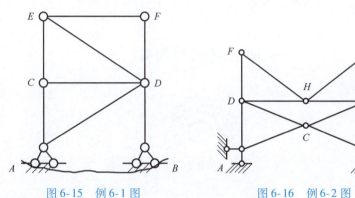

图 6-15 例 6-1 图　　图 6-16 例 6-2 图

瞬变体系是指体系本是几何可变的，但经过微小的位移后又成为几何不变的体系。例 6-2 中的铰 D、H、E 共线，但沿铰 D 向下发生微小的变形后，三个铰就两两不共线，根据三刚片规则，体系成为几何不变体系。

五、静定结构和超静定结构

如前所述，用作结构的体系必须是几何不变的。几何不变体系又分为无多余约束的和有多余约束的形式。对于无多余约束的结构，它的全部支座反力和内力可由平面一般力系的平衡方程求得，称为静定结构；对于有多余约束的结构，除了平衡方程外，还需要增加变形约束条件才能求出全部的支座反力和内力，称为超静定结构。

实际工程中的结构大多为超静定结构。

【引例解析——福州小城镇住宅楼项目建筑结构几何组成分析】

福州小城镇住宅楼项目选用框架结构，根据建筑施工图、结构平面布置图及计算简图可知其纵向和横向框架如图 6-17 所示，试分析其几何组成性质。

地基看作一个刚片Ⅰ，AEFB 看作刚片Ⅱ，根据两刚片规则，二者之间仅需一个铰和一个链杆相连就形成几何不变体系，现在两刚片通过两个刚节点相连，所以形成几何不变体系，且有 3 个多余约束；将这个大的刚片看作刚片Ⅲ，FGC 看作刚片Ⅳ，根据两刚片规则，二者之间仅需一个铰和一个链杆相连就形成几何不变体系，现在两刚片通过两个刚节点相连，形成几何不变体系，且有 3 个多余约束；以此类推，每增加一层刚片，就会有 3 个多余约束，可知该杆件体系为几何不变体系，有 24 个多余约束，可作为结构使用，是超静定结构。

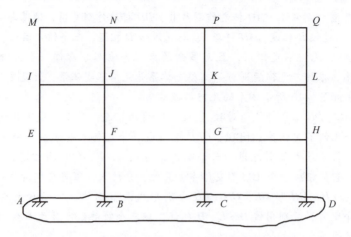

图 6-17 福州小城镇住宅楼项目纵向和横向框架

课后巩固与提升

项目 6：一、判断题，二、单项选择题

三、对图 6-18 中的杆件体系进行几何组成分析，判断其是否可作为结构使用。

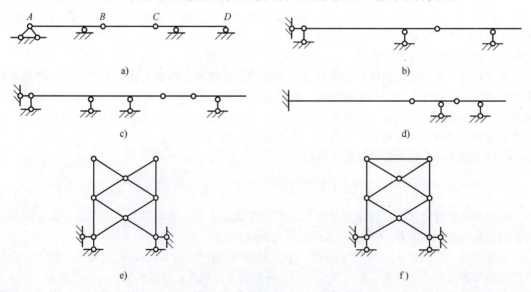

图 6-18

四、案例分析

2016年，英国媒体《卫报》评选出的"新世界七大奇迹"，中国独占两席，其一就是排在首位的世界最大空港——北京大兴国际机场。北京大兴国际机场的航站楼采用钢网格屋架结构，屋架由多根杆件连接而成，如图6-19所示。请同学们查阅相关资料阐述下面几个问题：

（1）平面屋架是空间屋架在平面上的简化结构，图6-20所示为平面屋架，试分析该杆件体系的几何组成。

（2）大兴国际机场有哪些技术创新？

（3）大兴国际机场在绿色节能方面采取了哪些措施？

图 6-19

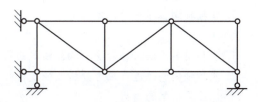

图 6-20

职 考 链 接

项目6：职考链接

项目 7　轴向受力构件的受力和变形分析

【知识目标】
1. 掌握内力和截面法的概念。
2. 熟悉轴向受力构件的受力特点及类型。
3. 掌握轴力图的绘制方法。
4. 掌握轴向拉压杆的应力与强度。
5. 掌握桁架内力计算方法。
6. 掌握轴向拉压杆的变形。
7. 掌握轴向拉压杆的稳定性。

【能力目标】
1. 能利用截面法求轴向受力构件横截面内力并绘制轴力图。
2. 能对轴向构件进行应力分析及强度校核。
3. 能计算桁架的内力。
4. 能计算轴向构件的变形。
5. 能分析并判别轴向拉压杆的稳定性。

【素质目标】
1. 了解我国建筑技术的创新及工程建设实力，激发民族自豪感。
2. 了解桁架的应用，增强安全意识。
3. 了解压杆稳定的重要性，进行工程伦理教育，加强安全意识。

【引例分析——福州小城镇住宅楼项目轴向受力构件（柱）受力分析】

福州小城镇住宅楼项目选用框架结构，柱是该结构的主要受力构件，承受着上部结构传来的荷载，属于受压构件，柱子的安全性影响着整个结构的可靠性。在前面的项目中已经学习了柱子的计算简图及平衡分析，要设计可靠的柱，需要分析柱子在荷载作用下的内部反应，即分析柱子的内力、强度、变形和稳定性。

任务1　分析轴向拉压杆的内力

一、内力的概念和求法

1. 内力的概念

当构件受到外力作用时，其形状和尺寸将发生变化，构件内部各部分之间将产生相互作用力，称为附加内力，简称为内力，其作用趋势是使构件保持其原有的形状与尺寸。所以，内力是由外力引起的，外力增加，内力也随之增加。对任何一个构件，内力的增加总有一定的限度（决定于构件的材料、尺寸等因素），到此限度，构件就会破坏。例如用手拉橡皮筋时，会感到在橡皮筋内有阻止拉长的力，拉力越大，橡皮筋被拉伸得越长，阻止拉长的力就越大，达到一定值时，橡皮筋会被拉断。

构件的强度和刚度问题均与内力有关。

2. 内力的求法——截面法

计算构件任一截面的内力时通常运用截面法，其计算步骤如下：

（1）截开　在需求内力的截面处，将构件假想截成两部分。

（2）代替　留下一部分，舍弃另一部分，用内力代替舍弃的部分对留下部分的作用（即暴露出内力）。按照连续均匀假设，内力在截面上是连续均匀分布的，可用内力向截面形心简化的结果来表示整个截面的内力。

（3）平衡　根据留下部分的平衡条件求出该截面的内力。

这种假想地用截面把构件截开成两部分，暴露出内力，用静力平衡条件求解内力的方法称为截面法。截面法是求内力的基本方法，各种基本变形的内力均可用截面法求得。

二、轴向拉压杆的内力

1. 轴向拉压杆内力概述

沿杆件轴线作用一对大小相等、方向相反的外力，杆件将发生轴向伸长（或缩短）的变形，这种变形称为轴向拉伸（或压缩）。产生轴向拉伸或压缩的杆件称为轴向拉杆或压杆。

以图 7-1a 所示拉杆为例，运用截面法确定杆件内任一截面上的内力。

现用截面法求解图 7-1a 所示轴向受拉杆件 n-n 横截面上的内力。假想用一横截面将杆件沿截面 n-n 截开，取左段为研究对象，如图 7-1b 所示。由于整个杆件是处于平衡状态的，所以左段也保持平衡，且截面 n-n 上分布的内力的合力必是与杆轴相重合的一个力 N，列平衡方程：

$$\sum F_x = 0 \quad N - F = 0$$

得

$$N = F$$

其指向背离截面。同样，若取右段为研究对象，如图 7-1c 所示，可得出相同的结果。

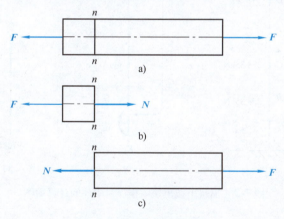

图 7-1　截面法求轴力图示

对于压杆，也可通过上述方法求得其任一横截面的轴力 N。

把作用线与杆轴线相重合的内力称为轴力，用符号 N 表示。背离截面的轴力称为拉力，指向截面的轴力称为压力。并且规定：拉力为正，压力为负。因此，利用截面法求轴力时，无论留下截面哪一侧作为研究对象，求得的轴力的正负号都相同。通常在计算轴力时，按正向假设，若得正号表明杆件受拉，若得负号表明杆件受压。

轴力的单位为牛顿（N）或千牛顿（kN）。

2. 轴向拉压杆指定截面内力求解

【例 7-1】　试求图 7-2a 所示轴向受力杆件 1-1 截面的轴力。

【解】　（1）截开　用假想截面在 1-1 处将杆件截成两部分。

（2）代替 舍去左侧隔离体，取右侧隔离体作为研究对象，用作用于截面上的轴力 N_1 代替舍去部分对留下部分的作用力，如图7-2b所示。

（3）平衡 根据留下部分的平衡条件求出该截面的轴力。列平衡方程：

$$\sum F_x = 0 \quad 5 - N_1 - 35 = 0$$

得
$$N_1 = -30\text{kN}$$

求得的 N_1 为负值，表明图7-2b中 N_1 的方向与实际方向相反，为压力。

必须指出：在利用截面法计算轴力时，不能随意使用力的可传性和力偶的等效平移。这是因为将外力移动后就改变了杆件的变形性质，并使内力也随之改变。

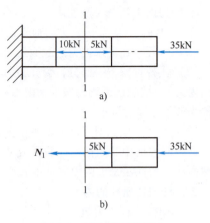

图7-2 指定截面求轴力

【引例解析——福州小城镇住宅楼项目中柱的内力分析】

如图7-3a所示的福州小城镇住宅楼项目柱的计算简图，柱截面为 $400\text{mm} \times 400\text{mm}$，分析柱 $x = 2500\text{mm}$ 处截面的内力。

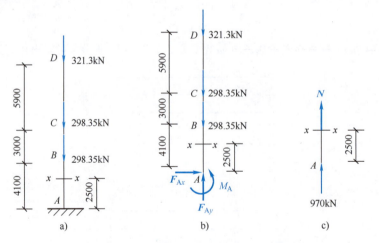

图7-3 福州小城镇住宅楼项目中柱的计算简图

1) 取 A 点为坐标原点，利用平衡方程 $\sum F_y = 0$ 计算约束反力 F_{Ay}：

$$(5.9 + 3 + 4.1) \times 0.4 \times 0.4 \times 25 + 321.3 + 298.35 + 298.35 - F_{Ay} = 0$$

得 $F_{Ay} = 970\text{kN}$，如图7-3b所示。

外力均为通过轴线的竖向力，所以水平支座反力和力偶为零。

2) 求柱中 $x = 2500\text{mm}$ 处截面的内力。用假想截面在 $x\text{-}x$ 处将杆件截成两部分。取 $x\text{-}x$ 截面的下侧隔离体为研究对象，如图7-3c所示。隔离体上作用着两个外力，一个是 A 点处的约束反力 $F_{Ay} = 970\text{kN}$，另一个是钢筋混凝土柱的自重，设 $x\text{-}x$ 截面以下的柱的体积为 V、自重为 G，则有

$$G = \gamma V = 25 \times 2.5 \times 0.4 \times 0.4 \text{kN} = 10\text{kN}$$

由平衡方程

$$\sum F_y = 0 \quad -N - F_{Ay} + G = 0$$
$$-N - 970 + 10 = 0$$

得 $\qquad N = -960\text{kN}$

任务2　绘制轴向拉压杆的内力图

一、轴力图的概念

当杆件受到多于两个轴向外力作用时，在杆的不同截面上轴力不相同，对杆件进行强度计算时，必须知道杆的各个横截面上的轴力以及最大轴力的数值及其所在截面的位置。为了直观地理解轴力沿横截面位置的变化情况，可按选定的比例尺绘出轴力沿杆件轴线位置变化的图形，该图形称为轴力图。

二、轴力图的绘制

轴力图的作法：以杆件端点为原点，用杆件的轴线反映截面位置，称为基线，用与轴线垂直的线段反映该截面上轴力的大小。一般情况下，正值绘在轴线上方，负值绘在轴线下方。

轴力图的作用：

1）反映出轴力与截面位置的变化关系，比较直观。

2）确定最大轴力的数值及其所在横截面的位置，确定危险截面位置，为强度计算提供依据。

【例7-2】　已知 $F_1 = 15\text{kN}$、$F_2 = 29\text{kN}$、$F_3 = 22\text{kN}$、$F_4 = 8\text{kN}$，试画图7-4a所示杆件的轴力图。

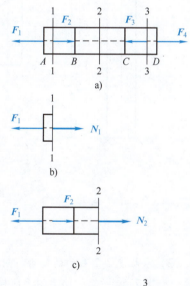

【解】（1）分段　杆件在分界面 A、B、C、D 截面处有外力，因此此杆 AB、BC、CD 各段的轴力不同。分析可知，每段内任意截面的轴力为常数，即轴力图由三条水平线组成。

（2）AB 段　求 AB 段内任意截面即1-1截面的轴力，用假想截面在1-1处将杆件截成两部分，取左侧隔离体为研究对象，如图7-4b所示。列平衡方程：

$$\sum F_x = 0 \quad N_1 - 15 = 0$$

得 $\qquad N_1 = 15\text{kN}$（拉力）

（3）BC 段　求 BC 段内任意截面即2-2截面的轴力，用假想截面在2-2处将杆件截成两部分，取左侧隔离体为研究对象，如图7-4c所示。

列平衡方程：

$$\sum F_x = 0 \quad N_2 + 29 - 15 = 0$$

得 $\qquad N_2 = -14\text{kN}$（压力）

（4）CD 段　求 CD 段内任意截面即3-3截面的轴力，用假想截面在3-3处将杆件截成两部分，取右侧隔离体为研究对象，如图7-4d所示。列平衡方程：

$$\sum F_x = 0 \quad 8 - N_3 = 0$$

得 $\qquad N_3 = 8\text{kN}$（拉力）

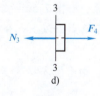

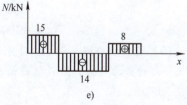

图7-4　例7-2题图

根据求得的各段轴力画出轴力图，如图7-4e所示，正、负轴力分别画在基线的两侧。由轴力图可知AB段的轴力最大。

【例7-3】 图7-5a所示为某建筑的一根钢筋混凝土柱，柱高为3.6m，截面尺寸为450mm×450mm，柱上承受横梁传来的荷载，其合力通过柱的轴线，大小为$F=100$kN，已知钢筋混凝土的重度$\gamma=25$ kN/m³。求柱中1-1截面、柱底2-2截面的内力，并画出整根柱子的内力图。

【解】 （1）求柱中1-1截面的轴力　用假想截面在1-1处将杆件截成两部分，取上侧隔离体为研究对象，如图7-5b所示。隔离体上作用着两个外力，一个是横梁传来的荷载$F=100$kN，另一个是1-1截面以上部分钢筋混凝土柱的自重，设1-1以上的柱的体积为V_1，自重为G_1，则有

$$G_1 = \gamma V_1 = 25 \times 1.8 \times 0.45 \times 0.45 \text{kN} = 9.1 \text{kN}$$

由平衡方程

$$\sum F_y = 0 \quad -N_1 - F - G_1 = 0$$

得

$$N_1 = -100\text{kN} - 9.1\text{kN} = -109.1\text{kN} \quad (\text{压力})$$

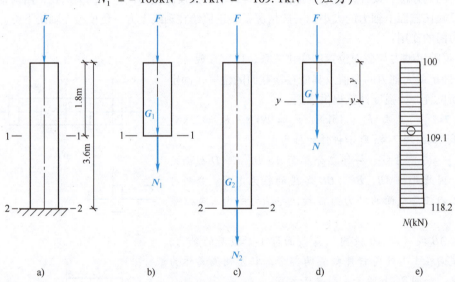

图7-5　柱轴力图

（2）求柱底2-2截面的轴力　用假想截面在2-2处将杆件截成两部分，取上侧隔离体为研究对象，如图7-5c所示。隔离体上同样作用两个外力，一个是横梁传来的荷载$F=100$kN，另一个是2-2截面以上部分钢筋混凝土柱的自重，设2-2截面以上的柱的体积为V_2、自重为G_2，则有

$$G_2 = \gamma V_2 = 25 \times 3.6 \times 0.45 \times 0.45 \text{kN} = 18.2 \text{kN}$$

由平衡方程

$$\sum F_y = 0 \quad -N_2 - F - G_2 = 0$$

得

$$N_2 = -100\text{kN} - 18.2\text{kN} = -118.2\text{kN} \quad (\text{压力})$$

（3）绘制轴力图　由于柱自重的影响，不同截面的内力也不相同，下面计算距离柱顶任意距离y处的截面内力。用假想截面在y-y处将杆件截成两部分，取上侧隔离体为研究对象，如图7-5d所示，有

$$N = -(F + 25 \times y \times 0.45 \times 0.45) = -(100 + 5.06y)$$

由上式可知，任意截面的轴力是以y为变量的一次函数。一次函数的图像为一条斜直线，可

取柱顶和柱底的轴力确定此斜直线：当 $y = 0$ 时，$N = -100\text{kN}$；当 $y = 3.6$ 时，$N = -118.2\text{kN}$。然后，将柱顶和柱底的轴力用直线连起来，即得到整根柱子的轴力图，如图 7-5e 所示。由轴力图可以看出最大轴力在柱底。

【引例解析——福州小城镇住宅楼项目中柱的内力图分析】

根据图 7-3a 绘制柱的内力图。由图 7-3 经分析可知，柱在各层分界面处有外力，因此柱每层的轴力不同，柱的内力图绘制需分三段进行，如图 7-6a 所示。

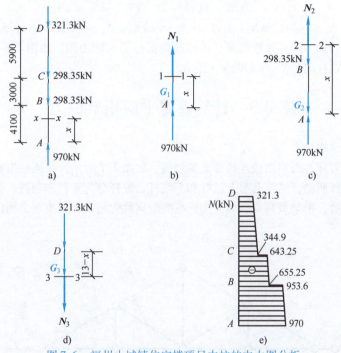

图 7-6　福州小城镇住宅楼项目中柱的内力图分析

(1) 一层柱　求一层柱 AB 段内任意截面即 1-1 截面的轴力。由于柱自重的影响，不同截面的内力也不相同，用假想截面在 1-1 处将柱截成两部分，取下侧隔离体为研究对象，如图 7-6b 所示，取柱底为坐标原点。设 1-1 以下的柱的体积为 V_1、自重为 G_1，则有

$$G_1 = \gamma V_1 = 25 \times x \times 0.4 \times 0.4 = 4x$$

由平衡方程

$$N_1 + 970 - G_1 = 0 \quad (0 < x < 4.1)$$

得

$$N_1 = 4x - 970 \quad (0 < x < 4.1)$$

当 $x = 0$ 时，$N_1 = -970\text{kN}$（压力）；当 $x = 4.1$ 时，$N_1 = -953.6\text{kN}$（压力）。

(2) 二层柱　求二层柱 BC 段内任意截面即 2-2 截面的轴力，用假想截面在 2-2 处将柱截成两部分，取下侧隔离体为研究对象，如图 7-6c 所示。设 2-2 以下的柱的体积为 V_2、自重为 G_2，则有

$$G_2 = \gamma V_2 = 25 \times x \times 0.4 \times 0.4 = 4x$$

由平衡方程

$$N_2 + 970 - G_2 - 298.35 = 0 \quad (4.1 < x < 7.1)$$

得

$$N_2 = 4x - 671.65 \quad (4.1 < x < 7.1)$$

当 $x=4.1$ 时，$N_2 = -655.25$ kN（压力）；当 $x=7.1$ 时，$N_2 = -643.25$ kN（压力）。

（3）三层柱　求三层柱 CD 段内任意截面即 3-3 截面的轴力，用假想截面在 3-3 处将柱截成两部分，取上侧隔离体为研究对象，如图 7-6d 所示。设 3-3 以上的柱的体积为 V_3、自重为 G_3，则有

$$G_3 = \gamma V_3 = 25 \times (13-x) \times 0.4 \times 0.4 = 4(13-x)$$

由平衡方程

$$-N_3 - G_3 - 321.3 = 0 \quad (7.1 < x < 13)$$

得

$$N_3 = -321.3 - 4(13-x) \quad (7.1 < x < 13)$$

当 $x=7.1$ 时，$N_3 = -344.9$ kN（压力）；当 $x=13$ 时，$N_3 = -321.3$ kN（压力）。

然后将各段柱的轴力用直线连起来，即得到整根柱子的轴力图，如图 7-6e 所示。由轴力图可以看出最大轴力在柱底，$N = -970$ kN（压力）。

任务3　计算静定平面桁架内力

一、认识桁架结构

桁架是由若干直杆在两端用铰连接而成的结构，如图 7-7 所示。桁架按组成杆件所在位置的不同分为弦杆和腹杆两类，弦杆分为上弦杆和下弦杆，腹杆分为竖杆和斜杆。弦杆上相邻两节点的区间称为节间长度，桁架最高点到两支座连线的距离称为桁高，两支座之间的距离称为跨度。

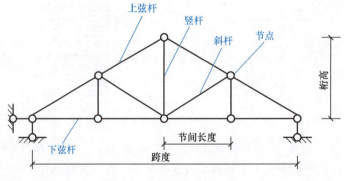

图 7-7　桁架

桁架中各杆的轴线和荷载都在同一个平面内的，称为平面桁架。平面桁架通常引用如下基本假定：

1）节点全部为光滑铰节点。
2）各杆轴线都是直线且通过铰的中心。
3）荷载和支座反力都作用在节点上，并位于桁架平面内。

符合上述基本假定的桁架计算简图，各杆均可用轴线表示，同时在节点荷载作用下各杆均为只承受轴向力的二力杆，这样的桁架称为理想桁架。理想桁架由于各杆以承受轴力为主，应力分布均匀，可充分发挥材料的力学性能，因此桁架是一种重要的结构形式，主要应用于跨度较大的屋架、桥梁等。

世界首台桩梁一体架桥机"共工号"如图 7-8 所示，"共工号"架桥机有效跨度达 48m，悬臂重载作业长度达 16m，采用双桁架主梁结构，拥有 5 条支腿、3 个天车、1 个打桩装置，可在滩涂、浅水区域等地质环境自如"行走"，可独立完成钻孔、吊装墩身和梁体等作业，可独立完

成钻孔、桩基础施工、拼装桥墩、架梁等工序,大大提高了工作效率。

图 7-8 "共工号"

实际工程中的桁架结构与上述假定的理想桁架是有差别的。各节点构造不能完全符合理想桁架的情况,具有一定的刚性;各杆轴线也不可能绝对平直,在节点处也不一定完全汇交于一点。此外,荷载不一定都作用在节点上,还有自重、风荷载等非节点荷载的作用。但是,通过理论计算和实际量测结果的对比表明,在一般情况下,用理想桁架计算的结果与实测结果的偏差不大,能反映工程实际状态,因此下面只讨论理想桁架的情况。下面介绍两种计算静定桁架内力的方法:节点法和截面法。

二、桁架结构中所有杆的内力(节点法)

节点法是指取桁架的节点为隔离体,由于桁架的每个节点都处于平衡状态,因此利用节点的平衡条件来计算杆件的内力。节点法可以求出简单桁架全部杆件的轴力。

桁架各杆件都只承受轴力,作用于桁架任一节点的力构成一个平面汇交力系。平面汇交力系的平衡方程数量有两个,可求解两个未知数。在利用节点法计算桁架内力时,应从不超过两根杆件的节点开始,因此可先利用整体平衡条件求出桁架的约束反力,然后从两杆节点开始计算,依次利用各节点的平衡条件求出各杆的轴力。

下面举例说明节点法的应用。

【例 7-4】 用节点法求图 7-9a 所示桁架各杆件的内力。

【解】 1)求约束反力。取桁架整体为研究对象,画受力图如图 7-9b 所示,列平衡方程:

$\sum F_x = 0$ $F_{Ax} = 0$

$\sum M_B = 0$ $(15 \times 12 + 15 \times 8 + 45 \times 4) - F_{Ay} \times 16 = 0$

$\sum F_y = 0$ $30 - 15 - 15 - 45 + F_{By} = 0$

得

$$F_{Ay} = 30\text{kN} \quad F_{By} = 45\text{kN}$$

2)利用各节点的平衡条件计算各杆件内力,从节点 A 开始计算。

① 取节点 A 为隔离体,受力图及三角函数关系如图 7-9c 所示,列平衡方程:

$\sum F_y = 0$ $30 + N_{AF} \times \dfrac{3}{5} = 0$

$\sum F_x = 0$ $N_{AC} + N_{AF} \times \dfrac{4}{5} = 0$

得

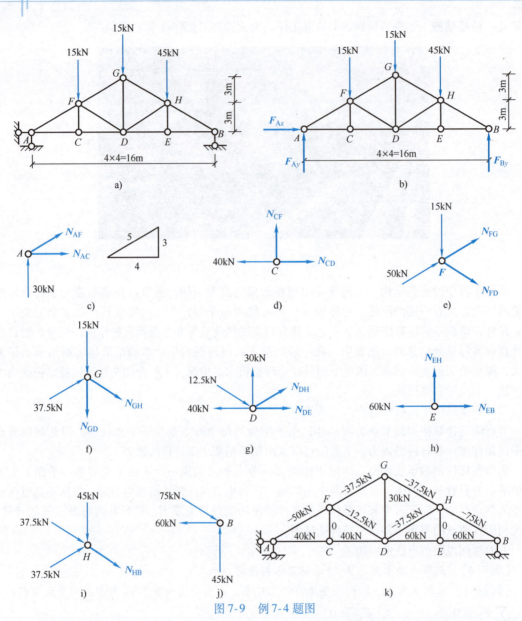

图 7-9 例 7-4 题图

$$N_{AF} = \left(-30 \times \frac{5}{3}\right)\text{kN} = -50\text{kN}(压力) \quad N_{AC} = \left[-(-50) \times \frac{4}{5}\right]\text{kN} = 40\text{kN}(拉力)$$

② 取节点 C 为隔离体，受力图如图 7-9d 所示，列平衡方程：

$$\sum F_x = 0 \quad N_{CD} - 40 = 0$$

$$\sum F_y = 0 \quad N_{CF} = 0$$

得

$$N_{CD} = 40\text{kN}（拉力）$$

③ 取节点 F 为隔离体，受力图如图 7-9e 所示，列平衡方程：

$$\sum F_x = 0 \quad 50 \times \frac{4}{5} + N_{FG} \times \frac{4}{5} + N_{FD} \times \frac{4}{5} = 0$$

$$\sum F_y = 0 \quad 50 \times \frac{3}{5} - 15 + N_{FG} \times \frac{3}{5} - N_{FD} \times \frac{3}{5} = 0$$

联立方程解得　　　　$N_{FG} = -37.5$kN（压力）　$N_{FD} = -12.5$kN（压力）

④ 取节点 G 为隔离体，受力图如图 7-9f 所示，列平衡方程：

$\sum F_x = 0$　　　　　　　$37.5 \times \dfrac{4}{5} + N_{GH} \times \dfrac{4}{5} = 0$

$\sum F_y = 0$　　　　　　　$37.5 \times \dfrac{3}{5} - 15 - N_{GD} - N_{GH} \times \dfrac{3}{5} = 0$

联立方程解得

$$N_{GH} = -37.5\text{kN}（压力）\quad N_{GD} = 30\text{kN}（拉力）$$

⑤ 取节点 D 为隔离体，受力图如图 7-9g 所示，列平衡方程：

$\sum F_y = 0$　　　　　　　$30 - 12.5 \times \dfrac{3}{5} + N_{DH} \times \dfrac{3}{5} = 0$

$\sum F_x = 0$　　　　　　　$12.5 \times \dfrac{4}{5} - 40 + N_{DH} \times \dfrac{4}{5} + N_{DE} = 0$

联立方程解得

$$N_{DH} = -37.5\text{kN}（压力）\quad N_{DE} = 60\text{kN}（拉力）$$

⑥ 取节点 E 为隔离体，受力图如图 7-9h 所示，列平衡方程：

$\sum F_x = 0$　　　　　　　$N_{EB} - 60 = 0$

$\sum F_y = 0$　　　　　　　$N_{EH} = 0$

联立方程解得

$$N_{EB} = 60\text{kN}（拉力）$$

⑦ 取节点 H 为隔离体，受力图如图 7-9i 所示，列平衡方程：

$\sum F_x = 0$　　　　　　　$37.5 \times \dfrac{4}{5} + 37.5 \times \dfrac{4}{5} + N_{HB} \times \dfrac{4}{5} = 0$

解得

$$N_{HB} = -75\text{kN}（压力）$$

3) 校核。取节点 B 进行校核，受力图如图 7-9j 所示。由 $\sum F_x = 0$，得 $75 \times \dfrac{4}{5} - 60 = 0$；由 $\sum F_y = 0$，得 $45 - 75 \times \dfrac{3}{5} = 0$，说明计算结果无误，各杆的内力如图 7-9k 所示。

在例 7-4 中，杆 CF 和 EH 的内力为零，桁架中内力为零的杆件称为零杆。在计算桁架内力之前如果能先判断出零杆，可简化计算。利用某些节点平衡的特殊情况，可判断出桁架中的零杆。其判别规律如下：

（1）L 形节点　L 形节点为不共线的两杆节点，如图 7-10a 所示，当节点上无荷载作用时，两杆内力都为零。

（2）T 形节点　T 形节点为两杆共线的三杆节点，如图 7-10b 所示，当节点上无荷载作用时，则不共线的第三杆内力为零；共线两杆的内力相等，符号相同。

图 7-10　判别零杆（一）

利用以上规律，可判别出图 7-11 所示桁架中的虚线所代表的杆件均为零杆。

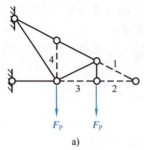
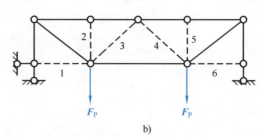

图 7-11 判别零杆（二）

分析过程：图 7-11a 中，杆 1 和杆 2 为不共线的两杆，两杆节点上无荷载作用时，杆 1 和杆 2 内力为零；杆 3 由于与杆 2 共线，为了保证 $\sum F_x = 0$，则杆 3 内力也为零；杆 4 是 T 形节点上不共线的第三杆，节点上无荷载作用时，杆 4 内力为零。

图 7-11b 中，杆 2 和杆 5 是 T 形节点上不共线的第三杆，节点上无荷载作用时，杆 2 和杆 5 内力为零。杆 1 和杆 6 也可看作是 T 形节点上不共线的第三杆，节点上无荷载作用时，杆 1 和杆 6 内力为零。由于结构对称，则杆 3 和杆 4 内力相等，由于杆 3 和杆 4 有共同节点，因此为了保证 $\sum F_y = 0$，杆 3 和杆 4 内力必为零。

三、桁架结构中指定杆件的内力（截面法）

计算桁架内力的另外一种基本方法是截面法。截面法是截取两个以上的节点部分作为隔离体计算桁架内力。截面法用于计算桁架中少数指定杆件的内力。在要求内力的杆件上作一适当的截面，将桁架截为两部分，然后任取一部分作为研究对象，此时隔离体上的荷载、约束反力及杆件内力组成一个平面一般力系，利用平衡条件来计算所求杆件的内力。下面举例说明截面法的应用。

【例 7-5】 用截面法求图 7-12a 所示桁架 GH、DH、DE 各杆的内力。

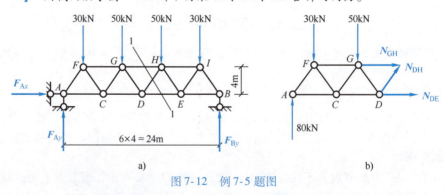

图 7-12 例 7-5 题图

【解】（1）求约束反力 取桁架整体为研究对象，由于对称性，则 A 点与 B 点处的约束反力相同，即

$$F_{Ax} = 0$$
$$F_{Ay} = F_{By} = 80\text{kN}$$

（2）求 GH、DH、DE 各杆的内力 为求 GH、DH、DE 各杆的内力，用 1-1 截面假想地将 GH、DH、DE 截开，取左边部分为研究对象，画受力图如图 7-12b 所示，利用平衡条件列出平衡方程，即

$$\sum M_D = 0 \qquad -80 \times 12 + 30 \times 9 + 50 \times 3 - N_{GH} \times 4 = 0$$

$$\sum M_H = 0 \qquad -80 \times 15 + 30 \times 12 + 50 \times 6 + N_{DE} \times 4 = 0$$

$$\sum F_x = 0 \qquad N_{GH} + N_{DE} + N_{DH} \times \frac{3}{5} = 0$$

联立方程解得

$$N_{GH} = -135\text{kN}(压力) \quad N_{DE} = 135\text{kN}(拉力) \quad N_{DH} = 0$$

(3) 校核　利用 $\sum M_A = 0$ 进行校核，$\sum M_A = -30 \times 3 - 50 \times 9 - (-135 \times 4) = 0$，说明计算结果无误。

任务 4　分析轴向拉压杆的应力与强度

一、应力的概念

在工程实践中常会遇到这样的问题，由一种材料制成的两根粗细不同的杆件，在相同的轴向拉力作用下，必定是细杆先被拉断。利用静力平衡方程求得的静定结构的内力只是整个截面上分布内力的合力，不能反映截面上内力的分布规律，为了研究构件的强度、刚度、稳定性等问题，必须知道截面上的内力分布规律，因此需要引入应力的概念。

截面内某点的应力是指截面上该点处的内力分布集度，应力的大小反映了该点分布内力的强弱程度。

图 7-13a 所示杆件在其任意横截面上 C 点处的应力可利用截面法表示，取杆件左侧为隔离体，如图 7-13b 所示，围绕 C 点取微小面积 ΔA。根据均匀连续假设，ΔA 上必存在分布内力，设它的合力为 ΔF，于是 C 点处的应力为 ΔF 与 ΔA 的比值，记为

$$p = \lim_{\Delta A \to 0} \frac{\Delta F}{\Delta A} \tag{7-1}$$

如图 7-13c 所示，p 称为 C 点处的（全）应力。通常把应力 p 分解成垂直于截面的分量 σ 和切于截面的分量 τ，σ 称为正应力，τ 称为剪应力。由于 ΔF 为矢量，因此应力也是矢量。

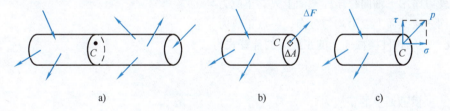

图 7-13　应力

应力的符号规定：正应力以拉为正，压为负；剪应力使隔离体有绕隔离体内一点顺时针转动趋势时为正，反之为负。

二、计算轴向拉压杆的应力

根据前面所讲应力的概念可知，只根据轴力并不能判断杆件是否有足够的强度，因此必须用横截面上的应力来度量杆件的受力程度。下面来分析轴向拉压杆横截面上的应力。

如图 7-14a 所示的等截面矩形截面杆，为了观察受力后的变形情况，受力之前在其表面画横向线 ab 和 cd，横向线之间画两条平行于轴线的纵向线 ef 和 gh。横向线代表两个横截面，纵向线用来观察变形情况，进而推导应力的分布情况。

如图 7-14b 所示，当杆件受到轴向拉力 F 作用后，杆件被拉长，虚线即为拉长后的杆件。根据杆件的变形情况，可观察到下列现象：

1)横向线 ab 和 cd 缩短,缩短后的位置为 $a'b'$ 和 $c'd'$,但仍保持为垂直于轴线的直线,说明横截面各点只发生了纵向伸长。

2)纵向线 ef 和 gh 变形到 $e'f'$ 和 $g'h'$ 位置,但仍保持为直线,其伸长长度相同,说明截面各点所受拉力相同。

变形后截面未有错动,说明截面上每点只受正应力,未受剪应力。

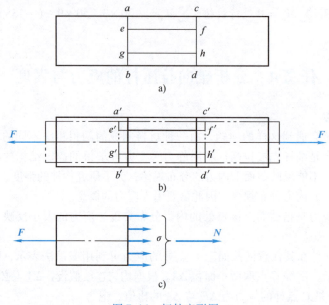

图 7-14 杆件变形图

根据上述现象,提出平面假设。假设变形之前横截面为平面,变形之后仍保持为平面,而且仍垂直于杆轴线。根据平面假设,可以做出如下判断:

1)外力作用下轴向拉压杆截面上只有正应力。
2)同一横截面上应力均匀分布,各点正应力相等。

因此,拉压构件横截面上的正应力的计算式为

$$\sigma = \frac{N}{A} \tag{7-2}$$

式中 σ——横截面上的正应力;
N——横截面上的轴力;
A——横截面面积。

【例 7-6】 如图 7-15a 所示的圆截面阶梯杆件,已知 $F_1 = 70\text{kN}$,$F_2 = 20\text{kN}$,$F_3 = 30\text{kN}$;AB 段直径为 $d_1 = 30\text{mm}$,BC 段直径为 $d_2 = 20\text{mm}$,CD 段直径为 $d_3 = 15\text{mm}$。试:

(1)绘制轴力图。
(2)计算各段应力。

【解】 (1)求支座反力

1)由于杆件为悬臂构件,利用截面法求内力时,可取杆件右侧作为研究对象,可不必求支座处的支座反力。

2)如想取杆件左侧作为研究对象,则需求支座处的支座反力。求 A 端的支座反力,通过受力分析可知 A 点处只有水平方向的支座反力 F_{Ax},假设支座反力 F_{Ax} 的方向水平向右,利用静力平衡条件(受力图略):

$$\sum F_x = 0 \quad F_{Ax} + 70 + 20 - 30 = 0$$

得 $F_{Ax} = -60\text{kN}$

求得的 F_{Ax} 为负值，说明其受力方向与假设方向相反，即方向水平向左。

(2) 绘制轴力图

1) 分段：杆件在分界面 A、B、C、D 截面处有外力，由于内力计算只与外力有关，因此将杆件分为 AB、BC、CD 三段，且每段内任意截面的轴力为常数，即轴力图由三条水平线组成。

2) AB 段：求 AB 段内任意截面即 1-1 截面的轴力，用假想截面在 1-1 处将杆件截成两部分，取右侧隔离体为研究对象，如图 7-15b 所示，列平衡方程：

$$\sum F_x = 0 \quad -N_1 + 70 + 20 - 30 = 0$$

得 $N_1 = 60\text{kN}$（拉力）

3) BC 段：求 BC 段内任意截面即 2-2 截面的轴力，用假想截面在 2-2 处将杆件截成两部分，取右侧隔离体为研究对象，如图 7-15c 所示，列平衡方程：

$$\sum F_x = 0 \quad -N_2 + 20 - 30 = 0$$

得 $N_2 = -10\text{kN}$（压力）

4) CD 段：求 CD 段内任意截面即 3-3 截面的轴力，用假想截面在 3-3 处将杆件截成两部分，取右侧隔离体为研究对象，如图 7-15d 所示，列平衡方程：

$$\sum F_x = 0 \quad -N_3 - 30 = 0$$

得 $N_3 = -30\text{kN}$（压力）

根据求得的各段轴力，画出轴力图，如图 7-15e 所示，正、负轴力分别画在基线的两侧。

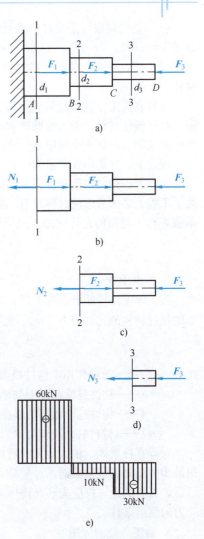

图 7-15　例 7-6 题图

(3) 求各段应力　应力也应该分段计算，由拉压构件横截面上的正应力计算式可知，应力与 N、A 有关，因此分段时既要考虑 N 的分段处，也要考虑横截面的分段处，根据分析，此杆在求应力时仍分为 AB、BC、CD 三段加以计算：

1) AB 段：$\sigma_{AB} = \dfrac{N_1}{A_1} = \dfrac{60 \times 10^3}{\dfrac{\pi \times 30^2}{4}}\text{MPa} = 84.9\text{MPa}$（拉应力）

2) BC 段：$\sigma_{BC} = \dfrac{N_2}{A_2} = \dfrac{-10 \times 10^3}{\dfrac{\pi \times 20^2}{4}}\text{MPa} = -31.8\text{MPa}$（压应力）

3) CD 段：$\sigma_{CD} = \dfrac{N_3}{A_3} = \dfrac{-30 \times 10^3}{\dfrac{\pi \times 15^2}{4}}\text{MPa} = -169.8\text{MPa}$（压应力）

由以上计算可知，CD 段是最危险的。

三、分析轴向拉压杆的强度

1. 允许应力

各种原因使结构丧失其正常工作能力的现象，称为失效。工程材料失效的两种形式为：

(1) 塑性屈服　是指材料失效时产生明显的塑性变形，并伴有屈服现象，如低碳钢、铝合金等塑性材料。

(2) 脆性断裂　是指材料失效时几乎不产生塑性变形而突然断裂，如铸铁、混凝土等脆性材料。

材料丧失工作能力时的应力值，称为材料的极限应力，用 σ_0 表示。极限应力一般由试验确定。对于塑性材料，进入塑性屈服时的极限应力取屈服极限 σ_s，则 $\sigma_0 = \sigma_s$；对于脆性材料，断裂时的极限应力取强度极限 σ_b，则 $\sigma_0 = \sigma_b$。

理论上，只要构件的最大应力小于等于极限应力（$\sigma_{max} \leq \sigma_0$），构件就能安全工作。

实际上，轴向拉压杆件在工作时，其横截面上的正应力绝不允许达到材料的极限应力。因此，工程上必须考虑使材料具有一定的安全储备，因而将材料的极限应力 σ_0 除以大于1的安全系数 K 作为材料的允许应力，用符号 $[\sigma]$ 表示：

$$[\sigma] = \frac{\sigma_0}{K} \tag{7-3}$$

2. 强度条件

为了保证构件能够正常工作，应具有足够的强度，必须要求构件实际工作时的最大应力 σ_{max} 不能超过材料的允许应力 $[\sigma]$，即拉压构件的强度条件为

$$\sigma_{max} = \frac{N}{A} \leq [\sigma] \tag{7-4}$$

式中　σ_{max}——荷载作用下构件横截面上产生的最大应力；
　　　N——构件危险截面上的轴力；
　　　A——构件危险截面的横截面面积；
　　　$[\sigma]$——材料的允许应力。

对等直杆来说，轴力最大的截面就是危险截面；对轴力不变而截面变化的杆件来说，截面面积最小的截面是危险截面。对变截面变轴力构件，需要分段讨论。

若材料的允许拉应力和允许压应力大小不同，则杆件必须同时满足拉应力的强度条件和压应力的强度条件。

3. 强度条件的应用

根据上述强度条件可以解决以下三个方面的问题：

(1) 校核强度　在已知荷载、杆件几何尺寸和材料允许应力的情况下，验算杆件是否满足强度条件，即式 (7-4) 是否成立。如果强度条件不等式成立，则满足强度要求；反之，强度不足。

(2) 设计截面　在已知荷载和材料允许应力的情况下，在满足强度条件的前提下，将强度条件计算式变化为

$$A \geq \frac{N}{[\sigma]}$$

以上式来确定杆件的最小横截面面积，再根据截面形状设计出具体的截面几何尺寸。

(3) 确定允许荷载　在已知杆件的横截面面积和材料允许应力的情况下，在满足强度条件的前提下，将强度条件计算式变化为

$$N \leq A[\sigma]$$

根据上式确定构件的最大允许荷载，知道了每个构件的允许荷载后，再根据整个结构的受力情况，即可确定出整个结构的允许荷载。

四、运用强度条件计算式解决实际问题

下面通过具体实例学习强度条件计算式的应用。

【例 7-7】 如图 7-16a 所示的圆截面杆件,已知 $F = 10\text{kN}$,$A = 500\text{mm}^2$,材料的允许应力 $[\sigma] = 160\text{MPa}$,试校核该杆件的强度。

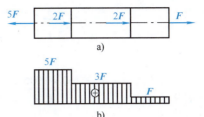

图 7-16 例 7-7 题图

【解】 画出杆件的轴力图,如图 7-16b 所示。因是等直杆,轴力最大的截面就是危险截面,其最大正应力为

$$\sigma_{\max} = \frac{N_{\max}}{A} = \frac{5F}{A} = \frac{5 \times 10 \times 10^3}{500}\text{MPa}$$
$$= 100\text{MPa} \le [\sigma] = 160\text{MPa}$$

杆件满足强度要求。

【例 7-8】 如图 7-17a 所示为某建筑的屋架,杆件截面均为圆形,已知材料的允许应力 $[\sigma] = 160\text{MPa}$,试选择 DF 杆的直径。

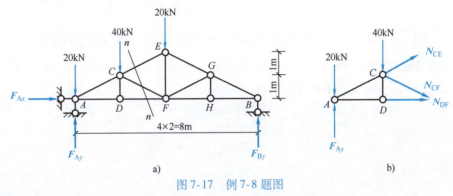

图 7-17 例 7-8 题图

【解题思路】 此建筑物的屋架为桁架结构,所有杆件均为二力杆,内力为轴力,要选择 DF 杆的直径,只需计算出 DF 杆的轴力,再根据其材料性能即可计算出直径。

【解】 (1) 求支座反力 首先对 B 点取矩,由 $\sum M_B = 0$,$20 \times 8 + 40 \times 6 + 20 \times 4 - F_{Ay} \times 8 = 0$,得 $F_{Ay} = 60\text{kN}$。

(2) 求 DF 杆的轴力 采用截面法计算,将桁架沿 n-n 截面截开,取其左侧部分为隔离体,画出其受力图,如图 7-17b 所示,对 C 点取矩,由 $\sum M_C = 0$,$N_{DF} \times 1 + 20 \times 2 - 60 \times 2 = 0$,得 $N_{DF} = 80\text{kN}$(拉杆)。

(3) 计算 DF 杆的直径 因为有

$$A \ge \frac{N_{DF}}{[\sigma]} = \frac{80 \times 10^3}{160}\text{mm}^2 = 500\text{mm}^2$$

则该杆最小直径为

$$D = \sqrt{\frac{4A}{\pi}} = \sqrt{\frac{4 \times 500}{3.14}}\text{mm} = 25.23\text{mm}$$

可选择 DF 杆的直径为 30mm。

【例 7-9】 如图 7-18 所示的三角形构架,钢杆 1 和钢杆 2 在 A、B、C 处铰接。已知钢杆 1 的横截面面积 $A_1 = 160\text{mm}^2$,钢杆 2 的横截面面积 $A_2 = 200\text{mm}^2$,钢材的允许应力 $[\sigma] = 160\text{MPa}$。该结构在结点 A 处受铅垂方向的荷载 G 作用,试求 G 的最大允许值。

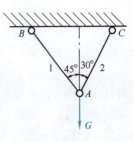

图 7-18 例 7-9 题图

【解】 求杆 1 和杆 2 的轴力,列平衡方程:

$$\sum F_x = 0 \quad N_2 \times \sin 30° - N_1 \times \sin 45° = 0$$

$$\sum F_y = 0 \quad N_2 \times \cos 30° + N_1 \times \cos 45° - G = 0$$

得 $\quad N_1 = 0.52G \quad N_2 = 0.73G$

因为 $N_1 \leq A_1[\sigma] = 160 \times 160 \text{N} = 25600 \text{N} = 25.6 \text{kN}$

即 $\quad 0.52G_1 \leq 25.6 \text{kN}$

得 $\quad G_1 \leq 49.2 \text{kN}$

又因为 $N_2 \leq A_2[\sigma] = 200 \times 160 \text{N} = 32000 \text{N} = 32 \text{kN}$

即 $\quad 0.73G_2 \leq 32 \text{kN}$

得 $\quad G_2 \leq 43.8 \text{kN}$

为了保证整个结构的安全，G 的最大允许值应选：

$$G = \{G_1, G_2\}_{\min} = 43.8 \text{kN}$$

【引例解析——福州小城镇住宅楼项目中柱的强度分析】

由前面绘制的柱的轴力图（图 7-6e）可以看出最大轴力在柱底，$N_{\max} = -970 \text{kN}$（压力），因为是轴心受压柱，其横截面上只有正应力，则有

$$\sigma_{\max} = \frac{N_{\max}}{A} = \frac{-970 \times 10^3}{400 \times 400} \text{MPa} = -6.06 \text{MPa}$$

$$\sigma_{\max} = 6.06 \text{MPa} < f_c = 14.3 \text{MPa}$$

因此截面安全。

任务 5 计算轴向拉压杆的变形

杆件在轴向拉压时，其轴向和横向尺寸会发生变化，即产生横向变形和轴向变形。

一、拉压杆的轴向变形

假设等直杆的原长为 l，横截面面积为 A，在轴向力 F 作用下，长度由 l 变为 l_1，如图 7-19a 所示。

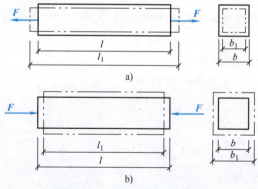

图 7-19 拉压杆的轴向变形

杆件在轴线方向的伸长量即轴向变形为 $\Delta l = l_1 - l$，拉伸时 Δl 为正值，压缩时 Δl 为负值。

轴向变形与杆件原长 l 有关，一般用单位长度变形量来度量杆的变形程度，单位长度变形量为线应变，用符号 ε 表示。

由于杆内各点轴向应力 σ 与轴向线应变 ε 为均匀分布，所以一点的轴向线应变即为杆件的伸长量 Δl 除以原长 l，即

$$\varepsilon = \frac{\Delta l}{l}$$

在弹性变形范围内，由胡克定律 $\sigma = E\varepsilon$ 得

$$\frac{N}{A} = E\frac{\Delta l}{l}$$

所以

$$\Delta l = \frac{Nl}{EA} \tag{7-5}$$

当应力不超过比例极限时，杆件的伸长量 Δl 与拉力 F 和杆件的原长度 l 成正比，与横截面面积 A 成反比。这是胡克定律的另一种表达形式。式（7-5）中的 EA 是材料弹性模量与拉压杆件横截面面积的乘积，EA 越大，则变形越小，一般将 EA 称为抗拉（压）刚度。

二、拉压杆的横向变形

假设变形前杆件的横向尺寸为 b，变形后相应尺寸变为 b_1，则横向变形为 $\Delta b = b_1 - b$。横向线应变可定义为

$$\varepsilon' = \frac{\Delta b}{b} \tag{7-6}$$

在弹性范围内有

$$\left|\frac{\varepsilon'}{\varepsilon}\right| = \mu \tag{7-7}$$

上式中的 μ 为杆的横向线应变与轴向线应变代数值之比，称为泊松比或横向变形系数。μ 值随材料而异，也是通过试验测定的。

由于 ε' 和 ε 的正负号总是相反，拉伸时 ε 为正，ε' 为负；压缩时 ε 为负，ε' 为正，因此 $\varepsilon' = -\mu\varepsilon$。

【例 7-10】 如图 7-20a 所示一等直钢杆，承受轴向荷载，已知杆件的横截面面积 $A = 314\text{mm}^2$，材料的弹性模量 $E = 205\text{GPa}$。试求：钢杆的每段伸长量；钢杆的每段线应变；钢杆的总伸长量。

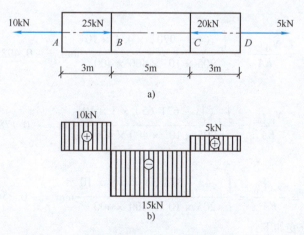

图 7-20 例 7-10 图

【解】 1）绘制轴力图，如图 7-20b 所示。

2）钢杆的每段伸长量：

$$\Delta l_{AB} = \frac{N_{AB}l_{AB}}{EA} = \frac{10 \times 10^3 \times 3 \times 10^3}{205 \times 10^3 \times 314}\text{mm} = 0.466\text{mm}$$

$$\Delta l_{BC} = \frac{N_{BC}l_{BC}}{EA} = \frac{-15 \times 10^3 \times 5 \times 10^3}{205 \times 10^3 \times 314}\text{mm} = -1.165\text{mm}$$

$$\Delta l_{CD} = \frac{N_{CD}l_{CD}}{EA} = \frac{5 \times 10^3 \times 3 \times 10^3}{205 \times 10^3 \times 314}\text{mm} = 0.233\text{mm}$$

3)钢杆的每段线应变：

$$\varepsilon_{AB} = \frac{\Delta l_{AB}}{l_{AB}} = \frac{0.466}{3 \times 10^3}\text{mm} = 1.553 \times 10^{-4}\text{mm}$$

$$\varepsilon_{BC} = \frac{\Delta l_{BC}}{l_{BC}} = \frac{-1.165}{5 \times 10^3}\text{mm} = -2.33 \times 10^{-4}\text{mm}$$

$$\varepsilon_{CD} = \frac{\Delta l_{CD}}{l_{CD}} = \frac{0.233}{3 \times 10^3}\text{mm} = 0.777 \times 10^{-4}\text{mm}$$

4)钢杆的总伸长量：

$$\Delta l_{AD} = \Delta l_{AB} + \Delta l_{BC} + \Delta l_{CD} = (0.466 - 1.165 + 0.233)\text{mm} = 0.466\text{mm}$$

【引例解析——福州小城镇住宅楼项目中柱的变形分析】

1)根据本项目任务2【引例解析——福州小城镇住宅楼项目中柱的内力图分析】可知，各层柱的轴力如下：

一层柱的轴力为

$$N_1 = 4x - 970 \quad (0 < x < 4.1)$$

二层柱的轴力为

$$N_2 = 4x - 671.65 \quad (4.1 < x < 7.1)$$

三层柱的轴力为

$$N_3 = -321.3 - 4(13 - x) \quad (7.1 < x < 13)$$

2)各层柱的变形如下：

一层柱的变形为

$$\Delta l_{AB} = \frac{N_{AB}l_{AB}}{EA} = \frac{\int_0^{4.1}(4x - 970) \times 4.1 \times 10^3}{205 \times 10^3 \times 400 \times 400}\text{mm} = -0.493\text{mm}$$

二层柱的变形为

$$\Delta l_{BC} = \frac{N_{BC}l_{BC}}{EA} = \frac{\int_{4.1}^{7.1}(4x - 671.65) \times 3 \times 10^3}{205 \times 10^3 \times 400 \times 400}\text{mm} = -0.178\text{mm}$$

三层柱的变形为

$$\Delta l_{CD} = \frac{N_{CD}l_{CD}}{EA} = \frac{\int_{7.1}^{13}(4x - 373.3) \times 5.9 \times 10^3}{205 \times 10^3 \times 400 \times 400}\text{mm} = -0.354\text{mm}$$

3)各层柱的线应变如下：

$$\varepsilon_{AB} = \frac{\Delta l_{AB}}{l_{AB}} = \frac{-0.493}{4.1 \times 10^3}\text{mm} = -1.202 \times 10^{-4}\text{mm}$$

$$\varepsilon_{BC} = \frac{\Delta l_{BC}}{l_{BC}} = \frac{-0.178}{3 \times 10^3}\text{mm} = -0.593 \times 10^{-4}\text{mm}$$

$$\varepsilon_{CD} = \frac{\Delta l_{CD}}{l_{CD}} = \frac{-0.354}{5.9 \times 10^3}\text{mm} = -0.6 \times 10^{-4}\text{mm}$$

4）全柱总伸长量为

$$\Delta l_{AD} = \Delta l_{AB} + \Delta l_{BC} + \Delta l_{CD} = (-0.493 - 0.178 - 0.354)\,\text{mm} = -1.025\,\text{mm}$$

任务6　分析轴向拉压杆的稳定性

一、压杆稳定的概念

构件除了强度、刚度失效外，还可能发生稳定性失效。例如，受轴向压力的细长杆，当压力超过一定数值时，压杆会由原来的直线平衡形式突然变弯，致使结构丧失承载能力，此时材料尚未达到允许应力，如图7-21所示的压杆稳定性试验。工程中的柱、桁架中的压杆、薄壳结构及薄壁容器等，当有压力存在时，都有可能发生这种破坏。压杆的这类破坏，就其性质而言与强度问题完全不同，它是由于压杆在轴向压力的作用下不能维持原有的直线状态而被压弯造成的，这种现象称为失稳。压杆发生失稳破坏时所承受的荷载一般要小于其发生强度破坏时所承受的荷载。

压杆稳定的概念

为了研究细长压杆的失稳过程，取下端固定、上端自由的中心受压直杆，如图7-22所示，在杆端施加轴向压力 F。

当轴向压力 F 小于某一临界值时，压杆保持直线平衡状态。此时，杆件若受到某种微小干扰（施加一横向干扰力），它将偏离直线平衡位置，产生微弯；当干扰撤除后，杆件又回到原来的直线平衡位置，如图7-22a所示，这种压杆的直线平衡形式是稳定的。

当轴向压力 F 增加到临界值时，压杆在横向干扰力的作用下发生弯曲变形；撤除干扰后，杆件不再回到直线平衡位置，而是在微弯状态下保持平衡，如图7-22b所示，这种状态称为随遇平衡，为临界状态。

当轴向压力 F 继续增大超过临界值时，杆件将继续变形直至破坏，如图7-22c所示，压杆原有的直线平衡形式是不稳定的。

使中心受压直杆的直线平衡形式由稳定平衡转变为不稳定平衡时所受的轴向压力，称为临界载荷或临界力，用 F_{cr} 表示。

由此可知，压杆直线平衡形式是否稳定，取决于轴向压力 F 的大小，当 $F < F_{cr}$ 时是稳定的，当 $F \geq F_{cr}$ 时是不稳定的。压杆直线平衡形式由稳定转变为不稳定时，即为丧失稳定。因此，临界力 F_{cr} 是判断压杆稳定的一个重要指标，只要杆件所承受的实际压力不超过 F_{cr}，该压杆就是稳定的。稳定性研究的关键在于确定 F_{cr} 的大小。

图7-21　压杆稳定性试验

图7-22　临界力与失稳

实际工程中的压杆,由于材料的不均匀、制作误差等影响,不可能达到理想的受压状态,这些影响相当于一种横向的干扰力。当压杆上的荷载达到临界力 F_{cr} 时,就会使压杆的直线平衡形式由稳定转变为不稳定,继而丧失稳定。

二、分析构件的截面几何性质

构件的截面形状也会影响临界力的大小,在分析临界力前,需了解截面的几何性质。

1. 确定截面的形心坐标

(1) 静矩 取任意形状的平面图形代表构件的横截面,如图 7-23 所示,其面积为 A。在平面图形内,选取一坐标系 yOz,在坐标为 (z, y) 处取一微面积 dA,则乘积 ydA 和 zdA 分别称为微面积 dA 对 z 轴和对 y 轴的静矩(也称面积矩)。微面积的静矩在整个面积 A 上的积分,即为整个面积对 z 轴和 y 轴的静矩,分别用符号 S_z 和 S_y 表示,即

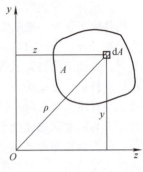

图 7-23 静矩计算示意图

$$\left.\begin{array}{l} S_z = \int_A y dA \\ S_y = \int_A z dA \end{array}\right\} \quad (7\text{-}8)$$

由上式可知,静矩是与坐标轴的选择有关的,对不同的坐标轴,静矩的大小就不同,而且静矩是代数量,既可能为正,也可能为负,也可能为零,常用单位为 m^3 或 mm^3。

通过截面形心的坐标轴的静矩为 0;反之,若截面对于某轴的静矩为 0,则该轴一定通过形心,即为截面的形心轴。

(2) 确定截面的形心坐标 在地球表面附近的物体都受到地球引力的作用,这个引力称为物体的重力。物体的重力始终通过一个确定的点(重力作用点),称为物体的重心。

对于极薄的匀质薄板,可以用平面图形来表示,它的重力作用点称为形心。规则图形的形心比较容易确定,是截面的几何中心,如圆形的形心在圆心,矩形的形心在对角线的交点上。

不规则图形的形心坐标计算式为

$$\left.\begin{array}{l} z_C = \dfrac{\sum_{i=1}^{n} \Delta A_i z_i}{A} \\ y_C = \dfrac{\sum_{i=1}^{n} \Delta A_i y_i}{A} \end{array}\right\} \quad (7\text{-}9)$$

式中 ΔA_i——每一个规则部分的面积;

z_i, y_i——每一个规则部分的 z 轴坐标和 y 轴坐标;

A——不规则图形的总面积。

某些简单图形的形心可以从工程手册中查到。由简单图形组合的图形,可以把组合图形分解成简单图形后再用式 (7-9) 进行计算。若几何图形有对称轴,则形心必在对称轴上。

2. 惯性矩

如图 7-23 所示,将微面积 dA 与其到 z 轴(或 y 轴)距离的平方的乘积 $y^2 dA$(或 $z^2 dA$)定义为微面积对 z 轴(或 y 轴)的惯性矩。整个截面范围内的积分 $\int_A y^2 dA$(或 $\int_A z^2 dA$)称为该截面对 z 轴(或 y 轴)的惯性矩,用 I_z(或 I_y)表示,即

$$\left.\begin{array}{l} I_z = \int_A y^2 dA \\ I_y = \int_A z^2 dA \end{array}\right\} \quad (7\text{-}10)$$

同一截面对不同轴的惯性矩是不同的。惯性矩恒为正值，它的常用单位为 m⁴ 或 mm⁴。

【例 7-11】 如图 7-24 所示，矩形截面高度为 h，宽度为 b。试计算矩形截面对其形心轴 z、y 的惯性矩 I_z 和 I_y。

【解】（1）计算 I_z　取平行于 z 轴的微面积 $dA = bdy$，dA 到 z 轴的距离为 y。由式（7-10）得

$$I_z = \int_A y^2 dA = \int_{-\frac{h}{2}}^{\frac{h}{2}} y^2 b dy = \frac{bh^3}{12}$$

（2）计算 I_y　取平行于 y 轴的微面积 $dA = hdz$，dA 到 y 轴的距离为 z。由式（7-10）得

$$I_y = \int_A z^2 dA = \int_{-\frac{b}{2}}^{\frac{b}{2}} z^2 h dz = \frac{hb^3}{12}$$

因此，矩形截面对形心轴的惯性矩为

$$I_z = \frac{bh^3}{12} \quad I_y = \frac{hb^3}{12}$$

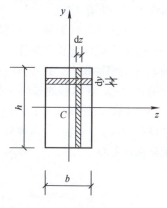

图 7-24　例 7-11 题图

【例 7-12】 如图 7-25 所示，圆形截面半径为 r，直径为 d。试计算圆形截面对其形心轴 z、y 的惯性矩 I_z 和 I_y。

【解】（1）计算 I_z　取图中阴影部分为 dA，$dA = 2zdy = 2\sqrt{r^2 - y^2}dy$，$dA$ 到 z 轴的距离为 y。由式（7-10）得

$$I_z = \int_A y^2 dA = 2\int_{-r}^{r} y^2 \sqrt{r^2 - y^2} dy = \frac{\pi r^4}{4} = \frac{\pi d^4}{64}$$

（2）计算 I_y　由于 y 轴和 z 轴都与圆的直径重合，有

$$I_y = I_z = \frac{\pi r^4}{4} = \frac{\pi d^4}{64}$$

因此，圆形截面对其形心轴的惯性矩为

$$I_y = I_z = \frac{\pi d^4}{64}$$

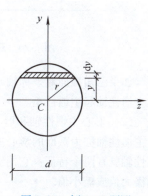

图 7-25　例 7-12 题图

由此方法可得圆环形截面对形心轴的惯性矩为

$$I_y = I_z = \frac{\pi D^4}{64} - \frac{\pi d^4}{64} = \frac{\pi}{64}(D^4 - d^4)$$

上式中的 D 为外环直径，d 为内环直径。

3. 惯性积

如图 7-23 所示，微面积 dA 与它到两个坐标轴的距离 z、y 的乘积在整个截面上的积分，称为该截面对 z、y 两轴的惯性积，用 I_{zy} 表示，即

$$I_{zy} = \int_A zy dA \tag{7-11}$$

惯性积是截面对某两个正交坐标轴而言的，同一截面对不同的两个正交坐标轴有不同的惯性积。由于坐标值 z、y 有正有负，所以惯性积可能为正、为负，也可能为零，它的单位为 m⁴ 或 mm⁴。

如果截面有一根对称轴（图 7-26 中的 y 轴），在对称轴两侧对称位置上取相同的微面积 dA 时，由于它们的 z 坐标大小相等、符号相反，所以对称微面积的两个乘积 $zydA$ 大小相等、符号相反，它们的和为零。所以，整个截面的惯性积为

$$I_{zy} = \int_A zy dA = 0$$

由上述内容可知：若截面具有一根对称轴，则该截面对于包括此对称轴在内的正交坐标轴的惯性积一定等于零。

4. 确定主惯性轴和主惯性矩

（1）主惯性轴和主惯性矩的概念　如图 7-27 所示的截面，对通过 O 点的任意两根正交坐标轴 z、y 的惯性积 I_{zy}，可由式（7-11）确定。当这两根坐标轴同时绕 O 点旋转时，显然 I_z、I_y、I_{zy} 会随之变化，在这些通过同一点 O 的所有直角坐标轴中，可以找到一对互相垂直的坐标轴（以 z_o、y_o 表示），使截面对它们的惯性积等于零（即 $I_{z_o y_o} = 0$），这一对互相垂直的坐标轴是"主惯性轴"，简称"主轴"。截面对主惯性轴的惯性矩叫作"主惯性矩"。注意，此坐标轴的原点不一定是截面形心。

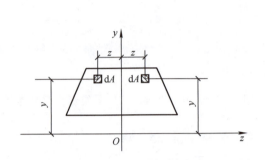

图 7-26　对称微面积的惯性积

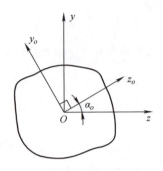

图 7-27　主惯性轴和主惯性矩

如果已知截面对坐标轴 z、y 的惯性矩 I_z、I_y 和惯性积 I_{zy}，就可以通过定义及转轴公式来确定主惯性轴和主惯性矩。

（2）形心主惯性轴和形心主惯性矩　若一对主惯性轴的坐标原点是截面形心 C 点，则这一对主惯性轴称为截面的形心主惯性轴。注意，此坐标系的原点不一定是截面形心。显然，形心主惯性轴具有两个特征：它们经过截面的形心；截面对形心主轴的惯性积等于零，并且其惯性矩达到极大值或极小值。

在工程中，一些常用构件截面一般具有对称轴，因此可直接确定形心主惯性轴。

5. 确定组合截面的惯性矩

简单截面的惯性矩可直接根据定义通过积分计算求得。组合截面的惯性矩计算较简单截面的惯性矩计算要复杂，下面先介绍惯性矩的平行移轴公式。

（1）平行移轴公式　由惯性矩的定义可知，同一截面对不同坐标轴的惯性矩和惯性积一般是不同的，但对于任意轴和平行轴则存在着较为简单的关系。

现讨论同一截面对两根互相平行坐标轴的惯性矩之间的关系。

如图 7-28 所示，任意平面图形的截面形心为 C，面积为 A，z_C、y_C 为形心轴。已知截面对这一对形心轴的惯性矩分别为 I_{zC}、I_{yC}，现在要求平行于该对形心轴的另一对轴（z 轴、y 轴）的惯性矩 I_z、I_y，并已知截面形心 C 在坐标系 zOy 中的坐标是（b，a）。则有

$$I_z = I_{zC} + a^2 A \qquad (7\text{-}12)$$

$$I_y = I_{yC} + b^2 A \qquad (7\text{-}13)$$

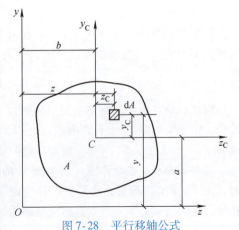

图 7-28　平行移轴公式

上述两式就是惯性矩的平行移轴公式，它表明：截面对任一轴的惯性矩，等于截面对与该轴平行的形心轴的惯性矩，再加上截面的面积与形心到该轴之间距离的平方的乘积。

利用上述平行移轴公式，可以根据截面对于形心轴的惯性矩或惯性积来计算截面对与形心轴平行的坐标轴的惯性矩或惯性积，而且可以进行相反的运算。但是，在利用平行移轴公式时要注意，a^2A、b^2A 均为正值，所以截面对形心轴的惯性矩是所有平行轴的惯性矩中的最小值。

（2）组合截面的惯性矩　在实际工程中常常遇到的是组合截面，特别是建筑中的梁截面，如由钢板焊成箱形梁、由型钢板并成组合梁、T形梁等。利用简单截面的已知结果，根据平行移轴公式，可以很快计算出组合截面的惯性矩。

【例7-13】　计算图7-29所示的组合截面的形心主惯性矩。

【解】（1）求组合截面的形心位置　由于截面有一个对称轴，则形心必在该对称轴上。建立直角坐标系 $z'Oy$，设截面的形心坐标为 $(0, y_C)$，截面将T形截面在虚线处分割成上下两个矩形 A_1 和 A_2，则其面积与形心坐标分别为

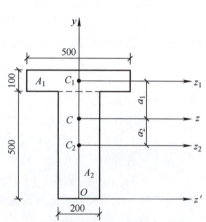

图7-29　例7-13题图

$$A_1 = (500 \times 100) \text{mm}^2 = 50000 \text{mm}^2$$

$$y_{C1} = 500\text{mm} + \frac{100}{2}\text{mm} = 550\text{mm}$$

$$A_2 = (500 \times 200) \text{mm}^2 = 100000 \text{mm}^2$$

$$y_{C2} = \frac{500}{2}\text{mm} = 250\text{mm}$$

$$y_C = \frac{A_1 y_{C1} + A_2 y_{C2}}{A_1 + A_2}$$

$$= \frac{50000 \times 550 + 100000 \times 250}{50000 + 100000}\text{mm}$$

$$= 350\text{mm}$$

（2）计算形心主惯性矩

$$I_z = I_{z1} + I_{z2} \quad I_y = I_{y1} + I_{y2}$$

$$I_{z1} = I_{zC1} + a_1^2 A_1$$

$$= \frac{500 \times 100^3}{12}\text{mm}^4 + [(550-350)^2 \times 50000]\text{mm}^4$$

$$= 20.4 \times 10^8 \text{mm}^4$$

$$I_{z2} = I_{zC2} + a_2^2 A_2$$

$$= \frac{200 \times 500^3}{12}\text{mm}^4 + [(350-250)^2 \times 100000]\text{mm}^4$$

$$= 30.8 \times 10^8 \text{mm}^4$$

$$I_z = I_{z1} + I_{z2} = (20.4 + 30.8) \times 10^8 \text{mm}^4 = 51.2 \times 10^8 \text{mm}^4$$

$$I_{y1} = I_{yC1}$$

$$= \frac{100 \times 500^3}{12}\text{mm}^4$$

$$= 10.4 \times 10^8 \text{mm}^4$$

$$I_{y2} = I_{yC2}$$
$$= \frac{500 \times 200^3}{12} \text{mm}^4$$
$$= 3.3 \times 10^8 \text{mm}^4$$
$$I_y = I_{y1} + I_{y2} = (10.4 + 3.3) \times 10^8 \text{mm}^4 = 13.7 \times 10^8 \text{mm}^4$$

三、临界力和临界应力

1. 压杆的临界力

根据压杆失稳是由直线平衡形式转变为弯曲平衡形式这一重要概念，可以推测，凡是影响弯曲变形的因素（如材料、截面形式与尺寸、杆件长度 l 和两端的约束情况），都会影响压杆的临界力。细长杆件的临界力 F_{cr} 是压杆发生弯曲而失去稳定平衡的最小压力值。当杆的应力不超过材料比例极限的情况下，根据弯曲变形理论，可以推导出临界力大小的计算式为

$$F_{cr} = \frac{\pi^2 EI}{(\mu l)^2} \tag{7-14}$$

式中 F_{cr}——压杆的临界力；

EI——压杆的抗弯刚度；其中 E 为材料的弹性模量；I 为杆件横截面对中性轴的惯性矩，与杆件的截面形式和尺寸有关；

μl——杆件的计算长度；其中 μ 为与杆件两端支承情况有关的长度系数（压杆长度系数），其值见表 7-1；l 为杆件的长度。

式（7-14）为不同支承压杆的临界力计算式，又称为欧拉公式。

由式（7-14）可知，临界力 F_{cr} 与杆件的抗弯刚度 EI 成正比，与杆件的计算长度 μl 成反比，杆件越细越长，其稳定性就越差，越容易失稳。

当压杆在各个方向的支承相同时，将在 EI 值较小的平面内失稳，所以惯性矩 I 应为压杆截面的最小形心惯性矩 $I_{\min}$。

表 7-1 压杆长度系数

杆端支承情况	一端固定一端自由	两端铰支	一端铰支一端固定	两端固定
挠曲线形状				
临界力计算式	$F_{cr} = \dfrac{\pi^2 EI}{(2l)^2}$	$F_{cr} = \dfrac{\pi^2 EI}{l^2}$	$F_{cr} = \dfrac{\pi^2 EI}{(0.7l)^2}$	$F_{cr} = \dfrac{\pi^2 EI}{(0.5l)^2}$
压杆长度系数 μ	2	1	0.7	0.5

由表 7-1 可知，杆端的约束越强，则 μ 值越小，压杆的临界力越高；杆端的约束越弱，则 μ 值越大，压杆的临界力越低。

【例 7-14】 如图 7-30 所示两端铰支的细长压杆，该杆是由 16 号工字钢制成的，已知钢材的弹性模量 $E = 200\text{GPa}$，材料的屈服极限 $\sigma_s = 240\text{MPa}$，杆长 $l = 3\text{m}$。查型钢表可知 $I_y = 1130\text{cm}^4$，

$I_z = 93.1\text{cm}^4$,$A = 26.1\text{cm}^2$。试求:杆件的临界力;从强度方面计算杆件的屈服荷载。

【解】(1)杆件的临界力 杆件将在 EI 值较小的平面内失稳,所以惯性矩 I 应为压杆截面的最小形心惯性矩 $I_{\min}$,因此有

$$F_{cr} = \frac{\pi^2 EI}{(\mu l)^2} = \frac{3.14^2 \times 200 \times 10^3 \times 93.1 \times 10^4}{(1.0 \times 3000)^2}\text{N} = 204\text{kN}$$

(2)计算屈服荷载

$$F_s = \sigma_s A = (240 \times 26.1 \times 100)\text{N} = 626.4\text{kN}$$

图 7-30 例 7-14 题图

由例 7-14 可知,对例中压杆而言,其临界力 F_{cr} 比屈服荷载 F_s 小很多,随着杆件长度的增长,其差值会减小,因此对于细长压杆,如果忽略了稳定性问题,是十分危险的。

2. 压杆的临界应力

前面已经知道了压杆临界力大小的计算式为

$$F_{cr} = \frac{\pi^2 EI}{(\mu l)^2}$$

在实际工程设计中通常采用应力来计算,因此将临界力除以杆件的横截面面积,就得到了与临界荷载相对应的临界应力,以符号 σ_{cr} 表示,即

$$\sigma_{cr} = \frac{F_{cr}}{A}$$

将欧拉公式代入上式,得

$$\sigma_{cr} = \frac{\pi^2 EI}{(\mu l)^2 A}$$

令 $i = \sqrt{\dfrac{I}{A}}$,i 为截面的惯性半径,将上式改写为

$$\sigma_{cr} = \frac{\pi^2 E i^2}{(\mu l)^2} = \frac{\pi^2 E}{\left(\dfrac{\mu l}{i}\right)^2}$$

令 $\lambda = \dfrac{\mu l}{i}$,则有

$$\sigma_{cr} = \frac{\pi^2 E}{\lambda^2} \tag{7-15}$$

式(7-15)称为欧拉临界应力公式,它实际上是式(7-14)的另一种表达形式。$\lambda = \dfrac{\mu l}{i}$ 称为柔度或长细比。柔度 λ 与 μ、l、i 有关,i 决定于压杆的截面形状与尺寸,μ 则取决于压杆的支承情况。因而从物理意义上可知,λ 综合反映了压杆的长度、截面的形状与尺寸,以及支承情况对临界应力的影响。由式(7-15)可知,当 E 一定时,σ_{cr} 与 λ^2 成反比。这表明,对由一定材料制成的压杆来说,临界应力 σ_{cr} 仅决定于柔度 λ,λ 值越大则 σ_{cr} 越小,压杆就越容易失稳。

3. 欧拉公式的适用范围

欧拉公式的适用范围是压杆的应力不超过材料的比例极限,即

$$\sigma_{cr} = \frac{\pi^2 E}{\lambda^2} \leqslant \sigma_p$$

柔度 λ 在稳定计算中是非常重要的量,根据 λ 所处的范围,可以把压杆分为三类:

(1)细长杆($\lambda \geqslant \lambda_p$) 当临界应力小于或等于材料的比例极限 σ_p 时,即

$$\sigma_{cr} = \frac{\pi^2 E}{\lambda^2} \leq \sigma_p$$

压杆发生弹性失稳。

令

$$\lambda_p = \sqrt{\frac{\pi^2 E}{\sigma_p}} \tag{7-16}$$

式中 λ_p——极限柔度，是临界应力等于比例极限 σ_p 时的柔度值，是适用于欧拉公式的最小柔度值。

因此，当 $\lambda \geq \lambda_p$ 时，压杆发生弹性失稳。这类压杆又称为大柔度杆。欧拉公式只适用于细长杆。

对于不同的材料，因弹性模量 E 和比例极限 σ_p 各不相同，λ_p 的数值亦不相同。如 Q235 钢，其 $E = 206\text{GPa}$，$\sigma_p = 200\text{MPa}$，代入式（7-16）得

$$\lambda_p = \sqrt{\frac{\pi^2 E}{\sigma_p}} = 3.14 \times \sqrt{\frac{206 \times 10^3}{200}} = 100$$

这说明用 Q235 钢制成的压杆，当 $\lambda \geq 100$ 时，才能应用欧拉公式来计算其临界应力。

（2）中长杆（$\lambda_s \leq \lambda \leq \lambda_p$） 这类杆又称中柔度杆。这类压杆在失稳时，横截面上的应力已超过比例极限，故属于弹塑性稳定问题。对于中长杆，一般采用经验公式计算其临界应力，如采用直线公式来计算：

$$\sigma_{cr} = a - b\lambda \tag{7-17}$$

式（7-17）中的 a、b 为与材料性能有关的常数，单位都是 MPa，一些常用材料的 a、b 值列于表 7-2 中。

表 7-2 直线公式中的系数 a、b 及柔度 λ_p、λ_s

材料	a/MPa	b/MPa	λ_p	λ_s
Q235 钢	304	1.12	100	61.6
45 号钢	578	3.774	100	60
铸铁	332.2	1.454	80	
木材	28.7	0.19	110	40

当 $\sigma_{cr} = \sigma_s$ 时，其相应的柔度 λ_s 为中长杆柔度的下限，求得

$$\lambda_s = \frac{a - \sigma_s}{b} \tag{7-18}$$

式中 λ_s——对应于屈服点 σ_s 时的柔度值。

（3）粗短杆（$\lambda \leq \lambda_s$） 这类杆又称为小柔度杆。这类压杆会发生强度失效，而不是失稳，则有

$$\sigma_{cr} = \sigma_s$$

上述三类压杆的临界应力与 λ 的关系可在 σ_{cr}-λ 曲线中体现，如图 7-31 所示。该图称为压杆的临界应力总图。

由图 7-31 可以看出，λ_p 为大柔度杆和中柔度杆的分界点，对于大柔度杆，失稳是主要破坏。λ_s 为中柔度杆和小柔度杆的分界点，对于中柔度杆，主要破坏是超过比例极限后的塑性失稳；对于小柔度杆，主要破坏是强度破坏。

【例 7-15】 如图 7-32 所示一端固定一端铰支的圆截面压杆，该杆是用 Q235 钢制成的，已

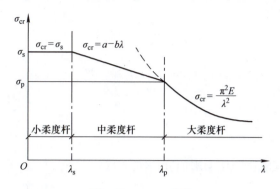

图 7-31 σ_{cr}-λ 曲线

知钢材的弹性模量 $E=200\text{GPa}$，杆件的直径 $d=100\text{mm}$。试求：当杆长 $l=3\text{m}$ 时，杆的临界应力；当杆长 $l=4\text{m}$ 时，杆的临界应力。

【解】 由于杆件是用 Q235 钢制成的，查表 7-2 得 $a=304\text{MPa}$，$b=1.12\text{MPa}$，$\lambda_p=100$，$\lambda_s=61.6$。该杆两端的支承情况沿各方向相同，因此其惯性矩 I 应取 y、z 中的较小值，因为该杆为圆截面，故有

$$I = I_y = I_z = \frac{\pi d^4}{64} \quad A = \frac{\pi d^2}{4}$$

则

$$i = \sqrt{\frac{I}{A}} = \sqrt{\frac{\pi d^4/64}{\pi d^2/4}} = \frac{d}{4}$$

图 7-32 例 7-15 题图

1) 当杆长 $l=3\text{m}$ 时，杆的柔度为

$$\lambda = \frac{\mu l}{i} = \frac{0.7 \times 3000 \times 4}{100} = 84$$

由于 $61.6<84<100$，故其为中柔度杆，应采用经验公式计算临界应力，利用直线公式来计算，得其临界应力为

$$\sigma_{cr} = a - b\lambda = (304 - 1.12 \times 84)\text{MPa} = 209.9\text{MPa}$$

2) 当杆长 $l=4\text{m}$ 时，杆的柔度为

$$\lambda = \frac{\mu l}{i} = \frac{0.7 \times 4000 \times 4}{100} = 112$$

由于 $112>100$，故其为大柔度杆，应采用欧拉临界应力公式计算临界应力，得其临界应力为

$$\sigma_{cr} = \frac{\pi^2 E}{\lambda^2} = \frac{3.14^2 \times 200 \times 10^3}{112^2}\text{MPa} = 157.2\text{MPa}$$

四、提高压杆稳定性的措施

压杆的稳定性取决于临界力的大小，其临界力越大，稳定性越好。由式（7-15）可知，临界力 F_{cr} 与 E、μ、I、l 有关，即影响压杆稳定的因素有：杆件所用材料、杆端约束情况、压杆横截面的形状与尺寸、压杆的长度。为了提高稳定性，必须从以下几方面加以考虑：

1. 减小压杆的长度

若减小压杆的长度 l，由 $\lambda = \frac{\mu l}{i}$ 可知 λ 降低了，由 $\sigma_{cr} = \frac{\pi^2 E}{\lambda^2}$ 可知压杆的临界应力提高了。因此在工程中，为了提高临界力，通常会在压杆的材料和横截面面积选定的情况下，减小柱子的长度。为了减小柱子的长度，通常在柱子的中间设置一定形式的撑杆，撑杆与其他构件连接在一起

后，对柱子形成支点，限制了柱子的弯曲变形，起到减小柱长的作用。如图7-33a所示的两端铰支的细长压杆，其临界力为

$$F_{cr} = \frac{\pi^2 EI}{(\mu l)^2} = \frac{\pi^2 EI}{l^2}$$

若在柱子中设置一个支点，如图7-33b所示，则长度减小一半，其临界力变为

$$F_{cr} = \frac{\pi^2 EI}{\left(\mu \dfrac{l}{2}\right)^2} = \frac{4\pi^2 EI}{l^2}$$

由以上分析可知，其承载能力可增加到原来的4倍。

2. 加强杆件的约束

压杆长度系数 μ 反映了压杆的支承情况，从表7-1可知，杆端处固结程度越高，μ 越小。图7-33a中的两端铰支的细长压杆，其 $\mu=1$，如果把杆端铰支改为固定端，则 μ 由1变为0.5，因此其临界力变为

$$F_{cr} = \frac{\pi^2 EI}{(\mu l)^2} = \frac{\pi^2 EI}{(0.5l)^2} = \frac{4\pi^2 EI}{l^2}$$

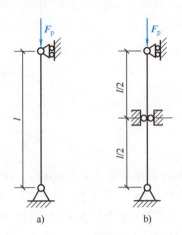

图7-33 减小压杆的长度

由以上分析可知，其承载能力同样可增加到原来的4倍。因此，在结构条件允许的情况下，应尽可能地使杆端约束增强，从而达到提高压杆稳定性的目的。

3. 选择合理的截面形状

压杆的承载能力取决于最小的惯性矩 I，当压杆各个方向的约束条件相同时，使截面对两个形心主轴的惯性矩尽可能地大，而且相等，是选择压杆截面的基本原则。因此，薄壁圆管、正方形薄壁箱形截面是理想截面，它们各个方向的惯性矩相同，且惯性矩比同等面积的实心构件要大得多。但这种薄壁杆的壁厚不能过薄，否则会出现局部失稳现象。对于型钢截面（工字钢、槽钢、角钢等），由于它们的两个形心主惯性矩相差较大，为了提高型钢截面压杆的承载能力，工程实际中常将几个型钢通过缀板组成一个组合截面，并选用合适的距离使 $I_y = I_z$，这样可大大提高压杆的承载能力。

如图7-34所示，采用空心截面比采用实心截面更能提高压杆的稳定性。

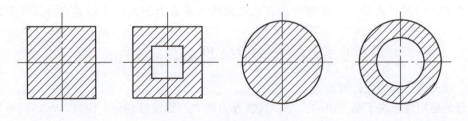

图7-34 空心截面与实心截面

4. 合理选用材料

对于大柔度杆，临界应力与材料的弹性模量 E 成正比，因此钢制压杆比铜制压杆、铸铁制压杆或铝制压杆的临界应力更高。由于各种钢材的 E 基本相同，所以对于大柔度杆，选用高碳钢制作还是低碳钢制作并无多大差别。对于中柔度杆，由图7-32可知，材料的 σ_s 和 σ_p 越高，

则临界应力就越大。这时选用优质钢材会提高压杆的承载能力。至于小柔度杆，本来就是强度问题，优质钢材的强度更高，其承载能力肯定更高。

研究轴向拉压杆件的内力、强度、变形问题，是为了后续研究轴向拉压杆件的结构设计问题，包括柱子、砌体结构等受压构件的结构设计问题，目的是能够合理选择截面形式与尺寸、合理配置受力钢筋，以保证结构的安全。

【引例解析——福州小城镇住宅楼项目中柱的稳定性分析】

根据本项目前述福州小城镇住宅楼项目的引例解析，可有如下计算：

1) 三层柱稳定性分析。两端支撑，故 $\mu=0.5$；$l=5900\text{mm}$，$E=3.0\times10^4\text{N/mm}^2$，则有

$$I=\frac{bh^3}{12}=\frac{400\times400^3}{12}\text{mm}^4=2.1\times10^9\text{mm}^4$$

$$F_{cr}=\frac{\pi^2 EI}{(\mu l)^2}=\frac{\pi^2 EI}{(0.5l)^2}=\frac{4\pi^2\times3\times10^4\times2.1\times10^9}{5900^2}\text{N}=71376.6\text{kN}$$

$$F=344.9\text{kN}<F_{cr}=71376.6\text{kN}$$

2) 二层柱稳定性分析。两端支撑，故 $\mu=0.5$；$l=3000\text{mm}$，$E=3.0\times10^4\text{N/mm}^2$，则有

$$I=\frac{bh^3}{12}=\frac{400\times400^3}{12}\text{mm}^4=2.1\times10^9\text{mm}^4$$

$$F_{cr}=\frac{\pi^2 EI}{(\mu l)^2}=\frac{\pi^2 EI}{(0.5l)^2}=\frac{4\pi^2\times3\times10^4\times2.1\times10^9}{3000^2}\text{N}=276068.8\text{kN}$$

$$F=655.25\text{kN}<F_{cr}=276068.8\text{kN}$$

3) 一层柱稳定性分析。两端支撑，故 $\mu=0.5$；$l=4100\text{mm}$，$E=3.0\times10^4\text{N/mm}^2$，则有

$$I=\frac{bh^3}{12}=\frac{400\times400^3}{12}\text{mm}^4=2.1\times10^9\text{mm}^4$$

$$F_{cr}=\frac{\pi^2 EI}{(\mu l)^2}=\frac{\pi^2 EI}{(0.5l)^2}=\frac{4\pi^2\times3\times10^4\times2.1\times10^9}{4100^2}\text{N}=147806\text{kN}$$

$$F=970\text{kN}<F_{cr}=147806\text{kN}$$

因此本工程的柱子不会发生失稳破坏。

课后巩固与提升

项目7：一、填空题，二、单项选择题

三、计算题

1. 求图7-35各杆指定截面上的轴力。
2. 试绘制图7-36各杆件的轴力图。
3. 受力杆件如图7-37所示，$A_1=300\text{mm}^2$，$A_2=200\text{mm}^2$，$A_3=100\text{mm}^2$，试求各段横截面上的正应力。
4. 如图7-38所示的圆截面杆件，已知 $F=7\text{kN}$，$A=300\text{mm}^2$，材料的允许应力 $[\sigma]=160\text{MPa}$，试校核该杆件的强度。
5. 如图7-39所示结构中，杆件均为圆形截面钢杆，直径均为 $d=20\text{mm}$，钢材的允许应力 $[\sigma]=160\text{MPa}$，结构受力如图中所示，试校核各杆是否满足强度要求。

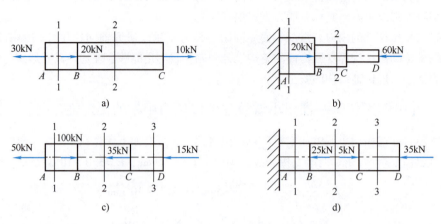

图 7-35

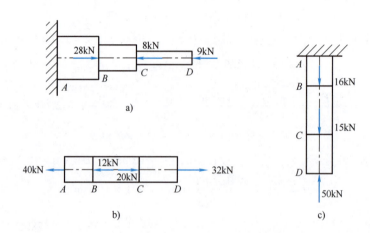

图 7-36

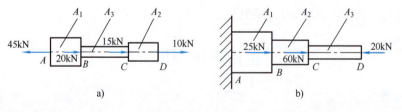

图 7-37

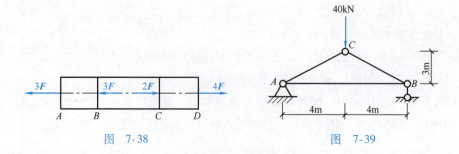

图 7-38

图 7-39

6. 如图 7-40 所示，简易起重机由等长的两杆 AC 及 BC 组成，在节点 C 受到荷载 G = 700kN 的作用。已知杆 AC 由两根槽钢构成，$[\sigma_{AC}]$ = 160MPa；BC 杆由一根工字钢构成，$[\sigma_{BC}]$ = 120MPa，试计算杆 AC 和 BC 的理论最小截面面积。

7. 如图 7-41 所示为某建筑的钢屋架，受力如图所示，钢材的允许应力 $[\sigma]$ = 160MPa，试求桁架中所有杆件的内力，并选择钢拉杆 BE 的直径 d。

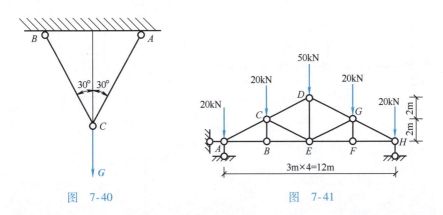

图 7-40   图 7-41

8. 如图 7-42 所示的三角形构架，钢杆 AC 和铜杆 BC 在 A、B、C 处铰接。已知钢杆 AC 的横截面面积为 A_{AC} = 160mm²，允许应力 $[\sigma_{AC}]$ = 160MPa；铜杆 BC 的横截面面积为 A_{BC} = 320mm²，允许应力 $[\sigma_{BC}]$ = 100MPa。该结构在节点 C 处受铅垂方向的荷载 G 作用，试求 G 的最大允许值。

9. 如图 7-43 所示一阶梯形钢杆，承受轴向荷载如图所示，已知杆件的横截面面积 A_{AB} = 300mm²，A_{BC} = 200mm²，A_{CD} = 100mm²，材料的弹性模量 E = 205GPa。试求：每段钢杆的伸长量；每段钢杆的线应变；全杆总伸长量。

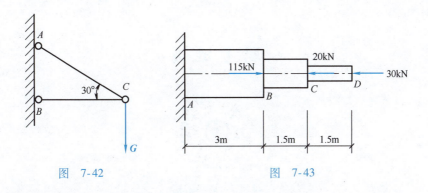

图 7-42   图 7-43

10. 利用截面法计算如图 7-44 所示桁架中杆 FG、FD、CD 的轴力。

11. 如图 7-45 所示的两端铰支的圆截面压杆，直径 d = 45mm，材料为 Q235 钢，弹性模量 E = 205GPa，σ_s = 235MPa，试确定其临界力（提示：$I_y = I_z = \dfrac{\pi d^4}{64}$）。

12. 计算如图 7-46 所示的组合截面的形心主惯性矩。

13. 计算如图 7-47 所示的组合截面的形心主惯性矩。

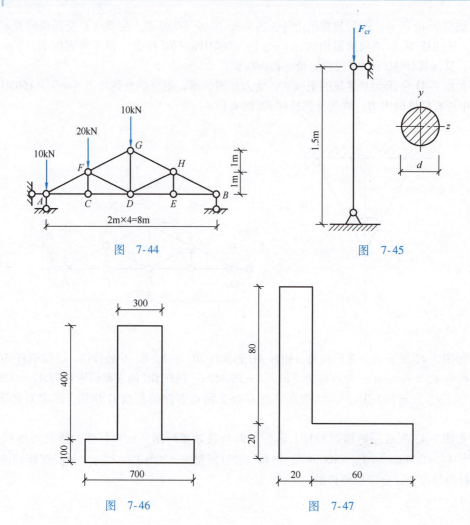

图 7-44

图 7-45

图 7-46

图 7-47

职考链接

项目 7：职考链接

项目8 受弯构件的受力和变形分析

【知识目标】
1. 理解平面弯曲变形。
2. 掌握受弯构件上任意截面的内力计算方法。
3. 掌握受弯构件内力图的绘制规则、方法。
4. 掌握受弯构件的正应力及剪应力计算方法，能应用受弯构件的强度条件公式解决实际问题。
5. 熟悉提高受弯构件抗弯能力的一些措施。
6. 了解受弯构件的变形特点及变形计算方法。

【能力目标】
1. 能计算简单受弯构件的内力。
2. 能快速绘制受弯构件的内力图。
3. 能应用受弯构件的应力计算判断构件的危险截面及危险点。
4. 能处理建筑工程施工过程中受弯构件的简单力学问题。

【素质目标】
1. 通过掌握受弯构件的受力分析方法，了解受弯构件的重要作用，树立安全意识。
2. 培养利用力学思维认识问题、分析问题、解决问题的能力。
3. 培养具体问题具体分析的科学认识观。

【引例分析——福州小城镇住宅楼项目中板和梁的受力分析】

在前面的项目中福州小城镇住宅楼项目完成了结构选型和计算简图的确定，并利用平面一般力系平衡方程的基本方法求出了基本构件的支座反力。下面要思考以下问题：在荷载和支座反力的作用下，梁、板的内部会有什么反应？这些反应对构件的工作有什么影响？

任务1 分析受弯构件的内力

一、受弯构件的受荷特点

1. 受弯构件的受力特点

当作用在直杆上的外力与杆轴线垂直时（通常称为横向力），直杆的轴线将由直线弯成曲线，这种变形称为弯曲，如图8-1所示。以弯曲变形为主的杆件称为受弯构件，常见的受弯构件有梁和板。

梁的横截面多为矩形、T形、工字形等，如图8-2所示，这些梁的横截面通常至少有一个对称轴，如图8-2中单点画线。由梁的各横截面的对称轴与梁的轴线所组成的平面称为纵向对称平面，如图8-3所示。当作用于梁上的荷载及全部支座反力作用在同一个纵向对称平面内时，梁变形后的轴线也在这个平面内，一般把这种力的作用平面与梁的变形平面相重合的弯曲称为平面弯曲。

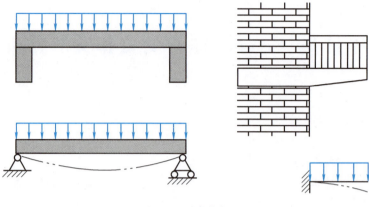

图 8-1　受弯构件

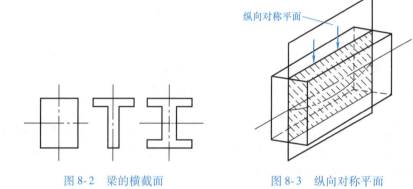

图 8-2　梁的横截面　　　　图 8-3　纵向对称平面

2. 受弯构件的类型

根据几何组成分析，工程中的梁可分为静定梁和超静定梁。静定梁按其跨数可分为单跨静定梁和多跨静定梁两类。单跨静定梁按支座情况分为三种基本形式：

1）简支梁：梁的一端为固定铰支座，另一端为可动铰支座，如图 8-4a 所示。
2）悬臂梁：梁的一端为固定端支座，另一端为自由端，如图 8-4b 所示。
3）外伸梁：梁的一端或两端伸出支座，如图 8-4c、d 所示。

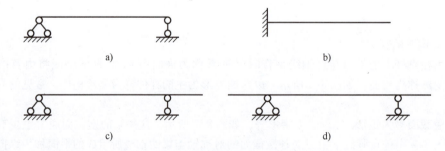

图 8-4　单跨静定梁的分类

二、受弯构件的内力——剪力和弯矩

1. 内力的种类及性质

梁在荷载（外力）作用下，在其各个横截面上会产生与外力相对应的内力。以图 8-5a 所示的简支梁为例，研究梁上任一横截面 1-1（离左端 A 支座的距离为 x）上的内力。首先，应用截面法在 1-1 处将梁截开，把梁分成左、右两段，并任取其中一段（如左段）为研究对象，如图 8-5b 所示，在左段梁上作用有支座反力 F_{Ay}。由于梁整体是平衡的，所以截取的梁的任一部分肯定也是平衡的。因此，为保证该段梁不会在竖向力 F_{Ay} 作用下发生竖向移动，那么在截开的截面上必定存在一个与 F_{Ay} 大小相等、方向相反的力 F_Q。力 F_Q 与 F_{Ay} 在保证左段梁不发生竖向移动的同时形成了一个能使左段梁发生转动的力偶。

梁的内力

由于左段梁是平衡的，所以在切开的 1-1 截面上必定还存在着一个与力偶矩 $F_{Ay} \cdot x$ 大小相等、转向相反的内力偶 M，如图 8-5c 所示。通过以上分析可知，在 1-1 截面上有 V 和 M 就能使左梁段处于平衡了。则产生平面弯曲的梁在其横截面上有两个内力：一个是与横截面相切且平行于外力方向作用在横截面形心点上的内力 V，称为**剪力**；另一个是在纵向对称平面内的内力偶，其力偶矩 M 称为**弯矩**。

截面 1-1 上的剪力和弯矩可由左段梁的平衡条件求得，即

$$\sum F_y = 0 \quad F_{Ay} - V = 0 \quad V = F_{Ay}$$

再对 1-1 截面的形心求矩，得

$$\sum M_C(F) = 0 \quad M - F_{Ay} \cdot x = 0 \quad M = F_{Ay} \cdot x$$

以上所述为左段梁在截面 1-1 上的剪力和弯矩，这个剪力和弯矩实际上是右段梁对左段梁的内力作用。同时，左段梁对右端梁也有内力的作用，如图 8-5c 所示，根据作用力与反作用力原理，右段梁在截面 1-1 上的剪力和弯矩应与左段梁在 1-1 截面上的剪力和弯

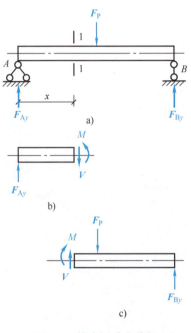

图 8-5 简支梁受力分析

矩大小相等、方向（转向）相反。截面上的内力实际上就是截开后的两段梁彼此之间相互的作用力。

2. 内力的符号规定

为了在使用截面法求解梁的剪力和弯矩时，对于同一截面无论选取截面左侧梁段还是截面右侧梁段作为研究对象，所得到的同一个截面上的弯矩和剪力，不但数值相同而且符号一致，对剪力和弯矩的符号作如下规定：

（1）剪力正负规定　如图 8-6a、b 所示，在截开的截面 1-1 处，若剪力使所研究梁段（所取研究对象）绕梁段另一端（非截开一端）作顺时针方向转动，则横截面上的剪力为正；反之剪力为负，如图 8-6c、d 所示。

（2）弯矩正负规定　如图 8-7a、b 中双点画线所示，若弯矩使梁段产生向下凸的变形（梁上部受压，下部受拉），则截面上的弯矩为正；反之如图 8-7c、d 中的弯矩为负。

3. 受弯构件指定截面的内力求解

求梁指定截面的内力的方法为截面法，计算步骤为：

1）计算梁的支座反力（悬臂梁可不计算）。

2）在需要计算内力的横截面处，将梁用假想截面截开分成两个部分，选其中的任一部分为隔离体。

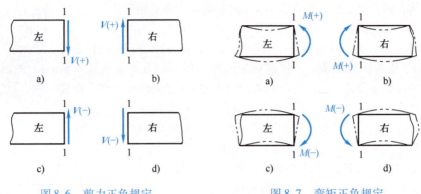

图 8-6 剪力正负规定   图 8-7 弯矩正负规定

3) 画出所选隔离体的受力图,根据受力图列力系平衡方程,求出剪力和弯矩。

【例 8-1】 求图 8-8a 所示简支梁指定截面 1-1、2-2、3-3 上的内力。

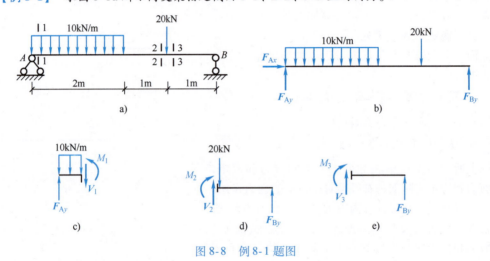

图 8-8 例 8-1 题图

【解题思路】 本题求的是梁指定截面的内力,所以可按求梁指定截面内力的步骤求解。

【解】 1. 求支座反力

受力图如图 8-8b 所示,根据受力图列平衡方程如下:

$$\sum M_A = 0 \quad -10 \times 2 \times 1 - 20 \times 3 + F_{By} \times 4 = 0 \quad F_{By} = 20\text{kN}(\uparrow)$$

$$\sum F_y = 0 \quad F_{Ay} - 10 \times 2 - 20 + F_{By} = 0 \quad F_{Ay} = 20\text{kN}(\uparrow)$$

$$\sum F_x = 0 \quad F_{Ax} = 0$$

2. 求各指定截面的内力

(1) 求 1-1 截面上的内力(V_1 和 M_1) 用假想的截面在 1-1 截面处将梁截开,取 1-1 截面左侧梁段为研究对象,画所取研究对象的受力图,如图 8-8c 所示,1-1 截面上的剪力(V_1)、弯矩(M_1)均假设为正值。

由受力图可知所取梁段的长度近似等于 0,$\sum M_C(F) = 0$ 中 M 的下脚标 C 代表被截开截面 1-1 的形心点,$\sum M_C(F) = 0$ 的含义是让所研究梁段上的所有荷载对截开截面的形心点求力矩,力矩的代数和为零。根据受力图列平衡方程如下:

$$\sum M_C(F) = 0 \quad 10 \times 0 \times 0 - F_{Ay} \times 0 + M_1 = 0 \quad M_1 = 0$$

$$\sum F_y = 0 \quad F_{Ay} - 10 \times 0 - V_1 = 0 \quad V_1 = 20\text{kN}$$

如果计算结果为正,说明内力假设的方向与实际方向相同;如果结果为负,说明内力假设的方向与实际方向相反。此 1-1 截面的计算结果说明 1-1 截面上的剪力为正值,假设的方向与实际方向相同;弯矩为零。

(2) 求 2-2 截面上的内力 (V_2 和 M_2)   用假想的截面在 2-2 截面处将梁截开,取 2-2 截面右侧梁段为研究对象,画所取研究对象的受力图,如图 8-8d 所示,2-2 截面上的剪力 (V_2)、弯矩 (M_2) 均假设为正值。由受力图可知所取梁段的长度近似等于 1m。根据受力图,列平衡方程如下:

$$\sum M_C(F) = 0 \quad -20 \times 0 + F_{By} \times 1 - M_2 = 0 \quad M_2 = 20\text{kN} \cdot \text{m}$$

$$\sum F_y = 0 \quad F_{By} - 20 + V_2 = 0 \quad V_2 = 0$$

计算结果表明,剪力为零;弯矩为正,假设的方向与实际方向相同。

(3) 求 3-3 截面上的内力 (V_3 和 M_3)   用假想的截面在 3-3 截面处将梁截开,取 3-3 截面右侧梁段为研究对象,画所取研究对象的受力图,如图 8-8e 所示,3-3 截面上的剪力 (V_3)、弯矩 (M_3) 均假设为正值。由受力图可知所取梁段的长度近似等于 1m。根据受力图,列平衡方程如下:

$$\sum M_C(F) = 0 \quad F_{By} \times 1 - M_3 = 0 \quad M_3 = 20\text{kN} \cdot \text{m}$$

$$\sum F_y = 0 \quad F_{By} + V_3 = 0 \quad V_3 = -20\text{kN}$$

计算结果表明,剪力为负,假设的方向与实际方向相反;弯矩为正,假设的方向与实际方向相同。

【例 8-2】 求图 8-9a 所示悬臂梁指定截面 1-1、2-2、3-3 上的内力。

【解题思路】 本题求的是梁指定截面的内力,所以可按求梁指定截面内力的步骤求解。

【解】 1. 求支座反力

由于此梁为悬臂梁,所以可以不求支座反力。

2. 求梁各指定截面的内力

(1) 求 1-1 截面上的内力 (V_1 和 M_1)   用假想的截面在 1-1 截面处将梁截开,取 1-1 截面右侧梁段为研究对象,画所取研究对象的受力图,如图 8-9b 所示,1-1 截面上的剪力 (V_1)、弯矩 (M_1) 均假设为正值。由受力图可知所取梁段的长度近似等于 2m。$\sum M_C(F) = 0$ 中 M 的下脚标 C 代表被截开截面 1-1 的形心点,$\sum M_C(F) = 0$ 的含义是让所研究梁段上的所有荷载对截开截面的形心点求力矩,力矩的代数和为零。根据受力图,列平衡方程如下:

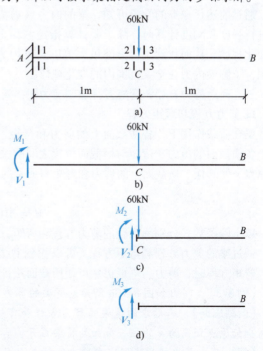

图 8-9 例 8-2 题图

$$\sum M_C(F) = 0 \quad -M_1 - 60 \times 1 = 0 \quad M_1 = -60 \text{kN} \cdot \text{m}$$

$$\sum F_y = 0 \quad V_1 - 60 = 0 \quad V_1 = 60 \text{kN}$$

弯矩计算结果为负，说明弯矩假设的方向与实际方向相反；剪力计算结果为正，说明剪力假设的方向与实际方向相同。

（2）求2-2截面上的内力（V_2和M_2） 用假想的截面在2-2截面处将梁截开，取2-2截面右侧梁段为研究对象，画所取研究对象的受力图，如图8-9c所示，2-2截面上的剪力（V_2）、弯矩（M_2）均假设为正值。由受力图可知所取梁段的长度近似等于1m。根据受力图，列平衡方程如下：

$$\sum M_C(F) = 0 \quad -M_2 - 60 \times 0 = 0 \quad M_2 = 0$$

$$\sum F_y = 0 \quad V_2 - 60 = 0 \quad V_2 = 60 \text{kN}$$

剪力为正，表明剪力假设的方向与实际方向相同。

（3）求3-3截面上的内力（V_3和M_3） 用假想的截面在3-3截面处将梁截开，取3-3截面右侧梁段为研究对象，画所取研究对象的受力图，如图8-9d所示，3-3截面上的剪力（V_3）、弯矩（M_3）均假设为正值。由受力图可知所取梁段的长度近似等于1m。根据受力图，列平衡方程如下：

$$\sum M_C(F) = 0 \quad -M_3 = 0 \quad M_3 = 0$$

$$\sum F_y = 0 \quad V_3 = 0 \quad V_3 = 0$$

计算结果表明，弯矩为正，弯矩假设的方向与实际方向相同；剪力为负，剪力假设的方向与实际方向相反。

任务2 绘制受弯构件的内力图

通过前述任务1的学习可知，梁的内力（剪力和弯矩）随着梁横截面位置变化而变化。对梁进行强度和刚度计算时，除了要计算指定截面上的内力外，还必须知道梁的内力沿着梁轴线的变化规律，从而找到梁内力的最大值以及梁内力最大值所在的截面位置。本任务讨论梁的内力图，了解梁内力在全梁范围内的变化规律。

一、利用剪力方程和弯矩方程绘制剪力图、弯矩图

1. 剪力方程和弯矩方程

梁在荷载作用下，各横截面上的剪力和弯矩一般是随着横截面位置变化而变化的，为了将梁上各横截面的剪力、弯矩与横截面位置之间的关系反映出来，通常取梁上一点为坐标原点，把距原点x处的任一横截面上的剪力和弯矩写成x的表达式（函数），即

$$V = V(x)$$
$$M = M(x) \tag{8-1}$$

以上两函数式分别称为梁的剪力方程和弯矩方程。

通过梁的剪力方程和弯矩方程，可以找到剪力、弯矩沿梁轴线的变化规律。在建立剪力方程、弯矩方程时，剪力、弯矩仍然可使用截面法计算。

【例8-3】 写出如图8-10a所示悬臂梁的剪力方程和弯矩方程。

【解题思路】 本题求的是梁的剪力方程和弯矩方程，所以先要建立坐标原点，然后在梁上距离坐标原点距离为x的任一截面处将梁截开，再把剪力、弯矩写成x的表达式。

【解】 1）将坐标原点假定在梁右侧端点B处。

2）在距离原点为 x 的任一位置处截开梁，并取该截面右侧梁段为研究对象，以假想截面中心为矩心，受力图如图 8-10b 所示，由受力图列平衡方程如下：

$$\sum M_C(F) = 0 \quad -M(x) - Fx = 0$$

得弯矩方程为

$$M(x) = -Fx \quad (0 \leqslant x \leqslant l)$$

$$\sum F_y = 0 \quad V(x) - F = 0$$

得剪力方程为

$$V(x) = F \quad (0 \leqslant x \leqslant l)$$

当 $x=0$ 时，表示截开截面无限接近 B 截面，位于 B 截面左侧，该截面上的剪力 $V_B = F$，B 截面上的弯矩 $M_B = 0$；当 $x=l$ 时，表示截开截面无限接近 A 截面，位于 A 截面右侧，该截面上的剪力 $V_A = F$，A 截面上的弯矩 $M_A = -Fl$（使梁上侧受拉）。

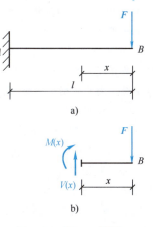

图 8-10　例 8-3 题图

2. 剪力图和弯矩图的概念及绘制规则

为了更清楚地表示梁上的剪力和弯矩沿梁横截面位置变化而变化的规律，把剪力方程、弯矩方程用函数图像的形式表示出来，分别称为剪力图和弯矩图。剪力图、弯矩图的绘制方法与轴力图类似，以横坐标 x 表示横截面位置，以纵坐标表示横截面上的剪力和弯矩的大小。建筑工程中对于水平梁而言，通常规定剪力图中正的剪力画在 x 轴上方，负的剪力画在 x 轴下方；而在弯矩图中通常是将弯矩画在梁受拉的一侧。

应用剪力方程和弯矩方程绘制剪力图和弯矩图的一般步骤：

1）求解支座反力（悬臂梁可不求）。

2）分段写出剪力方程和弯矩方程。外力的变化会引起内力的变化，分段点一般为集中力作用处、集中力偶作用处、梁的端点、均布荷载作用的起点和终点及分布规律发生变化处、梁的支座处等。

3）根据剪力方程或弯矩方程所表示的图线性质，确定控制截面的位置，求出这些控制截面的剪力值和弯矩值。

4）以与梁轴线平行的直线作为 x 轴并表示横截面的位置，以垂直于 x 轴的纵坐标表示相应截面上的剪力或弯矩值（按适当比例）；根据剪力方程或弯矩方程所表示的图线的性质绘制剪力图或弯矩图，并在图中标出各控制截面的剪力值或弯矩值，在图中标明剪力图或弯矩图的正负号。

【例 8-4】　试写出图 8-11a 所示悬臂梁在集中力作用下的剪力方程和弯矩方程，并依据剪力方程和弯矩方程作出剪力图和弯矩图。

【解题思路】　本题要求的是梁的剪力图和弯矩图，所以先要求支座反力，然后写出剪力方程和弯矩方程，之后求控制截面的剪力值和弯矩值，最后再根据绘制剪力图和弯矩图的要求与方法绘制剪力图和弯矩图。

【解】　1）求支座反力。由于此梁为悬臂梁，所以可以不求支座反力。

2）写出剪力方程和弯矩方程（方法同例 8-3）。

弯矩方程　　　　　　　　　　$M(x) = -Fx \quad (0 \leqslant x \leqslant l)$

剪力方程　　　　　　　　　　$V(x) = F \quad (0 \leqslant x \leqslant l)$

3）计算各控制截面的剪力值和弯矩值。

由 $V(x) = F$ 可知剪力值为正常数 F，即梁任一横截面上的剪力值相等，等于 F，所以剪力图

为一条平行于 x 轴的直线，并且依据绘制剪力图的规则，正的剪力画在 x 轴上方，并且应该在图形中标出剪力的正负号。

由 $M(x) = -Fx$ 可知弯矩图为 x 的一次函数，所以弯矩图沿梁轴线按直线规律变化，可由两点确定一条直线，所以至少取两个控制截面，一般可选取梁段的起始点和终点为控制截面；并且，依据绘制弯矩图的规则，弯矩画在梁受拉的一侧，并在图中标出弯矩的正负号。将 $x=0$ 和 $x=l$ 分别代入弯矩方程 $M(x) = -Fx$，当 $x=0$ 时，$M_B = 0$；当 $x=l$ 时，$M_A = -Fl$（使梁上部受拉）。

由以上结果可知弯矩图为一条斜直线，应画在 x 轴上方。

4) 绘制剪力图和弯矩图，如图 8-11b、c 所示。一般将剪力图、弯矩图与梁的计算简图对应着画，并写明图名（M 图、V 图），标注控制截面的剪力值或弯矩值，并在图中标明正负号，这样坐标轴可以省略不画。

【例 8-5】 绘制如图 8-12a 所示简支梁在集中力作用下的剪力图和弯矩图。

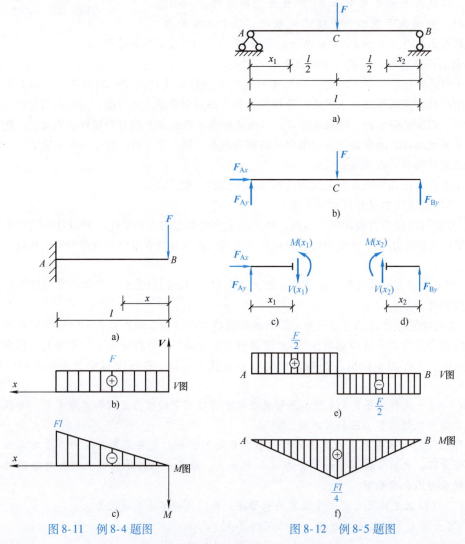

图 8-11 例 8-4 题图　　图 8-12 例 8-5 题图

【解题思路】 本题要求的是梁的剪力图和弯矩图，所以先要求支座反力，然后写出剪力方程和弯矩方程，之后求控制截面的剪力值和弯矩值，最后再根据绘制剪力图和弯矩图的要求与方法绘制剪力图和弯矩图。

【解】 1）求支座反力，受力图如图8-12b所示，列平衡方程：

$$\sum M_A(F) = 0 - F \times \frac{l}{2} + F_{By} \times l = 0 \quad F_{By} = \frac{F}{2}(\uparrow)$$

$$\sum F_y = 0 \quad F_{Ay} - F + F_{By} = 0 \quad F_{Ay} = \frac{F}{2}(\uparrow)$$

$$\sum F_x = 0 \quad F_{Ax} = 0$$

2）写出各段的剪力方程和弯矩方程。

① 分段：根据外力变化，分为AC、CB两段。

② AC段，以梁左端点A点为坐标原点，截取距离A点x_1处的任一截面为研究对象，如图8-12c所示，写出如下弯矩方程和剪力方程：

$$M(x_1) = F_{Ay}x_1 \quad \left(0 \leq x_1 \leq \frac{l}{2}\right)$$

$$V(x_1) = F_{Ay} \quad \left(0 \leq x_1 \leq \frac{l}{2}\right)$$

③ BC段，以梁的右端点B点为坐标原点，截取距离B点x_2处的任一截面为研究对象，如图8-12d所示，写出如下弯矩方程和剪力方程：

$$M(x_2) = F_{By}x_2 \quad \left(0 \leq x_2 \leq \frac{l}{2}\right)$$

$$V(x_2) = -F_{By} \quad \left(0 \leq x_2 \leq \frac{l}{2}\right)$$

3）根据剪力方程或弯矩方程的图线性质确定控制截面，并求出各控制截面的剪力值或弯矩值。

① AC段，由剪力方程$V(x_1) = F_{Ay}$可知，剪力图为一平行于x轴的水平直线，且位于x轴上方，高度为$\frac{F}{2}$。

由弯矩方程$M(x_1) = F_{Ay}x_1$可知，弯矩图为一条斜直线，为了画出此斜直线最少需要取两个控制截面，取此函数的区间起点和终点，将$x_1 = 0$和$x_1 = \frac{l}{2}$分别代入方程$M(x_1) = F_{Ay}x_1$，则当$x_1 = 0$时，$M_A = 0$；当$x_1 = \frac{l}{2}$时，$M_C = \frac{Fl}{4}$（使梁下侧受拉）。

② BC段，由剪力方程$V(x_2) = -F_{By}$可知，剪力图为一平行于x轴的水平直线，且位于x轴下方，高度为$\frac{F}{2}$。

由弯矩方程$M(x_2) = F_{By}x_2$可知，弯矩图为一条斜直线，为了画出此斜直线最少需要取两个控制截面，取此函数的区间起点和终点，将$x_2 = 0$和$x_2 = \frac{l}{2}$分别代入方程$M(x_2) = F_{By}x_2$，则当$x_2 = 0$时，$M_B = 0$；当$x_2 = \frac{l}{2}$时，$M_C = \frac{Fl}{4}$（使梁下侧受拉）。

4）画出剪力图和弯矩图，如图8-12e、f所示。

【例8-6】 作图8-13a所示简支梁在均布荷载和集中力偶作用下的剪力图和弯矩图，已知$M = ql^2$。

【解题思路】 本题要求的是画梁的剪力图和弯矩图，所以要先求支座反力，然后写出剪力方程和弯矩方程，之后求控制截面的剪力值和弯矩值，最后再根据绘制剪力图和弯矩图的要求与方法绘制剪力图和弯矩图。

【解】 1) 求支座反力，受力图如图 8-13b 所示，列平衡方程：

$$\sum M_A(F) = 0 \quad -ql^2 - q \times 2l \times 3l + F_{By} \times 4l = 0 \quad F_{By} = \frac{7ql}{4}(\uparrow)$$

$$\sum F_y = 0 \quad F_{Ay} - 2ql + F_{By} = 0 \quad F_{Ay} = \frac{ql}{4}(\uparrow)$$

$$\sum F_x = 0 \quad F_{Ax} = 0$$

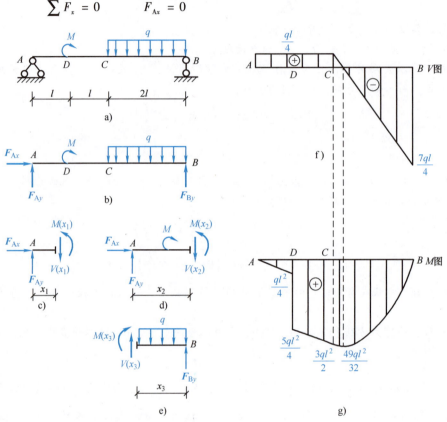

图 8-13 例 8-6 题图

2) 写出各段的剪力方程和弯矩方程。

① 分段：根据外力变化，简支梁分为 AD、DC、CB 三段。

② AD 段，以梁左端点 A 点为坐标原点，截取距离 A 点 x_1 处的任一截面为研究对象，如图 8-13c 所示，写出如下弯矩方程和剪力方程：

$$M(x_1) = F_{Ay} x_1 = \frac{ql}{4} x_1 \quad (0 \leqslant x_1 \leqslant l)$$

$$V(x_1) = F_{Ay} = \frac{ql}{4} \quad (0 \leqslant x_1 \leqslant l)$$

③ DC 段，以梁左端点 A 点为坐标原点，截取距离 A 点 x_2 处的任一截面为研究对象，如图 8-13d 所示，写出如下弯矩方程和剪力方程：

$$M(x_2) = M + F_{Ay} x_2 = ql^2 + \frac{ql}{4} x_2 \quad (l \leqslant x_2 \leqslant 2l)$$

$$V_2(x_2) = F_{Ay} = \frac{ql}{4} \quad (l \leqslant x_2 \leqslant 2l)$$

④ CB 段，以梁右端点 B 点为坐标原点，截取距离 B 点 x_3 处的任一截面为研究对象，如图 8-13e 所示，写出如下弯矩方程和剪力方程：

$$M(x_3) = F_{By}x_3 - qx_3\frac{x_3}{2} = \frac{7ql}{4}x_3 - \frac{qx_3^2}{2} \quad (0 \leq x_3 \leq 2l)$$

$$V(x_3) = qx_3 - F_{By} = qx_3 - \frac{7ql}{4} \quad (0 \leq x_3 \leq 2l)$$

3）根据剪力方程或弯矩方程的图线性质确定控制截面，并求出各控制截面的剪力值或弯矩值。

① AD 段，由剪力方程 $V(x_1) = F_{Ay} = \frac{ql}{4}$ 可知，剪力图为一条水平直线。

由弯矩方程 $M(x_1) = F_{Ay}x_1 = \frac{ql}{4}x_1$ 可知，弯矩图为一条斜直线，将 $x_1 = 0$ 和 $x_1 = l$ 分别代入方程 $M(x_1) = F_{Ay}x_1 = \frac{ql}{4}x_1$，则当 $x_1 = 0$ 时，$M_{AD} = 0$；当 $x_1 = l$ 时，$M_{DA} = \frac{ql^2}{4}$（使梁下部受拉）。

② DC 段，由剪力方程 $V(x_2) = F_{Ay} = \frac{ql}{4}$ 可知，剪力图为一条水平直线。

由弯矩方程 $M(x_2) = M + F_{Ay}x_2 = ql^2 + \frac{ql}{4}x_2$ 可知，弯矩图为一条斜直线，将 $x_2 = l$ 和 $x_2 = 2l$ 分别代入方程 $M(x_2) = M + F_{Ay}x_2 = ql^2 + \frac{ql}{4}x_2$，则当 $x_2 = l$ 时，$M_{DC} = \frac{5ql^2}{4}$；当 $x_2 = 2l$ 时，$M_{CD} = \frac{3ql^2}{2}$（使梁下部受拉）。

③ CB 段，由剪力方程 $V(x_3) = qx_3 - F_{By} = qx_3 - \frac{7ql}{4}$ 可知，剪力图为一条斜直线，为了确定该斜直线至少需要取两个控制截面，可以取此函数区间的起点和终点，将 $x_3 = 0$ 和 $x_3 = 2l$ 分别代入方程 $V(x_3) = qx_3 - F_{By} = qx_3 - \frac{7ql}{4}$，则当 $x_3 = 0$ 时，$V_B = -\frac{7ql}{4}$；当 $x_3 = 2l$ 时，$V_{C右} = \frac{ql}{4}$。

由弯矩方程 $M(x_3) = F_{By}x_3 - qx_3\frac{x_3}{2} = \frac{7ql}{4}x_3 - \frac{qx_3^2}{2}$ 可知，弯矩图为一抛物线，为了画出此抛物线最少需要三个控制截面，可以取此函数区间的起点和终点，还有剪力为零的点，将 $x_3 = 0$、$x_3 = \frac{7l}{4}$ 和 $x_3 = 2l$ 分别代入方程 $M(x_3) = F_{By}x_3 - qx_3\frac{x_3}{2} = \frac{7ql}{4}x_3 - \frac{qx_3^2}{2}$，则当 $x_3 = 0$ 时，$M_B = 0$；当 $x_3 = \frac{7l}{4}$ 时，$M_{max} = \frac{49ql^2}{32}$（使梁下部受拉）；当 $x_3 = 2l$ 时，$M_{CB} = \frac{3ql^2}{2}$（使梁下侧受拉）。

4）画出剪力图和弯矩图，如图 8-13f、g 所示。

静定梁在常见荷载作用下的内力图如图 8-14 所示，熟记这些内力图对于以后学习叠加法画内力图会有帮助。

二、利用荷载与内力的关系绘制内力图

根据数学知识分析荷载和剪力方程、弯矩方程可以发现，荷载与剪力方程、弯矩方程之间存在一定的规律，利用这些规律可以较快捷地绘制出剪力图、弯矩图，也可校核已经画出的剪力图、弯矩图的正确性。

1. 无分布荷载作用的梁段

由于 $q(x) = 0$，即 $\frac{dV(x)}{dx} = q(x) = 0$，则该段梁的剪力 $V(x) = $ 常数，所以此梁段上的 V 图为一条平行于 x 轴的直线。又因为 $\frac{dM(x)}{dx} = V(x) = $ 常数，可知该段梁上的弯矩图为一条斜直线。

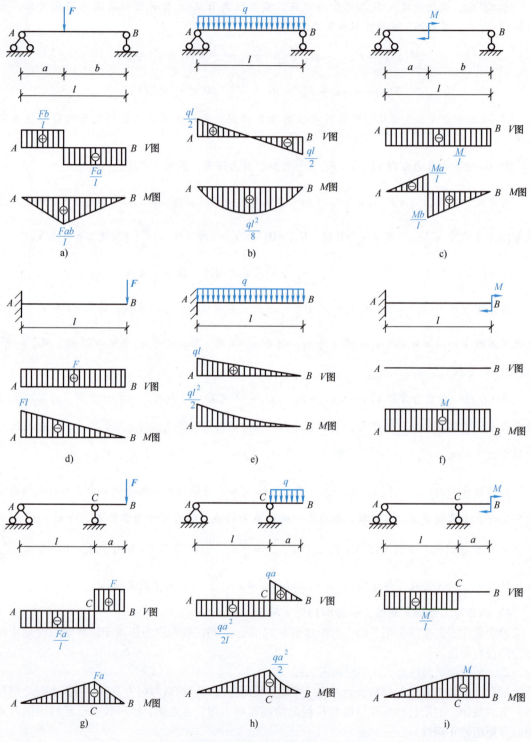

图 8-14 静定梁在常见荷载作用下的内力图

1) $V(x)$ = 常数 < 0，M 图为递减函数，即一条上斜直线。
2) $V(x)$ = 常数 = 0，M 图为一条水平直线。
3) $V(x)$ = 常数 > 0，M 图为递增函数，即一条下斜直线。

2. 有均布荷载作用的梁段

由于 $q(x)$ = 常数，即 $\dfrac{dV(x)}{dx} = q(x)$ = 常数，则该段梁的剪力方程 $V(x)$ 为一次函数，所以此梁段上的 V 图为一条斜直线。又因为 $\dfrac{dM(x)}{dx} = V(x)$，可知该段梁上的弯矩图为二次抛物线。

1）当 $q(x)$ = 常数 > 0（箭头指向上方），则 $\dfrac{dV(x)}{dx} = q(x) > 0$，$V$ 图为递增的上斜直线，又由 $\dfrac{d^2M(x)}{dx^2} = q(x) > 0$ 及 $\dfrac{dM(x)}{dx} = V(x)$ 可知，M 图为上凸曲线（开口向下）。

2）当 $q(x)$ = 常数 < 0（箭头指向下方），则 $\dfrac{dV(x)}{dx} = q(x) < 0$，$V$ 图为递减的下斜直线，又由 $\dfrac{d^2M(x)}{dx^2} = q(x) < 0$ 及 $\dfrac{dM(x)}{dx} = V(x)$ 可知，M 图为下凸曲线（开口向上）。

3. 集中力作用处

集中力作用处的 V 图发生突变，突变数值等于集中力的大小，从左向右看，突变的方向与集中力的指向一致；M 图在集中力作用处有转折点。

4. 集中力偶作用处

集中力偶作用处的 V 图无变化；M 图在集中力偶作用处有突变，突变数值的大小等于集中力偶的大小，从左向右看，若集中力偶为顺时针转向，则弯矩图向下突变；若集中力偶为逆时针转向，则弯矩图向上突变。

5. 绝对值最大的弯矩

绝对值最大的弯矩总是出现在集中力作用处、集中力偶作用处或是 $V = 0$ 的截面处。

总结以上规律，列于表 8-1。

表 8-1　梁的荷载与剪力图、弯矩图之间的关系

序号	梁上荷载情况	剪力图	弯矩图
1	无分布荷载作用 ($q = 0$)	V 图为水平直线；$V = 0$；$V > 0$；$V < 0$	M 图为直线；$M < 0$；$M = 0$；$M > 0$；下斜直线；上斜直线
2	均布荷载向上作用 ($q > 0$)	上斜直线	上凸曲线
3	均布荷载向下作用 ($q < 0$)	下斜直线	下凸曲线

(续)

序号	梁上荷载情况	剪力图	弯矩图
4	集中力作用 F 在 C	C 截面有突变	
5	集中力偶作用 M 在 C	C 截面无变化	
6	—	$V=0$ 截面	M 有极值

【例 8-7】 试应用荷载与内力的关系绘制出图 8-15a 所示梁的内力图。

【解题思路】 本题要求应用荷载与内力的关系画梁的剪力图和弯矩图，所以先要求支座反力，然后分段，最后再根据荷载与内力的关系绘制梁的剪力图和弯矩图。

【解】 1) 求支座反力，以梁整体为研究对象列平衡方程：

$$\sum M_A(F) = 0 \quad -80 - 20 \times 4 - 10 \times 2 \times 7 + F_{By} \times 6 = 0 \quad F_{By} = 50\text{kN}(\uparrow)$$

$$\sum F_y = 0 \quad F_{Ay} - 20 + F_{By} - 10 \times 2 = 0 \quad F_{Ay} = -10\text{kN}(\downarrow)$$

$$\sum F_x = 0 \quad F_{Ax} = 0$$

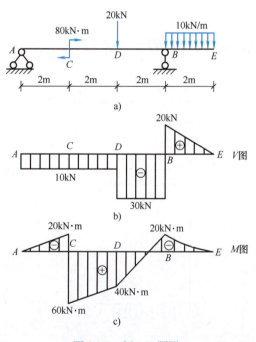

图 8-15 例 8-7 题图

2) 分段。根据分段规则将梁分为 AC、CD、DB、BE 四段。

3) 画剪力图和弯矩图。画剪力图和弯矩图时，依据表 8-1 选取控制截面，并求出控制截面的内力值，然后连线。

① 剪力图。依据荷载与内力之间的关系，AC、CD、DB 段剪力图均为水平直线，BE 段剪力图为下斜直线。其中 D 截面处剪力值有突变，突变值为集中力的大小，突变方向与集中力方向

相同。画出的剪力图如图 8-15b 所示，所选取的控制截面及控制截面的剪力值见表 8-2。

② 弯矩图。依据荷载与内力之间的关系，AC、CD、DB 段弯矩图均为上斜直线，BE 段弯矩图为下凸曲线。其中 C 截面上弯矩图有突变，突变方向为向下，大小等于集中力偶的大小。画出的弯矩图如图 8-15c 所示，所选取的控制截面及控制截面的弯矩值见表 8-2。

表 8-2 所选取的控制截面及控制截面的剪力值、弯矩值

分段	荷载	V 图形状	剪力值	M 图形状	弯矩值
AC	$q=0$	水平直线（—）	$V_{C左} = -10\text{kN}$	上斜直线（╱）	$M_A = 0$，$M_{C左} = -20\text{kN}\cdot\text{m}$
CD	$q=0$	水平直线（—）	$V_{C右} = -10\text{kN}$	上斜直线（╱）	$M_{C右} = 60\text{kN}\cdot\text{m}$，$M_{D左} = 40\text{kN}\cdot\text{m}$
DB	$q=0$	水平直线（—）	$V_{D右} = -30\text{kN}$	上斜直线（╱）	$M_{D右} = 40\text{kN}\cdot\text{m}$，$M_{B左} = -20\text{kN}\cdot\text{m}$
BE	$q=$ 常数 <0	下斜直线（╲）	$V_{B右} = 20\text{kN}$，$V_{E左} = 0$	下凸曲线（⌒）	$M_{B右} = -20\text{kN}\cdot\text{m}$，$M_{E左} = 0$

三、叠加法绘制内力图

采用叠加法作图的原理是，结构由几个外力共同作用时所引起结构的内力，等于每个外力单独作用时引起的内力的代数和。如图 8-16a 所示，简支梁 AB 受跨间均布荷载 q 和端部集中力偶 M_A、M_B 的共同作用，如果简支梁 AB 单独在端部集中力偶 M_A、M_B 的作用下，其弯矩图为直线图形，如图 8-16b 所示；如果单独在跨间均布荷载 q 作用下，其弯矩图为曲线图形，如图 8-16c 所示。将两个弯矩图对应截面上的弯矩值代数和相加，就得到了在端部集中力偶和跨间均布荷载共同作用下的弯矩图，如图 8-16a 所示。

必须注意的是：弯矩图的叠加是指梁同一截面在不同荷载分别单独作用下所得的弯矩图的竖向坐标值代数和的相加，而不是图形的简单拼合。

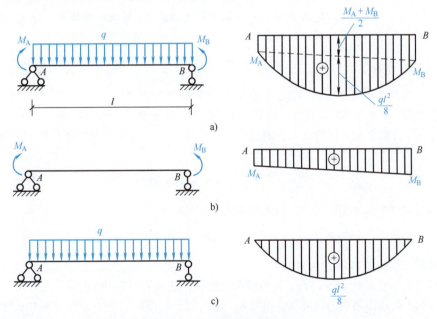

图 8-16 叠加法作弯矩图原理

上述作简支梁弯矩图的叠加法可以推广应用于直杆的任一区段，在任一区段采用叠加法作弯矩图（M 图）的步骤归纳如下：

1）选择外力不连续点（集中力作用点、集中力偶作用点、均布荷载作用的起始点和终点、支座处、梁的起始点和终点）作为控制截面，用截面法求出各控制截面的弯矩值。

2) 分段作弯矩图。当控制截面之间无荷载作用时,用直线连接两控制截面的弯矩值,即得该段的弯矩图;当控制截面之间有荷载作用时,先用虚直线连接两控制截面的弯矩值,然后以虚直线作为基线,再叠加与这段梁相对应的简支梁的弯矩图,从而画出最后的弯矩图。

【例8-8】 简支梁受到的荷载如图8-17所示,试用叠加法画出弯矩图。

【解题思路】 本题要求应用叠加法画梁的弯矩图,所以先要将荷载分组,分别画出每组荷载单独作用下的弯矩图,然后用叠加法画出总的弯矩图。

【解】 1) 先将梁上荷载分为集中力偶30kN·m与集中力20kN两组,分别画出30kN·m、20kN荷载单独作用下的弯矩图 M_1 图、M_2 图,如图8-17b、c所示。

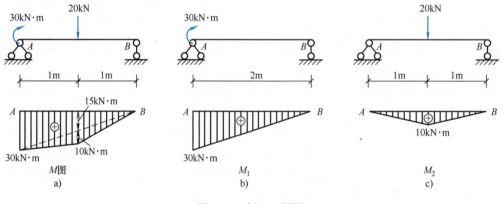

图 8-17 例 8-8 题图

2) 用叠加法画总的弯矩图。先画出 M_1 图,如图 8-17a 虚线所示;再以此虚线为基线画出 M_2 图,如图 8-17a 所示。将 M_2 图控制截面的纵坐标画在 M_1 图相应的位置,将 M_1 图和 M_2 图中的 A 点、B 点及跨中截面的弯矩值代数和相加,得到最终的弯矩图如图 8-17a 所示。

【引例解析——福州小城镇住宅楼项目中板、梁的内力图分析】

一、绘制福州小城镇住宅楼项目二层次梁 L-2 的内力图

在前面项目中已经对 L-2 进行了计算简图的绘制,结果如图 8-18a 所示。

L-2 为均布荷载作用下的简支梁,由图 8-14b 可知,该梁的剪力图如图 8-18b 所示,最大剪力为

$$\frac{ql}{2} = \frac{6.536 \times 3}{2} \text{kN} = 9.804 \text{kN}$$

该梁的弯矩图如图 8-18c 所示,最大弯矩为

$$\frac{1}{8}ql^2 = \frac{1}{8} \times 6.536 \times 3^2 \text{kN} \cdot \text{m} = 7.353 \text{kN} \cdot \text{m}$$

二、绘制二层楼板 LB6 的内力图

在前面项目中已经对 LB6 进行了计算简图的绘制,结果如图 8-19a 所示。

LB6 为均布荷载作用下的简支板,由图 8-14b 可知,该楼板的剪力图如图 8-19b 所示,最大剪力为

$$\frac{ql}{2} = \frac{(2.5 + 3.34) \times 1.6}{2} \text{kN} = 4.672 \text{kN}$$

该梁的弯矩图如图 8-19c 所示,最大弯矩为

$$\frac{1}{8}ql^2 = \frac{1}{8} \times (2.5 + 3.34) \times 1.6^2 \text{kN} \cdot \text{m} = 1.87 \text{kN} \cdot \text{m}$$

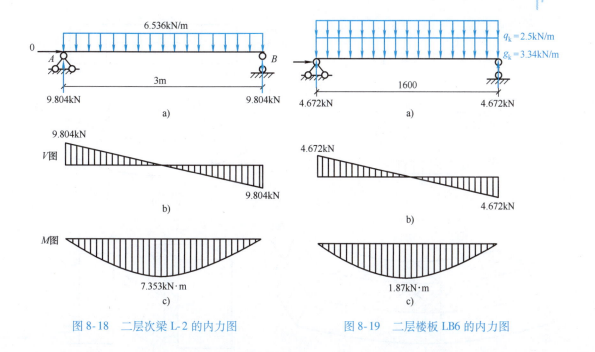

图 8-18 二层次梁 L-2 的内力图　　图 8-19 二层楼板 LB6 的内力图

任务3　分析受弯构件的应力和强度

任务2分析了受弯构件的内力，发现弯矩会使构件同一横截面分为受拉和受压两部分，那么处于同一横截面上不同位置的点，其产生的应力是否相同？剪力会使横截面上的各点产生什么样的应力？接下来研究受弯构件横截面上每一点处的应力情况。

一、受弯构件的正应力及正应力强度计算

1. 梁横截面上的正应力

（1）纯弯曲梁试验现象分析　如图 8-20a 所示，简支梁受两个集中力作用，中间段只有弯矩，没有剪力，称为纯弯段。取纯弯段研究弯矩引起的应力。为了观察变形，试验前先在梁表面上作一系列与梁轴线平行的纵向线和与梁轴线相垂直的横向线，如图 8-20b 所示，经观察可知，有如下现象：

1）原来为直线的纵向线都弯成了曲线，可将梁看成由无数根纵向纤维组成，下面的纵向纤维伸长，上面的纵向纤维缩短，各纤维只产生轴向拉伸或压缩变形，互相之间没有挤压；所以，截面上只存在正应力。

2）原来为直线的横向线仍为直线，只是相互倾斜了一个角度，并且仍与弯曲后的梁轴线正交，横截面变形后保持平面；说明横截面上各点在变形时是连续的。

从试验现象可知，梁上部的纵向线缩短，下部的纵向线伸长；由变形的连续性又可推导出：在伸长和缩短之间必有一层纤维既不伸长也不缩短，这层纤维称为中性层。中性层与横截面的交线称为中性轴。中性轴将梁的横截面分为受拉区和受压区，如图 8-20c 所示。根据平面假设可知，纵向纤维的伸长和缩短是横截面绕中性轴转动的结果，变形是连续的。

（2）正应力分布规律　根据对试验结果的连续性分析可知，各层纤维的正应力沿截面高度按直线分布，中性轴上的点的正应力等于零，上下边缘处点的正应力为该截面上的最大正应力，其他点的正应力介于零和最大值之间。正应力在整个截面上的分布如图 8-20d 所示。

（3）梁正应力计算式

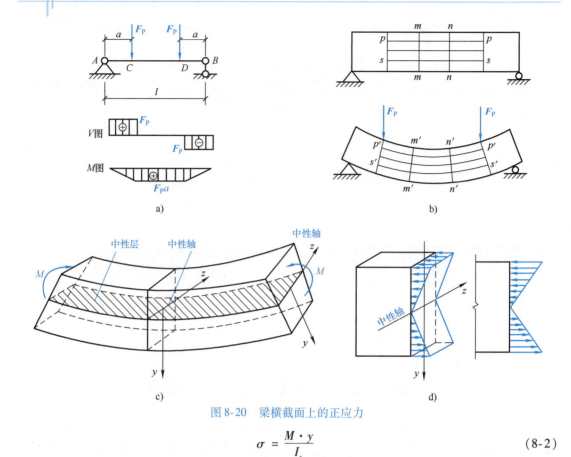

图 8-20 梁横截面上的正应力

$$\sigma = \frac{M \cdot y}{I_z} \tag{8-2}$$

式中　M——待求应力点所在横截面上的弯矩值；

　　　y——待求应力点到中性轴的距离；

　　　I_z——矩形截面对中性轴的惯性矩。

由式（8-2）可知，梁横截面上的任一点的正应力 σ 与横截面上的弯矩 M 及该点到中性轴的距离 y 成正比，与该截面对中性轴的惯性矩 I_z 成反比。

用式（8-2）求解正应力时，弯矩 M 和距离 y 均用绝对值代入计算出正应力的大小；正应力 σ 的符号如图 8-21 所示，根据截面上弯矩的正负及待求点在截面上的位置来判断。如图 8-21a 所示，当弯矩 M 为正时，在中性轴下侧的点全部承受拉应力，上侧的点

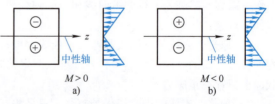

图 8-21　正应力的符号

全部承受压应力；如图 8-21b 所示，当弯矩 M 为负时，在中性轴上侧的点全部承受拉应力，下侧的点全部承受压应力；中性轴上的点的正应力均等于零。

（4）梁正应力计算式的使用条件

1）梁产生平面弯曲。

2）梁变形在弹性范围内。

【例 8-9】　如图 8-22a 所示简支梁的跨度 $l=4\text{m}$，其横截面为矩形，截面宽度为 $b=200\text{mm}$，截面高度为 $h=400\text{mm}$，受均布荷载 $q=10\text{kN/m}$ 作用，试求：距离 A 支座 1m 处 C 截面上 a、b、c、d、e 五点的正应力，作出 C 截面上正应力沿截面高度的分布图；梁的最大正应力值，并说明

最大正应力发生在何处。

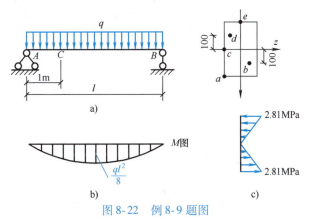

图 8-22 例 8-9 题图

【解】 (1) 求 C 截面上 a、b、c、d、e 五点的正应力 先求梁的支座反力,然后求出梁待求正应力截面的弯矩值,再求出截面的惯性矩,最后代入正应力计算式 $\sigma = \dfrac{M \cdot y}{I_z}$ 求各点的正应力。

1) 先求梁的支座反力:
$$F_{Ay} = F_{By} = \frac{10 \times 4}{2}\text{kN} = 20\text{kN}(\uparrow)$$

2) 求 C 截面的弯矩:
$$M_C = (20 \times 1 - 10 \times 1 \times 0.5)\text{kN} \cdot \text{m} = 15\text{kN} \cdot \text{m}$$

3) 求矩形截面对中性轴的惯性矩:
$$I_z = \frac{bh^3}{12} = \frac{200 \times 400^3}{12}\text{mm}^4 = 1.07 \times 10^9 \text{mm}^4$$

4) 计算 C 截面各点的正应力:
$$\sigma_a = \frac{M_C y_a}{I_z} = \frac{15 \times 10^6 \times 200}{1.07 \times 10^9}\text{MPa} = 2.81\text{MPa}(拉应力)$$

$$\sigma_b = \frac{M_C y_b}{I_z} = \frac{15 \times 10^6 \times 100}{1.07 \times 10^9}\text{MPa} = 1.41\text{MPa}(拉应力)$$

$$\sigma_c = \frac{M_C y_c}{I_z} = \frac{15 \times 10^6 \times 0}{1.07 \times 10^9}\text{MPa} = 0$$

$$\sigma_d = -\frac{M_C y_d}{I_z} = \frac{15 \times 10^6 \times 100}{1.07 \times 10^9}\text{MPa} = -1.41\text{MPa}(压应力)$$

$$\sigma_e = -\frac{M_C y_e}{I_z} = \frac{15 \times 10^6 \times 200}{1.07 \times 10^9}\text{MPa} = -2.82\text{MPa}(压应力)$$

C 截面正应力沿截面高度的分布图如图 8-22c 所示。

(2) 求梁上的最大正应力值 该梁为等直梁,所以沿全梁的所有截面对中性轴的惯性矩均相等,任一截面中性轴两侧到中性轴最远的点的距离都相等($y_{max} = 200\text{mm}$)。所以,最大正应力发生在弯矩最大的截面的上下边缘处。弯矩最大的截面可从图 8-22b 中找到:

$$M_{max} = \frac{ql^2}{8} = 20\text{kN} \cdot \text{m}$$

$$\sigma_{max} = \pm \frac{M_{max} y_{max}}{I_z} = \pm \frac{20 \times 10^6 \times 200}{1.07 \times 10^9}\text{MPa} = \pm 3.74\text{MPa}$$

由于最大弯矩为正弯矩,所以该梁在最大弯矩所在截面(跨中截面)的下边缘处产生最大拉应力，在上边缘处产生最大压应力。

(5) 梁的最大正应力　通常情况下，弯矩沿梁长是变化的，各截面上的最大正应力也不相同。在整根梁范围内，能产生最大应力的截面称为危险截面，产生最大应力的点称为危险点。

$$\sigma_{\max} = \frac{|M|_{\max} y_{\max}}{I_z}$$

令 $W_z = \dfrac{I_z}{y_{\max}}$，则有

$$\sigma_{\max} = \frac{|M|_{\max}}{W_z} \tag{8-3}$$

对于矩形截面有

$$W_z = \frac{\frac{1}{12}bh^3}{\frac{1}{2}h} = \frac{1}{6}bh^2$$

上式中的 W_z 称为抗弯截面系数，它是一个与截面形状和尺寸有关的量，常用单位为 m^3、mm^3。

各种型钢的抗弯截面系数及惯性矩可从型钢表中查出；其他截面的 W_z 及 I_z 可用公式求解。

2. 梁正应力强度计算

(1) 梁正应力强度条件公式　为了防止梁由于弯曲正应力引起破坏，根据强度要求，梁内的最大正应力 $\sigma_{\max}$ 不能超过材料的允许正应力 $[\sigma]$，即

对于塑性材料：

$$\sigma_{\max} = \frac{M_{\max}}{W_z} \leqslant [\sigma] \tag{8-4}$$

对于脆性材料：

$$\left. \begin{array}{l} \sigma_{t\max} = \dfrac{M_{\max}}{W_z} \leqslant [\sigma_t] \\[6pt] \sigma_{c\max} = \dfrac{M_{\max}}{W_z} \leqslant [\sigma_c] \end{array} \right\} \tag{8-5}$$

(2) 梁正应力强度条件公式的应用　梁正应力强度条件公式在工程中可以解决三类问题：

1) 正应力强度校核。已知梁的材料、横截面形状和尺寸，以及外荷载时，梁正应力强度条件公式可校核梁是否会因正应力强度不足而破坏，即检查 $\sigma_{\max} \leqslant [\sigma]$ 是否成立。

2) 按正应力强度设计梁截面。已知梁的材料、长度和外荷载时，梁正应力强度条件公式可确定梁的截面尺寸。由强度条件公式 $W_z \geqslant \dfrac{M_{\max}}{[\sigma]}$ 求出梁的抗弯截面系数，然后在满足强度要求的情况下，依据 W_z 与截面形状尺寸的关系求出梁截面的尺寸。

3) 按正应力强度求梁的允许荷载。已知梁的材料、长度、横截面形状和尺寸，梁正应力强度条件公式可确定梁能承受的最大荷载。由强度条件公式求出满足强度时梁所能承受的最大弯矩 $M_{\max} \leqslant W_z[\sigma]$，再由 $M_{\max}$ 和荷载间的关系，确定梁不发生破坏时所能允许的荷载最大值，即允许荷载值。

【例 8-10】　如图 8-23a 所示为一均布荷载作用下的悬臂梁，梁的横截面为矩形，尺寸为 $b \times h = 200\text{mm} \times 30\text{mm}$，梁的跨度 $l = 2\text{m}$，荷载 $q = 10\text{kN/m}$，材料的允许正应力 $[\sigma] = 11\text{MPa}$，试校核该梁的正应力强度。

【解题思路】　先求梁的最大弯矩值，再求出梁的抗弯截面系数，最后代入公式 $\sigma_{\max} = \dfrac{M_{\max}}{W_z}$ 求

梁的最大正应力。

【解】 此问题属于梁正应力强度条件公式的第一类问题——正应力强度校核。

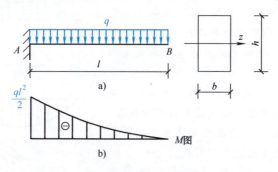

图 8-23 例 8-10 题图

1. 先求梁在图示荷载作用下的最大弯矩

梁的弯矩图如图 8-23b 所示。从图中可知，A 端截面上弯矩最大，其值为 $M_{max} = -\dfrac{ql^2}{2} = -20\text{kN}\cdot\text{m}$。

2. 计算截面的抗弯截面系数

$$W_z = \frac{bh^2}{6} = \frac{200 \times 300^2}{6}\text{mm}^3 = 3 \times 10^6 \text{mm}^3$$

3. 校核梁的正应力强度

$$\sigma_{max} = \frac{|M_{max}|}{W_z} = \frac{20 \times 10^6}{3 \times 10^6}\text{MPa} = 6.7\text{MPa} < [\sigma]$$

所以，该梁满足正应力强度要求。

【例 8-11】 如图 8-24a 所示的简支梁，截面形式为矩形截面。已知梁的跨度 $l = 6\text{m}$，梁上作用有两个集中力 $F_1 = 20\text{kN}$，$F_2 = 50\text{kN}$，材料的允许正应力 $[\sigma] = 160\text{MPa}$，矩形截面的宽高比 $b/h = 1/2$，试确定该简支梁的截面尺寸。

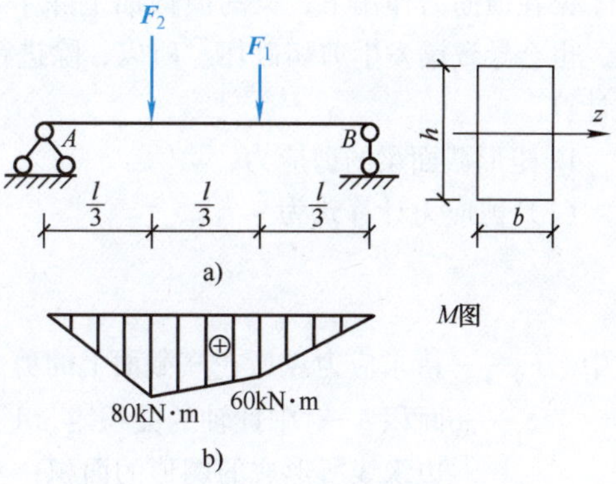

【解题思路】 先求梁的最大弯矩值，然后求出梁的抗弯截面系数，最后根据抗弯截面系数与截面尺寸的关系确定梁的截面尺寸。

【解】 此问题属于梁正应力强度条件公式的第二类问题——按正应力强度设计梁截面。

1) 求梁的最大弯矩值。首先作出梁的弯矩图，如图 8-24b 所示。从图中可知，最大弯矩产生在集中力 F_2 作用的截面上，其数值为 $M_{max} = 80\text{kN}\cdot\text{m}$。

2) 求梁的抗弯截面系数，选择梁的截面尺寸：

$$W_z \geqslant \frac{M_{max}}{[\sigma]} = \frac{80 \times 10^6}{160}\text{mm}^3 = 5 \times 10^5 \text{mm}^3 = 500\text{cm}^3$$

$$W_z = \frac{bh^2}{6} = \frac{b \times (2b)^2}{6} \geqslant 5 \times 10^5 \text{mm}^3 = 500\text{cm}^3$$

$$b \geqslant 90.9\text{mm}$$

图 8-24 例 8-11 题图

可选取 $b=100\text{mm}$，则 $h=200\text{mm}$。

【例 8-12】 如图 8-25a 所示的简支梁，截面形状为矩形截面，截面尺寸为 $b\times h=200\text{mm}\times 300\text{mm}$，已知梁的跨度 $l=8\text{m}$，梁上作用有均布荷载 q，材料的允许正应力 $[\sigma]=100\text{MPa}$，试确定此梁能承受的最大均布荷载。

【解题思路】 先求梁的最大弯矩值，然后求出梁的抗弯截面系数，最后求梁能承受的最大均布荷载值。

【解】 此问题属于梁正应力强度条件公式的第三类问题——按正应力强度求梁的允许荷载。

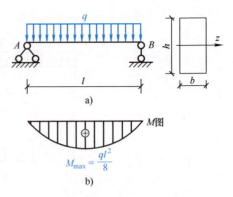

图 8-25 例 8-12 题图

1）求梁的最大弯矩值，绘制梁的弯矩图如图 8-25b 所示，由图可知 $M_{\max}=\dfrac{ql^2}{8}$。

2）求梁的抗弯截面系数：

$$W_z=\frac{bh^2}{6}=\frac{200\times 300^2}{6}\text{mm}^3=3\times 10^6\text{mm}^3$$

3）求梁能承受的最大均布荷载值：

$$M_{\max}\leqslant W_z[\sigma]=(3\times 10^6\times 100)\text{N}\cdot\text{mm}=3\times 10^8\text{N}\cdot\text{mm}=300\text{kN}\cdot\text{m}$$

$$M_{\max}=\frac{ql^2}{8}\leqslant 300\text{kN}\cdot\text{m}$$

$$q\leqslant 37.5\text{kN/m}$$

所以，此梁能承受的最大均布荷载为 37.5kN/m。

二、受弯构件的剪应力与剪应力强度计算

梁在横向力作用下，梁的横截面上除了弯矩外还有剪力，如果横截面上某一点的剪应力过大，也会导致梁发生剪切破坏。所以，除进行梁正应力强度计算外，有些截面还要进行剪应力强度计算。

1. 矩形截面梁的剪应力

（1）剪应力计算式为

$$\tau=\frac{F_Q S_z}{I_z b} \tag{8-6}$$

式中　F_Q——待求应力点所在横截面上的剪力；

S_z——面积 A^* 对中性轴的面积矩，A^* 为过待求应力点所作的平行于中性轴的直线与截面边缘线所形成的图形的面积；

I_z——矩形截面对中性轴的惯性矩；

b——矩形截面的宽度。

（2）剪应力方向的规定　剪应力的方向与剪力方向一致，规定剪应力使截面内部的点顺时针转动为正，反之为负。

（3）剪应力单位　剪应力的常用单位为 MPa。

（4）剪应力的分布　矩形截面梁中的剪应力沿截面高度按二次抛物线规律分布，在截面的上下边缘处剪应力为零，在中性轴处剪应力值最大。

【例 8-13】 如图 8-26a 所示矩形截面梁承受均布荷载作用，已知 $l=4\text{m}$，$q=5\text{kN/m}$，$b\times h=100\text{mm}\times 200\text{mm}$，试求此梁距离 A 支座 1/4 处 C 截面上 a、c、c_1、o_1 点的剪应力，并画出剪

应力沿 C 截面的分布图。

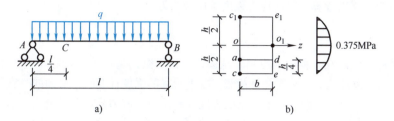

图 8-26 例 8-13 题图

【解题思路】 先求梁 C 截面处的剪力值，然后求出各待求点的面积矩 S_z，再求梁的惯性矩 I_z，最后求各点的剪应力。

【解】 (1) 求梁 C 截面处的剪力值

$$V_C = \frac{ql}{2} - q \times \frac{l}{4} = \frac{ql}{4} = 5\text{kN}$$

(2) 求各点的面积矩 S_z

1) 求 a 点的面积矩 S_{za}。过点 a 作平行于中性轴（z 轴）的直线 ad，求直线 ad 与 C 截面下边缘线所形成的图形 $adce$ 对中性轴的面积矩。

$$S_{za} = A_{adce} y_{ca} = b \times \frac{h}{4} \times \left(\frac{h}{4} + \frac{h}{8}\right) = \frac{3bh^2}{32} = 3.75 \times 10^5 \text{mm}^3$$

上式中的 A_{adce} 为图形 $adce$ 的面积，y_{ca} 为图形 $adce$ 的形心点到中性轴的距离。

求 S_{za} 也可求图形 adc_1e_1 对中性轴的面积矩，请同学们自行练习。

2) 求 c 点的面积矩 S_{zc}。算法同求 S_{za}，求得 $S_{zc} = 0$。

3) 求 c_1 点的面积矩 S_{z_1}。算法同求 S_{za}，求得 $S_{zc_1} = 0$。

4) 求 O_1 点的面积矩 S_{zo_1}：

$$S_{zo_1} = A_{oc_1ce} y_{eo_1} = b \times \frac{h}{2} \times \frac{h}{4} = \frac{bh^2}{8} = 5 \times 10^5 \text{mm}^3$$

(3) 求梁的截面惯性矩 I_z

$$I_z = \frac{bh^3}{12} = \frac{100 \times 200^3}{12} \text{mm}^4 = 6.67 \times 10^7 \text{mm}^4$$

(4) 求各点的剪应力

$$\tau_a = \frac{V_C S_{za}}{I_z b} = \frac{5 \times 10^3 \times \frac{3bh^2}{32}}{\frac{bh^3}{12} \times b} = 0.28 \text{N/mm}^2 = 0.28 \text{MPa}$$

$$\tau_c = 0$$
$$\tau_{c_1} = 0$$

$$\tau_{o_1} = \frac{V_C S_{zo_1}}{I_z b} = \frac{5 \times 10^3 \times \frac{bh^2}{8}}{\frac{bh^3}{12} \times b} = 0.375 \text{MPa}$$

(5) 画出剪应力沿 C 截面的分布图 剪应力沿 C 截面的分布图如图 8-26b 所示。

2. 梁横截面上的剪应力强度计算

（1）梁剪应力强度计算　梁剪应力强度条件公式为

$$\tau_{max} = \frac{V_{max}S_{max}}{I_z b} \leqslant [\tau] \tag{8-7}$$

（2）梁剪应力强度在工程中的应用　从理论上讲，梁的剪应力强度在工程中可以解决三类问题：强度校核、设计截面、确定允许荷载。在进行梁的强度计算时，必须同时满足正应力和剪应力强度条件公式，但在一般情况下，梁的强度计算是由正应力强度条件公式控制的。因此，在设计截面和确定荷载时，先按正应力强度条件公式来计算，然后再用剪应力强度条件公式进行校核。

【例8-14】　如图 8-27a 所示为一承受集中力作用的悬臂梁，梁的截面采用矩形截面，已知 $b \times h = 200\text{mm} \times 300\text{mm}$，此梁的跨度 $l = 2\text{m}$，集中力 $F_P = 10\text{kN}$，材料的允许正应力 $[\sigma] = 10\text{MPa}$，允许剪应力 $[\tau] = 1.1\text{MPa}$，试按正应力及剪应力强度条件公式校核梁的强度。

【解题思路】　先求梁的最大剪力值，再求梁的最大弯矩值，最后校核梁的强度。

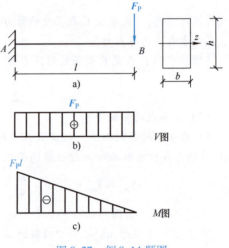

图 8-27　例 8-14 题图

【解】　1. 求梁的最大剪力值

作梁的剪力图，如图 8-27b 所示，从图中可知梁的最大剪力值 $V_{max} = F_P = 10\text{kN}$。

2. 求梁的最大弯矩值

作梁的弯矩图，如图 8-27c 所示，从图中可知梁的最大弯矩值 $M_{max} = F_P l = 10\text{kN} \times 2\text{m} = 20\text{kN} \cdot \text{m}$。

3. 按正应力强度条件公式校核梁的强度

$$\sigma_{max} = \frac{M_{max}}{W_z} = \frac{F_P l}{\frac{bh^2}{6}} = \frac{20 \times 10^6}{\frac{200 \times 300^2}{6}} \text{MPa} = 6.7\text{MPa} < [\sigma] = 10\text{MPa}$$

所以，梁的正应力强度满足要求。

4. 按剪应力强度条件公式校核梁的强度

$$\tau_{max} = 1.5 \frac{V_{max}}{bh} = 1.5 \times \frac{10 \times 10^3}{200 \times 300} \text{MPa} = 0.25\text{MPa} < [\tau] = 1.1\text{MPa}$$

所以，梁的剪应力强度满足要求。

三、提高梁强度的主要措施

梁的强度主要是由正应力强度控制的，提高梁的强度主要从降低梁的正应力出发。从梁的最大正应力计算式 $\sigma_{max} = \frac{|M|_{max}}{W_z}$ 可知，提高梁强度的措施可从两方面出发：一方面是降低 $|M|_{max}$ 的数值；另一方面是提高 W_z 的数值。实际工程中要综合考虑各种因素（如刚度、稳定性、施工条件、使用要求及施工工艺等）来确定梁的类型、截面、荷载。

1. 降低 $|M|_{max}$ 的数值

（1）合理布置荷载的位置　如图 8-28b 所示，在梁中部增设一辅助梁，使图 a 中的 F 通过辅助梁再作用到简支梁上，则可使梁的最大弯矩降低一半。

（2）合理布置荷载的形式　如图 8-28c 所示，如果将 a 图中作用在简支梁跨中的集中力 F 变

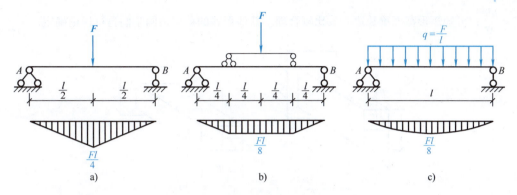

图 8-28 合理布置荷载的位置与形式

为均布荷载作用到简支梁上,则可使梁的最大弯矩降低一半。

(3) 合理布置支座的位置 如图 8-29b 所示,如果将 a 图中简支梁两端的支座分别向内移动 $\dfrac{l}{4}$,则梁的最大弯矩值将由 a 图中的 $\dfrac{Fl}{4}$ 变为 b 图中的 $\dfrac{Fl}{8}$,仅为原来的 50%。

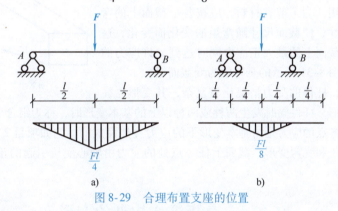

图 8-29 合理布置支座的位置

2. 选择合理截面

梁的合理截面应该是截面面积 A 尽量小,而抗弯截面系数 W_z 尽量大。因此,选择合理截面可从下列几点出发:

(1) 选择合理的截面形式 从正应力的分布规律来看,中性轴上的正应力为零,离中性轴越远正应力越大。因此,在矩形、圆形、正方形、工字形四种截面形式中,在面积相等的情况下抗弯截面系数 (W_z) 的排列顺序为工字形截面 > 矩形截面 > 正方形截面 > 圆形截面。这只是理论上的一个分析,在工程实际中还要考虑施工方便等多种因素,需要综合考虑。对于同种形式的截面,在面积相等的情况下空心截面的抗弯截面系数一般要大于实心截面的抗弯截面系数。但在工程实际中较少采用空心截面,因为施工难度较大。

(2) 使截面形状与材料性能相适应 经济合理的截面形状应该是截面上的最大拉应力和最大压应力同时达到允许状态。所以,对于抗拉与抗压强度相等的塑性材料,宜采用以中性轴为截面对称轴的截面形式,如圆形、矩形、工字形等;对于抗拉强度与抗压强度不相等的脆性材料,应采用中性轴靠近受拉一侧的截面形式。

(3) 选择恰当的放置方式 当截面的面积和形状相同时,截面的放置方式不同,抗弯截面系数 W_z 也不同。如图 8-30 所示,矩形截面梁 ($h > b$) 长边立放时 $W_{z立} = \dfrac{bh^2}{6}$,长边平放时

$W_{z\text{平}} = \dfrac{hb^2}{6}$，可知矩形截面梁长边立放比较合理。其他形状的截面请同学们自行讨论确定。

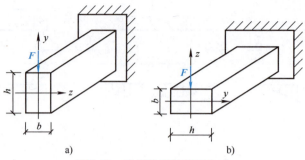

图 8-30　选择恰当的放置方式

3. 采用等强度梁

一般情况下，梁各个横截面上的弯矩并不相等，而截面尺寸是按最大弯矩来设计的，因此对于等截面梁而言，除了危险截面以外，其余截面上的最大应力均未达到允许应力，材料未得到充分利用。为了节省材料，应按各个截面上的弯矩来设计截面的尺寸，使截面尺寸随弯矩的变化而变化，这就是变截面梁。各截面上的最大正应力同时达到允许应力的梁为等强度梁。如图 8-31 所示的悬臂梁为变截面梁。

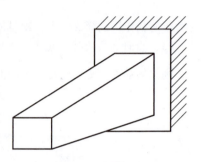

图 8-31　变截面梁

在实际工程中，杆件的受力情况比较复杂，其变形往往不是单一的基本变形，杆件同时发生两种或两种以上的基本变形时，称为组合变形。当发生组合变形时，其横截面各点的应力是由基本变形下的应力叠加而成的。例如项目 2 中图 2-24 中的牛腿柱产生的就是受压和受弯变形，截面上任一点处的应力由轴心受压引起的正应力和弯矩引起的正应力叠加而成。

任务 4　分析受弯构件的变形

一、受弯构件变形计算

梁发生平面弯曲时，其轴线由直线变成一条曲率为 $1/\rho$ 的平面曲线（即挠曲线），如图 8-32 所示。梁轴线某处曲率 $1/\rho$ 与梁该处的抗弯刚度及弯矩 M 的关系为

$$\dfrac{1}{\rho} = \dfrac{M}{EI} \qquad (8\text{-}8)$$

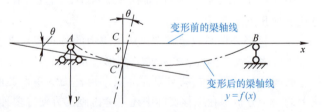

图 8-32　挠曲线的形成

由上式可知曲率 $1/\rho$ 与 M 成正比，与 EI 成反比。这表明梁在外荷载作用下，某截面上的弯矩越大，该处梁的弯曲程度就越大；而 EI 值越大，梁的曲率就越小，梁的弯曲变形就越小，故称 EI 为梁的抗弯刚度，表示梁抵抗弯曲变形的能力。其中，弯矩以使梁的下侧受拉为正，反之为负。式（8-8）只表示由弯矩引起的曲率，而不包括由剪力引起的曲率。当梁的跨度远大于横截面的高度时，由剪力引起的变形与由弯矩引起的变形相比太小，可以忽略不计。这样，式（8-8）可作为纯弯曲变形的基本计算式。但需要注意的是，在发生非纯弯曲时，弯矩和曲率均随横截面位置变化而变化，是 x 的函数，计算式变为

$$\frac{1}{\rho(x)} = \frac{M(x)}{EI}$$

数学上,曲线 $y=f(x)$ 上任一点的曲率计算式为

$$\frac{1}{\rho(x)} = \pm \frac{y''}{[1+(y')^2]^{3/2}}$$

由于研究的梁属于小变形梁,梁的挠曲线很平缓,故 $(y')^2$ 远小于1,可以忽略不计,于是有

$$\pm y'' = \frac{M(x)}{EI}$$

上式就是梁的挠曲线近似微分方程。

按照前面关于弯矩的符号的规定,y'' 与 M 的符号总是相反,所以上式中应选取负号,即

$$y'' = -\frac{M(x)}{EI} \tag{8-9}$$

有了挠曲线近似微分方程,就不难求得挠曲线方程了,由挠曲线方程便可确定杆件各截面处的挠度(即位移)。为了从梁的挠曲线近似微分方程求得梁的挠曲线方程,只需将挠曲线近似微分方程积分。对于等截面梁,抗弯刚度 EI 为常量,$M(x)$ 是 x 的函数,对式 $y' = -\frac{M(x)}{EI}$ 积分一次就得

$$y' = \frac{dy}{dx} = -\frac{1}{EI}[\int M(x)dx + C] \tag{8-10}$$

根据平面假设,梁的横截面在梁弯曲前垂直于轴线,弯曲后仍将垂直于挠曲线在该处的切线。因此,截面转角 θ 就等于挠曲线在该处的切线与 x 轴的夹角,如图8-32所示。挠曲线上任一点处的斜率为 $\tan\theta = \frac{dy}{dx}$,由于 θ 很小,所以 $\tan\theta \approx \theta$,即 $\theta = \frac{dy}{dx}$,此方程称为转角方程,由此可得挠曲线方程为

$$y = -\frac{1}{EI}\left\{\int\left[\int M(x)dx\right]dx + Cx + D\right\} \tag{8-11}$$

以上两式中的 C、D 是积分常数,可以通过梁在其支座处的已知挠度和转角来确定。这种已知的条件称为边界条件。例如,简支梁两个支座处挠度都为零,悬臂梁固定支座处的挠度和转角都为零。

梁在简单荷载作用下的变形见表8-3。

表8-3 梁在简单荷载作用下的变形

序号	梁的简图	挠曲线方程	梁端转角	最大挠度
1		$y = \frac{F_P x^2}{6EI}(3l-x)$	$\theta_B = \frac{F_P l^2}{2EI}$	$y_B = \frac{F_P l^3}{3EI}$
2		$y = \frac{F_P x^2}{6EI}(3a-x)$ $(0 \leq x \leq a)$ $y = \frac{F_P a^2}{6EI}(3x-a)$ $(a \leq x \leq l)$	$\theta_B = \frac{F_P a^2}{2EI}$	$y_B = \frac{F_P a^2}{6EI}(3l-a)$

(续)

序号	梁的简图	挠曲线方程	梁端转角	最大挠度
3	悬臂梁，均布荷载 q，长 l	$y = \dfrac{qx^2}{24EI}(x^2 - 4lx + 6l^2)$	$\theta_B = \dfrac{ql^3}{6EI}$	$y_B = \dfrac{ql^4}{8EI}$
4	悬臂梁，端部力偶 M	$y = \dfrac{Mx^2}{2EI}$	$\theta_B = \dfrac{Ml}{EI}$	$y_B = \dfrac{Ml^2}{2EI}$
5	简支梁，跨中集中力 F_P	$y = \dfrac{F_P x}{48EI}(3l^2 - 4x^2)$ $(0 \leq x \leq \dfrac{l}{2})$	$\theta_A = -\theta_B = \dfrac{F_P l^2}{16EI}$	$y_C = \dfrac{F_P l^3}{48EI}$
6	简支梁，集中力 F_P 作用于距 A 为 a，距 B 为 b 处	$y = \dfrac{F_P bx}{6lEI}(l^2 - x^2 - b^2)$ $(0 \leq x \leq a)$ $y = \dfrac{F_P a(l-x)}{6lEI} \times (2lx - x^2 - a^2)$ $(a \leq x \leq l)$	$\theta_A = \dfrac{F_P ab(l+b)}{6lEI}$ $\theta_B = -\dfrac{F_P ab(l+a)}{6lEI}$	设 $a > b$，在 $x = \sqrt{\dfrac{l^2 - b^2}{3}}$ 处： $y_{max} = \dfrac{\sqrt{3}F_P b}{27lEI}(l^2 - b^2)^{3/2}$ 在 $x = \dfrac{l}{2}$ 处： $y_{l/2} = \dfrac{F_P b}{48EI}(3l^2 - 4b^2)$
7	简支梁，均布荷载 q	$y = \dfrac{qx}{24EI}(l^3 - 2lx^2 + x^3)$	$\theta_A = -\theta_B = \dfrac{ql^3}{24EI}$	在 $x = \dfrac{l}{2}$ 处： $y_{max} = \dfrac{5ql^4}{384EI}$

二、受弯构件的刚度校核

构件不仅要满足强度条件公式，还要满足刚度条件公式。校核梁的刚度是为了检查梁在荷载作用下产生的位移是否超过了允许值。在建筑工程中，一般只校核在荷载作用下梁截面的竖向位移，即挠度。

梁的刚度条件公式

$$\dfrac{y_{max}}{l} \leq \left[\dfrac{f}{l}\right] \tag{8-12}$$

式中 f——挠度的允许值；
l——梁的跨度；

y_{max}——挠度的最大值。

有关规范中对 $\left[\dfrac{f}{l}\right]$ 的值有具体规定，同学们可以自行查阅。

三、提高梁刚度的措施

由表 8-3 可知挠度的最大值一般可表述为 $y_{max} = \dfrac{荷载 \times l^n}{系数 \times EI}$，从该式中可以看出梁的最大挠度与跨度 l^n 成正比，与截面的惯性矩 I、材料的弹性模量 E 成反比。因此，为了提高梁的刚度，可采取以下措施：

1. 从梁的材料、截面形状、截面尺寸等方面入手增大梁的抗弯刚度 EI

梁的挠度与抗弯刚度 EI 成反比，材料的弹性模量 E 增大或梁横截面对中性轴的惯性矩增大均能使梁的挠度减小。工程中增大梁的抗弯刚度主要是从增大惯性矩入手的，在面积不变的情况下，采用合理的截面形状，使截面面积尽可能分布在远离中性轴的部位。

2. 减小梁的跨度或增加支承改变结构形式

梁的挠度与其跨度的 n 次方成正比。因此，设法减小梁的跨度能有效地减小梁的挠度，从而提高梁的刚度。这里的减小跨度的方法主要是根据实际情况，在各种条件允许的情况下调整跨长或增加支承，改变结构。

3. 改变荷载的作用方式

在结构和使用条件允许的条件下，合理调整荷载的位置及分布情况，使梁的挠度减小。如简支梁在跨中有集中力 F_P 作用时，梁的最大挠度 $y_{max} = \dfrac{F_P l^3}{48EI}$，若将跨中的集中力分散作用在整根梁上变为均布线荷载 $q = \dfrac{F_P}{l}$，则该简支梁的最大挠度变为 $y_{max} = \dfrac{5 F_P l^3}{384 EI}$。因此，将荷载进行分散能起到减小挠度、提高刚度的作用。

课后巩固与提升

三、分析题

1. 根据剪力、弯矩和荷载的关系，校核图 8-33 所示各梁的剪力图（上图）和弯矩图（下图），请指出错误并加以改正。

2. 如图 8-34 所示，两弯矩图的叠加是否有错误？如有，请改正。

四、计算题

1. 试用截面法计算图 8-35 所示各梁指定截面上的内力（剪力和弯矩）。

项目 8：一、单项选择题，
二、多项选择题

2. 通过写出剪力方程、弯矩方程的方法绘制图 8-36 所示各梁的内力图（剪力图和弯矩图）。

3. 利用荷载与内力的关系绘制图 8-37 所示各梁的内力图（剪力图和弯矩图）。

4. 利用叠加法绘制图 8-38 所示各梁的内力图（剪力图和弯矩图）。

5. 请用简捷方法绘制图 8-39 所示各梁的内力图（剪力图和弯矩图）。

6. 如图 8-40 所示简支梁在集中力作用下，已知其横截面为矩形，尺寸为 $b \times h = 200\text{mm} \times 300\text{mm}$，跨度 $l = 6\text{m}$，$F = 30\text{kN}$，试求：

（1）距离 A 支座 2m 处 C 截面上 a、b、c、d、e 五点的正应力，并作出 C 截面上正应力沿截

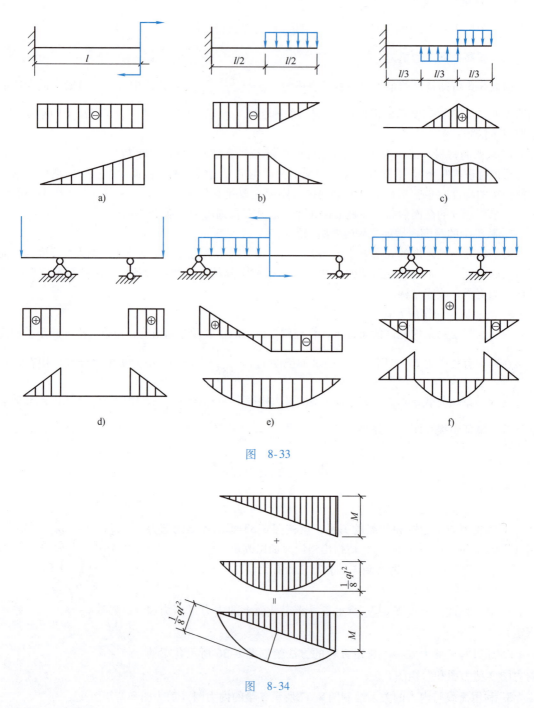

图 8-33

图 8-34

面高度的分布图。

（2）梁的最大正应力值，并说明最大正应力发生在何处。

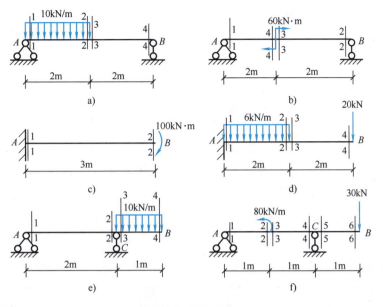

图 8-35

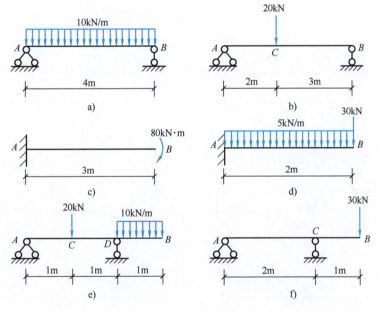

图 8-36

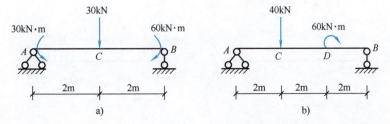

图 8-37

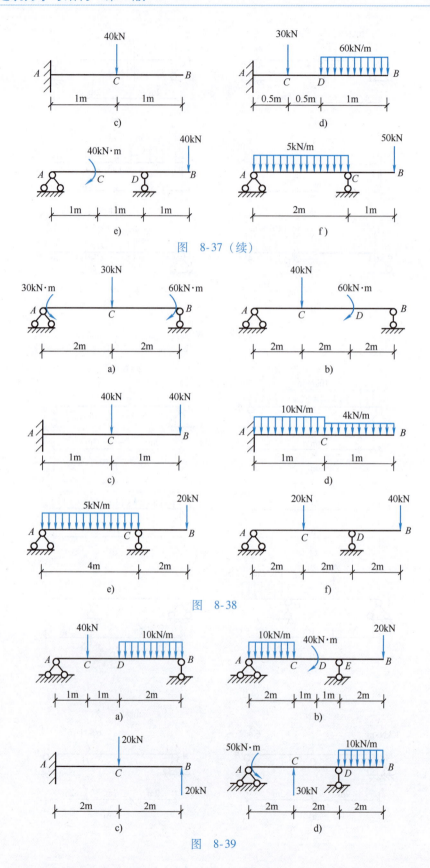

图 8-37（续）

图 8-38

图 8-39

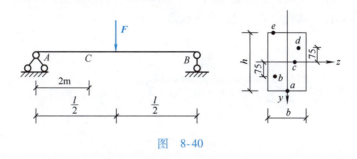

图 8-40

7. 试计算图 8-41 所示各梁的最大正应力，并说明最大正应力所在位置。

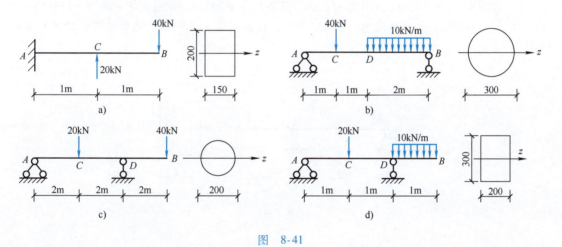

图 8-41

8. 如图 8-42 所示，梁所选用材料的允许正应力 [σ] = 160MPa，试校核该梁的正应力强度。

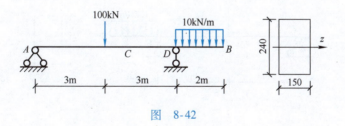

图 8-42

9. 如图 8-43 所示的梁，材料的允许正应力 [σ] = 10MPa，横截面为矩形，截面高宽比为 $h/b = 2/1$，试按正应力强度条件公式确定此矩形截面的尺寸。

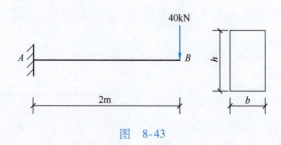

图 8-43

10. 如图 8-44 所示,材料的允许正应力 $[\sigma] = 10\text{MPa}$,圆形截面,圆的直径为 $D = 500\text{mm}$,试按照正应力强度条件公式确定梁上的允许荷载值。

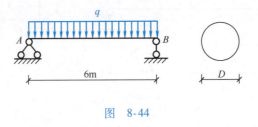

图 8-44

11. 如图 8-45 所示的梁,采用矩形截面,已知 $b \times h = 200\text{mm} \times 40\text{mm}$,$F = 20\text{kN}$,材料的允许正应力 $[\sigma] = 10\text{MPa}$,允许剪应力 $[\tau] = 1.2\text{MPa}$,试按正应力及剪应力强度条件公式校核梁的强度。

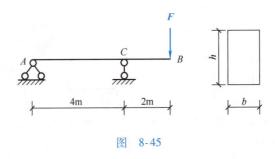

图 8-45

12. 如图 8-46 所示简支梁,已知材料的允许正应力 $[\sigma] = 160\text{MPa}$,允许剪应力 $[\tau] = 100\text{MPa}$,梁的横截面为矩形,其高宽比为 $h/b = 2/1$,试确定该梁的截面尺寸。

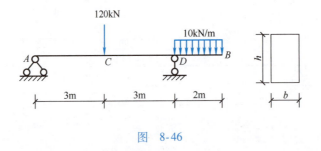

图 8-46

五、案例分析

木结构作为中国的传统结构,一直有"墙倒屋不塌"的美誉,这一特点蕴含着我国古代工匠们的力学智慧。如图 8-47 所示的木结构采用抬梁式梁架结构,试分析图中五架梁的受力及内力。

项目 8 受弯构件的受力和变形分析 153

图 8-47

职 考 链 接

项目 8：职考链接

项目 9　结构设计方法

【知识目标】
1. 理解结构的功能要求及极限状态。
2. 掌握荷载代表值计算方法。
3. 理解结构抗力的概念及其影响因素。
4. 理解极限状态设计法及其表达式。

【能力目标】
1. 能判断构件是否超越极限状态。
2. 能选择荷载的代表值,能计算构件的自重。
3. 能计算构件的荷载效应设计值。
4. 能根据设计状态选择不同的极限状态设计公式。

【素质目标】
1. 养成用力学方法分析结构问题的意识。
2. 树立规范意识。
3. 树立一丝不苟的工匠精神。

【引例分析——福州小城镇住宅楼项目结构设计方法】

前面分析了福州小城镇住宅楼项目中梁、板、柱的荷载及其荷载效应,在建筑使用过程中如何保证构件在荷载效应作用下能安全可靠地工作?如何判断结构是安全可靠的?通过什么方法来保证这些条件得到满足?当有多个荷载时,如何考虑荷载对结构的影响?

任务 1　结构的功能要求

一、结构功能要求概述

进行建筑结构设计的目的是使结构在预定的使用期限内,在各种使用工况下,能满足设计所预期的各种功能要求,并尽可能的经济,通常用结构的可靠性来评价。结构的可靠性是指结构在规定时间内、规定条件下,完成预定功能的能力。

1. 设计工作年限

结构可靠性的规定时间指的是结构的设计工作年限,是结构或结构构件不需要进行大修即可按预定目标使用的年限。根据结构的类型不同,设计使用年限也不同,《工程结构通用规范》(GB 55001—2021)中给出的房屋建筑的结构设计工作年限见表 9-1。

表 9-1　房屋建筑的结构设计工作年限

类　　别	设计工作年限/年
临时性建筑结构	5
普通房屋和构筑物	50
特别重要的建筑结构	100

2. 结构的设计状况

结构的可靠性用可靠度来度量。可靠度是指结构在规定时间内、规定条件下，完成预定功能的概率。结构可靠度的规定条件是指正常设计、正常施工、正常使用和维修，不考虑人为过失的条件。结构在设计时需要考虑结构在不同荷载工况下的可靠性，通常考虑以下四种设计状况：

（1）持久设计状况　持久设计状况是指在结构使用过程中一定出现，且持续期很长的设计状况，其持续期一般与设计工作年限处于同一数量级，结构使用时的可靠性就处于这一设计状况。

（2）短暂设计状况　短暂设计状况是指在结构施工和使用过程中出现的概率较大，而与设计工作年限相比，其持续期很短的设计状况，结构在施工和维修时的可靠性就处于这一设计状况。

（3）偶然设计状况　偶然设计状况是指在结构使用过程中出现的概率很小，且持续期很短的设计状况，如结构遇到火灾、爆炸、撞击等情况就属于这一状况。

（4）地震设计状况　地震设计状况是指在结构遭受地震时的设计状况，结构遭遇地震作用时就需要考虑这一状况。

3. 结构的功能

结构的功能与人们的活动和生活有着密切的关系，主要包括以下三个方面：

（1）安全性　安全性是指在规定的使用期限内，建筑结构应能承受正常施工和正常使用时可能出现的各种作用，例如当发生火灾时，在规定的时间内保持足够的承载力；当发生爆炸、撞击、人为错误等偶然事件时，结构能保持必需的整体稳固性，不出现与起因不相称的破坏后果，防止出现结构的连续倒塌等。

结构上的作用是指施加在结构上的集中力或分布力和引起结构外加变形或约束变形的原因。前者为直接作用，也称荷载，包括施加在结构上的永久荷载、可变荷载等；后者为间接作用，包括由温度变化、混凝土的收缩与徐变、结构位移、支座沉降引起的结构内力及约束变形等。

（2）适用性　适用性是指建筑结构在正常施工和正常使用过程中应具有良好的工作性能，例如结构应具有适当的刚度，避免在直接或间接作用下出现影响正常使用的变形或裂缝。

（3）耐久性　耐久性是指建筑结构在正常维护条件下，具有足够的耐久性能，例如混凝土不发生严重的风化、腐蚀，钢筋不发生严重锈蚀，以免影响结构的使用寿命。

二、结构的极限状态

结构能够满足各项功能要求而良好地工作，称为结构"可靠"，反之则称为结构"失效"。结构是否可靠通过判断其是否超越"极限状态"来衡量，"极限状态"是可靠和失效的分界。

当整个结构或结构的一部分超过某一特定状态而不能满足设计规定的某一功能要求时，则此特定状态称为该功能的极限状态。《建筑结构可靠性设计统一标准》（GB 50068—2018）考虑结构的安全性、适用性和耐久性的功能要求，将结构的极限状态分为承载能力极限状态、正常使用极限状态和耐久性极限状态三类。

1. 承载能力极限状态

承载能力极限状态对应于结构或结构构件达到最大承载能力或不适于继续承载的变形的状态，如因结构局部破坏而引发的连续倒塌。

当结构或结构构件出现下列状态之一时，应认定为超过了承载能力极限状态：

1）结构构件或连接因超过材料强度而破坏，或因过度变形而不适于继续承载，如柱子受到的荷载超过其承载力而被压溃。

2）整个结构或结构的一部分作为刚体失去平衡，如滑动、倾覆等。

3）结构转变成机动体系。

4）结构或结构构件丧失稳定，如柱的压屈失稳等。

5）结构因局部破坏而发生连续倒塌，例如某百货大楼因五楼的几根柱倒塌，然后发生整体的结构倒塌。

6）地基丧失承载力而破坏。

7）结构或结构构件的疲劳破坏。

由于超过承载能力极限状态后可能造成结构严重破坏甚至整体倒塌，后果特别严重，所以《混凝土结构设计规范》（GB 50010—2010）把达到该极限状态的事件发生的概率控制得非常严格。

2. 正常使用极限状态

正常使用极限状态对应于结构或结构构件达到正常使用的某项限值的状态。当结构或结构构件出现下列状态之一时，应认定为超过了正常使用极限状态：

1）影响正常使用或外观的变形，如储水池裂缝渗水。

2）影响正常使用的局部损坏。

3）影响正常使用的振动。

4）影响正常使用的其他特定状态。

由于超过正常使用极限状态后虽然会使结构构件丧失适用性，但不会很快造成人员伤亡或财产的重大损失，所以《混凝土结构设计规范》（GB 50010—2010）把达到这种极限状态的事件发生的概率控制得相对宽松一些。

3. 耐久性极限状态

耐久性极限状态对应于结构或结构构件在环境影响下出现的劣化达到耐久性能的某项规定限值的或标志的状态。当结构或结构构件出现下列状态之一时，应认定为超过了耐久性极限状态：

1）影响承载能力和正常使用的材料发生性能劣化，例如钢筋过度锈蚀影响其力学性能。

2）影响耐久性能的裂缝、变形、缺口、外观、材料削弱等，例如楼板在局部出现裂缝并露筋。

3）影响耐久性能的其他特定状态。

由于超过耐久性极限状态后不会很快造成人员伤亡和财产的重大损失，所以《混凝土结构设计规范》（GB 50010—2010）把达到这种极限状态的事件发生的概率控制得相对宽松一些，定量设计一般按正常使用极限状态考虑，定性设计主要从原材料、构造和施工措施等方面考虑。

通常，对结构构件先按承载能力极限状态进行承载能力计算，然后根据使用要求按正常使用极限状态进行变形、裂缝宽度或抗裂等验算，此外还需要考虑耐久性和防连续倒塌设计。

除此之外，结构与构件、构件与构件之间的连接方式对结构能力的正常使用具有重要的影响，连接是否正确、可靠会影响结构安全功能的发挥，因此合理的连接方式是结构安全、稳定的保证。

任务 2　荷载代表值及荷载效应

一、荷载代表值

作用在结构上的荷载是随时间而变化的不确定的量，如风荷载的大小和方向，楼面活荷载的大小和作用均随时间而变化；即使是恒荷载（如结构自重），也会随着材料比重的变化以及实际尺寸与设计尺寸的偏差而变化。在设计表达式中如直接引用反映荷载变异性的各种统计参数，将造成很多困难，也不便于应用。不同性质的荷载作用于结构或结构构件上，对结构或结构构件的影响是不同的，因此在进行结构设计时，应根据各种极限状态的设计要求取用不同的荷载数值，即荷载代表值。常见的荷载代表值有荷载的标准值、可变荷载组合值、可变荷载频遇值和可变荷载准永久值四种。

1. 荷载的标准值

荷载的标准值是指其在结构的使用期间可能出现的最大荷载值。

（1）永久荷载的标准值 G_k　该值可根据结构构件的设计尺寸与材料单位体积的自重经计算确定。常见材料和构件的自重在《建筑结构荷载规范》（GB 50009—2012）中给出，表9-2给出了钢筋混凝土结构中常见材料和构件的自重。

板的自重计算（永久荷载标准值计算）

梁的自重计算（永久荷载标准值计算）

表 9-2　钢筋混凝土结构中常见材料和构件的自重

序号	名称		自重	备注
1	砖及砌块/ (kN/m^3)	普通砖	18.0	240mm×115mm×53mm（684 块/m³）
			19.0	机器制
		焦渣空心砖	10.0	290mm×290mm×140mm（85 块/m³）
		水泥空心砖	9.8	290mm×290mm×140mm（85 块/m³）
		蒸压粉煤灰砖	14.0~16.0	干重度
		蒸压粉煤灰加气混凝土砌块	5.5	—
		混凝土空心小砌块	11.8	390mm×190mm×190mm
2	石灰、水泥及混凝土/ (kN/m^3)	石灰砂浆、混合砂浆	17.0	—
		水泥石灰焦渣砂浆	14.0	
		石灰三合土	17.5	石灰、砂子、卵石
		水泥	12.5	轻质松散，$\varphi=20°$
			14.5	散装，$\varphi=30°$
			16.0	袋装压实，$\varphi=40°$
		矿渣水泥	14.5	—
		水泥砂浆	20.0	
		石膏砂浆	12.0	
		素混凝土	22.0~24.0	振捣或不振捣
		矿渣混凝土	20.0	—
		焦渣混凝土	16.0~17.0	承重用
			10.0~14.0	填充用
		加气混凝土	5.5~7.5	单块
		石灰粉煤灰加气混凝土	6.0~6.5	—
		钢筋混凝土	24.0~25.0	—
		碎砖钢筋混凝土	20.0	—
		钢丝网水泥	25.0	用于承重结构

(续)

序号	名称		自重	备注
3	砌体/（kN/m³）	浆砌细方石	26.4	花岗石，方整石块
			25.6	石灰石
			22.4	砂岩
		浆砌毛方石	24.8	花岗石，上下面大致平整
			24.0	石灰石
			20.8	砂岩
		浆砌普通砖	18.0	—
		浆砌机砖	19.0	—
		浆砌焦渣砖	12.5~14.0	—
		浆砌矿渣砖	21.0	—
		三合土	17.0	灰：砂：土=1：1：(4~9)
4	隔墙及墙面/（kN/m²）	双面抹灰板条隔墙	0.90	每面抹灰厚16~24mm，龙骨在内
		单面抹灰板条隔墙	0.50	灰厚16~24mm，龙骨在内
		贴瓷砖墙面	0.50	包括水泥砂浆打底，共厚25mm
		水泥粉刷墙面	0.36	20mm厚，水泥粗砂
		水磨石墙面	0.55	25mm厚，包括打底
		水刷石墙面	0.50	25mm厚，包括打底
		石灰粗砂粉刷	0.34	20mm厚
5	地面/（kN/m²）	水泥花砖地面	0.60	砖厚25mm，包括水泥粗砂打底
		水磨石地面	0.65	10mm面层，20mm水泥砂浆打底

在项目4中学习了构件自重的计算，也就是永久荷载标准值的求解过程。

(2) 可变荷载的标准值 Q_k 可变荷载在工作年限内的取值变化较大，为了确定可变荷载取值而选用的时间参数称为设计基准期，一般情况下，设计基准期为50年。不同类型的可变荷载标准值取值不同，《建筑结构荷载规范》（GB 50009—2012）给出了各类可变荷载标准值，表9-3列出了民用建筑楼面可变荷载标准值及其组合值系数、频遇值系数和准永久值系数，其他可变荷载标准值的取值可参考《建筑结构荷载规范》（GB 50009—2012）。

表9-3 民用建筑楼面可变荷载标准值及其组合值系数、频遇值系数和准永久值系数

序号	类别	可变荷载标准值/kN/m²	组合值系数 ψ_c	频遇值系数 ψ_f	准永久值系数 ψ_q
1	住宅、宿舍、旅馆、办公楼、医院病房、托儿所、幼儿园	2.0	0.7	0.5	0.4
	实验室、阅览室、会议室、医院门诊室	2.0	0.7	0.6	0.5
2	教室、食堂、餐厅、一般资料档案室	2.5	0.7	0.6	0.5
3	礼堂、剧场、影院、有固定座位的看台	3.0	0.7	0.5	0.3
	公共洗衣房	3.0	0.7	0.5	0.3
4	商店、展览厅、车站、港口、机场大厅及其旅客等候室	3.5	0.7	0.6	0.5
	无固定座位的看台	3.5	0.7	0.5	0.3

（续）

序号	类别			可变荷载标准值/kN/m²	组合值系数 ψ_c	频遇值系数 ψ_f	准永久值系数 ψ_q
5	健身房、演出舞台			4.0	0.7	0.6	0.5
	运动场、舞厅			4.0	0.7	0.6	0.3
6	书库、档案室、储藏室			5.0	0.9	0.9	0.8
	密集柜书库			12.0	0.9	0.9	0.8
7	通风机房、电梯机房			7.0	0.9	0.9	0.8
8	汽车通道及客车停车库	单向板楼盖（板跨不小于2m）和双向板楼盖（板跨不小于3m×3m）	客车	4.0	0.7	0.7	0.6
			消防车	35.0	0.7	0.5	0.0
		双向板楼盖（板跨不小于6m×6m）和无梁楼盖（柱网不小于6m×6m）	客车	2.5	0.7	0.7	0.6
			消防车	20.0	0.7	0.5	0.0
9	厨房	餐厅		4.0	0.7	0.7	0.7
		其他		2.0	0.7	0.6	0.5
10	浴室、卫生间、盥洗室			2.5	0.7	0.6	0.5
11	走廊、门厅	宿舍、旅馆、医院病房、托儿所、幼儿园、住宅		2.0	0.7	0.5	0.4
		办公楼、餐厅、医院门诊部		2.5	0.7	0.6	0.5
		教学楼及其他可能出现人员密集的情况		3.5	0.7	0.5	0.3
12	楼梯	多层住宅		2.0	0.7	0.5	0.4
		其他		3.5	0.7	0.5	0.3
13	阳台	可能出现人员密集的情况		3.5	0.7	0.6	0.5
		其他		2.5	0.7	0.6	0.5

注：1. 本表所给各项可变荷载适用于一般使用条件，当使用荷载较大、情况特殊或有专门要求时，应按实际情况采用。

2. 第6项书库可变荷载，当书架高度大于2m时，书库可变荷载尚应按每米书架高度不小于2.5kN/m²确定。

3. 第8项中的客车可变荷载仅适用于停放载人少于9人的客车；消防车可变荷载适用于满载总重为300kN的大型车辆；当不符合本表的要求时，应将车轮的局部荷载按结构效应的等效原则，换算为等效均布荷载。

4. 第8项消防车可变荷载，当双向板楼盖的板跨介于3m×3m～6m×6m之间时，应按跨度的线性插值确定。

5. 第12项楼梯可变荷载，对预制楼梯踏步平板，尚应按1.5kN的集中荷载进行验算。

6. 本表各项荷载不包括隔墙自重和二次装修荷载；对固定隔墙的自重应按永久荷载考虑，当隔墙位置可灵活自由布置时，非固定隔墙的自重应取不小于1/3的每延米长墙重（kN/m）作为楼面可变荷载的附加值（kN/m²）计入，且附加值不应小于1.0kN/m²。

2. 可变荷载组合值 Q_c

当结构上有两种或两种以上的可变荷载作用时，所有可变荷载同时达到最大值的概率极小，因此除对结构产生最大效应的可变荷载取标准值作为代表值外，其他的伴随可变荷载均采用可变荷载组合值作为代表值，可变荷载组合值在数值上等于可变荷载标准值乘以其组合值系数 ψ_c。

3. 可变荷载频遇值 Q_f 和可变荷载准永久值 Q_q

荷载标准值没有反映出荷载随时间变异的特性，在结构进行变形、裂缝等正常使用极限状态分析时，就必须考虑荷载随时间变异对变形、裂缝的不同影响，这时可变荷载根据其在结构上总体作用时间的长短取其频遇值或准永久值作为代表值。

可变荷载频遇值是指在设计基准期内，其超越的总时间为规定的较小比率或超越频率为规定频率的荷载值。可变荷载频遇值在数值上等于可变荷载标准值乘以其频遇值系数 ψ_f。

可变荷载准永久值是指在设计基准期内，其超越的总时间约为设计基准期一半的荷载值。可变荷载准永久值在数值上等于可变荷载标准值乘以其准永久值系数 ψ_q。

因其他荷载代表值都是在标准值的基础上乘以相应系数得到的，所以荷载标准值是荷载的基本代表值。

二、荷载效应

在荷载作用下，结构会引起内力和变形，把这些由荷载引起结构或结构构件的反应称为荷载效应，用字母 S 表示。荷载效应是一个广义的概念，包括轴力、弯矩、剪力、轴向变形、挠度、转角、裂缝宽度等。

任务3 结构抗力

一、结构抗力的概念

在荷载的作用下，结构会引起荷载效应，结构设计的目标是保证结构在荷载效应下能可靠工作。结构能否可靠工作取决于结构本身的能力，整个结构或结构构件承受荷载效应的能力称为结构抗力，如结构的强度、刚度等，结构抗力用 R 表示。

二、影响结构抗力的因素

影响结构抗力的主要因素是材料的性能（强度、变形模量等物理、力学性能）、几何参数及计算模式的精确性等。考虑到材料性能的变异性、几何参数及计算模式精确性的不确定性，因此由这些因素综合而成的结构抗力也是随机变量。

材料强度反映材料的力学性能，用强度标准值度量，在设计中为了有一定的安全储备，材料强度一般取设计值。

任务4 结构的极限状态设计法

一、结构功能函数和可靠度

结构在荷载作用下会产生荷载效应，在荷载效应作用下构件是否能够安全可靠地工作取决于构件的结构抗力，结构设计必须满足功能要求，即结构构件的荷载效应不超过结构构件的结构抗力，即 $S \leq R$。

结构抗力和荷载效应的关系用式（9-1）描述，称为结构的功能函数，用 Z 表示：

$$Z = g(R,S) = R - S \tag{9-1}$$

结构功能函数可用来判别结构所处的工作状态：

1) $Z = R - S > 0$，表示结构处于可靠状态。
2) $Z = R - S = 0$，表示结构处于极限状态。
3) $Z = R - S < 0$，表示结构处于失效状态。

式（9-1）中，当 $Z = 0$ 时，即 $R = S$，结构处于临界的极限状态，$Z = g(R,S) = R - S = 0$ 称为"极限状态方程"。由此可知，结构构件可靠工作的条件是 $Z = g(R,S) = R - S \geq 0$，使这个式子成立的概率就是结构的可靠度，它是结构可靠性的数值表达，即结构在规定的时间（设计使用年限）内，在规定的条件下（正常设计、正常施工、正常使用和正常维修）完成预定功能（安全性、耐久性、适用性）的概率，如图9-1所示。

结构能够完成预定功能（$R \geq S$）的概率称为"可靠概率"，用 P_s 表示；不能完成预定功能（$R < S$）的概率称为"失效概率"，用 P_f 表示。显然，二者之和应该等于1，即

$$P_s + P_f = 1.0 \tag{9-2}$$

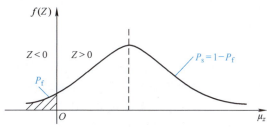

图 9-1 结构功能函数的分布曲线

荷载效应 S 和结构抗力 R 都是随机变量，因此结构不满足或满足其功能要求的事件也是随机的。设 R 和 S 都服从正态分布，其曲线离散程度标准差为 σ_Z，表示分布曲线顶点到曲线反弯点之间的水平距离，从图 9-1 中可以看出，用正态分布随机变量 $Z = R - S$ 的平均值 μ_Z 和标准差 σ_Z 的比值，可以反映可靠指标 β，即

$$\beta = \frac{\mu_Z}{\sigma_Z} \tag{9-3}$$

可靠指标 β 与失效概率 P_f 之间有一定的对应关系，即可靠指标 β 越大，失效概率 P_f 越小，结构越可靠。可靠指标 β 与失效概率 P_f 之间的对应关系见表 9-4。

表 9-4 可靠指标 β 与失效概率 P_f 的关系

β	1	1.64	2	3	3.71	4	4.5
P_f	15.87×10^{-2}	5.05×10^{-2}	2.27×10^{-2}	1.35×10^{-3}	1.04×10^{-4}	3.17×10^{-5}	3.40×10^{-6}

结构的重要性不同，发生破坏之后，破坏后果也就不同。《建筑结构可靠性设计统一标准》（GB 50068—2018）根据结构破坏后产生的后果的严重程度，将建筑结构的安全等级划分为三级，建筑结构安全等级及可靠指标见表 9-5。

表 9-5 建筑结构安全等级及可靠指标

安全等级	破坏后果	建筑物类型	可靠指标 β	
			延性破坏	脆性破坏
一级	很严重	重要建筑	3.7	4.2
二级	严重	一般建筑	3.2	3.7
三级	不严重	次要建筑	2.7	3.2

采用失效概率和可靠指标反映结构的可靠度时，应使失效概率足够小，同时也要保证结构的可靠指标足够高，计算式如下：

$$\beta \geq [\beta] \tag{9-4}$$

$$P_f \leq [P_f] \tag{9-5}$$

式中　$[\beta]$——目标可靠指标；

$[P_f]$——目标失效概率。

在结构设计中为保证可靠度要求，通常采用三种方法：引入结构重要性系数；对荷载效应进行组合，并将荷载效应标准值调整为荷载效应设计值；将材料强度标准值调整为材料强度设计值。结构设计状态不同，极限状态不同，荷载效应的调整方法也不同。持久设计状况、短暂设计状况、偶然设计状况和地震设计状况都需要进行承载能力极限状态设计；对持久设计状况还应进行正常使用极限状态设计,并宜进行耐久性极限状态设计;对短暂设计状况和地震设计状况还需要进行正常使用极限状态设计。

二、极限状态设计表达式

进行结构设计时应当考虑到结构上可能出现的多种荷载,例如屋面板上除构件的永久荷载(如自重等)外,还可能同时出现雪荷载、人群荷载、积灰荷载等可变荷载。荷载效应组合是结构上几种荷载分别产生的效应的随机叠加,而荷载效应最不利组合是指所有可能的荷载效应组合中对结构或结构构件产生总效应最不利的一组荷载效应组合。当考虑不同的极限状态、不同的设计状况时,永久荷载和可变荷载对结构构件的影响是不同的,所以《建筑结构荷载规范》(GB 50009—2012)要求按承载能力极限状态和正常使用极限状态,结合相应的设计状况进行作用效应组合,并取其最不利组合进行设计。

结构的四种设计状况,都需要进行承载能力极限状态设计,对于持久设计状况、短暂设计状况和地震设计状况还需要进行正常使用极限状态设计。

1. 承载能力极限状态设计表达式

在极限状态设计方法中,结构构件的承载力计算应采用下列极限状态设计表达式:

$$\gamma_0 S_d \leqslant R_d \tag{9-6}$$

$$R_d = R\left(\frac{f_k}{\gamma_m}, \alpha_d\right) \tag{9-7}$$

式中　γ_0——结构重要性系数;

S_d——荷载效应设计值;

f_k——材料强度标准值;

γ_m——材料性能的分项系数;

α_d——结构或结构构件几何参数设计值。

2. 承载能力极限状态荷载效应设计值 S_d 的计算

(1) 基本组合　持久设计状况和短暂设计状况下的承载能力极限状态一般考虑荷载效应的基本组合,基本组合的荷载效应设计值按下式确定(基本组合中的荷载效应设计值仅适用于荷载与荷载效应为线性的情况):

$$S_d = \sum_{i=1}^{m} \gamma_{G_i} S_{G_{ik}} + \gamma_{Q_1} \gamma_{L_1} S_{Q_{1k}} + \sum_{j=2}^{n} \gamma_{Q_j} \gamma_{L_j} \psi_{c_j} S_{Q_{jk}} \tag{9-8}$$

式中　γ_{G_i}——第 i 个永久荷载的分项系数;

γ_{Q_1}, γ_{Q_j}——起控制作用的可变荷载 Q_{1k} 和其他第 j 个可变荷载的分项系数;

γ_{L_j}——第 j 个可变荷载考虑设计使用年限的调整系数,γ_{L_1} 为主导可变荷载 Q_1 考虑设计使用年限的调整系数,结构设计使用年限为 5 年时,γ_{L_j} 取 0.9;结构设计使用年限为 50 年时,γ_{L_j} 取 1.0;结构设计使用年限为 100 年时,γ_{L_j} 取 1.1;对于荷载标准值可控制的活荷载,γ_{L_j} 取 1.0;

$S_{G_{ik}}$——按永久荷载标准值 G_{ik} 计算的荷载效应值;

$S_{Q_{jk}}$——按第 j 个可变荷载标准值 Q_{jk} 计算的荷载效应值,其中 $S_{Q_{1k}}$ 为可变荷载效应中的最大值;

ψ_{c_j}——可变荷载 Q_j 的组合值系数;

m——参与组合的永久荷载数;

n——参与组合的可变荷载数。

结构重要性系数的取值和建筑结构的安全等级直接相关,建筑结构的安全等级见表 9-6,结构重要性系数的取值见表 9-7。

表9-6 建筑结构的安全等级

安全等级	破坏后果
一级	很严重：对人的生命、经济、社会或环境影响很大
二级	严重：对人的生命、经济、社会或环境影响较大
三级	不严重：对人的生命、经济、社会或环境影响较大

表9-7 结构重要性系数

结构重要性系数	对持久设计状况和短暂设计状况			对偶然设计状况和地震设计状况
	安全等级			
	一级	二级	三级	
γ_0	1.1	1.0	0.9	1.0

荷载的标准值与荷载分项系数的乘积称为荷载的设计值，其数值大体相当于结构在非正常使用情况下荷载的最大值，它比荷载的标准值具有更大的可靠度。当永久荷载和可变荷载的作用形式一样时，荷载的设计值计算方法同荷载效应设计值的计算方法一样。

永久荷载分项系数 γ_G 和可变荷载分项系数 γ_Q 的具体值见表9-8。

表9-8 荷载分项系数

荷载分项系数	适用情况	
	当作用效应对承载力不利时	当作用效应对承载力有利时
γ_G	1.3	≤1.0
γ_Q	1.5	0

注：标准值大于 $4kN/m^2$ 的工业房屋的楼面活荷载，当对结构不利时，荷载分项系数不宜小于1.4；当对结构有利时，荷载分项系数应取0。

【例9-1】 某教学楼楼面构造层次分别为：20mm厚水泥砂浆面层，50mm厚钢筋混凝土垫层，120mm厚现浇钢筋混凝土楼板，16mm厚混合砂浆板底抹灰。结构设计使用年限为50年，求该楼板的荷载设计值。

【解题思路】 本题求的是荷载设计值，所以首先要确定荷载标准值。楼板在确定计算简图时简化为平面，所以其上的荷载形式为面荷载。永久荷载标准值由板的各层重量的总和确定，可变荷载标准值查表9-3确定。然后进行组合对比，确定荷载设计值。

【解】 1. 永久荷载标准值计算

20mm厚水泥砂浆面层：$0.02m \times 20kN/m^3 = 0.4kN/m^2$

50mm厚钢筋混凝土垫层：$0.05m \times 25kN/m^3 = 1.25kN/m^2$

120mm厚现浇钢筋混凝土楼板：$0.12m \times 25kN/m^3 = 3kN/m^2$

16mm厚混合砂浆板底抹灰：$0.016m \times 17kN/m^3 = 0.27kN/m^2$

永久荷载标准值 $g_k = 4.92kN/m^2$

可变荷载标准值 $q_k = 2.5kN/m^2$

2. 荷载设计值计算

$$(1.3 \times 4.92 + 1.5 \times 1 \times 2.5)kN/m^2 = 10.146kN/m^2$$

所以，楼板的荷载设计值为 $10.146kN/m^2$。

【例9-2】 某钢筋混凝土简支梁，结构设计使用年限为50年，计算跨度 $l_0 = 5.6m$，截面尺寸为 $b \times h = 250mm \times 550mm$，承受均布荷载，$g_k = 22kN/m$（不包括自重），$q_k = 14kN/m$，求梁上的最大弯矩标准值和设计值。

【解题思路】 本题为承载能力极限状态荷载效应组合问题,须先求出荷载标准值;永久荷载标准值包括从梁上部构件传来的永久荷载和梁的自重,梁的计算简图确定为轴线,所以梁上承受的是线荷载,自重也简化为沿着轴线方向的线荷载;然后求荷载效应标准值;最后按基本组合对比确定荷载效应设计值。

【解】 1. 永久荷载标准值计算

梁的自重:$0.25\text{m} \times 0.55\text{m} \times 25\text{kN/m}^3 = 3.4375\text{kN/m}$

梁上的永久荷载标准值 $g_k = (22 + 3.4375) \text{kN/m} = 25.4375\text{kN/m}$

梁上的可变荷载标准值 $q_k = 14\text{kN/m}$

2. 荷载效应标准值计算

$$M_{gk} = \frac{1}{8}g_k l_0^2 = \left(\frac{1}{8} \times 25.4375 \times 5.6^2\right)\text{kN} \cdot \text{m} = 99.715\text{kN} \cdot \text{m}$$

$$M_{qk} = \frac{1}{8}q_k l_0^2 = \left(\frac{1}{8} \times 14 \times 5.6^2\right)\text{kN} \cdot \text{m} = 54.88\text{kN} \cdot \text{m}$$

$$M_k = M_{gk} + M_{qk} = (99.715 + 54.88)\text{kN} \cdot \text{m} = 154.6\text{kN} \cdot \text{m}$$

所以梁上的最大弯矩标准值取 $154.6\text{kN} \cdot \text{m}$。

3. 荷载效应设计值计算

$$M_d = (1.3 \times 99.715 + 1.5 \times 1 \times 54.88)\text{kN} \cdot \text{m} = 211.95\text{kN} \cdot \text{m}$$

所以梁上的最大弯矩设计值取 $211.95\text{kN} \cdot \text{m}$。

同学们可试着求出该梁的最大剪力标准值及设计值。

(2) 偶然组合 偶然设计状况下的承载能力极限状态一般考虑荷载效应的偶然组合,偶然组合的荷载效应设计值按下式计算:

$$S_d = \sum_{i=1}^{m} S_{G_{ik}} + S_{A_d} + (\psi_{f_1} \text{ 或 } \psi_{q_1})S_{Q_{1k}} + \sum_{j=2}^{n} \psi_{q_j} S_{Q_{jk}} \quad (9-9)$$

式中 S_{A_d}——按偶然荷载标准值 A_d 计算的荷载效应值;

ψ_{f_1}——第1个可变荷载的频遇值系数;

ψ_{q_j}——第 j 个可变荷载的准永久值系数。

(3) 地震组合 地震设计状况下的承载能力极限状态一般考虑荷载效应的偶然组合,地震组合的效应设计应符合结构抗震设计规范的规定。

3. 结构正常使用极限状态设计表达式

在正常使用极限状态计算中,应根据不同的设计要求,采用荷载的标准组合、频遇组合或准永久组合,按下列设计表达式进行设计:

$$S_d \leqslant C \quad (9-10)$$

式中 S_d——荷载效应设计值;

C——结构或结构构件达到正常使用要求的规定限值,例如变形、裂缝、应力等的限值,应按各有关结构设计规范的规定采用。

4. 结构正常使用极限状态荷载效应组合

正常使用极限状态下应根据不同的设计要求,采用荷载的标准组合、频遇组合或准永久组合进行计算。

1) 荷载标准组合的荷载效应设计值按下式计算:

$$S_d = \sum_{i=1}^{m} S_{G_{ik}} + S_{Q_{1k}} + \sum_{j=2}^{n} \psi_{c_j} S_{Q_{jk}} \quad (9-11)$$

2) 荷载频遇组合的荷载效应设计值按下式计算:

$$S_{\mathrm{d}} = \sum_{i=1}^{m} S_{G_{ik}} + \psi_{f_1} S_{Q_{1k}} + \sum_{j=2}^{n} \psi_{q_j} S_{Q_{jk}} \tag{9-12}$$

3）荷载准永久组合的荷载效应设计值按下式计算：

$$S_{\mathrm{d}} = \sum_{i=1}^{m} S_{G_{ik}} + \sum_{j=1}^{n} \psi_{q_j} S_{Q_{jk}} \tag{9-13}$$

三、结构的耐久性设计

1. 混凝土耐久性的概念

材料的耐久性是指材料暴露在使用环境下，抵抗各种物理和化学作用的能力。耐久性的极限状态表现为：钢筋混凝土构件表面出现锈胀裂缝；预应力筋开始锈蚀；结构表面混凝土出现可见的耐久性损伤（酥裂、粉化等）。材料劣化进一步发展还可能引起构件承载力出现问题，甚至发生结构破坏。由于影响混凝土结构耐久性的因素比较复杂，其规律不确定性很大，一般建筑结构的耐久性设计只能采用经验性的定性方法来解决，对于临时性的混凝土结构，可不考虑混凝土的耐久性要求。

应根据结构所处的环境类别、设计使用年限进行混凝土耐久性设计，设计内容包括：

1）确定结构所处的环境类别。
2）提出对混凝土材料的耐久性基本要求。
3）确定构件中钢筋的混凝土保护层厚度。
4）不同环境条件下的耐久性技术措施。
5）提出结构使用阶段的检测与维护要求。

结构所处环境类别是影响结构耐久性的外因。环境类别是指混凝土暴露表面所处的环境条件，《混凝土结构设计规范》（GB 50010—2010）将混凝土结构所处环境类别划分为五类，见表9-9。

表9-9 混凝土结构的环境类别

环境类别		条　件
一		室内干燥环境；无侵蚀性静水浸没环境
二	二 a	室内潮湿环境；非严寒和非寒冷地区的露天环境、与无侵蚀性的水或土壤直接接触的环境；严寒和寒冷地区的冰冻线以下与无侵蚀性的水或土壤直接接触的环境
	二 b	干湿交替环境；水位频繁变动环境；严寒和寒冷地区的露天环境；严寒和寒冷地区的冰冻线以上与无侵蚀性的水或土壤直接接触的环境
三	三 a	严寒和寒冷地区冬季水位变动区环境；受除冰盐影响环境；海风环境
	三 b	盐渍土环境；受除冰盐作用环境；海岸环境
四		海水环境
五		受人为或自然的侵蚀性物质影响的环境

注：1. 室内潮湿环境是指构件表面经常处于结露或湿润状态的环境。
2. 严寒和寒冷地区的划分应符合《民用建筑热工设计规范》（GB 50176—2016）的有关规定。
3. 海岸环境和海风环境宜根据当地情况，考虑主导风向及结构所处迎风、背风部位等因素的影响，由调查研究和工程经验确定。
4. 受除冰盐影响环境是指受到除冰盐盐雾影响的环境；受除冰盐作用环境是指被除冰盐溶液溅射的环境以及使用除冰盐地区的洗车房、停车楼等建筑。

2. 混凝土材料耐久性基本要求

钢筋混凝土结构长期暴露在使用环境中，使材料的耐久性降低，其影响因素较多。混凝土结构的耐久性主要与环境类别、材料的质量、使用年限、最低强度等级、最大水胶比、水泥用量、最大氯离子含量、最大碱含量、钢筋锈蚀、碱集料反应、抗渗性和抗冻性有关。《混凝土结构设计规范》(GB 50010—2010)对混凝土的耐久性作了如下基本要求：设计使用年限为 50 年的混凝土结构，其混凝土材料宜符合表 9-10 的规定。

表 9-10 结构混凝土材料的耐久性基本要求

环境类别		最大水胶比	最低强度等级	最大氯离子含量（%）	最大碱含量/(kg/m³)
一		0.60	C20	0.30	不限制
二	二 a	0.55	C25	0.20	3.0
	二 b	0.50 (0.55)	C30 (C25)	0.15	
三	三 a	0.45 (0.50)	C35 (C30)	0.15	
	三 b	0.40	C40	0.10	

注：1. 氯离子含量是指其占胶凝材料总量的百分比。
2. 预应力构件混凝土中的最大氯离子含量为 0.06%，其最低强度等级宜按表中的规定提高两个等级。
3. 素混凝土构件的最大水胶比及最低强度等级的要求可适当放松。
4. 有可靠工程经验时，二类环境中的最低强度等级可降低一个等级。
5. 处于严寒和寒冷地区二 b、三 a 类环境中的混凝土应使用引气剂时，可采用括号中的有关参数。
6. 当使用非碱活性集料时，对混凝土中的最大碱含量可不作限制。

3. 耐久性技术要求

《混凝土结构设计规范》(GB 50010—2010)规定混凝土结构及构件应采取下列的耐久性技术措施：

1）预应力混凝土结构中的预应力筋应根据具体情况采取表面防护、孔道灌浆、加大混凝土保护层厚度等措施，外漏的锚固端应采取封锚和混凝土表面处理等有效措施。

2）严寒及寒冷地区的潮湿环境中，结构混凝土应满足抗冻要求，混凝土抗冻等级应符合有关标准的要求。

3）有抗渗要求的混凝土结构，混凝土的抗渗等级应符合有关标准的要求。

4）处于二类、三类环境中的悬臂构件宜采用悬臂梁-板的结构形式，或在其上表面增设防护层。

5）处于二类、三类环境中的结构构件，其表面的预埋件、吊钩、连接件等金属部位应采取可靠的防锈措施，对于后张预应力混凝土外露金属锚具，其防护要求应满足《混凝土结构设计规范》(GB 50010—2010)中第 10.3.13 条的相关规定。

6）三类环境中的结构构件，可涂刷阻锈剂，使用环氧树脂涂层钢筋或其他具有耐腐蚀性能的钢筋，采取阴极保护措施或采用可更换的构件。

一类、二类和三类环境中的设计使用年限为 100 年的混凝土结构，在进行耐久性设计时，尚需符合《混凝土结构设计规范》(GB 50010—2010)的相关要求。

四、结构的防连续倒塌设计

1. 防连续倒塌设计的概念和思路

混凝土结构防连续倒塌是提高结构综合抗灾能力的重要内容。在特定类型的偶然作用发生时或发生后，当结构体系发生局部垮塌时，依靠剩余结构体系仍能继续承载，避免发生与作用不相匹配的大范围破坏或连续倒塌，这就是结构的防连续倒塌。遇到无法抗拒的地质灾害及人为破坏作用的情况，则不被包括在防连续倒塌设计的范围内。

结构防连续倒塌设计的难度和代价很大，一般结构只需进行防连续倒塌的概念设计。《混凝土结构设计规范》(GB 50010—2010)给出了结构防连续倒塌概念设计的基本原则，以定性设计的方法增强结构的整体稳固性，控制连续倒塌的范围。

加强局部构件或连接对减小结构遭受突发事件的影响是有益的，但更重要的是提高结构整体抵抗连续性倒塌的能力，从而减少或避免结构因初始的局部破坏引发连续性的倒塌。当结构发生局部破坏时，如不引发大范围倒塌，即认为结构具有整体稳定性。结构的延性、荷载传力途径的多重性以及结构体系的超静定性，均能加强结构的整体稳定性。

2. 防连续倒塌的概念设计

（1）概念设计　混凝土结构宜按下列要求进行防连续倒塌的概念设计：

1）采取减小偶然作用效应的措施。

2）采取使重要构件及关键传力部位避免直接遭受偶然作用的措施。

3）在结构容易遭受偶然作用影响的区域增加冗余约束，布置备用传力途径。

4）增强重要构件及关键传力部位、疏散通道及避难空间结构的承载力和变形性能。

5）配置贯通水平（竖向）构件的钢筋，采取有效的连接措施并与周边构件可靠地锚固。

6）通过设置结构缝，控制可能发生连续倒塌的范围。

（2）措施方法　重要结构的防连续倒塌设计可采用下列方法：

1）局部加强法。该方法的思路是：对可能遭受偶然作用而发生局部破坏的竖向重要构件和关键传力部位，可提高结构的安全储备；也可直接考虑偶然作用进行结构设计。

2）拉结构件法。采用该方法时，考虑失去支承、改变结构计算简图的条件下，利用水平构件的加强筋及相邻构件的拉结抗力，在缺失支承、跨度变化的条件下，按梁、悬索、悬臂及拉杆等新受力构件继续承受荷载，保持结构的整体稳定。

3）拆除构件法。采用该方法时，按一定规则去除结构的主要受力构件，考虑相应的作用和结构的抗力等因素，验算剩余结构体系的极限承载力；也可采用受力-倒塌全过程分析进行防倒塌设计。

【引例解析——福州小城镇住宅楼项目中板、梁的荷载效应设计值】

前面已经分析了福州小城镇住宅楼项目中板、梁的内力标准值，接着确定其内力设计值。

通过查阅福州小城镇住宅楼项目图纸信息可知，该结构设计使用年限为50年，板上的荷载有构件自重和楼面活荷载，由项目8的引例解析可算得 $M_{g_k} = 1.07 \text{kN} \cdot \text{m}$，$M_{q_k} = 0.8 \text{kN} \cdot \text{m}$。根据式（9-8）有

$$M_d = \gamma_g M_{g_k} + \gamma_q \gamma_L M_{q_k} = (1.3 \times 1.07 + 1.5 \times 1 \times 0.8) \text{kN} \cdot \text{m} = 2.59 \text{kN} \cdot \text{m}$$

梁上的荷载有从板传来的永久荷载、可变荷载和梁的自重，由项目8的引例解析可算得 $M_{g_k} = 9.29 \text{kN} \cdot \text{m}$，$M_{q_k} = 7.353 \text{kN} \cdot \text{m}$，$V_{g_k} = 12.39 \text{kN}$，$V_{q_k} = 9.8 \text{kN}$。根据式（9-8）有

$$M_d = \gamma_g M_{g_k} + \gamma_q \gamma_L M_{q_k} = (1.3 \times 9.29 + 1.5 \times 1 \times 7.353) \text{kN} \cdot \text{m} = 23.1 \text{kN} \cdot \text{m}$$

$$V_d = \gamma_g V_{g_k} + \gamma_q \gamma_L V_{q_k} = (1.3 \times 12.39 + 1.5 \times 1 \times 9.8) \text{kN} \cdot \text{m} = 30.8 \text{kN} \cdot \text{m}$$

课后巩固与提升

三、简答题

1. 什么是荷载效应？如何计算？
2. 什么是荷载设计值？如何计算？
3. 材料的强度设计值如何取值？
4. 承载能力极限状态设计表达式是什么样的？荷载效应组合

项目9：一、填空题，
　　　二、选择题

如何计算？

四、计算题

1. 某写字楼楼面板受均布荷载作用，其中由永久荷载引起的跨中弯矩标准值 $M_{g_k}=2.5\text{kN·m}$，由可变荷载引起的跨中弯矩标准值 $M_{q_k}=3\text{kN·m}$，构件安全等级为二级，设计使用年限为 50 年，可变荷载组合值系数 $\psi_c=0.7$。求板中最大弯矩设计值。

2. 某教学楼的内廊为简支在砖墙上的现浇钢筋混凝土板，计算跨度 $l_0=3.3\text{m}$，板厚为 100mm。楼面的做法为：水磨石地面（10mm 厚面层，20mm 厚水泥砂浆打底）、15mm 厚混合砂浆板底抹灰。构件安全等级为二级，试计算该楼板的弯矩设计值。

五、案例分析

已知某教室平面图如图 9-2 所示，矩形截面简支梁 L-1 的截面尺寸为 $b\times h=250\text{mm}\times 500\text{mm}$，两端搭接在砖墙上，搭接长度 $a=240\text{mm}$，梁的跨度 $l=4800\text{mm}$。楼板做法为：25mm 厚水泥砂浆面层、30mm 厚素混凝土垫层、100mm 厚钢筋混凝土预制楼板（1.9kN/mm^2）、15mm 厚混合砂浆板底抹灰。试计算梁的跨中最大弯矩和支座剪力设计值。

提示：梁的计算跨度 $l_0=\min(l_n+a,1.05l_n)$，其中 a 为边支座宽度。

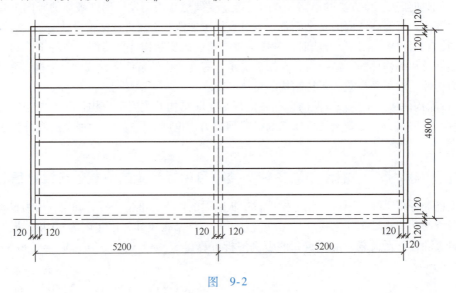

图 9-2

职 考 链 接

项目 9：职考链接

项目 10 设 计 板

【知识目标】
1. 掌握钢筋混凝土板的一般构造要求。
2. 理解钢筋混凝土受弯构件工作的基本原理。
3. 理解受弯构件正截面破坏的形态特征。
4. 掌握钢筋混凝土板正截面承载力设计方法。
5. 掌握钢筋混凝土板施工图的绘制方法。

【能力目标】
1. 能对钢筋混凝土板进行承载力设计。
2. 具有识读和绘制钢筋混凝土板施工图的能力。
3. 能处理建筑工程施工过程中板的简单结构问题。

【素质目标】
1. 树立一丝不苟的工匠精神。
2. 树立规范意识、安全意识。
3. 养成用力学方法分析结构问题的意识。

【引例分析——福州小城镇住宅楼项目中板的正截面承载力设计】

"板"是建筑物中重要的水平承重构件,是建筑物中直接承受楼面(屋面)活荷载的构件,起到分隔、保温、隔热、隔声的作用。

福州小城镇住宅楼项目中位于二层的板 LB6 属于受弯构件,想要使板能正常工作,板应该做多厚?板中钢筋应该如何放置?板中钢筋放置的数量是多少?这些问题涉及板正截面承载力设计和一般构造要求等知识。

任务 1 确定板厚和相关构造

一、板的分类

板按支承条件和长短边尺寸比例的不同,分为单向板和双向板,如图 10-1 所示。《混凝土结构设计规范》(GB 50010—2010) 规定:
1) 两对边支撑的板应按单向板计算。
2) 四边支撑的板应按下列规定计算:
① 当长边与短边长度之比不大于 2.0 时,应按双向板计算。
② 当长边与短边长度之比大于 2.0,但小于 3.0 时,宜按双向板计算。
③ 当长边与短边长度之比不小于 3.0 时,宜按短边方向受力的单向板计算,并应沿长边方向布置构造钢筋。

实际上,无论是单向板还是双向板,荷载都是沿着两个方向传递的,只是单向板沿长边方向传递的荷载及引起的变形与短边方向相比非常小,可以忽略不计;而双向板沿两个方向传递的荷载及引起的弯曲均较大,任何一个方向都不能忽略。

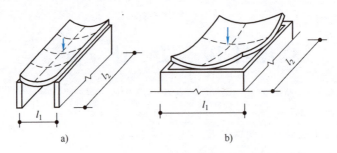

图 10-1 单向板和双向板的荷载传递及变形
a) 单向板 b) 双向板

二、板的厚度

板的厚度不仅要满足强度、刚度和裂缝等方面的要求，还要考虑使用要求（包括防火要求）、预埋管线、施工方便和经济方面的因素。现浇板的厚度应符合下列规定：

1) 板的跨厚比。板的跨度与厚度的比值称为跨厚比，即 l/h，现浇钢筋混凝土板的最大跨厚比可参考表 10-1 中的数值。

表 10-1　现浇钢筋混凝土板的最大跨厚比

板的类型	单向板	双向板	悬臂板	无梁楼板	
				有柱帽	无柱帽
l/h 最大值	30	40	12	35	30

注：1. 跨度大于 4m 的单向板和双向板应适当加厚。
　　2. 荷载较大时，板厚另行考虑。
　　3. 表中的单向板、双向板及无梁楼板均包括现浇空心板。

2) 现浇钢筋混凝土板的厚度不应小于表 10-2 规定的数值，一般板厚以 10mm 为模数。

表 10-2　现浇钢筋混凝土板的最小厚度

板的类别		最小厚度/mm
实心楼板、屋面板		80
密肋楼盖	面板	50
	肋高	250
悬臂板（根部）	悬臂长度不大于 500mm	80
	悬臂长度为 1200mm	100
无梁楼板		150
现浇空心楼盖		200

【引例解析——福州小城镇住宅楼项目中板厚度的确定】

如图 10-2 所示为福州小城镇住宅楼项目中的板 LB6 的平面图，根据其建筑信息得知 LB6 为四边与梁整浇，所以为四边支撑，其短边尺寸 $l_1 = 1.6$m，长边尺寸 $l_2 = 5.1$m，$l_2/l_1 > 3$，所以为单向板。由 $l/h ≤ 30$，有 $h ≥ l/30 = 1600/30$mm $= 53$mm，根据表 10-2 中关于板厚的要求以及板厚的建筑模数，取板厚 $h = 80$mm。

三、板的配筋

板中通常布置三种钢筋：受力钢筋、分布钢筋和构造钢筋，如图 10-3 所示。受力钢筋沿板的受力方向布置在板的受拉侧，承受由弯矩作用产生的拉应力，其用量由计算确定。分布钢筋是布置在受力钢筋内侧且与受力钢筋垂直的构造钢筋。分布钢筋与受力钢筋绑扎或焊接在一起，形成钢筋网片，钢筋网片将荷载更均匀地传递给受力钢筋，并可起到在施工过程中固定受力钢筋位置、抵抗因混凝土收缩及温度变化而在垂直受力钢筋方向产生的拉应力的作用。

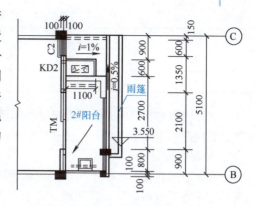

图 10-2　LB6 平面图

1. 受力钢筋

1）板受力钢筋的直径宜符合表 10-3 的规定。

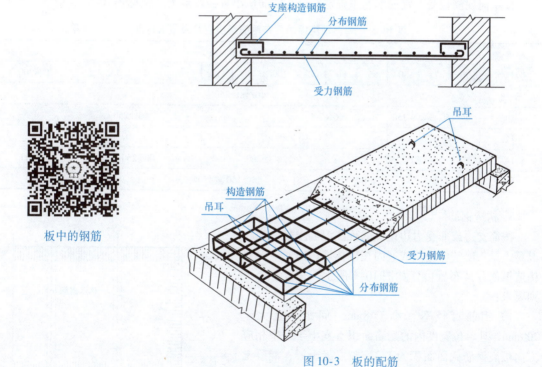

图 10-3　板的配筋

表 10-3　板受力钢筋直径　　　　　　　　　　（单位：mm）

序号	直径类型	单向板或双向板			悬臂板	
		板厚			悬出长度	
		$h<100$	$100 \leqslant h \leqslant 150$	$h>150$	$l \leqslant 500$	$l>500$
1	最小直径	6	8	10	8	8
2	常用直径	6~10	8~12	10~16	8~10	8~12

采用焊接钢筋网时，受力钢筋的直径不宜小于 5mm。

2）当板采用绑扎钢筋网时，受力钢筋的间距宜符合表 10-4 的规定。

表 10-4　现浇板受力钢筋的间距　　　　　　　　　　（单位：mm）

序号	间距类型	板厚 $h \leqslant 150$	板厚 $h > 150$
1	最大间距	200	$1.5h$ 及 250 中的较小值
2	最小间距	70	70

当板采用焊接钢筋网时，受力钢筋的间距一般不宜大于 200mm。伸入支座下部的纵向受力钢筋，其间距不应大于 400mm，且其截面面积不应小于跨中受力钢筋截面面积的 1/2。

2. 分布钢筋

分布钢筋的直径不宜小于 6mm，截面面积不应小于单位长度上受力钢筋截面面积的 15%，且配筋率不宜小于 0.15%，其间距不大于 250mm。当集中荷载较大时，分布钢筋的配筋面积应增加，间距不宜大于 200mm。对于预制板，当有实践经验或可靠措施时，其分布钢筋可不受前述限制。对于经常处于温度变化较大环境中的板，分布钢筋可适当增加。

按单向现浇板受力钢筋配筋率确定的分布钢筋最小直径及最大间距见表 10-5。

表 10-5　单向现浇板的分布钢筋最小直径及最大间距　　（单位：mm）

受力钢筋直径	受力钢筋间距													
	70	75	80	85	90	95	100	110	120	130	140	150	160	170~200
6~8	φ6/φ8@250													
10	φ6@150 或 φ8@250				φ6@200					φ6@250				
12	φ8@200				φ@250						φ6@200			
14		φ8@150				φ8@200					φ8@250			φ6@200
16	φ10@150				φ10@200			φ8@150 或 φ10@250				φ8@250		

3. 构造钢筋

按简支边或非受力边设计的现浇混凝土板，当与混凝土梁、墙整体浇筑或嵌固在砌体墙内时，应设置构造钢筋，其布置位置如图 10-4 所示，并应符合下列要求：

1）钢筋直径不宜小于 8mm，间距不宜大于 200mm，且单位宽度内的配筋面积不宜小于跨中相应方向板底钢筋截面面积的 1/3。与混凝土梁、混凝土墙整体浇筑的单向板的非受力方向，钢筋截面面积尚不宜小于受力方向跨中板底钢筋截面面积的 1/3。

2）钢筋从混凝土梁、柱边、墙边伸入板内的长度不宜小于 $l_1/4$，砌体墙支座处钢筋伸入板边的长度不宜小于 $l_1/7$，其中 l_1 对单向板按受力方向考虑，对双向板按短边方向考虑。

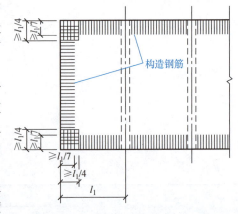

图 10-4　板端嵌入墙内的构造钢筋

3）在楼板角部，宜沿两个方向正交、斜向平行或呈放射状布置附加钢筋。

4）钢筋应在梁内、墙内或柱内可靠锚固。

影响钢筋混凝土结构性能的因素很多、很复杂，进行承载力设计时通常只考虑荷载作用，而温度变形、混凝土的收缩与徐变、钢筋的应力松弛和蠕变等对承载力的影响不容易计算，因此在进行钢筋混凝土结构和构件设计时，除了应有可靠的计算依据以外，还必须有合理的构造措施，这些是相辅相成的。构造措施是针对计算过程中没有详尽考虑而又不能忽略的因素，在施工方便的条件下而采取的一种技术措施。所以，在施工过程中一定要采取严谨科学的方法来满足构造要求。图 10-5 是某工程中的板配筋。

图 10-5　某工程中的板配筋

四、混凝土保护层厚度及板的截面有效高度

1. 混凝土保护层厚度

混凝土保护层是指构件中最外层钢筋外边缘至构件表面的混凝土，保护层的作用有：

1）保护钢筋不被锈蚀。
2）保证钢筋与混凝土之间具有足够的黏结力。
3）在火灾等情况下使钢筋的温度上升缓慢。

混凝土保护层厚度 c 应满足表 10-6 的规定，且不小于受力钢筋的直径 d。

表 10-6　混凝土保护层最小厚度　　　　　　　　　　（单位：mm）

环境类别	板、墙、壳	梁、柱、杆
一	15	20
二 a	20	25
二 b	25	35
三 a	30	40
三 b	40	50

注：1. 混凝土强度等级不大于 C25 时，表中保护层厚度数值应增加 5mm。
　　2. 钢筋混凝土基础应设置混凝土垫层，基础中钢筋的混凝土保护层厚度应从垫层顶面算起，且不应小于 40mm。

2. 板的截面有效高度

在计算梁、板承载能力时，梁、板因受弯开裂后，受拉区混凝土退出工作，裂缝处的拉力由钢筋承担。此时，梁、板能发挥作用的截面高度应为受拉钢筋截面的重心到受压混凝土边缘的距离，此距离称为截面有效高度，用 h_0 表示。

板中受拉钢筋的常用直径为 6~12mm，平均按 10mm 算，在正常使用环境下当混凝土强度等级大于 C25 时，钢筋的混凝土保护层最小厚度为 15mm，则其截面有效高度可估算为

$$h_0 = h - c - d/2 = h - 15 - 10/2 = h - 20$$

上式中的 h 为板厚。当钢筋直径较大时，应按实际尺寸计算。

任务2 确定板的受力钢筋

一、受弯构件正截面的破坏形态及特征

钢筋和混凝土这两种材料的力学性能不同，所以由它们组成的钢筋混凝土构件不能直接沿用力学中的强度计算式来进行承载力计算，必须通过试验研究钢筋混凝土受弯构件的破坏形式、破坏过程和截面的应力、应变分布规律，建立适用的计算式。

图 10-6 是简支梁正截面承载力试验，为了消除剪力的影响，采用两点对称加载的方式，当忽略自重时，两个集中荷载之间的梁段截面上只有弯矩而没有剪力，称为"纯弯段"。所有试验数据由纯弯段试验得到。

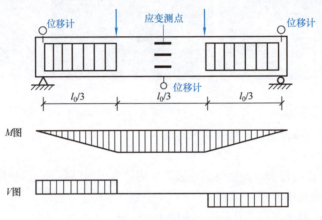

图 10-6 简支梁正截面承载力试验

试验结果表明，梁的正截面破坏形态与纵向受力钢筋的含量、混凝土强度等级、截面形式等因素有关，影响最大的是梁内纵向受力钢筋的含量。梁内纵向钢筋的含量用配筋率 ρ 表示，其计算式为

$$\rho = \frac{A_s}{bh_0} \quad (10\text{-}1)$$

式中 A_s——纵向受力钢筋的截面面积；

b——梁截面的宽度；

h_0——梁截面的有效高度。

随着纵向受拉钢筋配筋率 ρ 的不同，钢筋混凝土梁可能出现三种不同的破坏形态：适筋梁破坏、超筋梁破坏和少筋梁破坏，各破坏形态的破坏形式各不相同，如图 10-7 所示。

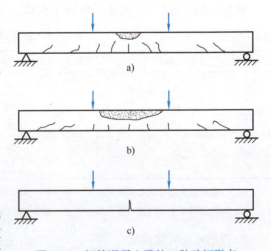

图 10-7 钢筋混凝土梁的三种破坏形态
a) 适筋梁破坏 b) 超筋梁破坏 c) 少筋梁破坏

1. 适筋梁

适筋梁是指正常配筋的梁。其破坏过程经历以下三个阶段，如图 10-8 所示。

（1）第 I 阶段——开裂前的阶段 梁开始加载时截面弯矩很小，因而截面上应力、应变均

很小，受拉区、受压区均处于弹性工作阶段。受拉区的拉力由钢筋和混凝土共同承担，受压区的压力完全由混凝土承担。随着荷载的增加，截面上的弯矩增大，由于混凝土的抗拉强度很低，受拉区混凝土表现出塑性，拉应力分布为曲线状态，使用中不允许出现裂缝的构件即处于这种受力状态。当受拉区混凝土边缘拉应力达到了抗拉强度 f_t、应变达到混凝土受拉极限拉应变 ε_{ct}、弯矩达到开裂弯矩 M_{cr} 时，梁处于"要裂未裂"的状态，称为第Ⅰ阶段末，即 I_a；此时受压区混凝土仍处于弹性工作状态，应力、应变呈三角形分布。

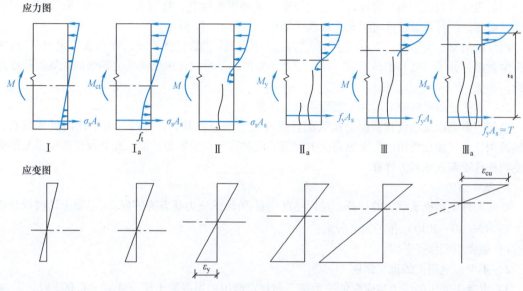

图 10-8　适筋梁工作的三个阶段

（2）第Ⅱ阶段——截面开裂到受拉区钢筋屈服阶段　Ⅰ阶段后，稍加荷载便出现裂缝，裂缝截面处的应力分布状态发生了改变，裂缝处原来受拉的混凝土退出工作，拉力完全由钢筋承担，钢筋的应力比混凝土开裂前突然增大很多，即裂缝一出现就有相当的宽度，从而导致中性轴位置的上移。受压区混凝土面积减少，加之荷载继续加大，受压区混凝土压应力明显增大，表现出塑性性质，压应力图形呈曲线变化，这种现象称为应力重分布。继续增加荷载，梁上的裂缝会继续加宽，梁的弯曲变形也会逐渐加大，正常使用状态下的梁即处于这种状况。当受拉钢筋应力达到抗拉强度 f_y 时，称为第Ⅱ阶段末，即 $Ⅱ_a$。

（3）第Ⅲ阶段——破坏阶段　钢筋屈服后，梁进入第Ⅲ阶段，由钢筋的应力-应变曲线可知，钢筋屈服后，在应力不增加的情况下，应力急剧增大，导致裂缝进一步加宽，中性轴再次上移；受压区高度减少，受压区混凝土应力迅速增大，压应力分布呈现出比较丰满的曲线应力图形，当受压区混凝土边缘处的压应变达到极限压应变 ε_{cu} 时，受压区混凝土被压碎，称为第Ⅲ阶段末，即 $Ⅲ_a$。

从上述适筋梁的破坏过程可知：在 I_a 阶段，受拉区混凝土应力达到抗拉强度 f_t，梁处于"要裂未裂"状态，故将 I_a 阶段的应力图形作为构件抗裂度验算的依据；对于正常工作的梁，一般处于第Ⅱ阶段，故将第Ⅱ阶段的应力状态作为正常使用阶段变形和裂缝宽度计算的依据；在第Ⅲ阶段，梁达到最大承载能力，钢筋和混凝土强度均能充分利用，故将 $Ⅲ_a$ 阶段作为正截面承载能力极限状态计算的依据。适筋梁破坏是塑性破坏，有明显的预兆，材料性能得到充分利用，梁在正截面设计时宜按适筋梁设计。

2. 超筋梁

超筋梁是指梁内纵向受拉钢筋配置过多的梁。这种梁在荷载作用下出现裂缝后，有很多的钢筋承担裂缝处的拉力，因此钢筋的应力较小。随着荷载的增加，在受拉钢筋没有达到屈服强度时受压区混凝土即达到极限压应变而被压碎，虽然钢筋尚未屈服，但梁已破坏，且破坏突然而没有预兆，是脆性破坏。这种梁的钢筋强度不能充分利用，且不经济，进行截面设计时不允许出现超筋梁，如图10-7b所示。

3. 少筋梁

少筋梁是指梁内纵向受力钢筋配置过少的梁。加载后，由于钢筋较少，受拉区混凝土一旦开裂，钢筋很快屈服进入强化阶段，甚至被拉断。这种梁裂缝宽，挠度大，一裂即坏，破坏突然，是脆性破坏。进行截面设计时不允许出现少筋梁，如图10-7c所示。

西汉政治家、文学家贾谊在《新书·容经》中提到："故过犹不及，有余犹不足也。"说的是事情做得过分了，就和做得不够一样，都是不好的。受弯构件中纵向受力钢筋的配置数量亦是如此。

二、单筋矩形截面受弯构件正截面承载力计算

单筋矩形截面是指仅在截面受拉区配置纵向受力钢筋的截面；有时，由于截面尺寸限制或其他原因，也可能在受压区配置纵向受力钢筋，此时称为双筋矩形截面。此处仅介绍单筋矩形截面受弯构件正截面承载力计算。

1. 基本假定

受弯构件正截面承载力的计算，是以适筋梁$Ⅲ_a$阶段的应力状态为依据，《混凝土结构设计规范》（GB 50010—2010）作了如下假定：

1）截面应变保持平面。

2）不考虑混凝土的抗拉强度。

3）混凝土受压的应力与应变的关系按下列规定取用：当混凝土压应变$\varepsilon_c \leqslant 0.002$时，应力-应变曲线假定为抛物线（图10-9）；当压应变$\varepsilon_c > 0.002$时，应力-应变曲线呈水平线，其极限压应变$\varepsilon_{cu} = 0.0033$，相应的最大压应力取混凝土轴心抗压强度设计值。

4）钢筋的应力取值等于钢筋应变与其弹性模量的乘积，但其绝对值不应大于相应的强度设计值。当$\varepsilon_s \leqslant \varepsilon_y$时，$\sigma_s = E_s \varepsilon_s$；当$\varepsilon_s > \varepsilon_y$时，$\sigma_s = f_y$。此处，受拉钢筋的极限拉应变取0.01，如图10-10所示。

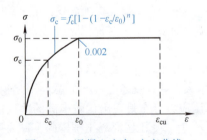

图10-9 混凝土应力-应变曲线

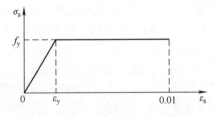

图10-10 钢筋应力-应变曲线

2. 等效矩形应力图形

单筋矩形截面受弯构件在$Ⅲ_a$阶段的截面应力分布如图10-11b所示，按此应力图形计算截面的承载力时，要进行积分运算来求混凝土压力的合力，为了简化计算，《混凝土结构设计规范》（GB 50010—2010）规定了等效矩形应力图形，如图10-11c所示。"等效"的条件是：保持受压区合力F_c的大小和作用点不变。等效矩形应力图形的应力取$\alpha_1 f_c$，等效矩形应力图形的受压区高度$x = \beta_1 x_c$。系数α_1、β_1可按表10-7选取。

项目 10 设 计 板   177

表 10-7 等效矩形应力图形系数 α_1 和 β_1

混凝土强度等级	≤C50	C55	C60	C65	C70	C75	C80
α_1	1.0	0.99	0.98	0.97	0.96	0.95	0.94
β_1	0.8	0.79	0.78	0.77	0.76	0.75	0.74

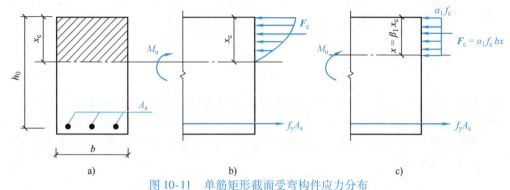

图 10-11 单筋矩形截面受弯构件应力分布
a) 梁的横截面 b) 实际应力分布 c) 等效矩形应力分布

3. 基本方程

单筋矩形截面受弯构件正截面承载力计算简图如图 10-11c 所示。根据力的平衡条件，可列出基本方程：

$$\sum F_x = 0 \qquad \alpha_1 f_c b x = f_y A_s \tag{10-2}$$

$$\sum M_C(F) = 0 \qquad \gamma_0 M \leq M_u = f_y A_s \left(h_0 - \frac{x}{2} \right) \tag{10-3}$$

$$\sum M_{A_s}(F) = 0 \qquad \gamma_0 M \leq M_u = \alpha_1 f_c b x \left(h_0 - \frac{x}{2} \right) \tag{10-4}$$

4. 适用条件

（1）界限相对受压区高度　为了研究问题的方便，引入相对受压区高度的概念。将等效矩形应力分布中的受压区高度 x 与截面有效高度 h_0 的比值称为相对受压区高度，用 ξ 表示，即 $\xi = x/h_0$。

界限相对受压区高度 $\xi_b = x_b/h_0$（x_b 为界限破坏时的受压区高度）是适筋状态和超筋状态相对受压区高度的界限值，也就是截面上受拉钢筋应力达到抗拉强度 f_y，同时受压区混凝土压应变达到极限压应变 ε_{cu} 时的相对受压区高度，此时的破坏状态称为界限破坏，相应的配筋率称为适筋构件的最大配筋率 ρ_{max}，适筋、超筋、界限破坏时截面的平均应变如图 10-12 所示。

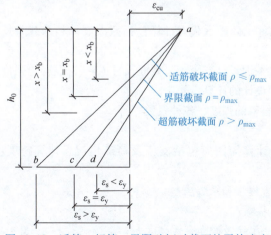

图 10-12 适筋、超筋、界限破坏时截面的平均应变

对不同的钢筋牌号和不同的混凝土强度等级有着不同的 ξ_b 值，见表 10-8。当相对受压区高度 $\xi \leq \xi_b$ 时，属于适筋破坏；相对受压区高度 $\xi > \xi_b$ 时，属于超筋破坏。

表 10-8　有明显屈服点配筋的受弯构件的界限相对受压区高度 ξ_b 值

混凝土强度等级	≤C50	C55	C60	C65	C70	C75	C80
HPB300	0.576	0.566	0.556	0.547	0.537	0.528	0.518
HRB400、HRBF400、RRB400	0.518	0.508	0.499	0.490	0.481	0.472	0.463
HRB500、HRBF500、RRB500	0.482	0.473	0.464	0.455	0.447	0.438	0.429

（2）最小配筋率　最小配筋率是指适筋构件与少筋构件临界状态时的配筋率，其确定的原则是钢筋混凝土受弯构件破坏时所能承受的弯矩与素混凝土受弯构件破坏时所能承受的弯矩相等，此时钢筋混凝土受弯构件的配筋率即为最小配筋率 $\rho_{\min}$，按表 10-9 取值。为了防止出现少筋破坏，必须满足 $A_s \geq \rho_{\min}$。

表 10-9　钢筋混凝土构件纵向受力钢筋最小配筋率　　　　　　　　　　　　　（%）

受力类型			最小配筋率
受压构件	全部纵向钢筋	强度等级 400MPa、500MPa	0.55
		强度等级 300MPa	0.60
	一侧纵向钢筋		0.20
受弯构件、偏心受拉构件、轴心受拉构件一侧的受拉钢筋			0.20 和 $45f_t/f_y$ 中的较大值

注：1. 受压构件全部纵向钢筋的最小配筋率，当采用 C60 以上强度等级的混凝土时，应按表中规定增大 0.10。
　　2. 偏心受拉构件中的受压钢筋，应按受压构件一侧的纵向钢筋考虑。
　　3. 受压构件的全部纵向钢筋和一侧纵向钢筋的配筋率以及轴心受拉构件和小偏心受拉构件一侧受拉钢筋的配筋率应按构件的全截面面积计算。
　　4. 受弯构件、大偏心受拉构件一侧受拉钢筋的配筋率应按全截面面积扣除受压翼缘面积 $(b'_f - b)h'_f$ 后的截面面积计算。
　　5. 当钢筋沿构件截面周边布置时，"一侧纵向钢筋"是指沿受力方向两个对边中的一边布置的纵向钢筋。

在适筋范围内，选用不同的截面尺寸，纵向受力钢筋的配筋率是不同的，因此合理选择截面尺寸可使总的造价降低。在 $\rho_{\min}$ 和 $\rho_{\max}$ 之间存在一个比较经济的配筋率。根据经验，实心板的经济配筋率为 0.4%~0.8%，矩形截面梁的经济配筋率为 0.6%~1.5%，T 形截面梁的经济配筋率为 0.9%~1.8%，设计中应尽量使配筋率处于经济配筋率的范围内。

5. 具体计算

单筋矩形截面受弯构件正截面承载力计算包括截面设计和承载力复核两类问题，计算方法有所不同。

（1）截面设计　已知截面设计弯矩 M、截面尺寸 $b \times h$、混凝土强度等级及钢筋牌号，求受拉钢筋截面面积 A_s。截面设计的计算步骤为：

1）确定基本数据（材料的强度、各种系数等）。

2）确定截面尺寸。

3）确定计算简图。计算简图应包括支座及荷载情况、计算跨度（按表 10-10 取值）等信息。

4）配筋计算（平衡方程法和系数法）。

采用平衡方程法计算步骤：

① 求构件的弯矩设计值 M 及截面有效高度 h_0。

② 由式（10-4）解二次方程式得

$$x = h_0 - \sqrt{h_0^2 - \frac{2\gamma_0 M}{\alpha_1 f_c b}} \qquad (10\text{-}5)$$

③ 验算适用条件Ⅰ，要求满足 $\xi \leq \xi_b$。若 $\xi > \xi_b$，则要加大截面尺寸，或提高混凝土强度等级，或改用双筋矩形截面重新计算。

④ 由式（10-2）得

$$A_s = \frac{\alpha_1 f_c b x}{f_y} = \xi \frac{\alpha_1 f_c}{f_y} b h_0 \qquad (10\text{-}6)$$

单筋矩形截面正截面承载力计算

⑤ 验算适用条件Ⅱ，要求满足 $A_s \geq \rho_{\min}$。若不满足，按 $A_s = \rho_{\min}$ 配置。

采用系数法计算步骤：

① 求构件的弯矩设计值 M 及截面有效高度 h_0。

② 求 α_s 和 ξ。由 $\xi = x/h_0$ 可得 $x = \xi \cdot h_0$，带入式（10-2）和式（10-4），则式（10-2）和式（10-4）分别变为

$$\alpha_1 f_c b \xi h_0 = f_y A_s \qquad (10\text{-}7)$$

$$\gamma_0 M = \alpha_1 f_c b h_0^2 \xi (1 - 0.5\xi) \qquad (10\text{-}8)$$

令 $\alpha_s = \xi(1 - 0.5\xi)$，则式（10-8）变为

$$\gamma_0 M = \alpha_s \alpha_1 f_c b h_0^2 \qquad \alpha_s = \frac{\gamma_0 M}{\alpha_1 f_c h_0^2} \qquad (10\text{-}9)$$

$$\xi = 1 - \sqrt{1 - 2\alpha_s} \qquad (10\text{-}10)$$

③ 验算适用条件Ⅰ，要求满足 $\xi \leq \xi_b$。若 $\xi > \xi_b$，则要加大截面尺寸，或提高混凝土强度等级，或改用双筋矩形截面重新计算。

④ 由式（10-7）得

$$A_s = \frac{\alpha_1 f_c b \xi h_0}{f_y} \qquad (10\text{-}11)$$

⑤ 验算适用条件Ⅱ，要求满足 $A_s \geq \rho_{\min}$。若不满足，按 $A_s = \rho_{\min}$ 配置。

5）绘制截面配筋图。

表 10-10　板和梁的计算跨度

跨数	支座情形		计算跨度 l_0		符号意义
			板	梁	
单跨	两端简支		$l_0 = l_n + h$	$l_0 = \min(l_n + a,\ 1.05 l_n)$	l 是指支座中心线间的距离 l_0 是指计算跨度 l_n 是指支座净距 h 是指板厚 a 是指边支座宽度 a' 是指中间支座宽度
	一端简支、一端与梁整体连接		$l_0 = l_n + 0.5h$		
	两端与梁整体连接		$l_0 = l_n$		
多跨	两端简支		当 $a' \leq 0.1l$ 时，$l_0 = l_n$	当 $a' \leq 0.05l$ 时，$l_0 = l_n$	
			当 $a' > 0.1l$ 时，$l_0 = 1.1 l_n$	当 $a' > 0.05l$ 时，$l_0 = 1.05 l_n$	
	一端入墙内、一端与梁整体连接	按塑性计算	$l_0 = l_n + 0.5h$	$l_0 = \min(l_n + 0.5a,\ 1.025 l_n)$	
		按弹性计算	$l_0 = l_n + 0.5(h + a')$	$l_0 = \min(l,\ 1.025 l_n + 0.5a')$	
	两端与梁整体连接	按塑性计算	$l_0 = l_n$	$l_0 = l_n$	
		按弹性计算	$l_0 = l$	$l_0 = l$	

（2）承载力复核　已知截面尺寸 b、h，混凝土和钢筋的轴心抗压强度设计值分别为 f_c 和 f_y，

钢筋截面面积为 A_s，验证在给定弯矩设计值 M 的情况下截面是否安全，或计算构件所能承担的弯矩设计值 M_u。承载力复核的计算步骤：

1）确定基本数据，并根据构件的实际配筋计算截面有效高度 h_0。

2）验算适用条件 $A_s \geq \rho_{\min}$。

3）根据实际配筋求出相对受压区高度 $\xi = \dfrac{A_s f_y}{\alpha_1 f_c b h_0}$。

4）若 $\xi \leq \xi_b$，计算 $\alpha_s = \xi(1 - 0.5\xi)$，求出 $M_u = \alpha_s \alpha_1 f_c b h_0^2$，将求出的 M_u 与设计弯矩值 M 相比较。

若 $\xi > \xi_b$，表明配筋过多，为超筋构件，则取 $M_u = \alpha_1 f_c b h_0^2 \xi_b (1 - 0.5\xi_b)$，将求出的 M_u 与设计弯矩值 M 相比较。

若求得的 $M \leq M_u$，说明安全；若求得的 $M > M_u$，说明不安全。可采取提高混凝土强度等级、修改截面尺寸，或改为双筋截面等措施提高承载能力。

【例 10-1】 已知某民用建筑内廊采用简支在砖墙上的现浇钢筋混凝土平板（图 10-13），安全等级为二级，处于一类环境，设计使用年限为 50 年，承受均布荷载设计值为 6.50kN/m（含板自重，板厚 $h = 100$mm）。选用 C30 混凝土和 HRB400 钢筋。试配置该板的受拉钢筋。

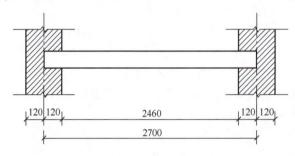

图 10-13 例 10-1 题图

【解】 本例题属于截面设计类题型。

（1）确定基本数据

1）C30 混凝土：$f_c = 14.3 \text{N/mm}^2$，$f_t = 1.43 \text{N/mm}^2$。

2）HRB400 钢筋：$f_y = 360 \text{N/mm}^2$。

另有 $\alpha_1 = 1.0$，$\xi_b = 0.185$，$\gamma_0 = 1.0$，$h_0 = h - 20 = 80$mm，$\rho_{\min} = 0.2\% > 0.45 \dfrac{f_t}{f_y} = 0.45 \times \dfrac{1.43}{360} = 0.18\%$。

（2）确定截面尺寸 板厚 $h = 100$mm，取 1m 宽板带为计算单元，$b = 1000$mm。

（3）确定计算简图 板的计算跨度 $l_0 = l_n + h = 2460$mm + 100mm = 2560mm。板的计算简图如图 10-14 所示。

（4）配筋计算 跨中最大弯矩设计值为 $M = \dfrac{1}{8} q l_0^2 = \left(\dfrac{1}{8} \times 6.50 \times 2.56^2\right)$kN·m = 5.325kN·m。

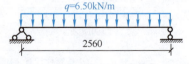

图 10-14 例 10-1 中板的计算简图

1）采用平衡方程法计算：

$$x = h_0 - \sqrt{h_0^2 - \dfrac{2\gamma_0 M}{\alpha_1 f_c b}} = 80\text{mm} - \sqrt{80^2 - \dfrac{2 \times 1.0 \times 5.325 \times 10^6}{1.0 \times 14.3 \times 1000}}\text{mm} = 4.8\text{mm}$$

$$\xi = x/h_0 = 4.8/80 = 0.06 < \xi_b = 0.518$$

$$A_s = \frac{\alpha_1 f_c bx}{f_y} = \frac{1.0 \times 14.3 \times 1000 \times 4.8}{360}\mathrm{mm}^2 = 191\mathrm{mm}^2$$

2）采用系数法计算：

$$\alpha_s = \frac{\gamma_0 M}{\alpha_1 f_c bh_0^2} = \frac{1.0 \times 5.325 \times 10^6}{1.0 \times 14.3 \times 1000 \times 80^2} = 0.058$$

$$\xi = 1 - \sqrt{1 - 2\alpha_s} = 1 - \sqrt{1 - 2 \times 0.058} = 0.06 < \xi_b = 0.518$$

$$A_s = \frac{\xi \alpha_1 f_c bh_0}{f_y} = \frac{0.06 \times 1.0 \times 14.3 \times 1000 \times 80}{360}\mathrm{mm}^2 = 191\mathrm{mm}^2$$

查询附录一，选择 ⊥8@200，实际的钢筋截面面积 $A_s = 251\mathrm{mm}^2$。

（5）验算适用条件 $A_s = 251\mathrm{mm}^2 > \rho_{min} bh = 0.2\% \times 1000 \times 100\mathrm{mm}^2 = 200\mathrm{mm}^2$，符合适用条件。

（6）绘配筋图 计算分布钢筋：

$$A_{fb} \geq 251 \times 15\%\mathrm{mm}^2 = 37.65\mathrm{mm}^2$$

$$\rho_{fb} = \frac{A_{fb}}{bh_0} \geq 0.15\% \quad A_{fb} \geq 0.15\% bh_0 = 0.15\% \times 1000 \times 80\mathrm{mm}^2 = 120\mathrm{mm}^2$$

选择 ⊥8@250，实际的钢筋截面面积 $A_s = 201\mathrm{mm}^2$，配筋图如图 10-15 所示。

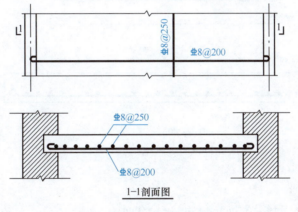

图 10-15 例 10-1 配筋图

思考：在板的支座处是否需要布置板面构造钢筋？如果需要布置，该如何布置？

【例 10-2】 已知某矩形钢筋混凝土单向板，安全等级为二级，处于一类环境，设计使用年限为 50 年，板厚 $h = 100\mathrm{mm}$，选用 C35 混凝土和 HRB400 钢筋，截面配筋如图 10-16 所示。该板承受的最大弯矩设计值 $M = 8.25\mathrm{kN \cdot m}$，试复核该截面是否安全。

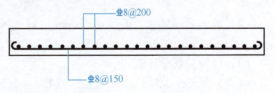

图 10-16 例 10-2 题图

【解】 本例题属于截面复核类题型。

（1）确定基本数据

1) C35 混凝土：$f_c = 16.7\mathrm{N/mm}^2$，$f_t = 1.57\mathrm{N/mm}^2$。

2) HRB400 钢筋：$f_y = 360\mathrm{N/mm}^2$。

另有 $\alpha_1 = 1.0$，$\xi_b = 0.518$，$\rho_{min} = 0.2\% > 0.45\frac{f_t}{f_y} = 0.45 \times \frac{1.57}{360} = 0.196\%$，$\gamma_0 = 1.0$，$h_0 = $

$(100 - 15 - \frac{8}{2})$ mm = 81mm。

（2）验算适用条件

$$A_s = 335\text{mm}^2 > A_{s\min}$$

因为 $\xi = \dfrac{A_s f_y}{\alpha_1 f_c b h_0} = \dfrac{335 \times 360}{1.0 \times 16.7 \times 1000 \times 81} = 0.09 < \xi_b = 0.518$，则

$$\alpha_s = \xi(1 - 0.5\xi) = 0.09 \times (1 - 0.5 \times 0.09) = 0.086$$

$M_u = \alpha_s \alpha_1 f_c b h_0^2 = (0.086 \times 1.0 \times 16.7 \times 1000 \times 81^2)\text{N} \cdot \text{mm} = 9.4 \times 10^6 \text{N} \cdot \text{mm} = 9.4\text{kN} \cdot \text{m}$
$M = 8.25\text{kN} \cdot \text{m} < M_u = 9.4\text{kN} \cdot \text{m}$，该板正截面承载力满足要求。

【引例解析——福州小城镇住宅楼项目中板的钢筋计算】

福州小城镇住宅楼项目中板 LB6 的计算简图如图 10-17 所示，安全等级为二级，设计使用年限为 50 年，处于一类环境，承受永久荷载标准值为 $g_k = 3.34\text{kN/m}$，可变荷载标准值为 $q_k = 2.5\text{kN/m}$。选用 C30 混凝土和 HRB400 钢筋，试布置板 LB6 的钢筋。

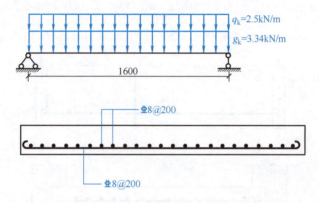

图 10-17　LB6 计算简图及钢筋布置

（1）确定基本数据

1) C30 混凝土：$f_c = 14.3\text{N/mm}^2$，$f_t = 1.43\text{N/mm}^2$。

2) HRB400 钢筋：$f_y = 360\text{N/mm}^2$。

另有 $\alpha_1 = 1.0$，$\xi_b = 0.518$，$\gamma_0 = 1.0$，$\rho_{\min} = 0.2\% > 0.45\dfrac{f_t}{f_y} = 0.45 \times \dfrac{1.43}{360} = 0.18\%$。

（2）确定截面尺寸　板厚 $h = 80\text{mm}$，则 $h_0 = 80\text{mm} - 20\text{mm} = 60\text{mm}$；选择 1m 宽的板带作为研究对象，则 $b = 1000\text{mm}$。

（3）确定荷载设计值

$$q = 1.3 \times g_k + 1.5 \times 1.0 \times q_k = (1.3 \times 3.34 + 1.5 \times 1.0 \times 2.5)\text{kN/m} = 8.092\text{kN/m}$$

（4）配筋计算　跨中最大弯矩设计值为 $M = \dfrac{1}{8}ql_0^2 = \dfrac{1}{8} \times 8.092 \times 1.6^2 \text{kN} \cdot \text{m} = 2.589\text{kN} \cdot \text{m}$

采用系数法计算：

$$\alpha_s = \dfrac{\gamma_0 M}{\alpha_1 f_c b h_0^2} = \dfrac{1.0 \times 2.589 \times 10^6}{1.0 \times 14.3 \times 1000 \times 60^2} = 0.05$$

$$\xi = 1 - \sqrt{1 - 2\alpha_s} = 1 - \sqrt{1 - 2 \times 0.05} = 0.0513 < \xi_b = 0.518$$

$$A_s = \dfrac{\xi \alpha_1 f_c b h_0}{f_y} = 0.0513 \times 1.0 \times 14.3 \times 1000 \times \dfrac{60}{360}\text{mm}^2 = 123\text{mm}^2$$

选择Φ8@200,实际的钢筋截面面积 $A_s = 251 \text{mm}^2$。

(5) 验算适用条件 $A_s = 251 \text{mm}^2 > \rho_{\min} bh = 0.2\% \times 1000 \times 80 \text{mm}^2 = 160 \text{mm}^2$,满足适用条件。

(6) 绘制截面配筋图 分布钢筋选择Φ8@200,截面配筋图如图10-17所示。

任务3　绘制板的平法施工图

板的施工图表达主要有两种方法：平法施工图和传统施工图。平法施工图因大量减少图纸数量、提高出图效率而被广泛应用。提到平法施工图，就离不开陈青来教授。

陈青来大学毕业后，在实际工作中敏锐地感觉到，按传统的建筑设计方法和传统CAD软件绘制的施工图内容中存在大量的"同值性重复"和"同比值性重复"，使得传统的建筑设计方法效率较低，质量难以控制。他认为传统的建筑设计方法必须改革。如果改变传统的"构件标准化"为"构造标准化"，不仅能够大幅度地提高标准化率和减少设计工程师的重复性劳动，同时由于设计图纸中减少了重复性内容，出错概率也会得到大幅度的降低。由此，陈青来将具体工程中大量采用的，理论与实践均比较成熟的构造做法编制成建筑结构标准详图，对各类结构构件的节点内和节点外的构造做法实行大规模标准化，这样对于现浇钢筋混凝土结构，其标准化率可高于30%。上述广义标准化方式在解决传统结构施工图中存在大量重复性内容的问题上取得了重大突破。陈青来教授基于实践的创新思维大大提高了设计效率，值得推广和学习。

有梁楼盖板平法施工图是指在楼面板和屋面板布置图上，采用平面注写的方式表达配筋信息。板平面注写主要包括板块集中标注和板支座原位标注。

一、结构平面坐标方向的规定

为方便设计表达和施工识图，规定结构平面的坐标方向为：

1) 当两向轴网正交布置时，图面从左至右为 x 向，从下至上为 y 向。

2) 当轴网转折时，局部坐标方向顺轴网转折角进行相应转折。

3) 当轴网向心布置时，切向为 x 向，径向为 y 向。

板的平法施工图识读

此外，对于平面布置比较复杂的区域，如轴网转折的交界区域、向心布置的核心区域等，其平面坐标应由设计人员另行规定并在图上明确表示。

二、板块集中标注

板块集中标注的内容有：板块编号、板厚、上部贯通纵筋、下部纵筋，以及当板面标高不同时的标高高差。

对于普通楼面，两向均以一跨为一个板块；对于密肋楼盖，两向主梁（框架梁）均以一跨为一个板块（非主梁密肋不计）。所有板块应逐一编号，相同编号的板块可择其一进行集中标注，其他仅注写置于圆圈内的板块编号，以及当板面标高不同时的标高高差。

1. 板块编号

板块编号见表10-11。

表10-11　板块编号

板块类型	代号	序号
楼面板	LB	××
屋面板	WB	××
悬挑板	XB	××

同一编号板块的类型、板厚和贯通纵筋均应相同，但板面标高、跨度、平面形状以及板支座上部非贯通纵筋可以不同。

2. 板厚注写

板厚注写形式为 $h=×××$（$×××$ 为垂直于板面的厚度）；当悬挑板的端部改变截面厚度时，用斜线分隔根部与端部的高度值，注写形式为 $h=×××/×××$；当设计已在图注中统一注明板厚时，此项可不注。

3. 纵筋

1）纵筋按板块的下部纵筋和上部贯通纵筋分别注写（当板块上部不设贯通纵筋时则不注），并以 B 代表下部纵筋，以 T 代表上部贯通纵筋，以 B & T 代表下部与上部；x 向纵筋以 X 打头，y 向纵筋以 Y 打头，两向贯通纵筋配置相同时则以 X & Y 打头。

2）当为单向板时，分布筋可不注写，而在图中统一注明。

3）当在某些板内（例如在悬挑板的下部）配置有构造钢筋时，则 x 向以 Xc、y 向以 Yc 打头注写。

4）当 y 向采用放射配筋时（切向为 x 向，径向为 y 向），设计人员应注明配筋间距的定位尺寸。

5）当纵筋采用两种规格的钢筋进行"隔一布一"布置时，表达为 $xx/yy@×××$，表示直径为 xx 的钢筋和直径为 yy 的钢筋间距相同，两者结合后的实际间距为 $×××$。直径 xx 的钢筋的间距为 $×××$ 的 2 倍，直径 yy 的钢筋的间距为 $×××$ 的 2 倍。

4. 板面标高高差

板面标高高差是指相对于结构层楼面标高的高差，应将其注写在括号内，且有高差就注、无高差不注。

【例 10-3】 有一楼板注写为：

$$LB2 \quad h=150$$
$$B：X \oplus 10@150$$
$$Y \oplus 8@150$$

表示 2 号楼面板，板厚为 150mm，板下部配置的纵筋 x 向为 $\oplus 10@150$；y 向为 $\oplus 8@150$；板上部未配置贯通纵筋。

【例 10-4】 有一悬挑板注写为：

$$XB2 \quad h=150/100$$
$$B：Xc \& Yc \oplus 8@200$$

表示 2 号悬挑板，板根部厚为 150mm，板端部厚为 100mm；板下部配置双向构造钢筋，均为 $\oplus 8@200$（上部受力钢筋见板支座原位标注）。

实际操作时要注意，单向或双向连续板的中间支座上部的同向贯通纵筋，不应在支座位置连接或分别锚固。当相邻两跨的板上部贯通纵筋配置相同，且跨中部位有足够空间连接时，可在两跨任意一跨的跨中连接部位连接；当相邻两跨的上部贯通纵筋配置不同时，应将配置较大的越过其标注的跨数终点或起点伸至相邻跨的跨中连接区域连接。

三、板支座原位标注

板支座原位标注的内容为板支座上部非贯通纵筋和悬挑板上部受力钢筋。

1. 注写方法

板支座原位标注的钢筋，应在配置相同跨的第一跨表达（当在梁悬挑部位单独配置时，则在原位标注）。在配置相同跨的第一跨（或梁悬挑部位），垂直于板支座（梁或墙）绘制一段适宜长度的中粗实线（当该筋通长设置在悬挑板或短跨板上部时，实线段应画至对边或贯通短跨），以该线段代表支座上部非贯通纵筋；并在线段上方注写钢筋编号（如①、②等）、配筋值、横向连接布置的跨数（注写在括号内，当为一跨时可不注），以及是否横向布置到梁的悬挑端。

例如（××）为横向布置的跨数，（××A）为横向布置的跨数及一端的悬挑部位，（××B）为横向布置的跨数及两端的悬挑部位。

2. 支座上部钢筋延伸长度的表达

板支座上部非贯通纵筋自支座中线向跨内的延伸长度，注写在线段的下方位置。

1）当中间支座上部非贯通纵筋向支座两侧对称延伸时，可仅在支座一侧线段的下方标注延伸长度，另一侧不注，如图10-18a所示；当向支座两侧非对称延伸时，应分别在支座两侧线段下方注写延伸长度，如图10-18b所示。

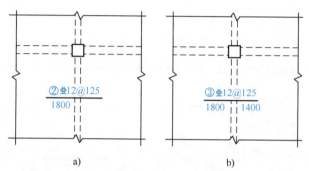

图 10-18　板支座上部非贯通纵筋延伸长度标注
a）对称伸出　b）非对称伸出

2）对线段画至对边贯通全跨或贯通全悬挑长度的上部通长纵筋，贯通全跨或延伸至全悬挑一侧的长度值不注，只注明非贯通筋一侧的延伸长度值，如图10-19所示。

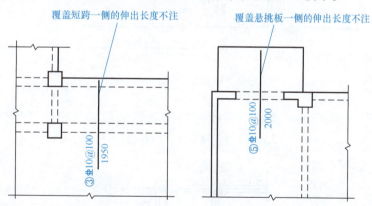

图 10-19　板支座非贯通纵筋贯通全跨或伸出至悬挑端

3）在板平面布置图中，不同部位的板支座上部非贯通纵筋及纯悬挑板上部受力钢筋，可仅在一个部位注写，对其他相同情况的部位则仅需在代表钢筋的线段上注写编号及横向连续布置的跨数（当为一跨时可不注）即可，如图10-20中的②号钢筋、③号钢筋等。

【例10-5】　如图10-20所示的⑨号钢筋，横跨支承梁绘制的对称线段上注有"⑨ⱷ10@100（2）""1750"，表示支座上部⑨号非贯通纵筋为ⱷ10@100，从该跨起沿支承梁连续布置2跨，该筋自支座中线向两侧跨内的延伸长度均为1750mm。

4）当板的上部已配置有贯通纵筋，但需增配板支座上部非贯通纵筋时，应结合已配置的同向贯通纵筋的直径与间距采取"隔一布一"的方式配置。

【例10-6】　某板上部已配置贯通纵筋ⱷ12@250，该跨同向配置的上部支座非贯通纵筋为⑤ⱷ12@250，表示在该支座上部设置的纵筋实际为ⱷ12@125，其中1/2为贯通纵筋，1/2为⑤

号非贯通纵筋（延伸长度值略）。

【例10-7】 某板上部已配置贯通纵筋⊕10@250，该跨同向配置的上部支座非贯通纵筋为③⊕12@250，表示该跨实际设置的上部纵筋为（1⊕10+1⊕12）@250，实际间距为125mm，其中41%为贯通纵筋，59%为③号非贯通纵筋（延伸长度值略）。

施工时应注意，当支座一侧设置了上部贯通纵筋（在板集中标注中以T打头），而在支座另一侧仅设置了上部非贯通纵筋时，如果支座两侧设置的纵筋直径、间距相同，应将二者连通，避免各自在支座上部分别锚固。

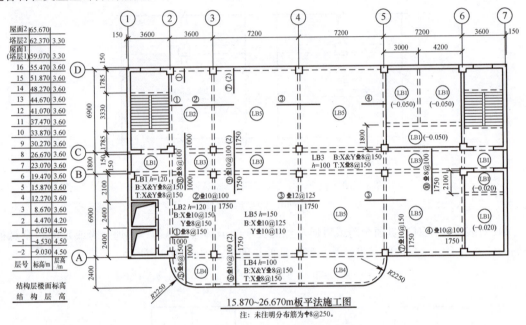

图 10-20 有梁楼盖平法施工图实例

【引例解析——福州小城镇住宅楼项目中板的平法施工图的绘制（局部）（图10-21）】

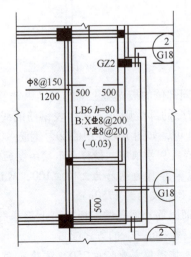

图 10-21 福州小城镇住宅楼项目中板的平法施工图（局部）

课后巩固与提升

二、实训题

1. 钢筋混凝土现浇板的支承条件（短斜线代表支撑边）、尺寸及双向配筋如图10-22所示，试将双向配筋正确布置在板的平面图中，并绘制1—1剖面图。

2. 已知某简支钢筋混凝土平板的计算跨度为 $l_0 = 1.92$m，板厚 $h = 80$mm，承受均布荷载设计值 $q = 4$kN/m^2，混凝土强度等级为C30，采用HRB400钢筋，结构安全等级为二级，环境类别为一类，设计使用年限为50年，试求板的配筋。

项目10：一、单项选择题

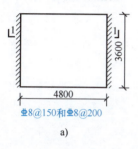

a)

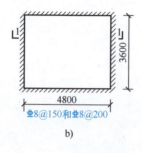

b)

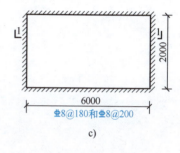

c)

图 10-22

3. 某教学楼连廊采用普通梁板结构，平面布置如图10-23所示。楼面构造层分别为：20mm厚水泥砂浆抹面，50mm厚细石混凝土垫层，现浇钢筋混凝土楼板，20mm厚板底石灰砂浆抹灰。楼面活荷载为3.5kN/m^2，结构安全等级为二级，环境类别为一类，设计使用年限为50年，混凝土强度等级为C30，采用HRB400钢筋。板以梁为支撑，梁下为400mm×400mm柱支撑，试设计B1。

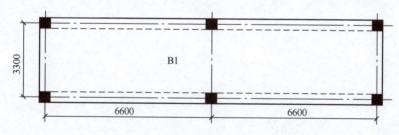

图 10-23 某教学楼连廊平面布置

三、案例分析

某百货大楼橱窗上设置有挑出1200mm的现浇钢筋混凝土悬挑雨篷板，待达到混凝土设计强度拆模时，突然发生从雨篷板根部折断的质量事故，断口呈门帘状，如图10-24所示。

（1）运用所学知识分析此次事故发生的原因。

（2）作为一名设计人员、施工人员，此次事故给你的启示有哪些？

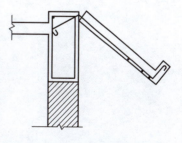

图 10-24 悬挑雨篷板破坏示意

职 考 链 接

项目10：职考链接

项目 11　设　计　梁

【知识目标】
1. 掌握钢筋混凝土梁的一般构造要求。
2. 理解受弯构件斜截面破坏的形态特征。
3. 掌握钢筋混凝土梁斜截面承载力设计方法。
4. 掌握钢筋混凝土梁施工图的绘制方法。

【能力目标】
1. 能对钢筋混凝土梁进行承载力设计。
2. 具有识读和绘制钢筋混凝土梁施工图的能力。
3. 能处理建筑工程施工过程中梁的简单结构问题。

【素质目标】
1. 培养知识迁移的能力。
2. 树立一丝不苟的工匠精神。
3. 树立规范意识、安全意识。
4. 养成用力学方法分析结构问题的意识。

【引例分析——福州小城镇住宅楼项目中次梁 L-2 的设计】

古有"栋梁之材",今有"四梁八柱"的形象比喻,可见"梁"的重要性。建筑中的"梁"是结构中十分重要的水平承重构件。

福州小城镇住宅楼项目中位于二层的次梁 L-2,想要其能够正常工作,梁的截面尺寸应该为多少?梁中应该布置哪些钢筋?布置多少钢筋?这些问题涉及梁的正截面承载力设计、斜截面承载力设计和一般构造要求等。

任务 1　确定梁的截面尺寸和相关构造

一、梁的截面形式与尺寸

1. 梁的截面形式

梁的常见截面形式有矩形、T 形、倒 L 形、L 形、工字形和花篮形等,如图 11-1 所示。

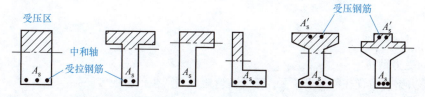

图 11-1　梁的截面形式

2. 梁的截面尺寸

梁的截面尺寸要满足承载力、刚度和裂缝宽度限值三方面的要求,截面高度 h 可根据梁的跨度来确定,表 11-1 给出了不需进行刚度验算的梁的截面最小高度。

表 11-1 不需进行刚度验算的梁的截面最小高度

序号	构件种类		简支	两端连续	悬臂
1	整体肋形梁	次梁	$l_0/15$	$l_0/20$	$l_0/8$
		主梁	$l_0/8$	$l_0/12$	$l_0/6$
2	独立梁		$l_0/12$	$l_0/15$	$l_0/6$

注：表中 l_0 为梁的计算跨度，当梁的跨度大于 9m 时，表中数值应乘以 1.2。

常见的梁高有 250mm、300mm、350mm、…、700mm、800mm、900mm、1000mm 等，800mm 以内以 50mm 为模数递增，800mm 以上以 100mm 为模数递增。梁的截面宽度 b 常由高宽比控制，矩形截面梁的高宽比通常取 $h/b = 2.0 \sim 3.5$；T 形、工字形截面梁的高宽比通常取 $h/b = 2.5 \sim 4.0$。常见的梁宽有 150mm、200mm、250mm、300mm、350mm、400mm 等，以 50mm 为模数递增。

二、梁的配筋

梁中一般配置下面几种钢筋：纵向受力钢筋、箍筋、弯起钢筋、纵向构造钢筋（架立钢筋和腰筋等），如图 11-2 所示。

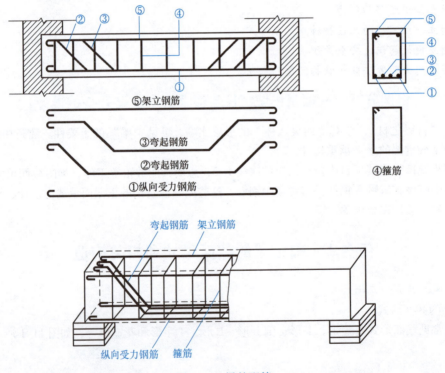

图 11-2 梁的配筋

1. 纵向受力钢筋

纵向受力钢筋布置在梁的受拉区，承受由弯矩作用产生的拉应力。

（1）纵向受力钢筋的直径 纵向受力钢筋的数量由计算确定，但不得少于 2 根。纵向受力钢筋常用的直径为 12~36mm；当梁高 $h < 300$mm 时，其直径不应小于 8mm；当梁高 $300 \le h < 500$mm 时，其直径不应小于 10mm；当梁高 $h \ge 500$mm 时，其直径不应小于 12mm。

同一截面的纵向受力钢筋直径一般不超过两种，直径之差应不小于 2mm，但也不宜超过 4mm。伸入梁支座范围内的钢筋数量不少于 2 根。

(2) 纵向受力钢筋的布置及间距要求 梁中下部纵向受力钢筋应尽量布置成一层,如根数较多,也可布置成两层。当布置多于两层时,两层以上钢筋水平方向的中距应比下面两层的中距增大一倍;要避免上下钢筋相互错位,以免造成混凝土浇筑困难。梁中纵向受力钢筋的净距为相邻钢筋内对内的距离,下部钢筋净距$\geq d$(d 为纵向钢筋直径)且≥ 25mm,上部钢筋净距$\geq 1.5d$ 且≥ 30mm,上下两层钢筋净距$\geq d$ 且≥ 25mm,如图 11-3 所示。

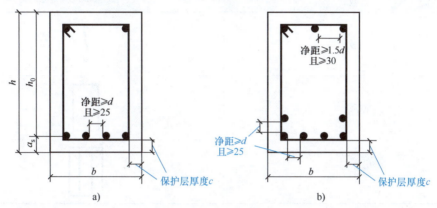

图 11-3 梁内钢筋净距

(3) 并筋 在梁的配筋密集区域,如纵向受力钢筋单根布置导致混凝土浇筑困难时,为了方便施工,可采用两根或三根钢筋并在一起布置,称为并筋(钢筋束),如图 11-4 所示。当采用并筋(钢筋束)的形式配筋时,并筋的数量不超过 3 根,并筋可视为一根等效钢筋,其等效直径为:当采用二并筋时,$d_e = 1.41d$;当采用三并筋时,$d_e = 1.73d$,d 为单根钢筋的直径。等效直径可用于钢筋间距、保护层厚度、裂缝宽度、钢筋锚固长度、搭接接头面积百分率及搭接长度的计算中。

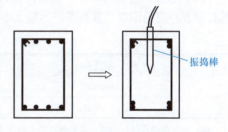

图 11-4 并筋(钢筋束)

有时,在构件受压区也配置纵向受力钢筋与混凝土共同承受压力,称为双筋截面。

2. 箍筋

为了防止出现斜截面破坏,可以设置与梁轴线垂直的箍筋来阻止斜裂缝的开展,提高构件的抗剪承载力,同时也可以起到固定纵向受力钢筋的作用。

(1) 箍筋的形式与肢数 箍筋的形式有封闭式和开口式两种,如图 11-5 所示,通常采用封闭式箍筋。对现浇 T 形截面梁,由于在翼缘顶部通常另有横向钢筋(如板中承受负弯矩的钢筋),也可采用开口式箍筋。当梁中配有按计算需要的纵向受压钢筋时,箍筋应制成封闭式,箍筋端部弯钩通常采用 135°,弯钩端部平直段长度不应小于 5d(d 为箍筋直径)且不应小于 50mm。

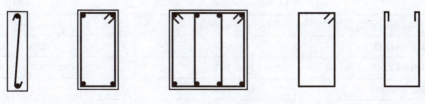

图 11-5 箍筋的形式

箍筋按肢数分类有单肢箍、双肢箍及复合箍（多肢箍）等类型。箍筋一般采用双肢箍；当梁宽 $b \geq 400mm$ 且一层内的纵向受压钢筋多于 3 根时，或当梁宽 $b < 400mm$ 但一层内的纵向受压钢筋多于 4 根时，应设置复合箍；当梁截面高度减小时，也可采用单肢箍，具体要求见表 11-2。

表 11-2 箍筋的肢数和形式

肢数	形式
单肢	∫
双肢	▭
多肢	▭▭

注：当一排内纵向钢筋多于 5 根或纵向受压钢筋多于 3 根时，采用多肢箍。

（2）箍筋的直径与间距　箍筋的直径应由计算确定。为使由箍筋与纵向受压钢筋形成的钢筋骨架有一定的刚度，箍筋直径不能太小。箍筋的最小直径的规定见表 11-3。

表 11-3 箍筋的最小直径 d_{min}　　　　　　　　　　（单位：mm）

梁高 h	d_{min}
$h \leq 800$	6
$h > 800$	8

注：当有纵向受压钢筋时，箍筋的直径不得小于 $d/4$（d 为纵向受压钢筋的最大直径）。

箍筋的间距一般应由计算确定。为控制荷载作用下的斜裂缝宽度，防止斜裂缝出现在两道箍筋之间而不与任何箍筋相交，梁中箍筋间距应符合下列规定：

1）梁中箍筋的最大间距宜符合表 11-4 的规定。

2）当梁中配有按计算需要的纵向受压钢筋时，箍筋的间距不应大于 $15d$，同时不应大于 400mm。当一层内的纵向受压钢筋多于 5 根且直径大于 18mm 时，箍筋间距不应大于 $10d$。d 为纵向受压钢筋的最小直径。

3）支承在砌体结构上的钢筋混凝土独立梁，在纵向受力钢筋的锚固长度 l_a 范围内应配置不少于两根箍筋，其直径不宜小于纵向受力钢筋最大直径的 0.25 倍，间距不宜大于纵向受力钢筋最小直径的 10 倍；当采用机械锚固措施时，箍筋间距尚不宜大于纵向受力钢筋最小直径的 5 倍。

为便于施工，箍筋间距不宜小于 50mm。

表 11-4 梁中箍筋的最大间距 S_{max}　　　　　　　　　　（单位：mm）

梁高 h	$V > \alpha_{cv} f_t b h_0$	$V \leq \alpha_{cv} f_t b h_0$
$150 < h \leq 300$	150	200
$300 < h \leq 500$	200	300
$500 < h \leq 800$	250	350
$h > 800$	300	400

（3）箍筋的布置　当按计算不需要箍筋时，对截面高度 $h>300\mathrm{mm}$ 的梁，也应沿梁全长按照构造要求设置箍筋，且箍筋的最小直径应符合表 11-3 的规定，最大间距应符合表 11-4 的规定；当截面高度 $h=150\sim300\mathrm{mm}$ 时，可仅在构件端部各 1/4 跨度范围内设置箍筋，但在构件中部 1/2 跨度范围内有集中荷载作用时，则应沿梁全长设置箍筋；当构件截面高度 $h<150\mathrm{mm}$ 时，可不设箍筋。

3. 弯起钢筋

梁中纵向受力钢筋在靠近支座的地方承受的拉应力较小，为了增加斜截面的抗剪承载能力，可将部分纵向受力钢筋弯起来伸至梁顶，形成弯起钢筋，有时也专门设置弯起钢筋来承担剪力。

（1）弯起钢筋的弯起角度　弯起钢筋的弯起角度一般为 45°，当梁高较大（$h\geqslant800\mathrm{mm}$）时可取 60°。梁底层钢筋中的角部钢筋不应弯起，顶层钢筋中的角部钢筋不应弯下。

（2）弯起钢筋的间距　当设置抗剪弯起钢筋时，为防止弯起钢筋的间距过大，出现不与弯起钢筋相交的斜裂缝，使弯起钢筋不能发挥作用，当按计算需要设置弯起钢筋时，前一排（对支座而言）弯起钢筋的弯起点到次一排弯起钢筋弯终点的距离不得大于表 11-4 中 $V>0.7f_tbh_0$ 栏规定的箍筋最大间距，且第一排弯起钢筋距支座边缘的距离也不应大于箍筋的最大间距，如图 11-6 所示。

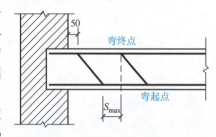

图 11-6　弯起钢筋的最大间距

（3）弯起钢筋的锚固长度　在弯起钢筋的弯终点外应留有平行于梁轴线方向的锚固长度，其长度在受拉区不应小于 $20d$，在受压区不应小于 $10d$。此处的 d 为弯起钢筋的直径，光面弯起钢筋的末端应设置弯钩，如图 11-7a 所示。

（4）弯起钢筋的形式　当不能弯起纵向受拉钢筋时，可设置单独的受剪弯起钢筋。单独的受剪弯起钢筋应采用"鸭筋"，而不应采用"浮筋"，否则一旦弯起钢筋发生滑动，将使斜裂缝开展过大，如图 11-8 所示。

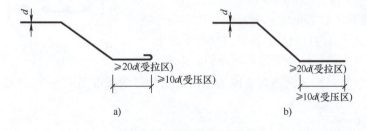

图 11-7　弯起钢筋的锚固
a）光面钢筋　b）变形钢筋

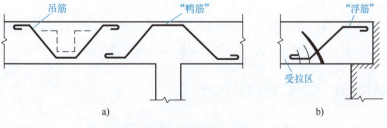

图 11-8　吊筋、"鸭筋"和"浮筋"
a）吊筋、"鸭筋"　b）"浮筋"

4. 纵向构造钢筋

1) 架立钢筋。为了固定箍筋，以便与纵向受力钢筋形成钢筋骨架，并承担因混凝土收缩和温度变化产生的拉应力，应在梁的受压区平行于纵向受拉钢筋设置架立钢筋。如在受压区已有纵向受压钢筋时，纵向受压钢筋可兼作架立钢筋。架立钢筋应伸至梁端，当考虑其承受负弯矩时，架立钢筋两端在支座内应有足够的锚固长度。架立钢筋的直径可参考表11-5选用。

表11-5 架立钢筋直径 （单位：mm）

梁跨度 l/m	d_{min}
$l < 4$	8
$4 \leq l \leq 6$	10
$l > 6$	12

采用绑扎连接的梁钢筋中，当采用双肢箍时，架立钢筋为两根；当采用四肢箍时，架立钢筋为四根。

架立钢筋与纵向受力钢筋的搭接长度应符合下列规定：

① 架立钢筋的直径小于 10mm 时，搭接长度为 100mm。

② 架立钢筋的直径大于或等于 10mm 时，搭接长度为 150mm。

③ 当架立钢筋需要承受弯矩且采用绑扎搭接接头时，其搭接长度取 l_l，且不应小于 300mm。

2) 当梁的腹板高度 $h_w \geq 450$mm 时，为了加强钢筋骨架的刚度，以及防止当梁太高时由于混凝土收缩和温度变化在梁侧面产生竖向裂缝，应在梁的两侧沿梁高每 200mm 各设一根直径不小于 10mm 的纵向构造钢筋，其截面面积不小于腹板截面面积 bh_w 的 0.1%，两根纵向构造钢筋之间用 Φ6~Φ10 的拉筋拉结，拉筋间距一般为非加密区箍筋间距的 2 倍，如图 11-9 所示。

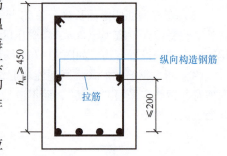

图 11-9 梁内纵向构造钢筋的布置

3) 当梁端按简支计算但实际受到部分约束时，应在支座区上部设置纵向构造钢筋，其截面面积不应小于梁跨中下部纵向受力钢筋计算所需截面面积的 1/4，且不应少于两根。该纵向构造钢筋自支座边缘向跨内伸出的长度不应小于 $l_0/5$，l_0 为梁的计算跨度。

三、估算梁截面的有效高度 h_0

梁中受拉钢筋的常用直径为 12~36mm，平均按 25mm 计算，箍筋直径按 8mm 计算，在正常环境下当混凝土强度等级大于 C25 时，钢筋的最小混凝土保护层厚度为 20mm，则梁截面的有效高度可估算为：

1) 对于一排钢筋：$h_0 = h - c - \varphi - d/2 = h - 20 - 8 - 12.5 = h - 40.5$，可近似取 $h_0 = h - 45$。

2) 对于二排钢筋：$h_0 = h - c - \varphi - d - 25/2 = h - 20 - 8 - 25 - 12.5 = h - 65.5$，可近似取 $h_0 = h - 70$。

当钢筋直径较大时，应按实际尺寸计算。

任务2 确定梁的纵向受力钢筋

梁的正截面承载力设计同板的正截面承载力设计，可参考项目10任务2中内容。

【引例解析——福州小城镇住宅楼项目中梁 L-2 的钢筋计算】

福州小城镇住宅楼项目中梁 L-2 的计算简图如图 4-29 所示，安全等级为二级，设计使用年限为 50 年，处于一类环境中，承受永久荷载标准值为 $g_k = 8.261\text{kN/m}$，可变荷载标准值为 $q_k = 6.536\text{kN/m}$，采用 C30 混凝土和 HRB400 钢筋，试确定梁 L-2 的纵向受力钢筋。

(1) 确定基本数据

1) C30 混凝土：$f_c = 14.3\text{N/mm}^2$，$f_t = 1.43\text{N/mm}^2$。

2) HRB400 钢筋：$f_y = 360\text{N/mm}^2$。

另有 $\alpha_1 = 1.0$，$\xi_b = 0.518$，$\gamma_0 = 1.0$，$\rho_{min} = 0.2\% > 0.45\dfrac{f_t}{f_y} = 0.45 \times \dfrac{1.43}{360} = 0.18\%$。

(2) 确定截面尺寸 L-2 的计算跨度查表 10-10 有 $l_0 = \min(l_n + a, 1.05l_n) = 3000\text{mm}$，则有 $h \geq \dfrac{l_0}{15} = \dfrac{3000}{15}\text{mm} = 200\text{mm}$，取 $h = 300\text{mm}$；又因为 $\dfrac{1}{3}h \leq b \leq \dfrac{1}{2}h$，取 $b = 200\text{mm}$。

(3) 计算荷载设计值

$$q = 1.3 \times g_k + 1.5 \times 1.0 + q_k = (1.3 \times 8.261 + 1.5 \times 1.0 \times 6.536)\text{kN/m} = 20.5433\text{kN/m}$$

(4) 配筋计算 跨中最大弯矩设计值为 $M = \dfrac{1}{8}ql_0^2 = \left(\dfrac{1}{8} \times 20.5433 \times 3^2\right)\text{kN}\cdot\text{m} = 23.111\text{kN}\cdot\text{m}$，梁截面的有效高度为 $h_0 = h - 45 = 255\text{mm}$。

采用系数法计算：

$$\alpha_s = \dfrac{\gamma_0 M}{\alpha_1 f_c b h_0^2} = \dfrac{1.0 \times 23.111 \times 10^6}{1.0 \times 14.3 \times 200 \times 255^2} = 0.124$$

$$\xi = 1 - \sqrt{1 - 2\alpha_s} = 1 - \sqrt{1 - 2 \times 0.124} = 0.133 < \xi_b = 0.518$$

$$A_s = \dfrac{\xi \alpha_1 f_c b h_0}{f_y} = \dfrac{0.133 \times 1.0 \times 14.3 \times 200 \times 255}{360}\text{mm}^2 = 270\text{mm}^2$$

选择 2⟡14，实际的钢筋截面面积 $A_s = 308\text{mm}^2$。

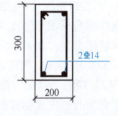

图 11-10 梁 L-2 截面配筋图

(5) 验算适用条件 $A_s = 308\text{mm}^2 > \rho_{min}bh = (0.2\% \times 200 \times 300)\text{mm}^2 = 120\text{mm}^2$，符合适用条件。

(6) 绘制截面配筋图 梁 L-2 的截面配筋图如图 11-10 所示。

任务 3 确定梁的箍筋

一、受弯构件斜截面的破坏形态和破坏特征

为了防止梁沿斜截面破坏，需要在梁内设置足够的抗剪钢筋，通常由与梁轴线垂直的箍筋和与主拉应力方向平行的斜向钢筋共同组成。斜向钢筋常利用正截面承载力多余的纵向钢筋弯起而成，所以又称弯起钢筋。箍筋与弯起钢筋通称腹筋。

1. 斜截面破坏的主要形态

斜截面从开始加载到受力破坏，截面上的应力、应变变化过程与很多因素有关，如腹筋的配置、纵筋的多少、荷载的形式及其作用的位置以及剪跨比等，剪跨比和配箍率是对斜截面破坏形式影响很大的因素。

1) 剪跨比 λ 是指计算截面的弯矩 M 和剪力 V 与截面有效高度 h_0 乘积的比值，即

$$\lambda = \dfrac{M}{Vh_0} \tag{11-1}$$

对于集中荷载作用下的简支梁，计算截面取集中荷载作用点处的截面，该处的剪跨比为

$$\lambda = \frac{a}{h_0} \quad (11\text{-}2)$$

式中　a——集中荷载至支座之间的距离。

2）配箍率 ρ_{sv} 表示箍筋数量的多少（图 11-11），其计算式为

$$\rho_{sv} = \frac{A_{sv}}{bs} = \frac{nA_{sv1}}{bs} \quad (11\text{-}3)$$

式中　A_{sv}——配置在同一截面内箍筋各肢的全部面积；

　　　n——同一截面内箍筋肢数，单肢箍取 $n=1$，双肢箍取 $n=2$，四肢箍取 $n=4$；

　　　A_{sv1}——单肢箍的截面面积；

　　　b——梁宽或肋宽；

　　　s——沿梁的长度方向箍筋的间距。

根据大量的试验发现，钢筋混凝土梁的斜截面剪切破坏大致可归纳为下列三种主要破坏形态：

（1）斜拉破坏　当剪跨比较大（$\lambda > 3$），且梁内配置的腹筋数量过少时，将发生斜拉破坏（图 11-12a）。此时，斜裂缝一旦出现，很快形成临界斜裂缝，并迅速伸展到受压边缘，将构件斜拉为两部分而破坏。破坏前，斜裂缝宽度很小，甚至不出现裂缝，破坏是在无预兆的情况下突然发生的，属于脆性破坏。这种破坏的危险性较大，在设计中应避免由它控制梁的承载能力。

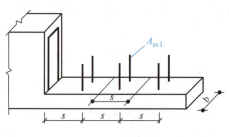

图 11-11　配箍率示意

（2）剪压破坏　当剪跨比适中（$1 \leq \lambda \leq 3$），且梁内配置的腹筋数量适当时，常发生剪压破坏（图 11-12b）。这时，随着荷载的增加，首先出现一些垂直裂缝和微细的斜裂缝。当荷载增加到一定程度时，出现临界斜裂缝。临界斜裂缝出现后，梁还能继续承受荷载，随着荷载的增加，临界斜裂缝向上伸展，直到与临界斜裂缝相交的箍筋和弯起钢筋的应力达到屈服强度，裂缝末端受压区的混凝土在剪应力和法向应力的共同作用下达到强度极限而破坏。这种破坏因钢筋屈服，使斜裂缝继续发展，具有较明显的破坏预兆，斜截面设计应基于这一形态进行。

（3）斜压破坏　当剪跨比较小（$\lambda < 1$），或剪跨比适当，但截面尺寸过小，腹筋配置过多时，都会由于主压应力过大而发生斜压破坏（图 11-12c）。这时，随着荷载的增加，梁腹板出现若干条平行的斜裂缝，将腹板分割成许多倾斜的受压短柱。最后，因短柱被压碎而破坏。破坏时与斜裂缝相交的箍筋和弯起钢筋的应力尚未达到屈服强度，梁的抗剪承载力主要取决于斜压短柱的抗压承载力。

除了上述三种主要破坏形态外，斜截面还可能出现其他破坏形态，例如局部挤压破坏或纵向钢筋的锚固破坏等。

对于上述几种不同的破坏形态，设计时可采用不同的方法加以控制，以保证构件在正常工作情况下具有足够的抗剪安全度。一般用限制截面最小尺寸的办

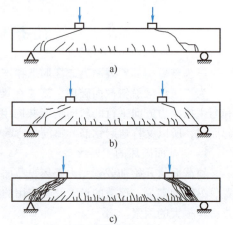

图 11-12　受弯构件斜截面破坏形态
a）斜拉破坏　b）剪压破坏　c）斜压破坏

法，防止梁发生斜压破坏；用满足箍筋最大间距要求等构造措施和限制箍筋最小配筋率的办法，防止梁发生斜拉破坏。

在1906年以前，学术界对无腹筋梁的剪切破坏机理存在两种观点：第一种观点从剪力与剪应力的关系出发，认为剪切破坏是由剪力引起的水平剪应力超出材料的抗剪强度导致的；第二种观点则从试验现象出发，在试验中观察到剪切裂缝总是斜向的，提出剪切破坏是混凝土斜向主拉应力超出材料的抗拉强度导致的。由于当时试验条件的局限性，无法开展可直接测定混凝土剪应力与主拉应力的混凝土梁剪切试验。这两个观点的争论持续了几十年。随着科技的进步与试验条件的改善，1906年德国科学家进行了混凝土梁剪切试验，结果表明：剪切破坏时，剪应力远小于混凝土的剪切强度，由剪应力引起的主拉应力达到混凝土的抗拉强度，引起混凝土斜向受拉开裂。后续几年，又有科学家验证了上述试验结果。两派学术观点的争论至此结束，学术界与工程界接受了混凝土梁剪切破坏的原因是主拉应力过大引起斜向受拉破坏的观点。所以，试验是检验理论的金标准。

2. 影响斜截面受剪承载力的主要因素

上述三种斜截面破坏形态和构件的斜截面受剪承载力有着密切的关系。因此，凡是影响斜截面破坏形态的因素也会影响梁的斜截面受剪承载力，其主要影响因素有：

（1）剪跨比 λ　随着剪跨比（跨高比）的增大，梁的斜截面受剪承载力明显降低。小剪跨比时，大多发生斜压破坏，斜截面受剪承载力很高；中等剪跨比时，大多发生斜压破坏，斜截面受剪承载力较低；大剪跨比时，大多发生斜拉破坏，斜截面受剪承载力很低。当剪跨比 $\lambda>3$ 以后，剪跨比对斜截面受剪承载力无显著的影响。

（2）配箍率 ρ_{sv} 及箍筋强度 f_{yv}　有腹筋梁出现斜裂缝后，箍筋不仅直接承受相当部分的剪力，而且有效地抑制斜裂缝的开展和延伸，对提高剪压区混凝土的抗剪能力和纵向钢筋的销栓作用有着积极的影响。试验表明，在配箍率适当时，梁的受剪承载力随箍筋数量的增多、箍筋强度的提高而有较大幅度的增长。配箍率和箍筋强度是梁抗剪强度的主要影响因素。

（3）混凝土强度　斜截面受剪承载力随混凝土强度等级的提高而提高。梁斜压破坏时，受剪承载力取决于混凝土的抗压强度；梁斜拉破坏时，受剪承载力取决于混凝土的抗拉强度，而抗拉强度的增加较抗压强度的增加要缓慢些，故混凝土强度的影响就略小；梁剪压破坏时，混凝土强度的影响则居于上述两者之间。

（4）纵筋配筋率 ρ　增加纵筋配筋率 ρ 可抑制斜裂缝向受压区的伸展，从而提高斜裂缝之间集料的咬合力，并增大了剪压区高度，使混凝土的抗剪能力提高；同时，也提高了纵筋的销栓作用。因此，随着 ρ 的增大，梁的斜截面受剪承载力有所提高。

二、受弯构件斜截面承载力计算

1. 基本计算式

斜截面的承载力计算式是由剪压破坏的应力图形建立起来的，取斜截面左边部分为隔离体，如图11-13所示为斜截面抗剪承载力计算图形。

利用平衡条件，梁斜截面发生剪压破坏时，其斜截面的抗剪能力由三部分组成：

$$\sum F_y = 0 \quad V_u = V_c + V_{sv} + V_{sb} = V_{cs} + V_{sb} \quad (11-4)$$

式中　V_u——梁斜截面抗剪承载力；

V_c——斜裂缝末端剪压区混凝土的抗剪承载力；

V_{sv}——与斜裂缝相交的箍筋的抗剪承载力；

V_{sb}——与斜裂缝相交的弯起钢筋的抗剪承载力；

V_{cs}——混凝土和箍筋的抗剪承载力。

图11-13　斜截面抗剪承载力计算图形

所有力对剪压区混凝土的受压合力点取矩，可建立斜截面抗弯承载力计算式：

$$\sum M = 0 \quad M_u = M_s + M_{sv} + M_{sb} \tag{11-5}$$

式中　M——斜截面弯矩设计值；

　　　M_s——与斜截面相交的纵向受力钢筋的抗弯承载力；

　　　M_{sv}——与斜截面相交的箍筋的抗弯承载力；

　　　M_{sb}——弯起钢筋的抗弯承载力。

斜截面抗弯承载力计算很难用计算式精确表示，但可通过构造措施来避免斜截面的受弯破坏。因此，斜截面承载力计算就归结为抗剪承载力的计算。

对仅配有箍筋的矩形、T形和工字形截面一般受弯构件，抗剪承载力可用下式计算：

$$V \leqslant V_u = V_{cs} = V_c + V_{sv} = \alpha_{cv} f_t b h_0 + f_{yv} \frac{A_{sv}}{s} h_0 \tag{11-6}$$

式中　V——斜截面上最大剪力设计值；

　　　V_{cs}——箍筋和混凝土共同承担的剪力设计值；

　　　f_{yv}——箍筋抗拉设计强度值；

　　　A_{sv}——配置在同一截面内箍筋各肢的全部截面面积，$A_{sv} = nA_{sv1}$；

　　　α_{cv}——截面混凝土抗剪承载力系数，一般构件取 0.7；楼盖中次梁搁置的主梁，或有明确的集中荷载作用的梁（如吊车梁），或作用多种荷载，且其中的集中荷载对支座截面或节点边缘所产生的剪力值占总剪力值的 75% 以上时，取 $\alpha_{cv} = (1.75/\lambda) + 1$，$\lambda$ 是计算截面的剪跨比；当 $\lambda < 1.5$ 时，取 $\lambda = 1.5$；当 $\lambda > 3$ 时，取 $\lambda = 3$。

弯起钢筋的抗剪承载力，按下式计算：

$$V_{sb} = 0.8 f_y A_{sb} \sin\alpha_s \tag{11-7}$$

式中　A_{sb}——与斜裂缝相交的配在同一弯起平面内的弯起钢筋或斜向钢筋的截面面积；

　　　f_y——弯起钢筋抗拉强度设计值；

　　　α_s——弯起钢筋与构件纵轴线之间的夹角，一般取 45°或 60°。

对于配有箍筋和弯起钢筋的矩形、T形、工字形截面的受弯构件，其斜截面的抗剪承载力可按下式计算：

$$V \leqslant V_u = V_{cs} + V_{sb} = V_c + V_{sv} + V_{sb} = \alpha_{cv} f_t b h_0 + f_{yv} \frac{A_{sv}}{s} h_0 + 0.8 f_y A_{sb} \sin\alpha_s \tag{11-8}$$

2. 计算式的适用范围

（1）上限值——截面尺寸限制条件（最小值）　当构件截面尺寸较小而荷载又过大时，可能在支座上方产生过大的主压应力，使端部发生斜压破坏。这种破坏形态下，构件的斜截面抗剪承载力基本上取决于混凝土的抗压强度及构件的截面尺寸，而腹筋的数量影响甚微。所以，腹筋的抗剪承载力就受到构件斜压破坏的限制。为了防止发生斜压破坏和避免构件在使用阶段过早地出现斜裂缝及斜裂缝开展过大，矩形、T形和工字形截面的受弯构件，其受剪截面应符合下列条件：

1）$\dfrac{h_w}{b} \leqslant 4$ 时，有

$$V \leqslant 0.25 \beta_c f_c b h_0 \tag{11-9}$$

2）$\dfrac{h_w}{b} \geqslant 6$ 时，有

$$V \leqslant 0.2 \beta_c f_c b h_0 \tag{11-10}$$

3) $4 \leq \dfrac{h_w}{b} \leq 6$ 时，按直线内插法取值。

式中　V——构件斜截面上的最大剪力设计值；

　　　β_c——混凝土强度影响系数，当混凝土强度等级不超过 C50 时，取 $\beta_c = 1.0$；当混凝土强度等级为 C80 时，取 $\beta_c = 0.8$；当混凝土强度等级大于 C50、小于 C80 时，β_c 按线性内插法取值；

　　　b——矩形截面宽度、T 形截面或工字形截面的腹板宽度；

　　　h_w——截面的腹板高度，矩形截面取截面有效高度 h_0；T 形截面取截面有效高度减去翼缘高度；工字形截面取腹板净高；如不满足要求，则必须加大截面尺寸或提高混凝土强度等级。

（2）下限值——最小配箍率

1) 配箍率要求。箍筋配置过少，一旦斜裂缝出现，由于箍筋的抗剪作用不足以替代斜裂缝发生前混凝土原有的作用，就会发生突然性的脆性破坏。为了防止发生剪跨比较大时的斜拉破坏，当 $V > V_c$ 时，箍筋的配置应满足它的最小配箍率的要求：

$$\rho_{sv} = \dfrac{A_{sv}}{bs} \geq \rho_{sv,\min} = 0.24 \dfrac{f_t}{f_{yv}} \tag{11-11}$$

式中　$\rho_{sv,\min}$——箍筋的最小配箍率。

2) 腹筋间距要求。如腹筋间距过大，有可能在两根腹筋之间出现不与腹筋相交的斜裂缝，这时腹筋便无从发挥作用，如图 11-14 所示。同时，箍筋分布的疏密对斜裂缝的开展宽度也有影响，采用较密的箍筋对抑制斜裂缝的开展有利。为此，有必要对腹筋的最大间距 $s_{\max}$ 加以限制，有关具体要求见本项目任务 1。

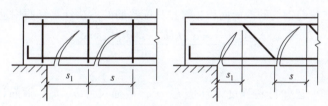

图 11-14　腹筋间距过大时产生的影响

s_1—支座边缘到第一根弯起钢筋或箍筋的距离　s—弯起钢筋或箍筋的间距

3. 计算截面位置

1) 支座边缘处截面 1-1，如图 11-15 所示。
2) 受拉区弯起钢筋弯起点处的截面 2-2 或 3-3，如图 11-15 所示。
3) 箍筋截面面积或间距改变处截面 4-4，如图 11-15 所示。
4) 腹板厚度改变处的截面。

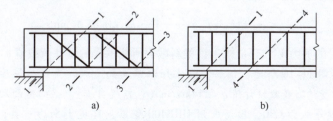

图 11-15　斜截面抗剪强度的计算截面位置

当计算弯起钢筋时，其剪力设计值可按下列规定采用：当计算第一排（对支座而言）弯起钢筋时，取支座边缘处的剪力值；当计算之后的每一排弯起钢筋时，取前一排（对支座而言）弯起钢筋弯起点处的剪力值。

4. 基本计算式的应用

梁斜截面抗剪承载力计算，通常有两种情况：截面设计和承载力校核。

（1）截面设计　已知某受弯构件斜截面剪力设计值 V、截面尺寸和材料强度，按要求确定腹筋的数量。可按下列步骤进行确定：

1）确定控制截面的剪力值。

2）验算截面尺寸。

3）判别是否需要按计算配置腹筋。如果 $V \leqslant \alpha_{cv} f_t b h_0$，则不需按计算配置腹筋，按构造配置腹筋即可；反之则按计算配置腹筋。

4）腹筋计算：

① 对仅配箍筋的情况，可按下式计算：

$$V \leqslant \alpha_{cv} f_t b h_0 + f_{yv} \cdot \frac{n \cdot A_{sv1}}{s} \cdot h_0 \Rightarrow \frac{n A_{sv1}}{s} \geqslant \frac{V - \alpha_{cv} f_t b h_0}{f_{yv} h_0}$$

先按构造要求选择箍筋的直径和肢数，然后将 A_{sv1} 代入上式求箍筋间距 s。

② 对既配箍筋又有弯起钢筋的情况：

情况一：先按常规情况配置箍筋数量（先选定箍筋的肢数、直径和间距），不足部分用弯起钢筋承担，再计算弯起钢筋的截面面积：

$$V_{sb} = 0.8 A_{sb} \cdot f_y \cdot \sin\alpha_s \Rightarrow A_{sb} = \frac{V_{sb}}{0.8 f_y \sin\alpha_s}$$

情况二：先选定弯起钢筋的截面面积，再按只配箍筋的方法计算箍筋用量：

$$\frac{n A_{sv1}}{s} \geqslant \frac{V - \alpha_{cv} f_t b h_0 - 0.8 f_y A_{sb} \sin\alpha_s}{f_{yv} h_0}$$

5）绘制配筋图。

（2）承载力校核　已知材料强度设计值 f_c、f_y；截面尺寸 b、h_0；箍筋计算参数 n、A_{sv1}、s 等，则承载力校核可按以下步骤进行计算：

1）复核截面尺寸。

2）复核配箍率及箍筋的构造要求。

3）复核斜截面所能承受的剪力 V_u：

① 对只配箍筋的情况，可按下式计算：

$$V_u \leqslant V_{cs} = \alpha_{cv} f_t b h_0 + f_{yv} \cdot \frac{n \cdot A_{sv1}}{s} \cdot h_0$$

② 对既配箍筋又配弯起钢筋的情况，可按下式计算：

$$V_u \leqslant \alpha_{cv} f_t b h_0 + f_{yv} \cdot \frac{n \cdot A_{sv1}}{s} \cdot h_0 + 0.8 f_y A_{sb} \sin\alpha_s$$

4）求出能承受的剪力 V_u，还能求出该梁斜截面所能承受的设计荷载值 q。

【例 11-1】　如图 11-16 所示，钢筋混凝土矩形截面简支梁，支座为厚度 240mm 的砌体墙，净跨 $l_n = 3.56$m，承受均布荷载设计值 $q = 114$kN/m（包括梁自重）。梁的截面尺寸 $b \times h = 250$mm × 500mm，混凝土强度等级为 C30，箍筋采用 HRB400 钢筋，环境类别为一类，安全等级为二级，设计使用年限为 50 年，图中已按正截面抗弯承载力计算配置了 2⊈22 + 1⊈16 纵向受力钢筋，试进行斜截面承载力计算。

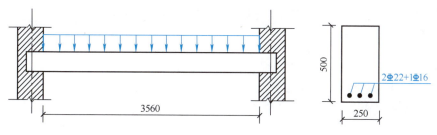

图 11-16　例 11-1 题图

【解】　本例题属于截面设计类题型。

(1) 确定基本数据

1) C30 混凝土：$f_c = 14.3\text{N/mm}^2$，$f_t = 1.43\text{N/mm}^2$。

2) HRB400 钢筋：$f_y = 360\text{N/mm}^2$。

另有 $\beta_c = 1.0$，$\gamma_0 = 1.0$，$\rho_{sv,\min} = 0.24\dfrac{f_t}{f_{yv}} = 0.24 \times \dfrac{1.43}{360} = 0.095\%$。

纵向受力钢筋一层布置，则 $h_0 = h - 45 = (500 - 45)\text{mm} = 455\text{mm}$。

(2) 计算剪力设计值　最危险截面在支座边缘处，该处剪力设计值为 $V = \dfrac{1}{2}ql_n = \left(\dfrac{1}{2} \times 114 \times 3.56\right)\text{kN} = 202.92\text{kN}$

(3) 验算截面尺寸是否符合要求

$$\dfrac{h_w}{b} = \dfrac{h_0}{b} = \dfrac{455}{250} = 1.82 < 4$$

$0.25\beta_c f_c b h_0 = (0.25 \times 1.0 \times 14.3 \times 250 \times 455)\text{N} = 407\text{kN} > V = 202.92\text{kN}$，截面尺寸满足要求。

(4) 判断是否需按计算配置腹筋

$\alpha_{cv} f_t b h_0 = (0.7 \times 1.43 \times 250 \times 455)\text{N} = 113.86\text{kN} < V = 202.92\text{kN}$，需按计算配置腹筋。

(5) 计算腹筋用量　只需配置箍筋，计算如下：

$$\dfrac{nA_{sv1}}{s} \geq \dfrac{V - \alpha_{cv} f_t b h_0}{f_{yv} h_0} = \dfrac{202.92 \times 10^3 - 0.7 \times 1.43 \times 250 \times 455}{360 \times 455}\text{mm}^2/\text{mm} = 0.544\text{mm}^2/\text{mm}$$

选 $\Phi 8$ 双肢箍，则将 $n = 2$、$A_{sv1} = 50.3\text{mm}^2$ 代入上式得

$$s \leq \dfrac{2 \times 50.3}{0.544}\text{mm} = 185\text{mm}，取 s = 180\text{mm} < s_{\max} = 200\text{mm}$$

配箍率 $\rho_{sv} = \dfrac{A_{sv}}{bs} = \dfrac{2 \times 50.3}{250 \times 180} = 0.224\% \geq \rho_{sv,\min} = 0.095\%$，满足要求。

(6) 绘制截面配筋图　截面配筋图如图 11-17 所示。

【例 11-2】　钢筋混凝土矩形截面简支梁，支座处剪力设计值 $V = 90\text{kN}$，梁的截面尺寸 $b \times h = 200\text{mm} \times 450\text{mm}$，混凝土强度等级为 C25，箍筋采用 HPB300 钢筋，已配置了 $2\Phi22 + 1\Phi16$ 纵向受力钢筋和 $\Phi6@150$ 双肢箍，环境类别为一类，安全等级为二级，试验算斜截面承载力是否满足要求。

【解】　本例题属于截面复核类题型。

(1) 确定基本数据

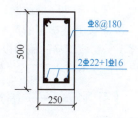

图 11-17　例 11-1 截面配筋图

1) C25 混凝土：$f_c = 11.9 \text{N/mm}^2$，$f_t = 1.27 \text{N/mm}^2$。
2) HPB300 钢筋：$f_y = 270 \text{N/mm}^2$。

另有 $\beta_c = 1.0$，$\gamma_0 = 1.0$，$\rho_{sv,min} = 0.24 \dfrac{f_t}{f_{yv}} = 0.24 \times \dfrac{1.27}{270} = 0.113\%$。

纵向受力钢筋一层布置，则 $h_0 = h - 45 = (450 - 45) \text{mm} = 405 \text{mm}$。

(2) 复核截面尺寸

$$\frac{h_w}{b} = \frac{h_0}{b} = \frac{405}{200} = 2.025 \leqslant 4$$

$0.25\beta_c f_c b h_0 = (0.25 \times 1.0 \times 11.9 \times 200 \times 405) \text{N} = 241 \text{kN} > V = 90 \text{kN}$，截面尺寸满足要求。

(3) 复核配箍率及箍筋的构造要求

$\rho_{sv} = \dfrac{A_{sv}}{bs} = \dfrac{2 \times 28.3}{200 \times 150} = 0.189\% \geqslant \rho_{sv,min} = 0.113\%$，所以箍筋的配箍率、直径、间距均满足要求。

(4) 复核斜截面所能承受的剪力 V_u

$$V_{cs} = \alpha_{cv} f_t b h_0 + f_{yv} \cdot \frac{n \cdot A_{sv1}}{s} \cdot h_0 = (0.7 \times 1.27 \times 200 \times 405 + 270 \times \frac{2 \times 28.3}{150} \times 405) \text{N} = 113.27 \text{kN}$$

$V_u = 90 \text{kN} < V_{cs} = 113.27 \text{kN}$，斜截面承载力满足要求。

三、纵向受力钢筋的弯起和截断

对钢筋混凝土受弯构件，在剪力和弯矩的共同作用下产生的斜裂缝，会导致与其相交的纵向钢筋拉力增加，引起沿斜截面因抗弯承载力不足及锚固不足导致的破坏，因此在设计中除了保证梁的正截面抗弯承载力和斜截面抗剪承载力外，在考虑纵向钢筋弯起、截断及钢筋锚固时，还需在构造上采取措施，保证梁的斜截面抗弯承载力及钢筋的可靠锚固。

(1) 保证截断钢筋强度的充分利用　考虑到在截断钢筋的区段内，纵向受拉钢筋的销栓剪切作用常撕裂混凝土保护层，从而降低黏结作用，使延伸段内钢筋的黏结受力状态比较不利，特别是在弯矩和剪力均较大、截断钢筋较多时，这个问题更为严重。因此，为了保证截断钢筋能充分利用其强度，必须将钢筋从其强度充分利用的截面向外延伸一定的长度，依靠这段长度与混凝土产生的黏结锚固作用维持钢筋足够的拉力。

(2) 保证斜截面抗弯承载力　结构设计中，应选用较长的外伸长度作为纵向受力钢筋的实际延伸长度，以确定其实际的截断点。《混凝土结构设计规范》(GB 50010—2010) 规定，钢筋混凝土连续梁、框架梁支座截面的负弯矩钢筋不宜在受拉区截断。当必须截断时，应符合以下规定：

① 当 V 不大于 $0.7 f_t b h_0$ 时，应延伸至按正截面抗弯承载力计算不需要该钢筋的截面以外不小于 $20d$ 处截断，且从该钢筋强度充分利用截面伸出的长度不应小于 $1.2 l_a$（l_a 为受拉钢筋锚固长度）。

② 当 V 大于 $0.7 f_t b h_0$ 时，应延伸至按正截面抗弯承载力计算不需要该钢筋的截面以外不小于 h_0 且不小于 $20d$ 处截断，且从该钢筋强度充分利用截面伸出的长度不应小于 $1.2 l_a$ 与 h_0 之和。

③ 若按上述确定的截断点仍位于负弯矩对应的受拉区内，则应延伸至按正截面抗弯承载力计算不需要该钢筋的截面以外不小于 $1.3 h_0$ 且不小于 $20d$ 处截断，且从该钢筋强度充分利用截面伸出的长度不应小于 $1.2 l_a$ 与 $1.7 h_0$ 之和。

【引例解析——福州小城镇住宅楼项目中次梁 L-2 的斜截面承载力设计】

(1) 次梁 L-2 的计算简图如图 4-30 所示，则剪力设计值为

$$V = \frac{1}{2} q l_n = \frac{1}{2} \times 20.5433 \times 2.7 \text{kN} = 27.73 \text{kN}$$

（2）验算截面尺寸是否符合要求

$$\frac{h_w}{b} = \frac{h_0}{b} = \frac{255}{200} = 1.275 < 4$$

$0.25\beta_c f_c bh_0 = 0.25 \times 1.0 \times 14.3 \times 200 \times 255\text{N} = 182\text{kN} > V = 27.73\text{kN}$，截面尺寸满足要求。

（3）判断是否需按计算配置腹筋

$\alpha_{cv} f_t bh_0 = 0.7 \times 1.43 \times 200 \times 255\text{N} = 51\text{kN} > V = 27.73\text{kN}$，需按构造配置腹筋。选择Φ8@200的箍筋满足要求。

任务4　验算梁的变形和裂缝宽度

一、受弯构件的挠度验算

钢筋混凝土结构设计除应进行承载能力极限状态计算外，还应根据结构构件的工作条件和使用要求，进行正常使用极限状态验算，以保证结构构件的适用性和耐久性。例如，楼盖中梁、板变形过大会造成粉刷层剥落；支承轻质隔墙（如石膏板）的大梁变形过大会造成墙体开裂；工厂中吊车梁变形过大会妨碍起重机正常行驶，甚至发生安全事故。钢筋混凝土构件裂缝的宽度过大会影响观瞻，并引起使用者的不安；在有侵蚀性液体或气体作用时，裂缝的发展会降低混凝土的抗渗性和抗冻性，使钢筋迅速锈蚀，从而严重影响混凝土的耐久性。

正常使用极限状态验算包括裂缝宽度验算及变形验算。和承载力极限状态相比，超过正常使用极限状态所造成的危害性和严重性往往要小一些，因而对其可靠性的保证率可适当放宽一些，目标可靠指标可降低一些。因此，在进行正常使用极限状态验算中，荷载应采用标准值，材料强度也应采用标准值而不是设计值。

受弯构件的挠度应该满足下列条件：

$$f_{max} \leq [f] \tag{11-12}$$

式中　f_{max}——受弯构件的最大挠度，应按照荷载效应的标准组合并考虑长期作用影响进行计算；

　　　$[f]$——受弯构件的挠度限值。

1. 挠度的计算方法

在材料力学中，对于简支梁挠度计算的一般计算式为

$$f = s\frac{Ml_0^2}{EI} \tag{11-13}$$

式中　f——梁跨中的最大挠度；

　　　M——梁跨中的最大弯矩；

　　　EI——截面抗弯刚度；

　　　s——与荷载形式有关的荷载效应系数，如为均布荷载时，则 $s = 5/48$；

　　　l_0——梁的计算跨度。

受弯构件正常使用极限状态的挠度，可根据考虑长期荷载作用的刚度 B 用结构力学的方法进行计算，用 B 来代替 EI，这样可以得到受弯构件的挠度计算式：

$$f_{max} = s\frac{M_k l_0^2}{B} \leq [f] \tag{11-14}$$

2. 截面抗弯刚度的计算

混凝土受弯构件的变形验算中所用到的截面抗弯刚度，是指构件上一段长度范围内的平均截面抗弯刚度（以下简称刚度）。钢筋混凝土受弯构件的挠度计算问题，关键在于截面抗弯刚度

的取值。考虑到荷载作用时间的影响,这个刚度分为短期刚度 B_s 和长期刚度 B,且两者都随弯矩的增大而减小,随配筋率的降低而减小。因此,计算时一般采用沿长度方向最小刚度原则:在弯矩同号的区段内,按最大弯矩截面确定的刚度值为最小,并认为弯矩同号区段内的刚度相等。

(1) 短期刚度 B_s 钢筋混凝土受弯构件在荷载效应的标准组合作用下的刚度 B_s 简称短期刚度。《混凝土结构设计规范》(GB 50010—2010)规定,钢筋混凝土受弯构件和预应力混凝土受弯构件的短期刚度 B_s,对于矩形截面可按下式计算

$$B_s = \frac{E_s A_s h_0^2}{1.15\psi + 0.2 + 6\rho\alpha_E} \tag{11-15}$$

式中 α_E——钢筋的弹性模量和混凝土的弹性模量的比值,即 $\alpha_E = E_s/E_c$;

ψ——裂缝间纵向受拉钢筋应变不均匀系数,按下式计算:

$$\psi = 1.1 - 0.65\frac{f_{tk}}{\rho_{te}\sigma_s} \tag{11-16}$$

f_{tk}——混凝土抗拉强度标准值;

ρ_{te}——按有效受拉混凝土截面面积计算的纵向受拉钢筋配筋率,对矩形截面可按下式计算:

$$\rho_{te} = \frac{A_s}{A_{te}} = \frac{A_s}{0.5bh} \tag{11-17}$$

σ_s——按荷载效应标准组合计算的构件纵向受拉钢筋的应力,按下式计算:

$$\sigma_s = \frac{M_k}{0.87h_0 A_s} \tag{11-18}$$

M_k——按荷载效应标准组合计算的弯矩,取计算最大区段内的最大弯矩。

当 $\psi < 0.2$ 时,取 $\psi = 0.2$;当 $\psi > 1$ 时,取 $\psi = 1$。

(2) 长期刚度 B 对于受弯构件的变形计算,《混凝土结构设计规范》(GB 50010—2010)规定,按荷载标准组合并考虑荷载长期效应影响的刚度 B 进行计算,并建议用荷载长期作用对挠度增大的影响系数 θ 来考虑荷载长期效应对刚度的影响。

$$B = \frac{M_k}{M_q(\theta - 1) + M_k} B_s \tag{11-19}$$

式中 M_q——按荷载效应准永久组合计算的弯矩;

θ——荷载长期作用对挠度增大的影响系数,按下式计算:

$$\theta = 2 - 0.4\frac{\rho'}{\rho} \geq 1.6 \tag{11-20}$$

ρ'——受压钢筋配筋率,即 $\rho' = \frac{A'_s}{bh_0}$。

经过计算,当不满足式 (11-12) 的要求时,表示受弯构件的刚度不足,应设法予以提高。理论上讲,提高混凝土强度等级、增加纵向钢筋的数量、选择合理的截面形状(如 T 形、I 形等),都能提高梁的抗弯刚度,但效果最为显著的是增加梁的截面高度。

二、受弯构件的裂缝宽度验算

1. 裂缝宽度限值

《混凝土结构设计规范》(GB 50010—2010)根据环境类别将钢筋混凝土和预应力混凝土结构的裂缝控制等级划分为三级:

1) 一级——严格要求不出现裂缝的构件,按荷载效应标准组合计算时,构件受拉边缘混凝

土不应产生拉应力。

2）二级——一般要求不出现裂缝的构件，按荷载效应标准组合计算时，构件受拉边缘混凝土的拉应力不应大于混凝土轴心抗拉强度标准值；按荷载效应准永久组合计算时，构件受拉边缘混凝土不宜产生拉应力（当有可靠经验时可适当放宽要求）。

3）三级——允许出现裂缝的构件，按荷载效应标准组合并考虑长期作用影响计算时，构件的最大裂缝宽度不应超过最大裂缝宽度限值 ω_{lim} 值。

最大裂缝宽度限值按表 11-6 采用，它是根据结构构件所处的环境类别确定的。

表 11-6 结构构件的裂缝控制等级及最大裂缝宽度限值 （单位：mm）

环境类别	钢筋混凝土结构		预应力混凝土结构	
	裂缝控制等级	ω_{lim}	裂缝控制等级	ω_{lim}
一	三级	0.30（0.40）	三级	0.20
二 a		0.20		0.10
二 b			二级	—
三 a、三 b			一级	—

注：1. 对处于年平均相对湿度小于 60% 地区一类环境下的受弯构件，其最大裂缝宽度限值可采用括号内的数值。
2. 在一类环境下，对钢筋混凝土屋架、托架及需进行疲劳验算的吊车梁，其最大裂缝宽度限值应取 0.20mm；对钢筋混凝土屋面梁和托梁，其最大裂缝宽度限值应取 0.30mm。
3. 在一类环境下，对预应力混凝土屋架、托架及双向板体系，应按二级裂缝控制等级进行验算；在一类环境下的预应力混凝土屋面梁、托梁、单向板，应按表中二 a 类环境的要求进行验算；在一类和二 a 类环境下需进行疲劳验算的预应力混凝土吊车梁，应按裂缝控制等级不低于二级的要求进行验算。
4. 表中规定的预应力混凝土构件的裂缝控制等级和最大裂缝宽度限值仅适用于正截面的验算；预应力混凝土构件的斜截面裂缝控制验算应符合专门标准的有关规定。
5. 对于烟囱、筒仓和处于液体压力下的结构构件，其裂缝控制要求应符合专门标准的有关规定。
6. 对于处于四类、五类环境下的结构构件，其裂缝控制要求应符合专门标准的有关规定。
7. 表中的最大裂缝宽度限值用于验算由荷载作用引起的最大裂缝宽度。

2. 减小裂缝宽度的有效措施

当裂缝宽度较大，构件不能满足最大裂缝宽度限值要求时，可考虑采取以下措施来减小裂缝宽度：

1）增大配筋率。
2）在钢筋截面面积相同的情况下，采用较小直径的钢筋。
3）采用变形钢筋。
4）提高混凝土强度等级。
5）增大构件截面尺寸。
6）减小混凝土保护层厚度。

其中，保证承载力要求的前提下采用较小直径的变形钢筋是减小裂缝宽度的最简单而经济的措施。

3. 裂缝宽度的计算

《混凝土结构设计规范》（GB 50010—2010）规定，最大裂缝宽度 ω_{max} 按下式计算：

$$\omega_{max} = \alpha_{cr}\psi\frac{\sigma_s}{E_s}\left(1.9c_s + 0.08\frac{d_{eq}}{\rho_{te}}\right) \qquad (11-21)$$

式中 α_{cr}——构件受力特征系数，对于钢筋混凝土受弯、偏压构件取 $\alpha_{cr}=1.9$；对于钢筋混凝土偏拉构件取 $\alpha_{cr}=2.4$；对于钢筋混凝土轴心受拉构件取 $\alpha_{cr}=2.7$；

c_s——最外层纵向受力钢筋外边缘至受拉区底边的距离,当 $c_s < 20\text{mm}$ 时,取 $c_s = 20\text{mm}$;当 $c_s > 65\text{mm}$ 时,取 $c_s = 65\text{mm}$;

d_{eq}——受拉区纵向受力钢筋的等效直径,当钢筋直径不同时,$d_{eq} = \dfrac{4A_s}{u}$,u 为受拉区纵向钢筋的总周长;

其他符号意义同前。

【引例解析——福州小城镇住宅楼项目中梁的变形分析】

福州小城镇住宅楼项目中的梁 L-2,安全等级为二级,设计使用年限为 50 年,处于一类环境,截面尺寸为 $b \times h = 200\text{mm} \times 300\text{mm}$,承受永久荷载标准值为 $g_k = 8.261\text{kN/m}$,可变荷载标准值为 $q_k = 6.536\text{kN/m}$,准永久值系数 $\varphi_q = 0.4$。截面按抗弯承载力计算配置 2⌀14 的纵向受力钢筋,选用 C30 混凝土和 HRB335 钢筋,梁的允许挠度 $[f] = l_0/200$,最大裂缝宽度限值 $\omega_{lim} = 0.3\text{mm}$。试验算梁 L-2 的变形和裂缝宽度。

1. 梁 L-2 的变形验算

(1) 确定基本数据

1) C30 混凝土:$E_c = 3.0 \times 10^4 \text{N/mm}^2$,$f_{tk} = 2.01 \text{N/mm}^2$。

2) HRB335 钢筋:$E_s = 2 \times 10^5 \text{N/mm}^2$。

纵向受力钢筋一层布置,则 $h_0 = h - 45 = (300 - 45)\text{mm} = 255\text{mm}$。

(2) 计算梁内最大弯矩

1) 按荷载效应标准组合作用下的跨中最大弯矩为

$$M_k = \frac{1}{8}(g_k + q_k)l_0^2 = \left[\frac{1}{8} \times (8.261 + 6.536) \times 3^2\right]\text{kN} \cdot \text{m} = 16.65\text{kN} \cdot \text{m}$$

2) 按荷载效应准永久组合作用下的跨中最大弯矩为

$$M_k = \frac{1}{8}(g_k + \varphi_q q_k)l_0^2 = \left[\frac{1}{8} \times (8.261 + 0.4 \times 6.536) \times 3^2\right]\text{kN} \cdot \text{m} = 12.23\text{kN} \cdot \text{m}$$

(3) 计算短期刚度 B_s

$$\sigma_s = \frac{M_k}{0.87h_0 A_s} = \frac{16.65 \times 10^6}{0.87 \times 255 \times 308}\text{N/mm}^2 = 243.67\text{N/mm}^2$$

$$\rho_{te} = \frac{A_s}{A_{te}} = \frac{A_s}{0.5bh} = \frac{308}{0.5 \times 200 \times 300} = 0.01$$

$$\psi = 1.1 - 0.65\frac{f_{tk}}{\rho_{te}\sigma_s} = 1.1 - 0.65 \times \frac{2.01}{0.01 \times 243.67} = 0.564$$

$$\alpha_E = E_s/E_c = \frac{2 \times 10^5}{3.0 \times 10^4} = 6.67$$

$$\rho = \frac{A_s}{bh_0} = \frac{308}{200 \times 255} = 0.604\%$$

$$B_s = \frac{E_s A_s h_0^2}{1.15\psi + 0.2 + 6\rho\alpha_E} = \frac{2 \times 10^5 \times 308 \times 255^2}{1.15 \times 0.564 + 0.2 + 6 \times 0.604\% \times 6.67} = 3.67 \times 10^{12}$$

(4) 计算长期刚度 B

因为 $\rho' = 0$,则 $\theta = 2 - 0.4\dfrac{\rho'}{\rho} = 2$。

$$B = \frac{M_k}{M_q(\theta-1)+M_k}B_s = \frac{16.65}{12.23\times(2-1)+16.65}\times 3.67\times 10^{12} = 2.12\times 10^{12}$$

（5）验算该梁的挠度

$$f_{max} = s\frac{M_k l_0^2}{B} = \frac{5}{48}\times\frac{16.65\times 10^6\times 3000^2}{2.12\times 10^{12}}\text{mm} = 7.363\text{mm} \leqslant [f] = \frac{l_0}{200} = \frac{3000}{200}\text{mm} = 15\text{mm}，则满足要求。$$

2. 梁 L-2 的裂缝宽度验算

（1）确定基本数据　　$\alpha_{cr} = 1.9$，$\psi = 0.564$，$\sigma_s = 243.67\text{N/mm}^2$，$\rho_{te} = 0.01$，$c_s = 20$。

（2）裂缝宽度验算

$$\omega_{max} = \alpha_{cr}\psi\frac{\sigma_s}{E_s}\left(1.9c_s + 0.08\frac{d_{eq}}{\rho_{te}}\right) = \left[1.9\times 0.564\times\frac{243.67}{2\times 10^5}\times\left(1.9\times 20 + 0.08\times\frac{14}{0.01}\right)\right]\text{mm}$$
$$= 0.196\text{mm}$$

因 $\omega_{max} = 0.196\text{mm} < \omega_{lim} = 0.3\text{mm}$，则满足要求。

任务 5　绘制梁的平法施工图

梁的平法施工图一般在梁平面布置图上采用平面注写方式或截面注写方式进行表达。

一、平面注写方式

平面注写方式是指在梁平面布置图上，分别在不同编号的梁中各选一根梁，在其上注写截面尺寸和配筋的具体数值，以此来表达梁平法施工图，如图11-18所示。图11-18中的4个梁剖面图采用传统表示方法绘制，用于对比按平面注写方式表达的同样内容。实际采用平面注写方式表达时，不需绘制梁剖面图和图中相应的剖切符号。平面注写包括集中标注与原位标注，集中标注表达梁的通用数值，原位标注表达梁的特殊数值。当集中标注中的某项数值不适用于梁的某部位时，则将该数值进行原位标注。施工时，原位标注取值优先。

梁的平法施工图识读

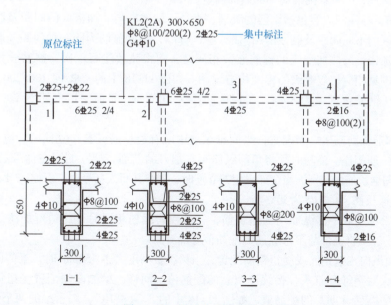

图 11-18　梁平法施工图示例

1. 梁编号

梁编号由梁类型代号、序号、跨数及有无悬挑代号几项按顺序排列组成,并应符合表 11-7 的规定。

表 11-7 梁编号

梁类型	代号	序号	跨数及是否有悬挑
楼层框架梁	KL	××	(××)、(××A) 或 (××B)
楼层框架扁梁	KBL	××	(××)、(××A) 或 (××B)
屋面框架梁	WKL	××	(××)、(××A) 或 (××B)
框支梁	KZL	××	(××)、(××A) 或 (××B)
托柱转换梁	TZL	××	(××)、(××A) 或 (××B)
非框架梁	L	××	(××)、(××A) 或 (××B)
悬挑梁	XL	××	(××)、(××A) 或 (××B)
井字梁	JZL	××	(××)、(××A) 或 (××B)

表 11-7 中的（××A）表示梁一端有悬挑,（××B）表示梁两端有悬挑,悬挑不计入跨数。如图 11-18 中的"KL2（2A）"表示第 2 号框架梁,2 跨,一端有悬挑。

2. 集中标注

梁集中标注有以下 6 项内容,其中前 5 项为必注值,最后 1 项为选注值（集中标注可以从梁的任意一跨引出）,具体规定如下：

1）梁编号,按表 11-7 的规定编号。

2）梁截面尺寸,当为等截面梁时,用 $b \times h$ 表示（b 为梁截面宽度,h 为梁截面高度）；当为悬挑梁且根部和端部的高度不同时,用斜线分隔根部与端部的高度值,即 $b \times h_1/h_2$（h_1 为悬挑梁根部的截面高度,h_2 为悬挑梁端部的截面高度）。

3）梁箍筋,标注的内容包括钢筋的级别、直径、加密区与非加密区的间距及肢数。箍筋加密区与非加密区的不同间距及肢数需用斜线"/"分隔；当梁箍筋为同一种间距及肢数时,则不需用斜线；当加密区与非加密区的箍筋肢数相同时,则将肢数注写一次,箍筋肢数应写在括号内。加密区范围见相应抗震等级的标准构造详图。如图 11-18 中的"Φ8@100/200（2）",表示箍筋为 HPB300 钢筋,直径为 8mm,加密区间距为 100mm,非加密区间距为 200mm,均为双肢箍。

4）梁上部通长筋或架立筋配置,当同排纵筋中既有通长筋又有架立筋时,应用加号"+"将通长筋和架立筋相连。注写时须将角部纵筋写在加号的前面,架立筋写在加号后面的括号内,以示不同直径与通长筋的区别。当全部采用架立筋时,则将其写入括号内。例如,2⎓22 +（4⎓12）中的 2⎓22 为通长筋,4⎓12 为架立筋。

当梁的上部纵筋和下部纵筋均为通长筋,且多数跨配筋相同时,此项可加注下部纵筋的配筋值,用分号";"将上部与下部纵筋的配筋值分隔开来。

5）梁侧面纵向构造钢筋或受扭钢筋配置,当梁腹板高度大于 450mm 时,梁侧面须配置纵向构造钢筋,用大写字母 G 打头,接续注明总的配筋值。同样,梁侧面须配置受扭钢筋时,用大写字母 N 打头,接续注明总的配筋值。如图 11-18 中的"G4Φ10",表示梁的两个侧面共配置 4 根直径为 10mm 的 HPB300 纵向构造钢筋。

6）梁顶面标高高差，当某梁的顶面高于所在结构层的楼面标高时，其标高高差为正值；反之为负值，高差值必须写入括号内。

3. 原位标注

当集中标注中的梁支座上部纵筋和梁下部纵筋数值不适用于梁的该部位时，则将该数值进行原位标注。

1）梁支座上部纵筋，该部位含通长筋在内的所有纵筋，对其标注的规定如下：

① 当上部纵筋多于一排时，用斜线"/"将各排纵筋自上而下分开。如图 11-18 中梁支座上部纵筋注写为"6 Φ 25 4/2"，则表示上一排纵筋为 4 Φ 25，下一排纵筋为 2 Φ 25。

② 当同排纵筋有两种直径时，用"+"将两种直径的纵筋相连，注写时将角部纵筋写在前面。如图 11-18 中，左端支座处注写"2 Φ 25 + 2 Φ 22"，表示梁支座上部有 4 根纵筋，2 Φ 25 放在角部，2 Φ 22 放在中部。

③ 当梁中间支座两边的上部纵筋不同时，必须在支座两边分别标注；当梁中间支座两边的上部纵筋相同时，可仅在支座的一边标注配筋值，另一边可省不注。

④ 对于端部带悬挑的梁，其上部纵筋注写在悬挑梁根部的支座部位。当支座两边的上部纵筋相同时，可仅在支座的一边标注配筋值。

2）梁支座下部纵筋注写要求：

① 当梁下部纵筋多于一排或同排纵筋有两种直径时，标注规则同梁支座上部纵筋。另外，当梁下部纵筋不全部伸入支座时，将梁支座下部纵筋减少的数量写在括号内。

② 对于附加箍筋或吊筋，将其直径画在平面图中的主梁上，用指引线引注总配筋值（附加箍筋的肢数注在括号内），如图 11-19 所示。

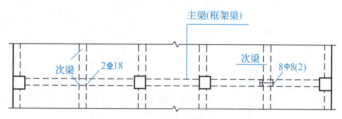

图 11-19　附加箍筋或吊筋的画法示例

二、截面注写方式

截面注写方式是指在分标准层绘制的梁平面布置图上，分别在不同编号的梁上选择一根梁用剖面符号引出配筋图，并在其上注写截面尺寸和配筋具体数值，以此来表达梁平法施工图，如图 11-20 所示，具体规定如下：

1）对梁进行编号，从相同编号的梁中选择一根梁，先将"单边截面号"画在该梁上，再将截面配筋详图画在本图中或其他图上。当某梁的顶面标高与结构层的楼面标高不同时，尚应在梁编号后注写梁顶面标高高差（注写规定同平面注写方式）。

2）在截面配筋详图上要注明截面尺寸、上部筋、下部筋、侧面构造筋或受扭筋及箍筋的具体数值，其表达方式与平面注写方式相同。

截面注写方式既可单独使用，也可与平面注写方式结合使用。

【引例解析——福州小城镇住宅楼项目中梁的平法施工图绘制】

绘制的福州小城镇住宅楼项目中梁的平法施工图（局部）如图 11-21 所示。

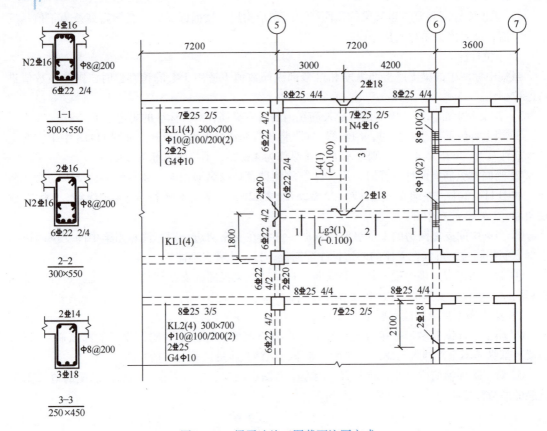

图 11-20 梁平法施工图截面注写方式

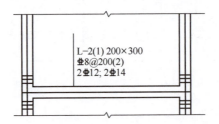

图 11-21 福州小城镇住宅楼项目中梁的平法施工图（局部）

课后巩固与提升

二、实训题

1. 已知梁的截面尺寸 $b=250\text{mm}$、$h=500\text{mm}$，混凝土强度等级为 C40，采用 HRB400 钢筋，承受弯矩设计值 $M=300\text{kN}\cdot\text{m}$，结构安全等级为二级，环境类别为一类，设计使用年限为 50 年。试计算需配置的纵向受力钢筋。

2. 某均布荷载作用下的矩形截面简支梁，计算跨度 $l_0=6.06\text{m}$，承受均布荷载设计值 $q=72\text{kN}/\text{m}^2$（包括梁的自重），截面尺寸为 $b=250\text{mm}$、$h=550\text{mm}$，混凝土强度等级为 C30，箍筋采用 HRB400 钢筋，纵向受拉钢

项目11：一、单项选择题

筋一层布置，结构安全等级为二级，环境类别为一类，设计使用年限为 50 年。试求腹筋用量。

3. 某教学楼楼盖平面布置如图 11-22 所示，楼面构造层次分别为：30mm 厚水磨石面层，50mm 厚素混凝土垫层，120mm 厚预制钢筋混凝土楼板，20mm 厚板底石灰砂浆抹灰。楼面活荷载为 2.5kN/m²，结构安全等级为二级，环境类别为一类，设计使用年限为 50 年。梁的材料为 C35 混凝土、HRB400 钢筋。试设计楼盖大梁 L-1。

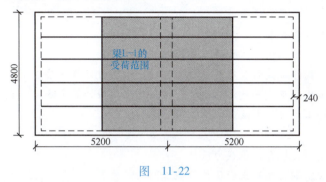

图 11-22

4. 已知某简支梁截面尺寸为 $b=200\text{mm}$、$h=450\text{mm}$，混凝土强度等级为 C30，纵向受拉钢筋为 3⊈16，承受的弯矩设计值 $M=65\text{kN}\cdot\text{m}$，环境类别为一类，安全等级为二级，设计使用年限为 50 年。试验算此截面是否安全。

5. 某钢筋混凝土矩形截面简支梁，计算跨度 $l_0=6.3\text{m}$，截面尺寸 $b\times h=250\text{mm}\times550\text{mm}$，承受永久荷载标准值 $g_k=42\text{kN/m}$（包括自重），可变荷载标准值 $q_k=5\text{kN/m}$，混凝土强度等级为 C30，钢筋牌号为 HRB400，环境类别为一类，安全等级为二级，设计使用年限为 50 年。请确定纵向钢筋和箍筋的数量，并验算该梁的变形及裂缝宽度是否满足要求，画出截面配筋图。

三、案例分析

"中国尊"大厦（北京中信大厦）位于北京市朝阳区东三环北京商务中心区（CBD）核心区 Z15 地块，总建筑面积约 43.7 万 m²（地上约 35 万 m²，地下约 8.7 万 m²），主要建筑功能为办公、观光和商业。该大厦地上 108 层，地下 7 层（局部设夹层），建筑高度 528m，外轮廓尺寸从底部的 78m×78m 向上渐收紧至 54m×54m，再向上渐放大至顶部的 59m×59m，似古代酒器"樽"而得名。通过查阅相关资料解决以下问题：

（1）"中国尊"大厦采用什么结构形式？
（2）分析外框架筒的剪切受力性能。

职 考 链 接

项目 11：职考链接

项目 12　设　计　柱

【知识目标】
1. 掌握柱的一般构造要求。
2. 掌握钢筋混凝土受压构件工作的基本原理。
3. 掌握轴心受压构件正截面破坏的类型、特征及承载力计算方法。
4. 掌握偏心受压构件正截面破坏的类型、特征及承载力计算方法。
5. 掌握受压柱施工图绘制方法。

【能力目标】
1. 能对简单的受压构件进行承载力设计。
2. 具有识读和绘制钢筋混凝土受压构件施工图的能力。
3. 能处理建筑工程施工过程中受压构件的简单结构问题。

【素质目标】
1. 培养学生应用力学思维分析问题、解决问题的意识。
2. 培养学生的规范意识、标准意识、法律意识和质量意识。
3. 培养学生知识迁移的能力和精益求精的职业素养。

【引例分析——福州小城镇住宅楼项目中柱的设计】

项目 4 中的图 4-32 为福州小城镇住宅楼项目的三层框架柱 KZ1 计算简图，图中的柱属于受压构件，要想在承受并传递荷载的状态下正常工作，柱截面应有多大尺寸？柱的混凝土强度等级应如何取值？柱中应该配置哪些钢筋？这些钢筋应如何选择？这些问题涉及受压构件的一般构造要求、承载力计算等。

以承受轴向压力为主的构件属于受压构件。例如，多层和高层建筑中的框架柱、剪力墙、单层厂房柱、屋架的上弦杆和受压腹杆等均属于受压构件。受压构件在结构中起着重要的作用，一旦发生破坏，有可能影响整个结构的安全，因此不可忽视受压构件的设计。

当轴向压力的作用线与结构构件的截面重心轴重合时，该结构构件称为轴心受压构件；当轴向压力和弯矩共同作用于结构构件的截面上或轴向压力的作用线与截面重心轴不重合时，该结构构件称为偏心受压构件。偏心受压构件按照偏心力在截面上作用位置的不同又可分为单向偏心受压构件和双向偏心受压构件，如图 12-1 所示。

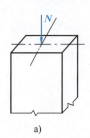
a)

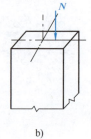
b)

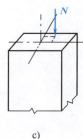
c)

图 12-1　受压构件
a) 轴心受压　b) 单向偏心受压　c) 双向偏心受压

任务1 确定柱的截面及构造

一、材料强度要求

受压构件的承载力主要取决于混凝土强度等级，采用较高强度等级的混凝土可以减小构件的截面尺寸，节省钢材，因而柱中混凝土一般宜采用较高的强度等级。一般柱中采用 C25 及以上强度等级的混凝土；对于高层建筑的底层柱可采用更高强度等级的混凝土，例如 C40 或以上强度等级。

《混凝土结构设计规范》（GB 50010—2010）规定受压钢筋的抗压强度设计值为 $400N/mm^2$，其原因是受压钢筋要与混凝土共同工作，钢筋应变受到混凝土极限压应变的限制，而混凝土极限压应变很小，所以高强度钢筋的抗压强度不能充分利用。纵向钢筋一般采用 HRB400 热轧钢筋，也可采用 HRB500、RRB400 钢筋；箍筋一般采用 HPB300 钢筋，也可采用 HRB400 钢筋。

二、截面形式和尺寸

钢筋混凝土受压构件通常采用正方形或矩形截面，以便制作模板。一般轴心受压柱以正方形为主，偏心受压柱以矩形为主。当有特殊要求时，也可采用其他形式的截面，如轴心受压柱可采用圆形、多边形等，偏心受压柱还可采用 I 形、T 形等。

为了充分利用材料强度，避免构件因长细比太大而降低构件承载力，柱截面尺寸不宜过小，一般应符合 $l_0/h \leqslant 25$ 及 $l_0/b \leqslant 30$ 的要求（其中 l_0 为柱的计算长度，h 和 b 分别为柱截面的高度和宽度）。对于正方形和矩形截面，其尺寸不宜小于 250mm×250mm。为了便于模板尺寸的模数化，柱截面边长在 800mm 以下的，宜取 50mm 的倍数；在 800mm 以上的，取 100mm 的倍数。

对于工字形截面，为防止翼缘太薄使构件过早出现裂缝，翼缘厚度不宜小于 120mm；为避免混凝土浇捣困难，腹板厚度不宜小于 100mm。抗震区使用工字形截面柱时，其腹板宜再加厚些。当腹板开孔时，宜在孔洞周边每边设置 2~3 根直径不小于 8mm 的补强钢筋，每个方向补强钢筋的截面面积不宜小于该方向被截断钢筋的截面面积。

三、纵向受力钢筋

轴心受压构件的荷载主要由混凝土承担，设置纵向受力钢筋的目的是：协助混凝土承受压力，减小截面尺寸；承受可能的弯矩，以及由混凝土收缩和温度变形引起的拉应力；防止构件发生突然的脆性破坏。

轴心受压柱的纵向受力钢筋应沿截面四周均匀对称布置，偏心受压柱的纵向受力钢筋布置在弯矩作用方向的两对边，圆柱中纵向受力钢筋宜沿周边均匀布置。

偏心受压构件的纵向钢筋配置方式有两种：一种方式是在柱弯矩作用方向的两对边对称配置相同的纵向受力钢筋，这种方式称为对称配筋，对称配筋构造简单、施工方便、不易出错，但用钢量较大；另一种方式是非对称配筋，即在柱弯矩作用方向的两对边配置不同的纵向受力钢筋，非对称配筋的优（缺）点与对称配筋相反。在实际工程中，为避免吊装出错，装配式柱一般采用对称配筋。屋架上弦、多层框架柱等偏心受压构件，由于在不同荷载（如风荷载、竖向荷载）组合下，在同一截面内可能要承受不同方向的弯矩，即在某一种荷载组合作用下受拉的部位在另一种荷载组合作用下可能受压，当这两种不同符号的弯矩相差不大时，为了设计、施工方便，通常也采用对称配筋。

纵向受力钢筋应根据计算确定，同时符合下列规定：

1）纵向受力钢筋的直径不宜小于 12mm，通常在 12~32mm 范围内选用。为了减少钢筋在施工时可能产生的纵向弯曲，纵向受力钢筋宜采用较粗的钢筋，以保证钢筋骨架的刚度。正方形和矩形截面柱中纵向受力钢筋不少于 4 根，圆柱中不宜少于 8 根且不应少于 6 根。受压构件纵向钢筋的最小配筋率应符合规范的规定，从经济和施工方便（不使钢筋太密集）角度考虑，全部纵向受力钢筋的配筋率不宜超过5%。受压钢筋的配筋率一般不超过3%，通常为0.5%～2%。

2）纵向受力钢筋的净距不应小于50mm，偏心受压柱中垂直于弯矩作用平面的侧面上的纵向受力钢筋及轴心受压柱中各边的纵向受力钢筋的中距不宜大于300mm。对水平浇筑的预制柱，其纵向受力钢筋的最小净距可按梁的有关规定采用。

图12-2表示的是使用可调节的角钢定位箍来控制柱筋间距（定位箍可重复利用）。

四、纵向受力钢筋

对于偏心受压柱，当截面高度 $h \geq 600$ mm 时，在柱的侧面应设置直径不小于10mm的纵向受力钢筋，并相应地设置复合箍筋或拉筋，如图12-3所示。

图12-2 使用可调节的角钢定位箍来控制柱筋间距

纵向受力钢筋的连接可采用绑扎搭接、机械连接或焊接。构件中的纵向受压钢筋当采用绑扎搭接时，其受压搭接长度不应小于纵向受拉钢筋搭接长度的70%，且不应小于200mm。纵向受力钢筋的机械连接接头宜相互错开，钢筋机械连接区段的长度为35d，d为连接钢筋的最小直径。凡接头中点位于该连接区段长度内的机械连接接头，均属于同一连接区段。纵向受力钢筋的焊接接头应相互错开，钢筋焊接接头连接区段的长度为35d且不小于500mm，d为连接钢筋的最小直径。凡接头中点位于该连接区段长度内的焊接接头，均属于同一连接区段。

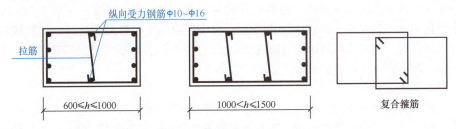

图12-3 偏心受压柱纵向受力钢筋的设置

五、箍筋

受压构件中箍筋的作用是保证纵向钢筋的位置正确，并与其形成钢筋骨架，防止纵向受力钢筋发生压屈，同时还可提高柱的抗剪承载力。

为防止纵向受力钢筋发生压屈，柱中箍筋应制成封闭式。对于截面形状复杂的构件，不可采用具有内折角的箍筋，避免产生向外的拉力使折角处的混凝土破损，如图12-4所示。

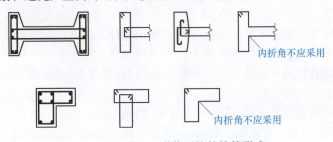

图12-4 Ⅰ形及L形截面柱的箍筋形式

箍筋的直径不应小于 $d/4$（d 为纵向受力钢筋的最大直径），且不应小于 6mm。箍筋的间距不应大于 400mm 及构件截面的短边尺寸，且不应大于 $15d$（d 为纵向受力钢筋的最小直径）。当柱中全部纵向受力钢筋配筋率大于 3% 时，箍筋直径不应小于 8mm；其间距不应大于 $10d$，且不应大于 200mm；箍筋末端应做成 135°弯钩，弯钩末端平直段长度不应小于 $10d$（d 为纵向受力钢筋的最小直径）。

当柱截面的短边尺寸大于 400mm 且各边纵向受力钢筋多于 3 根，或当柱截面的短边尺寸不大于 400mm 但各边纵向受力钢筋多于 4 根时，应设置复合箍筋，如图 12-5 所示。

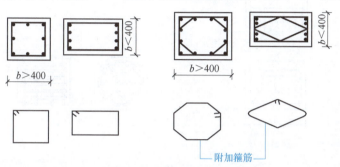

图 12-5　复合箍筋的设置

图 12-6 是某工程中梁、柱核心箍的设置情况。

图 12-6　某工程中梁、柱核心箍的设置情况

任务 2　设计轴心受压柱

按照箍筋的配置方式，钢筋混凝土轴心受压柱可分为两种：一种是配置纵向钢筋和普通箍筋的柱，如图 12-7a 所示，称为普通箍筋柱；另一种是配置纵向钢筋和螺旋箍筋（图 12-7b）或焊接环形箍筋（图 12-7c）的柱，称为螺旋箍筋柱或焊接环形箍筋柱。

需要指出的是，在实际工程结构中，几乎不存在真正的轴心受压构件。由于荷载作用位置偏差、配筋不对称以及施工误差等原因，总是或多或少存在初始偏心距。但是，当这种偏心距很小时，如只承受节点荷载的屋架受压弦杆和腹杆、以恒荷载为主的等跨多层框架房屋的内柱等（图 12-8），内力和变形与轴心受压情况相比偏差很小，可近似按轴心受压构件计算。此外，偏心受压构件垂直于弯矩作用平面的承载力验算也按轴心受压构件计算。

一、轴心受压柱的受力特点和破坏形态

当柱为矩形截面时，长细比 $l_0/b \leq 8$ 的为短柱，$l_0/b > 8$ 的为长柱，其中 l_0 为计算长度，b 为截面短边长度。试验表明，轴心受压短柱与轴心受压长柱的受力特点和破坏形态是不相同的。

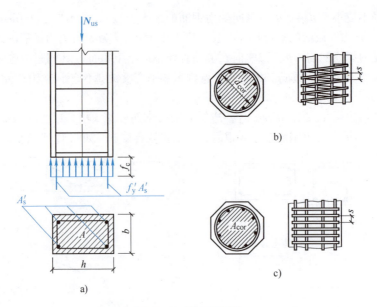

图 12-7 轴心受压柱

a) 普通箍筋柱　b) 螺旋箍筋柱　c) 焊接环形箍筋柱

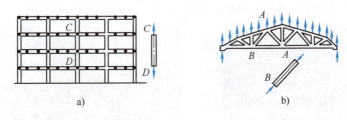

图 12-8 工程中常见的轴心受压构件

a) 框架结构房屋中的柱　b) 屋架的受压腹杆

1. 轴心受压短柱的受力特点和破坏形态

轴心受压短柱在轴心力作用下,整个截面的压应变沿构件长度基本是均匀分布的。由于钢筋与混凝土之间黏结力的存在,从开始加载直至破坏,两者的应变基本相同,即混凝土与纵向受力钢筋始终保持共同变形。

当荷载较小时,混凝土和钢筋均处于弹性工作阶段,柱压缩变形的增加与荷载的增加成正比,混凝土压应力和钢筋压应力的增加与荷载的增加也成正比。当荷载较大时,由于混凝土塑性变形的发展,压缩变形的增加速度快于荷载增加的速度,而钢筋的压应力比混凝土的压应力增加得更快,如图 12-9 所示,即钢筋和混凝土之间的应力出现了重分布现象。随着荷载的继续增加,柱中开始出现微细裂缝,在临近破坏荷载时,柱四周出现明显的纵向裂缝,纵向受力钢筋在箍筋间呈灯笼状向外压屈,混凝土达到轴心抗压强度后被压碎,柱被破坏,如图 12-10 所示。

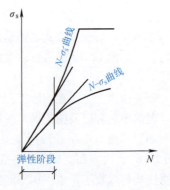

图 12-9 轴心受压短柱的 $N\text{-}\sigma_s$ 曲线

在进行构件计算时,通常取混凝土轴心受压的极限应变值为 0.002 作为控制条件,认为此时混凝土达到了轴心抗压强度 f_c。相应地,当混凝土被压碎时,纵

向钢筋的应力 $\sigma_s = \varepsilon_s E_s \approx 0.002 \times 200000\text{N/mm}^2 = 400\text{N/mm}^2$。因此，如果构件采用 HPB300、HRB400 和 RRB400 钢筋作为纵向钢筋，则混凝土发生破坏时钢筋的应力已达到屈服强度；如果采用高强度钢筋作为纵向钢筋，则混凝土发生破坏时钢筋的应力达不到屈服强度，不能充分利用。

由以上分析可知，轴心受压短柱在达到承载能力极限状态时的截面应力情况如图 12-11 所示。此时，混凝土的应力达到其轴心抗压强度设计值 f_c，受压钢筋的应力达到抗压强度设计值 f'_y。

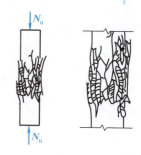

图 12-10 轴心受压短柱的破坏

轴心受压短柱的承载力由混凝土承担的压力和钢筋承担的压力两部分组成：

$$N_{us} = f_c A + f'_y A'_s \tag{12-1}$$

式中　N_{us}——轴心受压短柱的承载力；

　　　f_c——混凝土轴心抗压强度设计值；

　　　f'_y——纵向钢筋抗压强度设计值；

　　　A——构件截面面积；

　　　A'_s——全部纵向钢筋的截面面积。

2. 轴心受压长柱的受力特点和破坏形态

轴心受压长柱由于材料本身的不均匀性、施工时的尺寸误差等原因，存在初始偏心距，加载后会在构件中产生附加弯矩和相应的侧向挠度，而侧向挠度又加大了原来的初始偏心距。随着荷载的增加，附加弯矩和侧向挠度不断加大，这样相互影响的结果，最终使轴心受压长柱在轴心压力和弯矩的共同作用下发生破坏。破坏时，首先在凹侧出现纵向裂缝；随后混凝土被压碎，纵向钢筋因压屈而向外凸出，凸侧混凝土出现垂直于纵轴方向的横向裂缝，侧向挠度迅速增大，构件被破坏，如图 12-12 所示。对于特别细长的柱，甚至还可能发生失稳破坏。

试验表明，轴心受压长柱的承载力要低于同条件下的轴心受压短柱的承载力。《混凝土结构设计规范》（GB 50010—2010）采用系数 φ 来反映这种承载力随长细比增大而降低的现象，一般称其为稳定系数。稳定系数主要与构件的长细比有关。轴心受压构件的稳定系数取值见表 12-1。

轴心受压长柱的承载力为

$$N_{ul} = \varphi N_{us} \tag{12-2}$$

式中　φ——轴心受压构件的稳定系数。

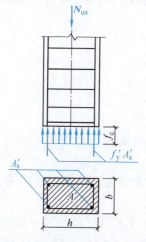

图 12-11 轴心受压短柱截面应力情况

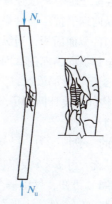

图 12-12 轴心受压长柱的破坏

表 12-1 轴心受压构件的稳定系数 φ

l_0/b	≤8	10	12	14	16	18	20	22	24	26	28
l_0/d	≤7	8.5	10.5	12	14	15.5	17	19	21	22.5	24
l_0/i	≤28	35	42	48	55	62	69	76	83	90	97
φ	1.0	0.98	0.95	0.92	0.87	0.81	0.75	0.70	0.65	0.60	0.56
l_0/b	30	32	34	36	38	40	42	44	46	48	50
l_0/d	26	28	29.5	31	33	34.5	36.5	38	40	41.5	43
l_0/i	104	111	118	125	132	139	146	153	160	167	174
φ	0.52	0.48	0.44	0.40	0.36	0.32	0.29	0.26	0.23	0.21	0.19

轴心受压柱和偏心受压柱的计算长度 l_0 可按下列规定取用：

1）一般多层房屋中梁、柱为刚接的框架结构，各层柱的计算长度 l_0 可按表 12-2 的规定取用。

表 12-2 框架结构各层柱的计算长度 l_0

序号	楼盖类型	柱的类别	计算长度 l_0
1	现浇楼盖	底层柱	$1.0H$
		其余各层柱	$1.25H$
2	装配式楼盖	底层柱	$1.25H$
		其余各层柱	$1.5H$

注：表中 H：底层柱为从基础顶面到一层楼面的高度，其余各层柱为上下两层楼盖顶面之间的高度。

2）刚性屋盖单层房屋排架柱、露天吊车柱和栈桥柱的计算长度 l_0 具体参见《混凝土结构设计规范》（GB 50010—2010）的规定。

二、轴心受压构件的基本计算式

通过以上分析，轴心受压构件正截面承载力设计表达式可统一为

$$N \leqslant N_u = 0.9\varphi(f_c A + f'_y A'_s) \tag{12-3}$$

式中　N——轴向压力设计值；

N_u——轴心受压构件的抗压承载力；

0.9——为了保持与偏心受压构件正截面承载力具有相近的可靠度而引入的系数；

φ——轴心受压构件的稳定系数，按表 12-1 取用；

f_c——混凝土轴心抗压强度设计值；

f'_y——纵向钢筋抗压强度设计值；

A——构件截面面积，当纵向钢筋的配筋率大于 3% 时，A 应改用 $(A - A'_s)$ 代替；

A'_s——全部纵向钢筋的截面面积。

三、轴心受压构件的设计

轴心受压构件的设计问题可分为截面设计和截面复核两类。

1. 截面设计

截面设计的一般情况为：已知轴心压力设计值 N，材料强度设计值 f_c、f'_y，构件的计算长度 l_0，试求构件截面尺寸 $b \times h$ 及纵向受压钢筋的截面面积 A'_s。

由式（12-3）可知，仅用一个计算式求解三个未知量（φ、A、A'_s），是无确定解的，故必须增加或假设一些已知条件。一般可以先假定 $\varphi = 1$、配筋率 $\rho' = 0.6\% \sim 5\%$（一般取 1%），然后

代入式（12-3）估算出构件截面面积 A，根据 A 来选定实际的构件截面尺寸；再由长细比 l_0/b 查表 12-1 确定稳定系数 φ，代入式（12-3）求 A'_s；最后验算是否满足配筋率的要求。

【例 12-1】某多层钢筋混凝土框架房屋，二层中柱承受的轴向压力设计值为 $N=1580\text{kN}$，二层层高为 3.9m，采用强度等级为 C35 的混凝土和 HRB400 钢筋，试设计该柱截面。

【解】已知 $N=1570\text{kN}$，$l_0=3.9\text{m}$，查表得 $f_c=16.7\text{N/mm}^2$，$f'_y=360\text{N/mm}^2$。

（1）确定截面尺寸　设 $\varphi=1$、$\rho'=1\%$，则 $A'_s=\rho'A=0.01A$，代入式（12-3）得

$$A \geqslant \frac{N}{0.9\varphi(f_c+\rho'f'_y)} = \frac{1570\times10^3}{0.9\times1.0\times(16.7+0.01\times360)}\text{mm}^2 = 85933\text{mm}^2$$

取 $b=h=\sqrt{A}=293\text{mm}$，实取 $b=h=300\text{mm}$。

（2）求稳定系数 φ　因为 $l_0/b=3900/300=13$，查表 12-1 得 $\varphi=0.935$。

（3）求 A'_s　由式（12-3）计算得

$$A'_s \geqslant \frac{\frac{N}{0.9\varphi}-f_cA}{f'_y} = \frac{\frac{1570\times10^3}{0.9\times0.935}-16.7\times300\times300}{360}\text{mm}^2 = 1008\text{mm}^2$$

实际选配钢筋 4$\underline{\Phi}$18（$A'_s=1018\text{mm}^2$）。

配筋率 $\rho'=1018/(300\times300)=1.13\%$，在经济配筋率范围内。

2. 截面复核

截面复核的一般情况为：已知构件截面尺寸 $b\times h$ 及纵向受压钢筋的截面面积 A'_s，材料强度设计值 f_c、f'_y，构件的计算长度 l_0，试求柱所能承担的轴向压力设计值。

截面复核比较简单，只需将有关数据代入式（12-3），即能求出柱所能承担的轴向压力设计值。

【例 12-2】某钢筋混凝土轴向受压柱尺寸为 $400\text{mm}\times400\text{mm}$，计算长度为 4.6m，采用 C30 混凝土和 HRB400 钢筋，实际选配 4$\underline{\Phi}$18 钢筋（$A'_s=1018\text{mm}^2$），试求柱所能承担的轴向压力设计值。

【解】查表得 $f_c=14.3\text{N/mm}^2$，$f'_y=360\text{N/mm}^2$。

（1）求稳定系数　因为 $l_0/b=4600/400=11.5$，查表 12-1 得 $\varphi=0.9575$。

（2）柱所能承担的轴向压力设计值为

$$N_u=0.9\varphi(f_cA+f'_yA'_s)=0.9\times0.9575\times(14.3\times160000+360\times1018)\text{N}=2288\text{kN}$$

【引例解析——福州小城镇住宅楼项目中柱的设计】

由项目 4 中的图 4-32 可知，一层柱所承受的轴向压力设计值为 $N=(321.3+298.35+298.35)\text{kN}=918\text{kN}$，底层层高为 4.1m。设计中采用 C30 混凝土和 HRB400 钢筋。

一层柱设计：

1）查表得 $f_c=14.3\text{N/mm}^2$，$f'_y=360\text{N/mm}^2$。

2）估算截面尺寸。本例为现浇楼盖，查表 12-2 得一层柱的计算长度 $l_0=1.0H=4.1\text{m}$。设 $\varphi=1$、$\rho'=1\%$，则 $A'_s=\rho'A=0.01A$，代入式（12-3）得

$$A \geqslant \frac{N}{0.9\varphi(f_c+\rho'f'_y)} = \frac{918\times10^3}{0.9\times1.0\times(14.3+0.01\times360)}\text{mm}^2 = 56983\text{mm}^2$$

取 $b=h=\sqrt{A}=239\text{mm}$，实取 $b=h=400\text{mm}$。则柱的自重（三层）为 $[25\times0.4\times0.4\times(5.9+3+4.1)]\text{kN}=52\text{kN}$，所以一层柱底的轴向压力设计值 $N=(918+1.3\times52)\text{kN}=985.6\text{kN}$。

3）求稳定系数 φ。因为长细比 $l_0/b=4100/400=10.25$，查表 12-1 得稳定系数 $\varphi=0.97625$。

4)求 A'_s：

$$A'_s \geq \frac{\frac{N}{0.9\varphi} - f_c A}{f'_y} = \frac{\frac{985.6 \times 10^3}{0.9 \times 0.97625} - 14.3 \times 400 \times 400}{360} = \frac{-1166247\text{N}}{360\text{N/mm}^2}$$

此处出现负值（-1166247N），说明式中的 $\frac{N}{0.9\varphi} < f_c A$，即混凝土足够承担全部的压力，按计算不需要配置纵向受力钢筋。根据构造要求，矩形截面柱纵向钢筋的根数不应少于4根，直径采用12~32mm，所以本题的纵向受力钢筋选用 4⌀20（$A'_s = 1257\text{mm}^2$）。

配筋率 $\rho' = \frac{A'_s}{A} = \frac{1257\text{mm}^2}{400\text{mm} \times 400\text{mm}} = 0.786\% \begin{cases} > \rho'_{\min} = 0.55\% \\ < \rho'_{\max} = 5\% \\ 且 < 3\% \end{cases}$

5）确定箍筋。箍筋选用 ⌀8@250，其箍筋间距 ≤400mm，且 ≤15d=300mm。箍筋直径 $> \frac{d}{4} = \frac{20\text{mm}}{4} = 5\text{mm}$，且 >6mm，满足构造要求。

柱截面配筋如图12-13所示。

6）经分析可知，二层、三层柱底所受轴向压力设计值均小于一层柱底所受轴向压力设计值，由此可以推出，二层、三层柱也需要按构造要求确定纵向受力钢筋（4⌀20）和箍筋（⌀8@250）（计算过程略）。

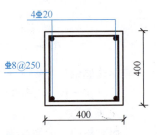

图12-13 柱截面配筋

任务3 设计偏心受压柱

在工程中，偏心受压构件的应用颇为广泛，如常见的多高层框架柱、单层刚架柱、单层厂房柱（图12-14）；水塔、烟囱的筒壁，以及屋架、托架的上弦杆等均为偏心受压构件。

一、偏心受压构件的受力性能

按照轴向力的偏心距和纵向钢筋配置情况的不同，偏心受压构件的破坏可分为受拉破坏和受压破坏两种情况。

1. 受拉破坏

当轴向压力的偏心距较大，且受拉钢筋配置不太多时，构件发生受拉破坏。在这种情况下，构件受轴向压力 N 后，离 N 较远一侧的截面受拉，另一侧截面受压，如图12-15a所示。当 N 增加到一定程度，首先在受拉区混凝土出现横向裂缝，随着荷载的增加，裂缝不断发展和加宽，裂缝截面处的拉应力全部由钢筋承担。荷载继续加大，受拉钢筋首先达到屈服，并形成一条明显的主裂缝，随后主裂缝明显加宽并向受压一侧延伸，受压区高度迅速减小。最后，受压区边缘出现纵向裂缝，受压区混凝土被压碎而导致构件破坏。此时，受压钢筋一般也能屈服，如图12-15b所示。由于受拉破坏通常在轴向压力偏心距较大时发生，故一般将这种破坏称为大偏心受压破坏。受拉破坏有明显预兆，属于延性破坏。

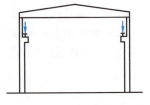

图12-14 单层厂房柱

2. 受压破坏

当构件的偏心距较大且配置的受拉钢筋过多或轴向压力的偏心距较小时，会发生受压破坏。

1）当偏心距较大且受拉钢筋的配筋率很高时，虽然同样是部分截面受拉，但受拉区裂缝出现后，受拉钢筋的应力增长缓慢。破坏的原因是受压区混凝土达到其抗压强度而被压碎，破坏时受压钢筋屈服,而受拉一侧钢筋的应力未达到其屈服强度,破坏形态与超筋梁相似,如图 12-16a 所示。

2)当偏心距较小,加载后整个截面全部受压或大部分受压,如图 12-16b 所示。受荷后截面大部分受压时,中和轴靠近受拉钢筋。因此,受拉钢筋应力很小,无论配筋率如何变化,破坏的原因总是受压钢筋屈服,受压区混凝土到达抗压强度而被压碎。临近破坏时,受拉区混凝土可能出现细微的裂缝。受荷后全截面受压时,破坏的原因是靠近轴力一侧的受压钢筋屈服,混凝土被压碎;距轴力较远一侧的受压钢筋未达到屈服。当偏心距趋近于零时,可能受压钢筋均达到屈服,整个截面混凝土发生受压破坏,其破坏形态相当于轴心受压构件。

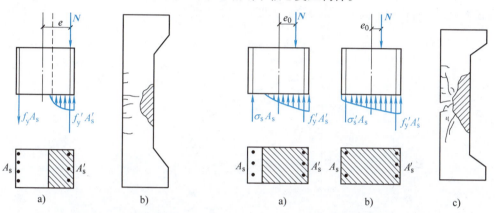

图 12-15 受拉破坏时的截面应力和受拉破坏形态
a)截面应力 b)受拉破坏形态

图 12-16 受压破坏时的截面应力和受压破坏形态
a)、b)截面应力 c)受压破坏形态

总之,受压破坏形态的特点是受压区混凝土达到其抗压强度,距轴力较远一侧的钢筋无论受拉或受压,一般均未到达屈服,混凝土承载力主要取决于受压区混凝土及受压钢筋,故称为受压破坏,如图 12-16c 所示。由于受压破坏通常在轴向压力的偏心距较小时发生,故一般将这种破坏称为小偏心受压破坏。这种破坏缺乏明显的预兆,具有脆性破坏的性质,在进行截面配筋计算时,一般应避免出现偏心距较大且受拉钢筋的配筋率很高的情况。

3. 两类偏心受压破坏的界限

从以上两类偏心受压破坏的特征可以看出,两类破坏的本质区别在于破坏时受拉钢筋能否达到屈服。若受拉钢筋先屈服,然后是受压区混凝土压碎,即为受拉破坏;若受拉钢筋或远离轴向力一侧钢筋无论受拉还是受压均未屈服,则为受压破坏。那么,两类破坏的界限应该是当受拉钢筋应力达到屈服强度的同时,受压区混凝土达到极限压应变而被压碎,与受弯构件中的适筋梁破坏与超筋梁破坏的界限完全相同。此时,其相对受压区高度为界限相对受压区高度 ξ_b,与受弯构件的界限相对受压区高度计算式相同。当 $\xi \leq \xi_b$ 时,属于大偏心受压构件;当 $\xi > \xi_b$ 时,属于小偏心受压构件。

二、$N\text{-}M$ 相关曲线

对截面、配筋及材料强度均相同但偏心距 e_0 不同的偏心受压构件进行试验,得到破坏时每个构件所承受的不同轴向力和弯矩,如图 12-17 所示,达到承载能力极限状态时,截面承受的内力设计值 N、M 并不是独立的,而是相关的。轴向力与弯矩对于构件的作用效应存在着叠加和制约的关系。

如图 12-17 所示,AB 段表示大偏心受压时的 $N\text{-}M$ 相关曲线,为二次抛物线,由曲线趋向可以看出,随着轴向压力 N 的增大,会提高截面的抗弯承载力。B 点为受拉钢筋与受压混凝土同时达到其强度值的界限状态,此时偏心受压构件承受的弯矩 M 最大。BC 段表示小偏心受压时的 N-M 曲线,是一条接近于直线的二次函数曲线,由曲线趋向可以看出,在小偏心受压情况下,随着轴向压力的增大,截面所能承担的弯矩反而降低。图中 A 点表示受弯的情况,C 点代表轴心受压的情况。曲线上任一点 D 的坐标代表截面承载力的一种 N 和 M 的组合。若任意点 E 位于图中曲线的内侧,说明截面在该点坐标给出的内力组合下未达到承载能力极限状态,是安全的;若 E 点位于图中曲线的外侧,则表明截面的承载能力不足。

三、长细比对偏心受压构件承载力的影响

在截面和初始偏心距相同的情况下,长柱、短柱、细长柱的侧向挠度大小不同,影响程度会有很大差别,将产生不同的破坏类型,如图 12-18 所示。

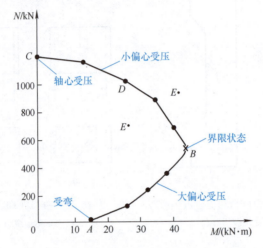

图 12-17 偏心受压构件的 N-M 相关曲线

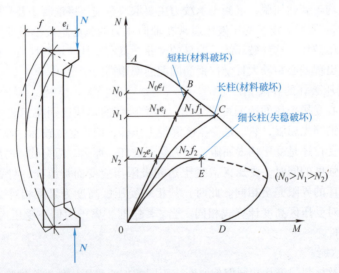

图 12-18 长细比对偏心受压构件承载力的影响

1) 对于短柱,侧向挠度 f 与初始偏心距 e_i 相比很小,柱跨中弯矩 $M = N(e_i + f)$ 随轴力 N 的增加基本呈线性增长,直至达到截面承载力极限状态时产生破坏,属于材料破坏。因此,对于短柱,可以忽略侧向挠度的影响。

2) 对于长柱,侧向挠度与附加偏心距相比已不能忽略,长柱的破坏是在由侧向挠度引起的

附加弯矩作用下发生的材料破坏。图12-18中，长柱的侧向挠度随轴力增大而增大，跨中弯矩$M = N(e_i + f)$的增长速度大于轴力N的增长速度，即M随轴力N的增加呈明显的非线性增长，虽然长柱最终在M和N的共同作用下达到截面承载力极限状态，但轴向承载力明显低于具有相同截面和初始偏心距的短柱。因此，对于长柱，在设计中应考虑附加挠度对弯矩增大的影响。

3) 对于细长柱，侧向挠度的影响已很大，在未达到截面承载力极限状态之前，侧向挠度已呈不稳定发展状态，即柱的轴向荷载最大值发生在N-M相关曲线相交之前，这时混凝土及钢筋的应变均未达到其极限值，材料强度并未耗尽，但侧向挠度已出现不收敛的增长，这种破坏为失稳破坏，应进行专门计算。

四、偏心受压构件正截面抗压承载力计算中的两个问题

1. 附加偏心距

如前所述，由于混凝土的非均匀性及施工偏差等原因，实际偏心受压构件轴向力的偏心距e_0有可能增大或减小，即使是轴心受压构件，也不存在$e_0 = 0$。显然，偏心距的增加会使截面的偏心弯矩增大，考虑这种不利影响，取

$$e_i = e_0 + e_a \tag{12-4}$$

式中　e_i——实际的初始偏心距；

　　　e_0——轴向力的偏心距，$e_0 = M/N$；

　　　e_a——附加偏心距，《混凝土结构设计规范》（GB 50010—2010）规定附加偏心距e_a取20mm和偏心方向截面尺寸的1/30两者中的较大值。

2. 弯矩增大系数

由前述分析可知，对于短柱，可以忽略侧向挠度的影响。故《混凝土结构设计规范》（GB 50010—2010）规定，对于弯矩作用平面内截面对称的偏心受压构件，当同一主轴方向的杆端弯矩比M_1/M_2不大于0.9且设计轴压比不大于0.9时，若构件的长细比满足式（12-5）的要求，可不考虑该方向构件由自身挠曲产生的附加弯矩影响；当不满足式（12-5）的要求时，需按截面的两个主轴方向分别考虑构件由自身挠曲产生的附加弯矩影响。

$$\frac{l_0}{i} \leqslant 34 - 12\left(\frac{M_1}{M_2}\right) \tag{12-5}$$

式中　M_1、M_2——分别为偏心受压构件两端截面按结构分析确定的对同一主轴的弯矩设计值，绝对值较大端为M_2，绝对值较小端为M_1，当构件按单曲率弯曲时M_1/M_2为正，否则为负；

　　　l_0——偏心受压构件的计算长度，可取偏心受压构件相应主轴方向两支撑点之间的距离；

　　　i——偏心方向的回转半径。

对于长柱、细长柱，在设计中应考虑附加挠度对弯矩增大的影响，故引入偏心距调节系数和弯矩增大系数来表示柱端附加弯矩。《混凝土结构设计规范》（GB 50010—2010）规定，除排架结构柱以外的偏心受压构件，在其偏心方向上考虑构件自身挠曲影响（附加弯矩）的弯矩设计值为

$$M = C_m \eta_{ns} M_2 \tag{12-6}$$

式中　C_m——偏心距调节系数，按下式计算：

$$C_m = 0.7 + 0.3 \frac{M_1}{M_2} \tag{12-7}$$

　　　η_{ns}——弯矩增大系数，按下式计算：

$$\eta_{ns} = 1 + \frac{1}{1300\left(\frac{M_2}{N} + e_a\right)/h_0}\left(\frac{l_0}{h}\right)^2 \zeta_c \tag{12-8}$$

h——截面高度；
h_0——截面有效高度，计算方法与受弯构件类似；
N——与弯矩设计值 M_2 相应的轴向压力设计值；
ζ_c——截面曲率修正系数，当 $\zeta_c > 1.0$ 时，取 $\zeta_c = 1.0$；

$$\zeta_c = \frac{0.5 f_c A}{N}$$

A——构件的截面面积。

当 $C_m \eta_{ns} < 1.0$ 时，取 $C_m \eta_{ns} = 1.0$；对剪力墙及核心筒墙，可取 $C_m \eta_{ns} = 1.0$。

五、矩形截面偏心受压构件正截面抗压承载力计算式

偏心受压构件与受弯构件的正截面受力分析方法相同，仍采用以平截面假定为基础的计算理论，对受压区混凝土采用等效矩形应力图进行计算。

1. 矩形截面大偏心受压构件正截面抗压承载力计算式

（1）计算式　由图 12-19 可知，根据力的平衡条件及各力对受拉钢筋合力点取矩的力矩平衡条件，可以得到下面两个基本计算式：

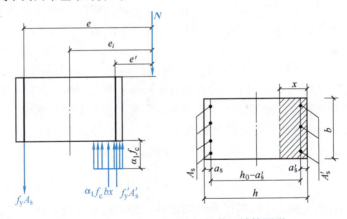

图 12-19　大偏心受压破坏的截面计算图形

$$N = \alpha_1 f_c b x + f'_y A'_s - f_y A_s \tag{12-9}$$

$$Ne = \alpha_1 f_c b x \left(h_0 - \frac{x}{2}\right) + f'_y A'_s (h_0 - a'_s) \tag{12-10}$$

式中　e——轴向压力作用点至受拉钢筋 A_s 合力点之间的距离；

$$e = e_i + \frac{h}{2} - a_s \tag{12-11}$$

式中　e_i——初始偏心距，计算式见式（12-4）；
　　　N——轴向力设计值；
　　　α_1——混凝土强度调整系数；当混凝土强度等级不超过 C50 时，取 α_1 为 1.0；当混凝土强度等级为 C80 时，取 α_1 为 0.94；当混凝土强度等级大于 C50、小于 C80 时，α_1 按线性内插法取用；
　　　x——混凝土受压区计算高度；
　　A_s、A'_s——纵向受拉钢筋、纵向受压钢筋的截面面积；

f_y、f'_y——纵向受拉钢筋、纵向受压钢筋的屈服强度设计值；

a_s——纵向受拉钢筋 A_s 中心至截面受拉区边缘的距离；

a'_s——纵向受压钢筋 A'_s 中心至截面受压区边缘的距离；

h_0——截面有效高度。

（2）计算式的适用条件　为了保证构件破坏时，受拉区钢筋的应力先达到屈服强度，要求满足以下条件：

$$x \leqslant x_b = \xi_b h_0 \text{ 或 } \xi \leqslant \xi_b \tag{12-12}$$

式中　x_b——界限受压区计算高度；

ξ_b——界限相对受压区计算高度。

为了保证构件破坏时，受压钢筋的应力能达到屈服强度，要求满足以下条件：

$$x \geqslant 2a'_s \tag{12-13}$$

当 $x < 2a'_s$ 时，纵向受压钢筋 A'_s 不能屈服，可取 $x = 2a'_s$，其应力图形如图 12-20 所示。可近似认为受压区混凝土所承担压力的作用位置与受压钢筋承担压力的位置重合。由平衡条件得

$$Ne' = f_y A_s (h_0 - a'_s) \tag{12-14}$$

则有

$$A_s = \frac{Ne'}{f_y (h_0 - a'_s)} \tag{12-15}$$

式中　e'——轴向压力作用点至纵向受压钢筋 A'_s 合力点之间的距离。

$$e' = e_i - \frac{h}{2} + a'_s \tag{12-16}$$

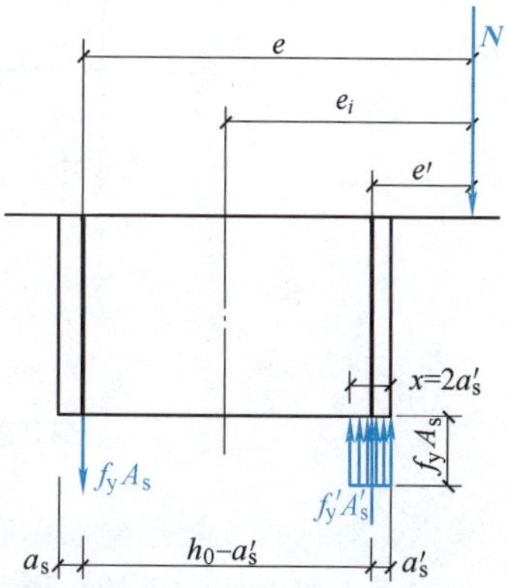

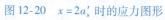

图 12-20　$x = 2a'_s$ 时的应力图形

2. 矩形截面小偏心受压构件正截面抗压承载力计算式

（1）计算式　由图 12-21 可知，根据力的平衡条件及力矩平衡条件，可以得到下面两个基本计算式：

$$N = \alpha_1 f_c bx + f'_y A'_s - \sigma_s A_s \tag{12-17}$$

$$Ne = \alpha_1 f_c bx \left(h_0 - \frac{x}{2} \right) + f'_y A'_s (h_0 - a'_s) \tag{12-18}$$

式中　σ_s——钢筋的应力，可根据截面应变保持平面的假定计算，可近似取：

$$\sigma_s = \frac{\xi - \beta_1}{\xi_b - \beta_1} f_y \tag{12-19}$$

β_1——混凝土受压区等效矩形应力图系数，当混凝土强度等级不超过 C50 时，取 β_1 为 0.8；当混凝土强度等级为 C80 时，取 β_1 为 0.74；当混凝土强度等级大于 C50、小于 C80 时，β_1 按线性内插法确定；与受弯构件正截面承载力计算时的等效矩形应力图系数相同；

其他符号含义同前。

σ_s 应满足 $f'_y \leqslant \sigma_s \leqslant f_y$ 的条件。

（2）计算式的适用条件

1）$x > x_b = \xi_b h_0$ 或 $\xi > \xi_b$。

2）$x \leqslant h$；当 $x > h$ 时，在计算时取 $x = h$。

对于小偏心受压构件除应计算弯矩作用平面内的抗压承载力外，尚应按轴心受压构件验算垂直于弯矩作用平面的抗压承载力。

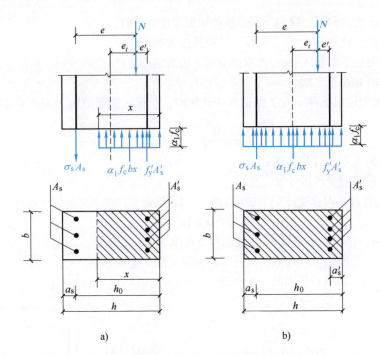

图 12-21　小偏心受压破坏的截面计算图形
a) 部分截面受压时截面计算图形　b) 全截面受压时计算图形

六、对称配筋矩形截面偏心受压构件正截面抗压承载力计算

这里主要介绍常见的矩形截面对称配筋（即 $A'_s = A_s$、$f_y = f'_y$、$a'_s = a_s$）的截面设计，常见形式为：已知截面尺寸 $b \times h$，混凝土的强度等级，钢筋种类（在一般情况下 A_s 及 A'_s 取同一种钢筋），轴向力设计值 N 及弯矩设计值 M，长细比 l_0/h，试求钢筋截面面积 A_s 及 A'_s。一般设计步骤：

1. 大小偏心受压的判别

将 $A'_s = A_s$、$f_y = f'_y$、$a_s = a'_s$ 代入式（12-9），可得

$$N = \alpha_1 f_c bx \tag{12-20}$$

从而可得

$$x = \frac{N}{\alpha_1 f_c b} \tag{12-21}$$

则

$$\xi = \frac{N}{\alpha_1 f_c b h_0} \tag{12-22}$$

当 $x \leq x_b = \xi_b h_0$ 或 $\xi \leq \xi_b$ 时，属于大偏心受压构件；当 $x > x_b = \xi_b h_0$ 或 $\xi > \xi_b$ 时，属于小偏心受压构件。

2. 大偏心受压构件的计算

1）当 $2a'_s < x < \xi_b h_0$ 时，将式（12-21）代入式（12-10），可得钢筋截面面积：

$$A_s = A'_s = \frac{Ne - \alpha_1 f_c bx \left(h_0 - \dfrac{x}{2}\right)}{f'_y (h_0 - a'_s)} \tag{12-23}$$

2）当 $x < 2a'_s$ 时，表示受压钢筋达不到受拉屈服强度，按式（12-15）计算，令 $A'_s = A_s$，并验算配筋率。

3. 小偏心受压构件的计算

小偏心受压构件的配筋计算可按《混凝土结构设计规范》(GB 50010—2010)的近似计算式求解。求解相对受压区高度 ξ 的近似计算式为

$$\xi = \frac{N - \xi_b \alpha_1 f_c b h_0}{\dfrac{Ne - 0.43\alpha_1 f_c b h_0^2}{(\beta_1 - \xi_b)(h_0 - a_s')} + \alpha_1 f_c b h_0} + \xi_b \tag{12-24}$$

可求得钢筋截面面积为

$$A_s' = A_s = \frac{Ne - \alpha_1 f_c b h_0^2 \xi(1 - 0.5\xi)}{f_y'(h_0 - a_s')} \tag{12-25}$$

最后验算配筋率。

【例 12-3】 已知某柱截面尺寸 $b \times h = 300\text{mm} \times 500\text{mm}$,柱计算高度 $l_0 = 4.2\text{m}$,承受轴向压力设计值 $N = 800\text{kN}$,沿长边方向作用的柱端较大弯矩 $M_2 = 168\text{kN} \cdot \text{m}$,混凝土强度等级为 C30,采用 HRB400 钢筋,$a_s = a_s' = 40\text{mm}$,采用对称配筋,试求所需纵向钢筋的截面面积 A_s' 和 A_s(假定两端弯矩相等,即 $M_1/M_2 = 1$)。

【解】 (1) 基本数据 查表可得 $f_c = 14.3\text{N/mm}^2$,$f_y = f_y' = 360\text{N/mm}^2$。因为 $a_s = a_s' = 40\text{mm}$,则 $h_0 = h - 40 = (500 - 40)\text{mm} = 460\text{mm}$;$\xi_b = 0.550$。

(2) 确定弯矩设计值 M

$$i = \sqrt{\frac{\frac{1}{12}bh^3}{bh}} = \frac{h}{2\sqrt{3}} = \frac{500}{2\sqrt{3}}\text{mm} = 144.34\text{mm}$$

$$\frac{l_0}{i} = \frac{4200}{144.34} = 29.10 > 34 - 12\left(\frac{M_1}{M_2}\right) = 34 - 12 \times 1 = 22,\text{所以需要考虑附加弯矩的影响。}$$

$$\zeta_c = \frac{0.5 f_c A}{N} = \frac{0.5 \times 14.3 \times 300 \times 500}{800 \times 10^3} = 1.341 > 1,\text{取}\ \zeta_c = 1$$

$$C_m = 0.7 + 0.3\frac{M_1}{M_2} = 0.7 + 0.3 = 1 > 0.7$$

$$e_a = \frac{h}{30} = \frac{500}{30}\text{mm} = 16.67\text{mm} < 20\text{mm},\text{取}\ e_a = 20\text{mm}$$

$$\eta_{ns} = 1 + \frac{1}{1300\left(\frac{M_2}{N} + e_a\right)/h_0}\left(\frac{l_0}{h}\right)^2 \zeta_c$$

$$= 1 + \frac{1}{1300 \times \left(\frac{168 \times 10^6}{800 \times 10^3} + 20\right)/460} \times \left(\frac{4200}{500}\right)^2 \times 1$$

$$= 1.11$$

柱的弯矩设计值为

$$M = C_m \eta_{ns} M_2 = 1 \times 1.11 \times 168\text{kN} \cdot \text{m} = 186.48\text{kN} \cdot \text{m}$$

(3) 判别大小偏心受压

$$\xi = \frac{N}{\alpha_1 f_c b h_0} = \frac{800 \times 10^3}{1 \times 14.3 \times 300 \times 460} = 0.405 < 0.550,\text{故为大偏心受压柱。则}$$

$$x = \xi h_0 = 0.405 \times 460\text{mm} = 186.3\text{mm} > 2a_s' = 2 \times 40\text{mm} = 80\text{mm}$$

(4) 求 A_s' 和 A_s

$$e_0 = \frac{M}{N} = \frac{168 \times 10^6}{800 \times 10^3}\text{mm} = 210\text{mm}$$

$$e_i = e_0 + e_a = (210 + 20)\text{mm} = 230\text{mm}$$

$$e = e_i + h/2 - a_s = (230 + 500/2 - 40)\text{mm} = 440\text{mm}$$

$$A_s = A_s' = \frac{Ne - \alpha_1 f_c bx \left(h_0 - \dfrac{x}{2}\right)}{f_y' (h_0 - a_s')}$$

$$= \frac{800 \times 10^3 \times 440 - 1 \times 14.3 \times 300 \times 186.3 \times (460 - 186.3/2)}{360 \times (460 - 40)}\text{mm}^2$$

$$= 389\text{mm}^2 > \rho_{min}' bh = (0.002 \times 300 \times 500)\text{mm}^2 = 300\text{mm}^2$$

(5) 选配钢筋并验算配筋率 每边选配钢筋 2 $\underline{\Phi}$ 18 ($A_s' = A_s = 509\text{mm}^2$),验算配筋率:

$$A_s' + A_s = (509 + 509)\text{mm}^2 = 1018\text{mm}^2,\ \rho = \frac{1018}{300 \times 500} = 0.68\% > 0.55\%,\ 故满足要求。$$

任务 4 受压柱施工图绘制

柱平法施工图一般在柱平面布置图上采用列表注写方式或截面注写方式表达。

一、列表注写方式

图 12-22 所示为柱平法施工图列表注写方式。柱的列表注写方式是指在柱平面布置图上(一般只需采用适当比例绘制一张柱平面布置图,包括框架柱、框支柱、梁上柱和剪力墙上柱),分别在同一编号的柱中选择一个(有时需要选择几个)标注几何参数代号,在柱表中注写柱编号、柱段起止标高、几何尺寸(含柱截面对轴线的偏心情况)及配筋的具体数值,并配以各种柱的截面形状及其箍筋信息,以此来表达柱平法施工图。图中主要包括结构层楼面标高、结构层高表,柱平面布置图,柱表等内容。

1. 结构层楼面标高、结构层高表

在该表中主要表达层号、各楼层的标高及结构层高,在该表中竖线加粗的部分表明该张图所表达的柱的配筋情况是粗线所在楼层。

2. 柱平面布置图

图 12-22 中的柱平面布置图,主要反应柱的种类及其平面位置。

3. 柱表

柱表中主要包括柱编号、标高、截面尺寸及柱与轴线位置的关系、配筋等内容。

柱的平法制图规则

(1) 柱编号 柱编号由类型代号和序号组成,常见的柱编号见表 12-3。当柱的总高、分段截面尺寸及配筋不同时,应分别编号;当柱的总高、分段截面尺寸和配筋均对应相同,仅分段截面与轴线的关系不同时,仍可将其编为同一柱号,但应在图中注明截面与轴线的关系。

(2) 标高 应注写各段柱的起止标高,自柱根部往上以变截面位置或截面未变但配筋改变处为界分段注写。框架柱和转换柱的根部标高是指基础顶面标高;芯柱的根部标高是指根据结构实际需要确定的起始位置标高;梁上起框架柱的根部标高是指梁顶部标高;剪力墙上起框架柱的根部标高为墙顶面标高。

(3) 截面尺寸及柱与轴线位置的关系 矩形截面柱的截面尺寸用宽度 b 与高度 h 的乘积表示,圆柱的截面尺寸用直径 d 表示。

1) 对于矩形柱,应注写柱截面尺寸 $b \times h$ 及与轴线有关的几何参数代号 b_1、b_2 和 h_1、h_2 的具体数值,需对应于各段柱分别注写。其中,$b = b_1 + b_2$,$h = h_1 + h_2$,当截面的某一边收缩变化至与轴线重合或偏到轴线的另一侧时,b_1、b_2、h_1、h_2 中的某项为零或为负值。

层号	标高/m	层高/m
屋面2	65.670	
塔层2	62.370	3.30
屋面1(塔层1)	59.070	3.30
16	55.470	3.60
15	51.870	3.60
14	48.270	3.60
13	44.670	3.60
12	41.070	3.60
11	37.470	3.60
10	33.870	3.60
9	30.270	3.60
8	26.670	3.60
7	23.070	3.60
6	19.470	3.60
5	15.870	3.60
4	12.270	3.60
3	8.670	3.60
2	4.470	4.20
1	−0.030	4.50
−1	−4.530	4.50
−2	−9.030	4.50

结构层楼面标高
结 构 层 高

注：上部结构嵌固部位：−4.530m

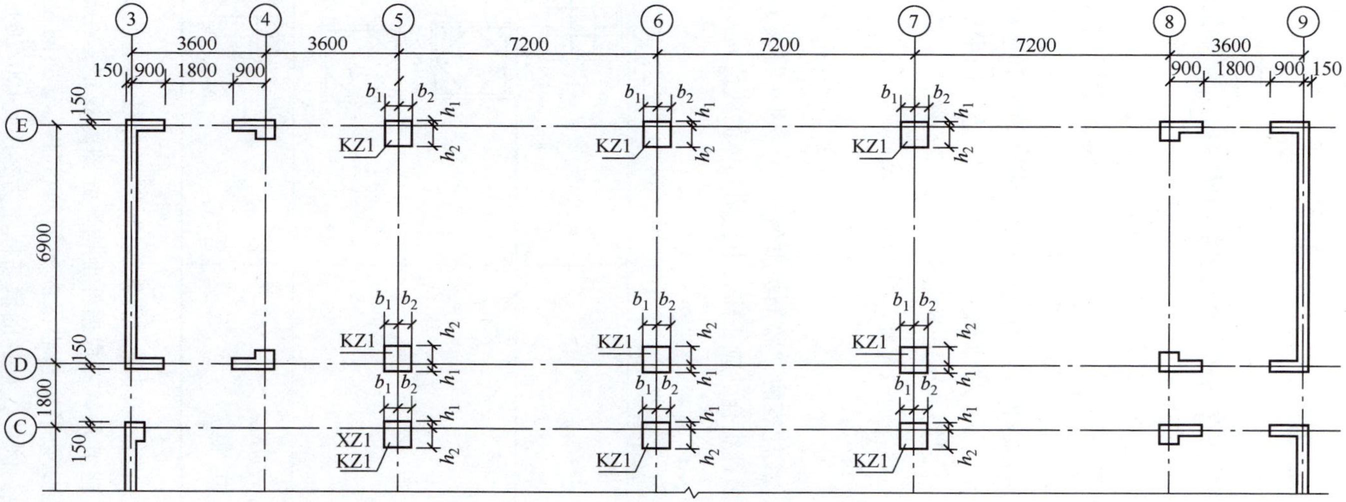

柱表

柱编号	标高/m	$b\times h$/(mm×mm)(圆柱直径d)	b_1/mm	b_2/mm	h_1/mm	h_2/mm	全部纵筋	角筋	b边一侧中部筋	h边一侧中部筋	箍筋类型编号	箍筋	备注
KZ1	−4.530~−0.030	750×700	375	375	150	550	28⏀25				1(6×6)	Φ10@100/200	—
	−0.030~19.470	750×700	375	375	150	550	24⏀25				1(5×4)	Φ10@100/200	
	19.470~37.470	650×600	325	325	150	450		4⏀22	5⏀22	4⏀20	1(4×4)	Φ10@100/200	
	37.470~59.070	550×500	275	275	150	350		4⏀22	5⏀22	4⏀20	1(4×4)	Φ8@100/200	
XZ1	−4.530~8.670						8⏀25				按标准构造详图	Φ10@100	⑤×Ⓒ轴KZ1中设置

−4.530~59.070柱平法施工图(局部)

图 12-22　柱平法施工图列表注写方式

表 12-3 柱编号

柱编号	代号	序号
框架柱	KZ	××
转换柱	ZHZ	××
芯柱	XZ	××

2) 对于圆柱，柱表中的"$b \times h$"一栏改为在圆柱直径数字前加 d 表示。为表达简单，圆柱截面与轴线的关系也用 b_1、b_2 和 h_1、h_2 表示，并使 $d = b_1 + b_2 = h_1 + h_2$。

3) 对于芯柱，根据结构需要，可以在某些框架柱的一定高度范围内，在其内部的中心位置设置芯柱（分别引注其柱编号）。芯柱中心应与柱中心重合，并标注其截面尺寸。芯柱定位随框架柱，不需要注写其与轴线的几何关系。

(4) 柱纵筋　当柱纵筋直径相同，各边根数也相同时（包括矩形柱、圆柱和芯柱），将纵筋注写在柱表中的"全部纵筋"一栏中；除此之外，柱纵筋分"角筋""b 边一侧中部筋""h 边一侧中部筋"三项分别注写（对于采用对称配筋的矩形截面柱，可仅注写一侧中部筋，对称边省略不注；对于采用非对称配筋的矩形截面柱，必须每侧均注写中部筋）。图 12-22 中的 KZ1 在 −0.030～19.470 段采用"全部纵筋"竖标表示。

(5) 箍筋

1) 应注写箍筋类型编号及箍筋肢数，在柱表的"箍筋类型编号"栏内注写表 12-4 规定的箍筋类型编号和箍筋肢数。箍筋肢数可有多种组合，应在柱表中注明具体的数值 m、n 及 Y 等。

表 12-4 箍筋类型表

箍筋类型编号	箍筋肢数	复合方式
1	$m \times n$	
2	—	
3	—	
4	$Y+m \times n$ 圆形箍	

2) 应注写柱箍筋，包括钢筋的种类、直径与间距。用斜线"/"区分柱端箍筋加密区与柱身非加密区长度范围内箍筋的不同间距。施工人员需根据标准构造详图的规定，在规定的几种长度值中取其最大值作为加密区长度。当框架节点核心区内的箍筋与柱端箍筋的设置不同时，应在括号中注明核心区箍筋的直径及间距。例如，某柱的箍筋标注为 Φ10@100/200，表示箍筋为 HPB300 钢筋，直径为 10mm，加密区间距为 100mm，非加密区间距为 200mm；某柱的箍筋标注为 Φ10@100/200（Φ12@100），表示箍筋为 HPB300 钢筋，直径为 10mm，加密区间距为 100mm，非加密区间距为 200mm，框架节点核心区箍筋为 HPB300 钢筋，直径为 12mm，间距为 100mm。

当箍筋沿柱全高为一种间距时，则不使用"/"线。例如：某柱的箍筋标注为 Φ10@100，表示沿柱全高范围内箍筋均为 HPB300 钢筋，直径为 10mm，间距为 100mm。

对于圆形柱,当采用螺旋箍筋时,在箍筋前加"L"。例如,某柱的箍筋标注为L Φ 10@100/200,表示该柱采用螺旋箍筋,箍筋为HPB300钢筋,直径为10mm,加密区间距为100mm,非加密区间距为200mm。

二、截面注写方式

柱的截面注写方式是指在分标准层绘制的柱平面布置图上,分别在同一编号的柱中选择一个截面,原位放大,以直接注写截面尺寸和配筋的具体数值的方式来表达柱平法施工图,如图12-23所示。图中主要包括结构层楼面标高、结构层高表,柱平面布置图以及原位放大的各柱配筋图等内容。柱的编号、截面尺寸、与轴线的位置关系、配筋情况等内容体现在原位标注中。

柱的截面注写方式

当纵筋采用两种直径时,需再注写截面各边中部筋的具体数值(对于采用对称配筋的矩形截面柱,可仅在一侧注写中部筋,对称边省略不注)。

在截面注写方式中,如柱的分段截面尺寸和配筋均相同,仅截面与轴线的关系不同时,可将其编为同一柱号。但此时,应在未画配筋的柱截面上注写该柱截面与轴线关系的具体尺寸。

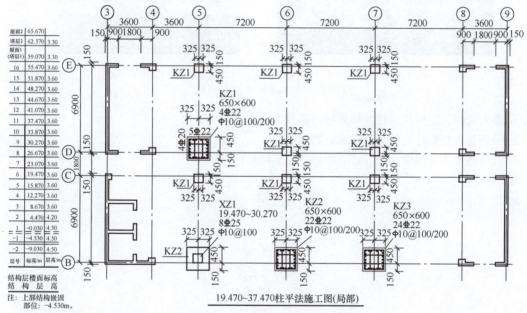

图12-23 柱平法施工图截面注写方式

课后巩固与提升

四、计算题

1. 某工程钢筋混凝土柱截面尺寸为500mm×500mm,承受轴向压力设计值$N=2000$kN,柱计算长度$l_0=5.4$m,采用C30混凝土,HRB400钢筋,试求纵筋面积。

2. 一钢筋混凝土现浇柱截面尺寸为400mm×400mm,计算长度l_0为4.8m,配有纵向钢筋4Φ22,采用HRB400钢筋,C30混凝土,柱承受的轴向力设计值$N=1850$kN,复核此柱是否安全。

项目12:一、填空题,
二、单项选择题,
三、多项选择题

五、案例分析

呼和浩特敕勒川机场（图 12-24a），航站楼总建筑面积约 26 万 m^2，战略定位为国内重要干线机场、区域枢纽机场、一类航空口岸机场，是我国进一步向北开放的桥头堡，是践行国家"一带一路"倡议的重要交通节点，建成后将成为连接我国与蒙古国、俄罗斯等国家和地区的重要纽带。

呼和浩特敕勒川机场坐落在"塞外草原"之上，建筑风格融合了塞外古城的地域文化元素：马鞍、哈达、蒙古包等。结构构件中，采用梭形柱为竖向支撑构件（图 12-24b）。梭形柱由于其优美的建筑造型和较好的力学稳定性，作为竖向受力构件广泛应用于各类空间结构体系中。基于案例分析以下问题：

 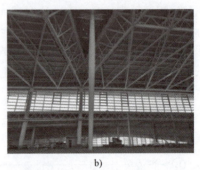

a)　　　　　　　　　　　　　　b)

图 12-24　呼和浩特敕勒川机场

1. 查阅资料，了解梭形柱的外形特点和受力特点。
2. 分析各类梭形柱的构造要求和计算特点。
3. 我国的优秀工程案例中，还有哪些采用了梭形柱？

职 考 链 接

项目 12：职考链接

项目13　设计肋梁楼盖

【知识目标】
1. 认识楼盖的类型。
2. 掌握连续板、梁的内力计算。
3. 掌握连续板、梁的配筋计算。
4. 掌握连续板、梁的配筋和节点构造。

【能力目标】
1. 能为楼盖选择合适的形式并进行平面布置。
2. 能分析连续板、梁的内力，能定性分析支座和跨中位置的内力情况。
3. 能计算连续板和梁的钢筋。
4. 能绘制楼盖的平面配筋图。

【素质目标】
1. 养成用力学方法分析结构问题的意识。
2. 培养学生的规范意识、标准意识。
3. 培养学生的创新意识、绿色环保意识。

【引例分析——福州小城镇住宅楼项目中的连续梁、板设计】

前面介绍了福州小城镇住宅楼项目中的单块板、单根简支梁的设计知识，但楼盖是整体的，除了已经完成的梁、板之外，尚有多跨的板和梁（连续板、梁），这些板和梁与单跨的板和梁的受力分析是不同的，构造也有不同之处，这就涉及连续板、梁的计算。

任务1　楼盖选型

钢筋混凝土梁板结构按施工方法可分为现浇楼盖、装配式楼盖和装配整体式楼盖；按结构组成形式可分为肋梁楼盖、井字梁楼盖、密肋楼盖和无梁楼盖等。楼盖的类型如图13-1所示。

一、肋梁楼盖

肋梁楼盖一般是由板、次梁、主梁组成的，板的四边支承在梁（墙）上，次梁支承在主梁上。根据梁、板之间的传力路径不同，肋梁楼盖又分为单向板肋梁楼盖和双向板肋梁楼盖。

1. 单向板肋梁楼盖

单向板肋梁楼盖平面布置如图13-2所示。单向板肋梁楼盖传力路径明确，荷载从板传至次梁（墙），次梁传至主梁（墙），最后总荷载由墙、柱传至基础和地基。

为了增强房屋的横向刚度，主梁一般沿房屋的横向布置（也可纵向布置），次梁则沿纵向布置，主梁必须避开门窗洞口。梁格布置应力求整齐、贯通并有规律性，其荷载传递应直接。梁、板最好是等跨布置，由于边跨梁的内力要比中间跨梁的内力大一些，边跨梁的跨度可略小于中间跨梁的跨度（一般在10%以内）。板厚和梁高尽量统一，这样便于设计和施工。单向板肋梁楼盖一般适用于较大跨度的公共建筑和工业建筑。

2. 双向板肋梁楼盖

双向板肋梁楼盖平面布置如图13-3所示。其传力路径为板上荷载传至次梁（墙）和主梁（墙），

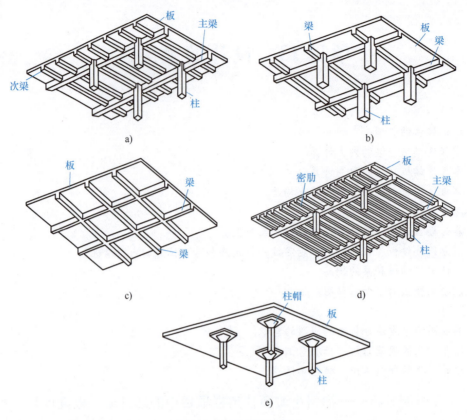

图 13-1 楼盖的类型

a）单向板肋梁楼盖 b）双向板肋梁楼盖 c）井字梁楼盖 d）密肋楼盖 e）无梁楼盖

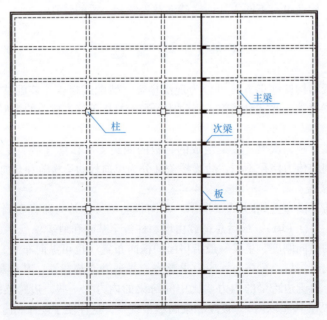

图 13-2 单向板肋梁楼盖平面布置

次梁和主梁上荷载传至墙、柱，最后传至基础和地基。双向板肋梁楼盖的跨度可超过 12m，适用于较大跨度的公共建筑和工业建筑,同跨时板厚比单向板肋梁楼盖要薄。

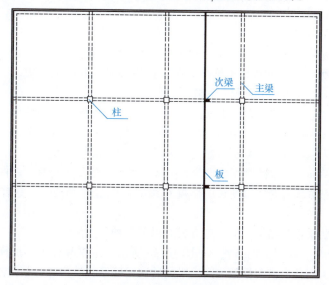

图13-3 双向板肋梁楼盖平面布置

二、井字梁楼盖

井字梁楼盖是从双向板肋梁楼盖演变而来的一种结构形式,井字梁楼盖双向的梁通常是等高的,不分主(次)梁,各向梁协同工作,共同承担和分配楼面荷载。其具有良好的空间整体性能,适用于平面尺寸较大且平面形状为方形或近于方形的房间或门厅。

三、密肋楼盖

一般情况下把肋距小于等于1.5m的楼盖称为密肋楼盖。密肋楼盖由薄板和间距较小的肋梁组成,既适用于跨度和荷载较大的、大空间的多层和高层建筑,也适用于多层工业厂房、仓库、车库等。在我国的工程实践中,钢筋混凝土密肋楼盖的跨度一般不超过9m,预应力混凝土密肋楼盖的跨度一般不超过12m。

四、无梁楼盖

当楼板直接支承在柱上而不设梁时,形成无梁楼盖。整个无梁楼盖由板、柱帽和柱组成。无梁楼盖的板一般是等厚的钢筋混凝土平板。为了保证板有足够的刚度,板厚一般不宜小于柱网长边尺寸的1/35,且不得小于150mm。为了改善板的受力性能,适应传力的需要,将柱的顶端尺寸放大,形成"柱帽";也可设计成无柱帽的无梁楼盖。无梁楼盖的柱网布置以正方形最为经济,每一方向的跨数不少于3跨,柱距一般大于等于6m。在维持同样的净空高度时,无梁楼盖可以降低建筑物的高度,较经济。无梁楼盖适用于各种多层的工业和民用建筑,如厂房、仓库、商场、冷藏库等,但有很大的集中荷载时则不宜采用。

任务2 设计单向板肋梁楼盖

单向板肋梁楼盖(现浇)的设计步骤包括:
1)进行结构平面布置(梁、板、柱布置),确定构件尺寸。
2)确定梁、板计算简图;包括构件简化、支座简化、跨数确定、跨度确定和荷载计算。
3)内力计算及组合。
4)梁、板的承载力计算(配筋计算),确定构造要求。

5)特殊梁、板还需验算裂缝、变形。

6)绘制施工图。

一、结构的平面布置

结构的平面布置包括柱网、承重墙、梁和板的布置。为使结构布置合理,应考虑下列原则:首先应满足建筑物的正常使用要求;其次应考虑结构受力是否合理;最后应考虑节约材料、降低造价。

单向板肋梁楼盖设计——结构的平面布置

在单向板肋梁楼盖中,柱(墙)的间距决定了主梁的跨度,主梁的间距决定了次梁的跨度,次梁的间距决定了板的跨度。根据工程经验,单向板的常用跨度为 1.7~2.5m,一般不宜超过 3m,荷载较大时取较小值;次梁的常用跨度为 4~6m;主梁的常用跨度为 5~8m。另外,应尽量将整个柱网布置成正方形或长方形,板梁应尽量布置为等跨,以使板的厚度和梁的截面尺寸都统一,这样便于计算,有利于施工。

常用的单向板肋梁楼盖结构平面布置方案有以下三种:

1)主梁横向布置,次梁纵向布置,如图 13-4a 所示。主梁和柱可形成横向框架,提高房屋的横向抗侧移刚度,而各榀横向框架之间由纵向的次梁联系,故房屋的整体性较好。此外,由于外纵墙处仅布置次梁,窗户可开得大些,这样有利于房屋室内的采光和通风。

2)主梁纵向布置,次梁横向布置,如图 13-4b 所示。这种布置方案适用于横向柱距大得多的情况,这样可以减小主梁的截面高度,增加室内净空。

3)只布置次梁,不设主梁,如图 13-4c 所示。这种布置仅适用于有中间走廊的砌体墙承重的混合结构房屋。

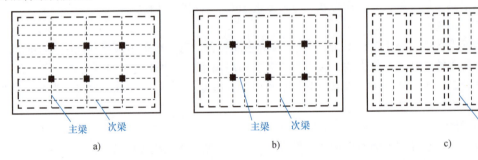

图 13-4 常用的单向板肋梁楼盖结构平面布置方案
a)主梁横向布置 b)主梁纵向布置 c)只布置次梁

在进行楼盖的结构布置时,应注意以下问题:

1)受力处理。荷载传递要简洁、明确,梁宜拉通,避免凌乱;尽量避免将梁(特别是主梁)搁置在门、窗过梁上,否则会增大过梁的荷载,影响门窗的开启;在楼(屋)面上有机器设备、冷却塔、悬吊装置和隔墙等荷载比较大的位置,宜设次梁承重;主梁跨内最好放置多根次梁,以满足主梁跨内的弯矩分布要求;楼板上开有较大尺寸(≥1000mm)的洞口时,应在洞口边设置小梁。

2)满足建筑要求。不封闭的阳台、厨房和卫生间的板面标高宜低于相邻板面 30~50mm;当房间不做吊顶时,一个房间平面内宜设置多根梁,否则会影响美观。

3)方便施工。梁的布置尽可能规则,梁的截面类型不宜过多,梁的截面尺寸应考虑支模的方便。

二、梁、板计算简图

梁、板的计算简图主要解决构件简化、支座简化、跨数确定、跨度确定及荷载计算等问题。

1. 构件简化

在确定计算简图时,常常不是对整个结构进行分析计算,而是从实际结构中选取有代表性的一部分作为计算对象,称为计算单元。板一般取1m宽的板带作为计算单元,梁取同类型的一根梁作为计算单元。

2. 支座简化

单向板肋梁楼盖中,梁、板的支座有两种构造形式:一种是支承在砖墙或砖柱上;另一种是与支承梁、柱整体连接。当梁、板支承在砖墙或砖柱上时,可视为铰支座;当梁、板的支座与支承梁、柱整体连接时,为简化计算,仍可视为铰支座,并忽略支座宽度的影响。板、次梁、主梁均可简化为支承在相应的支座上的多跨连续梁。如果主梁的支座为截面较大的钢筋混凝土柱,当主梁与柱的线刚度比小于4,以及柱的两边主梁跨度相差较大(>10%)时,由于柱对梁的转动有较大的约束和影响,故不能再按铰支座考虑,而应将梁、柱视作框架来计算。

在确定计算简图时,一般认为连续板在次梁处,以及次梁在主梁处均为铰支座,没有考虑次梁对板、主梁对次梁转动的弹性约束作用。当板受荷发生弯曲转动时,将带动次梁产生扭转,次梁的抗扭刚度则将部分地阻止板自由转动,这就与理想的铰支座不同。此时,板支座截面的实际转角小于理论转角,相当于降低了板跨中的弯矩值,类似的情况也发生在次梁和主梁之间。计算中难以十分准确地考虑次梁对板及主梁对次梁的这种约束影响,可采用增大永久荷载和减小可变荷载的办法,以折算荷载代替实际荷载近似地考虑这一约束影响。也可通过调整梁的支座截面弯矩设计值和剪力设计值的方法进行近似计算。当采用塑性内力计算法时,内力系数的取值已经考虑了该荷载调整。因为主梁较重要,且支座对主梁的约束作用一般较小,故主梁不考虑荷载折算。

3. 跨数确定

在连续梁中的任意一跨上施加荷载,仅对相邻两跨的梁有影响,所以对于五跨和五跨以内的连续梁、板,按实际跨数计算;对于实际跨数超过五跨的等跨连续梁、板,可按五跨计算。因为中间各跨的内力与第三跨的内力非常接近,为了减少计算工作量,所有中间跨的内力和配筋均可按第三跨处理;对于非等跨,但跨度相差不超过10%的连续梁、板,可以按等跨计算。

4. 跨度确定

梁、板的计算跨度 l_0(表10-10)是指在内力计算时所采用的计算简图中支座之间的长度,该值与构件的支撑长度和构件的抗弯刚度有关。

5. 荷载计算

1)对于板,取1m宽的板带作为计算单元,板承受楼面均布活荷载 $q_{k板}$ 及楼面自重 $g_{k板}$(楼面均布恒荷载)。板、次梁和主梁承载范围如图13-5所示。

2)次梁取任一根作为计算单元,次梁的荷载包括板传来的荷载和次梁自重;每根次梁承受相邻两侧板各1/2跨的荷载(即一个板跨),荷载以线荷载的形式作用在次梁上。

次梁上的恒荷载为 $g_{k次梁} = g_{k板}l_板 + b_{次梁}h_{次梁}\gamma_G$;次梁上的活荷载为 $q_{k次梁} = q_{k板}l_板$。

3)主梁取任一根作为计算单元,主梁的荷载包括次梁传来的荷载和主梁自重;每根主梁承受相邻两侧次梁各1/2跨的荷载(即一个次梁跨度),荷载以集中力的形式作用在主梁上。主梁自重为均布荷载,为方便计算,一般将主梁自重折算成集中荷载,作用在次梁荷载作用的位置,由图13-5可知,每个次梁荷载作用点处承受一个板跨的主梁自重。

主梁上的活荷载为 $g_{k主梁} = g_{k次梁}l_{次梁} + b_{主梁}h_{主梁}\gamma_G l_板$;次梁上的活荷载为 $q_{k主梁} = q_{k次梁}l_{次梁}$。

三、内力计算

梁、板的内力计算有弹性计算法(力矩分配法)和塑性计算法(弯矩调幅法)两种形式。

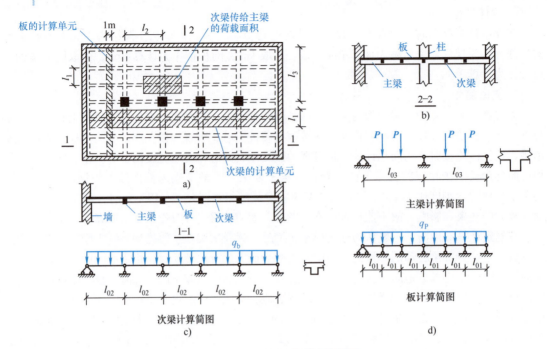

图 13-5 梁、板的荷载计算范围

塑性计算法考虑了混凝土开裂、受拉钢筋屈服、内力重分布的影响,进行了内力调幅,降低和调整了按弹性理论计算的某些截面的最大弯矩。单向板肋梁楼盖中板、次梁的内力一般采用塑性计算法。对重要构件及使用中一般不允许出现裂缝的构件,如主梁及其他处于腐蚀性、湿度较大等环境中的构件,内力应采用弹性计算法计算。

1. 板和次梁的内力计算

对于等跨连续梁、板,其弯矩值为

$$M = \alpha_{mb}(g+q)l_0^2 \tag{13-1}$$

式中　M——弯矩设计值;

　　　α_{mb}——连续梁、板考虑内力重分布的弯矩计算系数,按表 13-1 采用;

　　　$g、q$——均布恒荷载和均布活荷载的设计值;

　　　l_0——计算跨度,计算跨中弯矩和支座剪力时,取本跨跨度;计算支座弯矩时,取相邻两跨较大的跨度。

对于四周与梁整体连接的单向板,由于存在着拱的作用,因而跨中弯矩和中间支座截面的弯矩可减小 20%,但边跨及离板端的第二支座不适于此情况。

表 13-1　连续梁、板考虑内力重分布的弯矩计算系数 α_{mb}

端支座支撑情况		截面位置					
		端支座	边跨跨中	离端第二支座	离端第二跨跨中	中间支座	中间跨跨中
		A	I	B	II	C	III
梁、板搁置在墙上		0	1/11	二跨连续时取 −1/10 三跨以上连续时取 −1/11	1/16	−1/14	1/16
板	与梁整浇连接	−1/16	1/14				
梁		−1/24	1/14				
梁与柱整浇连接		−1/16	1/14				

次梁的剪力按下式计算：

$$V = \alpha_{vb}(g+q)l_n \tag{13-2}$$

式中　V——剪力设计值；

α_{vb}——连续梁、板考虑内力重分布的剪力计算系数，按表13-2采用；

g、q——均布恒荷载和均布活荷载的设计值；

l_n——净跨度。

表13-2　连续梁、板考虑内力重分布的剪力计算系数 α_{vb}

荷载情况	端支座支撑情况	截面位置				
		端支座右侧	离端第二支座左侧	离端第二支座右侧	中间支座左侧	中间支座右侧
均布荷载	梁搁置在墙上	0.45	0.60	0.55	0.55	0.55
	梁与梁或梁与柱整浇连接	0.50	0.55			
集中荷载	梁搁置在墙上	0.42	0.65	0.60	0.55	0.55
	梁与梁或梁与柱整浇连接	0.50	0.60			

2. 主梁的内力计算

（1）活荷载的不利组合　主梁的内力应按弹性理论进行计算，此时要考虑活荷载的不利组合。恒荷载作用于结构上，其分布不会发生变化，而活荷载的布置可以变化。活荷载的分布方式不同，梁的内力也不同。为了保证结构的安全性，需要找出产生最大内力的活荷载布置方式及内力，并与恒荷载产生的内力经叠加后作为设计的依据，这就是荷载不利组合的概念。

如图13-6所示为一连续梁恒荷载满布和活荷载分别作用于第一跨、第二跨和第三跨的内力图。该梁恒荷载满布时，第一跨跨中为正弯矩，要求第一跨跨中最大正弯矩，则活荷载作用下应使第一跨正弯矩不断增大。从图13-6中可以看出，活荷载作用于第一跨时，第一跨跨中弯矩为

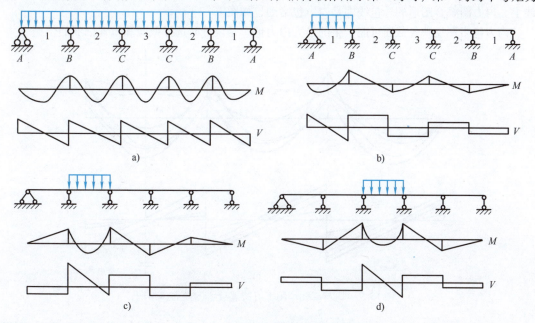

图13-6　主梁荷载作用下的内力图

正,可以使恒荷载满布时的弯矩增大;活荷载作用于第二跨时,第一跨跨中弯矩为负,可以使恒荷载满布时的弯矩减小;依次类推可知,要求第一跨的跨中最大正弯矩,活荷载应作用于第一跨、第三跨和第五跨。

活荷载不利组合的规律如下:

1) 要求跨中截面的最大正弯矩,除应在该跨布置活荷载外,其余各跨应隔跨布置活荷载。

2) 要求某支座截面的最大负弯矩,除应在该支座左、右两跨布置活荷载外,其余各跨应隔跨布置活荷载。

3) 要求某支座截面(包括左侧和右侧的截面)的最大剪力,其活荷载布置与该支座截面出现最大负弯矩时的活荷载布置相同。

4) 要求跨中最小正弯矩或最大负弯矩,应在该跨的左、右两跨布置活荷载,然后隔跨布置活荷载。

活荷载的最不利位置确定后,对于等跨(包括跨差≤10%的不等跨)连续梁,可直接利用附录 B 查得在恒荷载和各种活荷载作用下梁的内力系数,求出梁有关截面的弯矩和剪力。

在均布荷载及三角形荷载作用下有

$$M = k_1 g l_0^2 + k_2 q l_0^2 \quad V = k_3 g l_0 + k_4 q l_0 \tag{13-3}$$

在集中荷载作用下有

$$M = k_5 G l_0 + k_6 Q l_0 \quad V = k_7 G l_0 + k_8 Q l_0 \tag{13-4}$$

式中 g、q——均布恒荷载和活荷载设计值;

          G、Q——集中恒荷载和活荷载设计值;

          l_0——计算跨度;

k_1、k_2、k_5、k_6——附录 B 相应栏中的弯矩系数;

k_3、k_4、k_7、k_8——附录 B 相应栏中的剪力系数。

(2) 内力包络图   对连续梁来说,恒荷载满布的情况下,活荷载位置不同,画出的弯矩图和剪力图也不同。内力包络图是将恒荷载满布和不同的活荷载不利组合下的内力图画在同一轴线上,内力图叠合图形的外包线即是内力包络图,如图 13-7 所示。

内力包络图反映各截面可能产生的最大内力值,是设计时选择截面和布置钢筋的依据。

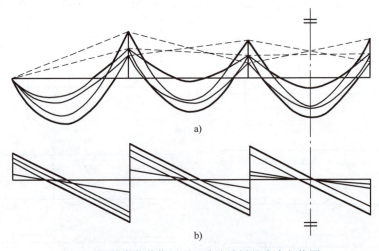

图 13-7 均布荷载作用下五跨连续梁的内力包络图

(3) 控制截面内力   主梁按弹性理论计算内力时,中间跨的计算跨度取支座中心线间的距离,忽略了支座宽度,这样求得的支座截面负弯矩和剪力值都是以支座中心位置为基准的。实际

上,危险截面位于支座边缘,内力设计值应按支座边缘截面确定,则支座弯矩和剪力设计值应进行如下修正:

1) 支座边缘截面的弯矩设计值计算式:

$$M = M_c - V_0 \frac{b}{2} \tag{13-5}$$

2) 支座边缘截面的剪力设计值计算式:

① 均布荷载时:

$$V = V_c - (g + q)\frac{b}{2} \tag{13-6}$$

② 集中荷载时:

$$V = V_c \tag{13-7}$$

式中 M_c、V_c——支座中心处的弯矩和剪力设计值;

V_0——按简支梁计算支座中心处的剪力设计值,取绝对值;

b——支座宽度。

四、配筋计算

梁和板都是受弯构件,可按钢筋混凝土受弯构件正截面承载力计算式和斜截面承载力计算式进行配筋计算。板较薄且截面宽度较大,不易出现斜截面破坏,一般可不进行斜截面设计,仅进行正截面设计。考虑板的拱作用效应,四周与梁整体连接的板区格,计算所得的弯矩值可根据下列情况予以减小:中间跨的跨中及中间支座截面弯矩折减 20%,边跨的跨中及第一内支座截面不折减,角区格不应减少。主、次梁截面设计时考虑板参与工作,在支座位置取矩形截面,在跨中位置取 T 形截面。

五、构造要求

1. 板的构造要求

(1) 板的厚度 板的厚度不仅要满足强度、刚度和裂缝等方面的要求,还要考虑使用、施工和经济方面的因素。具体可参考项目 10。

(2) 板的支撑长度 板的支承长度应满足其受力钢筋在支座内的锚固要求,且一般不小于板厚及 120mm。

(3) 受力钢筋布置 板受力钢筋的直径与间距可参考项目 10。连续单向板中受力钢筋的配置采用分离式配筋,如图 13-8 所示。

(4) 钢筋的截断 跨内承受正弯矩的钢筋,当部分截断时,截断位置可取距离支座边缘 $l_n/10$ 处;支座承受负弯矩的钢筋可在距支座边缘 a 处截断。a 值取值要求:当 $q/g \leq 3$ 时,$a = 1/4 l_n$;当 $q/g > 3$ 时,$a = 1/3 l_n$。伸入支座的钢筋截面面积不得少于跨中受力钢筋截面面积的 1/3,且间距不大于 400mm。

板的分类

(5) 分布钢筋 分布钢筋布置于受力钢筋内侧,与受力钢筋垂直放置并互相绑扎连接(或焊接连接)。

(6) 板面构造钢筋 板面构造钢筋包括嵌入承重墙内的板面构造钢筋、垂直于梁肋的板面构造钢筋、板的温度收缩钢筋等。嵌入承重墙内的板面构造钢筋的构造要求同项目 10。

在单向板中,当板的受力钢筋与主梁平行时,在主梁附近的板由于受主梁的约束,将产生一定的负弯矩。为了防止板与主梁连接处的顶部产生裂缝,应在板面沿主梁方向的每米长度内配置不少于 5 根与主梁垂直的构造钢筋,且单位长度内的总截面面积不应小于板单位长度内受力钢筋截面面积的 1/3,伸入板的长度从主梁边缘算起不小于板计算跨度 l_a 的 1/4,如图 13-9 所示。

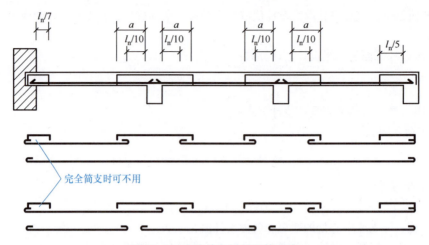

图 13-8　连续单向板的配筋方式

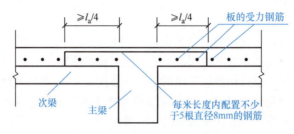

图 13-9　垂直于梁肋的板面构造钢筋

2. 次梁的构造要求

次梁在砖墙上的支承长度不应小于 240mm，并应满足墙体局部受压承载力的要求。次梁的钢筋直径、钢筋净距、混凝土保护层厚度、钢筋锚固、弯起钢筋及纵向钢筋的搭接与截断等，均按受弯构件的有关规定执行。

次梁的剪力一般较小，斜截面强度计算中一般仅设置箍筋即可。次梁的纵筋有两种配置方式：

1）跨中正弯矩钢筋全部伸入支座，不设弯起钢筋，支座负弯矩钢筋全部另设。此时，跨中纵筋伸入支座的长度不小于规定的受力钢筋伸入支座范围内的锚固长度 l_{as}。支座负弯矩钢筋的切断位置与一次切断数量，对承受均布荷载的次梁，当 $q/g \leq 3$ 且跨度差不大于 20% 时，可按图 13-10a 所示构造要求确定。

2）将跨中部分正弯矩钢筋在支座处弯起，但靠近支座（距支座边缘 $\leq h_0/2$）的第一排弯起钢筋不得作为支座负弯矩钢筋，而第二排、第三排弯起钢筋可计入支座负弯矩钢筋的截面面积中，如仍需另加直筋，则直筋不宜少于两根。位于梁两侧的跨中正弯矩钢筋不宜弯起，且至少应有两根伸入支座。弯起钢筋的位置及支座负弯矩钢筋的切断按图 13-10b 所示构造要求确定。支座负弯矩钢筋切断后，应设架立筋，架立筋的截面面积不少于支座负弯矩钢筋截面面积 A_s 的 1/4，且不少于两根，搭接长度一般为 150~200mm。

次梁的构造

3. 主梁的构造要求

主梁支承在砌体上的长度不应小于 370mm，并应满足砌体局部受压承载力的要求。主梁的截面尺寸、钢筋选择等按受弯构件考虑。主梁受力钢筋的弯起和截断应在弯矩包络图上作抵抗弯矩图确定。

项目 13 设计肋梁楼盖

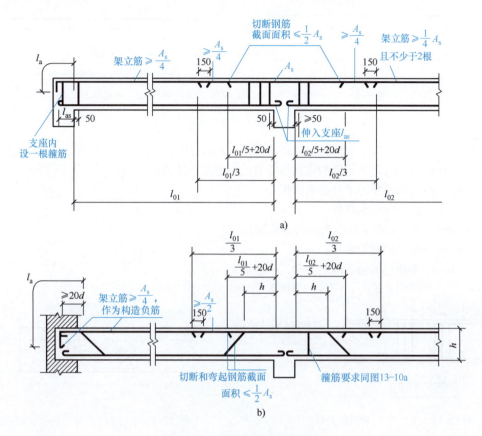

图 13-10 次梁的配筋构造要求
a) 无弯起钢筋时 b) 设弯起钢筋时

在主梁与次梁的交接处,由于主梁与次梁的负弯矩钢筋彼此相交,且次梁的钢筋置于主梁的钢筋之上(图 13-11),因而在计算主梁支座的负弯矩钢筋时,其截面有效高度应按下列规定减小:当为单排钢筋时,$h_0 = h - 60\text{mm}$;当为双排钢筋时,$h_0 = h - 80\text{mm}$。

在次梁和主梁相交处,次梁的集中荷载传至主梁的腹部,有可能引起斜裂缝,如图 13-12 所示。为防止斜裂缝引起局部破坏,应在次梁支承处的主梁内设置附加横向钢筋,将上述集中荷载有效地传至主梁的上部。

附加的横向钢筋包括箍筋和吊筋,分别如图 13-13 和图 13-14 所示,布置在长度 s 范围内,其中 $s = 2h_1 + 3b$,h_1 为主梁与次梁的高度差,b 为次梁腹板宽度。附加横向钢筋宜优先采用箍筋,其截面面积可按下列计算式计算:

1) 仅设箍筋时:

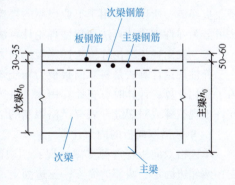

图 13-11 主梁支座处受力钢筋的布置

$$G + P \leq mf_{yv}A_{sv1}n \tag{13-8}$$

2) 仅设吊筋时:

$$G + P \leq 2f_y A_{sb}\sin\alpha \tag{13-9}$$

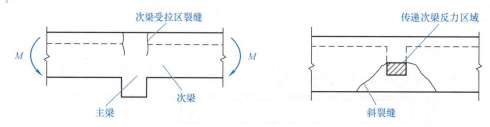

图 13-12　主（次）梁交接处集中荷载作用下发生变形

式中　$G+P$——由次梁传来的恒荷载设计值和活荷载设计值；

　　　f_{yv}、f_y——分别为附加箍筋和附加吊筋的抗拉强度设计值；

　　　A_{sv1}——附加箍筋的单肢截面面积；

　　　n——附加箍筋的肢数；

　　　m——在 s 长度范围内箍筋的总根数；

　　　A_{sb}——吊筋的截面面积；

　　　α——吊筋与梁轴线间的夹角，一般取45°。

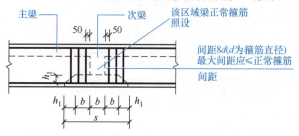

图 13-13　主（次）梁交接处设附加箍筋

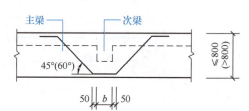

图 13-14　主（次）梁交接处设附加吊筋

任务3　设计双向板肋梁楼盖

双向板肋梁楼盖的梁格可以布置成正方形或接近正方形，外观整齐美观，常用于民用房屋的较大的房间及门厅处。当楼盖为5m左右的方形区格且使用荷载较大时，双向板楼盖比单向板楼盖更经济，所以也常用于工业房屋的楼盖。双向板的受力性能比单向板更优越，其内力计算方法可分为弹性理论计算法和塑性理论计算法。

一、采用弹性理论计算法计算板的内力

弹性理论计算法是将双向板视为均质弹性体，不考虑塑性，按弹性力学理论进行内力计算。为了简化计算，计算时可查计算用表。直接承受动力荷载和重复荷载的结构，以及在使用阶段不允许出现裂缝或对裂缝开展有严格限制的结构，通常采用弹性理论计算法计算内力。

1. 单区格双向板的内力计算

单区格双向板有六种支撑情况：四边简支；一边固定、三边简支；两对边固定、两对边简支；两邻边固定、两邻边简支；三边固定、一边简支；四边固定。

根据不同的支承情况，可在计算用表中查得相应的弯矩系数，用式（13-10）即可算出双向板跨中及支座弯矩，即

$$m = 计算用表中查得的弯矩系数 \times ql^2 \tag{13-10}$$

式中　m——双向板跨中及支座单位板宽内的弯矩；

　　　q——板面均布荷载；

l——板的计算跨度，取 l_x 和 l_y 中较小值。

2. 多区格双向板的实用计算

多区格双向板的内力计算也应该考虑活荷载的最不利组合，其精确计算很复杂。在设计中，对两个方向均为等跨或在同一方向区格的跨度相差小于等于20%的不等跨双向板，可采用简化的实用计算法来计算内力。

（1）基本假定

1）支撑梁的抗弯刚度很大，其垂直变形可以忽略不计。

2）支撑梁的抗弯刚度很小，板可以绕梁转动。

3）同一方向的相邻最大与最小跨度之差小于20%。

（2）计算方法

1）区格跨中最大弯矩。当计算某区格的跨中最大弯矩时，活荷载的最不利组合如图13-15所示，也就是棋盘式布置。求跨中弯矩时，将荷载分解为各跨满布的对称荷载（$g+q/2$）和各跨向上向下相间作用的反对称荷载 $\pm q/2$ 两部分。

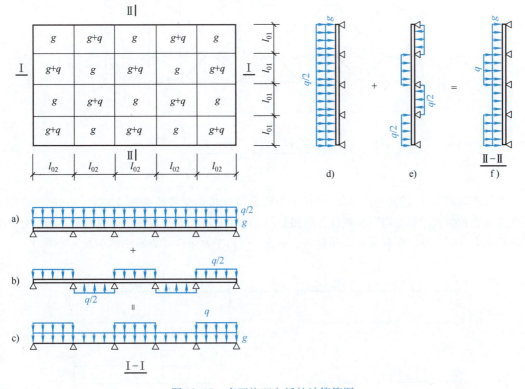

图13-15 多区格双向板的计算简图

① 在对称荷载（$g+q/2$）作用下，中间支座均可视为固定支座，从而所有的中间区格板均可视为四边固定的双向板，而边（角）区格的外边界条件按实际情况确定，例如楼盖周边可视为简支，按单跨双向板计算其弯矩 m_{x1} 和 m_{y1}。

② 在反对荷载 $\pm q/2$ 作用下，可近似认为支座截面弯矩为零，即将所有的中间支座视为简支支座，如楼盖周边可视为简支，则所有的区格板均可视为四边简支板，按单跨双向板计算其弯矩 m_{x2} 和 m_{y2}。

③ 将各区格板在上述两种荷载作用下的跨中弯矩相叠加，即得到各区格板的跨中弯矩，即 $m_x = m_{x1} + m_{x2}$，$m_y = m_{y1} + m_{y2}$。

2）区格支座的最大负弯矩。为简化计算，不考虑活荷载的不利组合，可近似认为恒荷载和活荷载皆满布在连续双向板的所有区格时在支座处产生最大负弯矩。于是，所有的内区格板均按四边固定板来计算支座弯矩，受 $(g+q)$ 作用，外区格板按实际支承情况考虑。

二、双向板支撑梁的计算

当双向板承受均布荷载作用时，传给梁的荷载可采用近似方法计算。从每一区格的四角分别引出 45°线与平行于长边的中线相交，将板分成四块，每块板上的荷载由相邻的支撑梁承受。则传给长边梁的荷载为梯形分布，传给短边梁的荷载为三角形分布，如图 13-16 所示。梯形及三角形分布荷载的最大值 P' 等于板面均布荷载乘以短边支撑梁的跨度 l_1，长边梁与短边梁可分别单独计算。

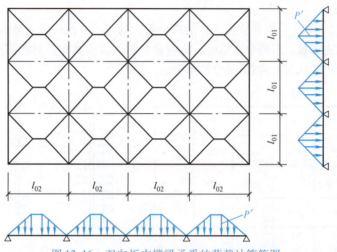

图 13-16　双向板支撑梁承受的荷载计算简图

为计算多跨连续梁的内力，可将梯形分布荷载及三角形分布荷载按支座弯矩相等的原则折算成等效均布荷载，等效均布荷载计算简图如图 13-17 所示，再按各种活荷载的最不利组合分别求出其支座弯矩，然后根据梁上实际荷载按简支梁静力平衡条件计算跨中弯矩及支座剪力。

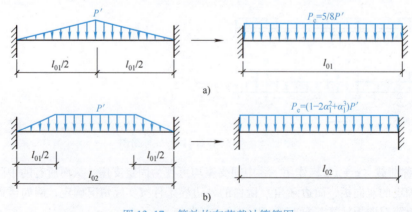

图 13-17　等效均布荷载计算简图
a）三角形分布荷载　b）梯形分布荷载

三、双向板的截面设计及构造要求

1. 截面设计

短跨方向的受力钢筋放在长跨方向受力钢筋的外侧，板的截面有效高度：对于短边，$h_0 = h - 20\text{mm}$；

对于长边，$h_0 = h - 30\text{mm}$。计算时内力臂系数 $\gamma_0 = 0.9 \sim 0.95$。由于板的内拱作用，弯矩实际值在下述情况下可予以折减：

1）中间区格的跨中截面及中间支座截面上可减少20%。

2）边区格的跨中截面及从楼板边缘算起的第二支座截面上：当 $l_b/l < 1.5$ 时，计算弯矩可减少20%；当 $1.5 \leq l_b/l \leq 2.0$ 时，计算弯矩可减少10%；当 $l_b/l > 2.0$ 时，弯矩不折减。其中，l_b 为沿板边缘方向的计算跨度，l 为垂直于板边缘方向的计算跨度。

3）对于角区格，计算弯矩不应减少。

2. 构造要求

1）双向板的配筋方式类似于单向板，有分离式和弯起式两种。

2）双向板的板边若置于砖墙上时，其板边、板角应设置构造筋，其数量、长度等同单向板。

任务4　设计装配式楼盖

装配式楼盖主要有铺板式、密肋式和无梁式等形式，其中铺板式楼盖应用最广。铺板式楼盖的主要预制构件是预制板和预制梁。铺板式楼盖的设计步骤为：

1）根据建筑平面图中墙、柱的位置等信息确定楼盖结构的平面布置方案，确定预制板、预制梁的位置。

2）确定预制板、预制梁的型号，并对个别的非标准构件进行设计，或局部采用现浇处理。

3）绘制施工图，设计各构件之间的连接构造，确保整体性。

一、预制板和预制梁

1. 预制板

（1）预制板的形式　我国常用的预制板的截面形式有空心板（图13-18a、b、c）、夹芯板（图13-18d）、槽形板（图13-18e、f）和平板（图13-18g、h）等，按支承条件可分为单向板和双向板。

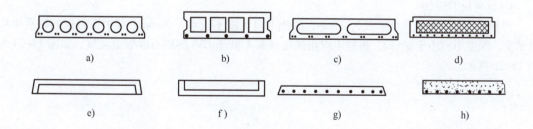

图13-18　预制板的形式

1）实心板表面平整，利于地面及吊顶处理，多用于小跨度的走道板、沟盖板等。

2）空心板板面平整，地面及吊顶容易处理，隔声、隔热效果好，大量用于楼盖及屋盖。其缺点是板面不能任意开洞。

3）槽形板的混凝土用量较少，板上开洞自由，除用于普通楼板外，也适用于厕所、厨房的楼板。

4）夹芯板往往做成自防水保温屋面板。

（2）预制板的尺寸　板厚由承载能力和刚度要求等决定，确定方法同现浇楼板，但要考虑与砌体的模数相匹配。板宽应根据板的制作、运输、起吊等的具体条件确定,并要考虑板在房间内的排列要求。还应考虑预制板的允许误差及板的整体性,板的实际宽度应比标示宽度略小,板缝一般用细石混凝土灌实。

预制板的标示长度一般根据房屋的开间或进深确定。

2. 预制梁

(1) 预制梁的形式　预制梁的截面形式主要有矩形(图 13-19a)、花篮形(图 13-19b、c)、T 形(图 13-19d)、倒 T 形(图 13-19e)和叠合形(图 13-19f)等。

(2) 预制梁的尺寸　预制梁的尺寸确定方式同现浇梁一样,需考虑承载力及刚度条件。

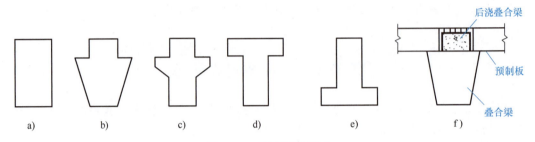

图 13-19　预制梁的形式

二、预制构件的计算

预制构件同现浇构件一样,应按规定进行承载能力极限状态和正常使用极限状态的计算。除此之外,预制构件尚应进行制作、运输及安装验算;进行吊装时,还要确定吊装方案及起吊点,并绘制吊装简图。

三、装配式楼盖的连接

装配式楼盖中的预制板一般简支在砖墙或大梁上,在荷载作用下,为保证各构件之间共同工作,荷载能有效传递,必须妥善处理各构件之间的连接。装配式楼盖的连接包括板与板的连接、板与墙或梁的连接、墙与梁的连接。

1. 板与板的连接

预制板下部的板缝宽度一般为 20mm,拼接上口宽度不应小于 30mm,其中空心板的端孔中应有堵头,深度不宜小于 60mm,拼缝中应用强度等级不低于 C30 的细石混凝土浇筑,如图 13-20 和图 13-21 所示。

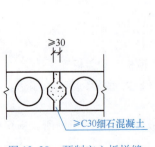

图 13-20　预制空心板拼缝

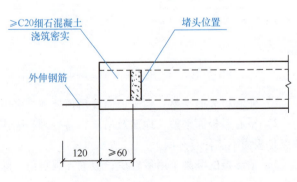

图 13-21　预制空心板堵头

2. 板与墙或梁的连接

预制板端部宜伸出锚固钢筋相互连接，该锚固钢筋宜与板的支承构件（墙或梁）的伸出钢筋相连，并宜与板端拼缝中设置的通长钢筋连接，如图 13-22～图 13-25 所示。

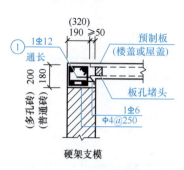

图 13-22　边支座处墙、板连接

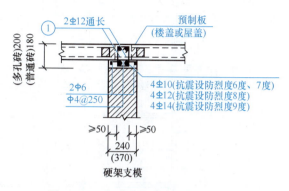

图 13-23　内墙中间支座处墙、板连接

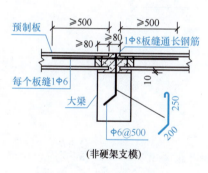

图 13-24　板与梁的连接

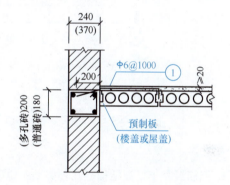

图 13-25　跨度大于 4.8m 的预制板与圈梁拉结

3. 墙与梁的连接

梁在砖墙上的支承长度应考虑梁内受力钢筋在支座处的锚固长度要求，并满足梁下砌体局部受压承载力的要求，当砌体局部受压承载力不足时，应按计算设置梁垫。预制梁的支承处应坐浆，必要时应在梁端设置拉结筋。

【引例解析——福州小城镇住宅楼项目中楼板平法施工图绘制】

福州小城镇住宅楼项目中的楼盖为肋梁楼盖，楼盖中既有单向板又有双向板，经计算后，其二层楼板的配筋如图 13-26 所示。

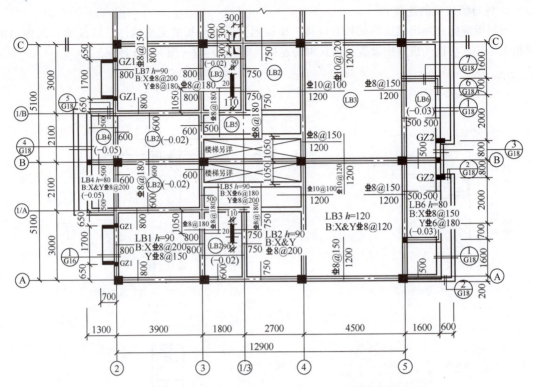

图 13-26　福州小城镇住宅楼项目中二层楼板的配筋图

课后巩固与提升

三、简答题

1. 钢筋混凝土梁板结构有几种类型？说说他们各自的特点和适用范围。
2. 钢筋混凝土梁板结构设计的一般步骤有哪些？
3. 单向板肋梁楼盖的结构布置可从哪几个方面来体现结构的合理性？
4. 什么是活荷载的最不利组合？其规律是什么？
5. 单向板肋梁楼盖设计的步骤及计算要点是什么？
6. 单向板肋梁楼盖中板、次梁、主梁的构造要求有哪些？
7. 装配式楼盖中各构件之间的连接构造有哪些？

项目 13：一、填空题，二、单项选择题

四、实训题

福州小城镇住宅楼项目中的二层梁平面施工图如图 13-27 所示，试绘制 KL2-7 的截面配筋图，并绘制②轴与③轴之间的跨中截面以及③轴左侧截面的截面配筋图。

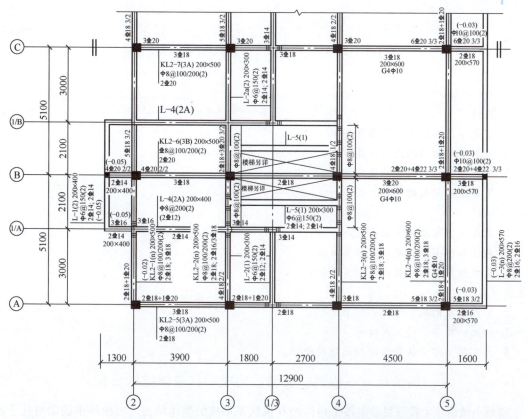

图 13-27 福州小城镇住宅楼项目中的二层梁平面施工图

五、案例分析

2008 年,第 29 届奥运会在中国举办,这不仅是体育盛事,也是建筑盛事。我国为成功举办奥运会修建了一系列运动场馆,运用了很多新技术,攻克了很多技术难关。图 13-28 所示的是国家游泳中心——"水立方"。同学们查阅资料,完成以下问题:

(1) 分析"水立方"的楼盖结构类型。

(2) "水立方"在 2022 年冬奥会时进行了改造,变身为"冰立方",请问在这次改造过程中应用了哪些新技术?

图 13-28 "水立方"

职 考 链 接

项目 13:职考链接

项目 14　设计框架结构

【知识目标】
1. 了解框架结构的平面布置要求。
2. 理解框架结构的内力计算方法。
3. 理解框架结构的构件设计。
4. 掌握框架结构的节点构造。

【能力目标】
1. 能进行框架结构平面布置。
2. 能选择框架结构的内力计算方法。
3. 能处理框架结构的杆件和节点构造。

【素质目标】
1. 培养学生的规范意识、标准意识。
2. 树立一丝不苟的工匠精神。
3. 养成用力学方法分析结构问题的意识。

【引例分析——福州小城镇住宅楼项目整体结构分析】

福州小城镇住宅楼项目是由各个构件经有机联系形成的整体结构,当构件中的梁与柱子形成刚性连接时,整体就形成框架结构,属于超静定结构,结构的内力分析与单个梁、板的内力分析有显著不同,构造也明显不同。

任务 1　框架结构平面布置

框架结构是一种应用较为广泛的结构形式,其优点是建筑平面布置灵活、能获得较大空间(如商场、餐厅等),建筑立面也容易处理,结构自重较轻,在一定的高度范围内造价较低。但框架结构本身的柔性较大,抗侧力能力较差,在风荷载作用下,会产生较大的水平位移;在地震作用下,非结构性部件的破坏比较严重(如建筑装饰、填充墙、设备管道等的破坏),因此要控制高度。框架结构多用于多层和高层办公楼、旅馆、医院、学校、商店及住宅等建筑中。我国《民用建筑设计统一标准》(GB 50352—2019)将建筑按建筑高度划分为:建筑高度不大于 27.0m 的住宅建筑、建筑高度不大于 24.0m 的公共建筑及建筑高度大于 24.0m 的单层公共建筑为低层或多层民用建筑;建筑高度大于 27.0m 的住宅建筑和建筑高度大于 24.0m 的非单层公共建筑,且高度不大于 100.0m 的,为高层民用建筑;建筑高度大于 100.0m 的,为超高层建筑。

一、平面布置

框架结构的平面布置包括柱网的布置和框架梁的布置。
1. 柱网的布置

柱网的布置要遵守下列原则:
1) 工业建筑的柱网布置应满足生产工艺的要求。
2) 柱网布置应满足建筑平面功能的要求。
3) 柱网布置应使结构受力合理。

4）柱网布置应方便施工，以加快施工速度，降低工程造价。

2. 框架梁的布置

框架梁布置应本着尽可能使纵横两个方向的框架梁与框架柱相交的原则进行。由于高层建筑纵横两个方向都承受较大的水平力，因此在纵横两个方向都应按框架设计。框架梁、柱构件的轴线宜重合，如果两者有偏心，梁、柱中心线的偏心距，抗震设防烈度为 9 度时，不应大于柱截面在该方向宽度的 1/4；非抗震设计和抗震设防烈度为 6 度 ~ 8 度时，不宜大于柱截面在该方向宽度的 1/4。

3. 框架结构的承重方案

框架结构实际上是一个空间受力体系，但为了计算分析简便，可把实际的框架结构看成纵横两个方向的平面框架，平行于短轴方向的框架称为横向框架，平行于长轴方向的框架称为纵向框架。横向框架和纵向框架分别承受各自方向上的水平作用，楼面竖向荷载则传递到纵横两个方向的框架上。按楼面竖向荷载传递路径的不同，承重框架的布置方案可分为横向框架承重、纵向框架承重和纵横向框架混合承重等形式。

（1）横向框架承重方案　横向框架承重方案是指横向布置承重框架梁，楼面荷载主要由横向框架梁承担并被其传给柱。由于横向框架梁跨数较少，主梁沿横向布置有利于增强建筑物的横向抗侧刚度。纵向梁高度一般较小，有利于室内的采光和通风，如图 14-1 所示。

（2）纵向框架承重方案　纵向框架承重方案是指纵向布置承重框架梁，楼面荷载主要由纵向框架梁承担并被其传给柱。所以，横向框架梁高度较小，有利于设备管线的穿行；当房屋纵向需要较大空间时，纵向框架承重方案可获得较大的室内净高，但房屋的横向刚度较小，如图 14-2 所示。

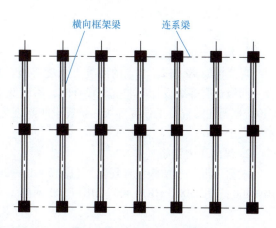

图 14-1　横向框架承重方案

（3）纵横向框架混合承重方案　纵横向框架混合承重方案是指在纵横两个方向均布置承重框架梁以承受楼面荷载。该方案具有较好的整体工作性能，对抗震有利。当楼面上作用有较大荷载，或楼面有较大开洞，或当柱网布置为正方形或接近正方形时，常采用这种方案，如图 14-3 所示。

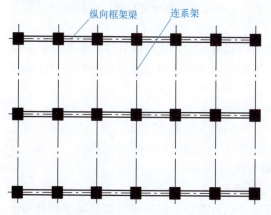

图 14-2　纵向框架承重方案

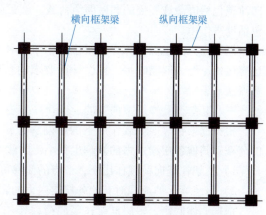

图 14-3　纵横向框架混合承重方案

框架结构的平面布置要根据建筑物的具体情况具体分析,选择合适的承重方案。

二、确定梁、柱的截面尺寸

1. 框架柱截面尺寸

矩形截面柱的边长不应小于 300mm;圆柱的截面直径不宜小于 350mm;柱的剪跨比宜大于 2,截面高宽比不宜大于 3。框架柱截面一般采用正方形或接近正方形的矩形截面。在多层框架中,柱的截面宽度可按层高估算,即 $b_c = (1/15 \sim 1/10) h_i$,$h_i$ 为第 i 层层高;柱的截面高度 $h_c = (1 \sim 2) b_c$。

2. 梁的截面尺寸

梁的截面尺寸主要是要满足竖向荷载作用下的刚度要求。梁的截面高度 h_b 可按 $\left(\frac{1}{18} \sim \frac{1}{10}\right) l_b$ 估算,l_b 为主梁的计算跨度;梁的截面宽度 b_b 可按 $\left(\frac{1}{3} \sim \frac{1}{2}\right) h_b$ 计算。同时,梁的宽度还不宜小于柱宽的 1/2 以及 200mm,梁的高宽比不宜大于 4。为了防止梁发生剪切脆性破坏,梁的净跨与截面高度之比不宜小于 4。

三、选择梁、柱材料

1. 混凝土的强度等级

现浇框架梁、柱、节点的混凝土强度等级,按一级抗震等级设计时,不应低于 C30;按二级~四级抗震等级设计和非抗震设计时,不应低于 C20。现浇框架梁的混凝土强度等级不宜大于 C40;框架柱的混凝土强度等级,抗震设防烈度为 9 度时不宜大于 C60,抗震设防烈度为 8 度时不宜大于 C70。

2. 纵向受力钢筋

根据《混凝土结构设计规范》(GB 50010—2010)的规定,梁、柱中的纵向受力钢筋应采用 HRB400、HRB500、HRBF400、HRBF500 钢筋。

任务 2 分析框架结构的内力

框架结构的计算单元及计算简图已经在项目 4 中进行了分析,下面介绍基于计算简图进行内力计算。

框架结构的内力计算可分为竖向荷载作用下的内力计算和水平荷载作用下的内力计算。竖向荷载包括恒荷载、楼面和屋面活荷载、施工荷载等。水平荷载一般指风荷载,在抗震设计中还包括地震作用。

框架内力的近似计算方法很多,由于每种方法所采用的假定不同,其计算结果的近似程度也有区别,但一般能满足工程设计所要求的精度。下面分别介绍近似计算方法中的分层法和反弯点法。

一、竖向荷载作用下内力的近似计算方法——分层法

根据框架在竖向荷载作用下的精确解可知,一般规则框架的侧移是极小的,而且每层梁上的荷载对其他各层梁内力的影响也很小,因此可假定:

1) 框架在竖向荷载作用下,节点的侧移可忽略不计。
2) 每层梁上的荷载对其他各层梁内力的影响可忽略不计。

根据上述假定,多层框架在竖向荷载作用下可以分层计算,计算时可将各层梁及与其相连的上柱及下柱所组成的开口框架作为独立的计算单元,如图 14-4 所示。

采用分层法计算时,假定上柱及下柱的远端固定,这与实际情况有出入。因此,除底层外,

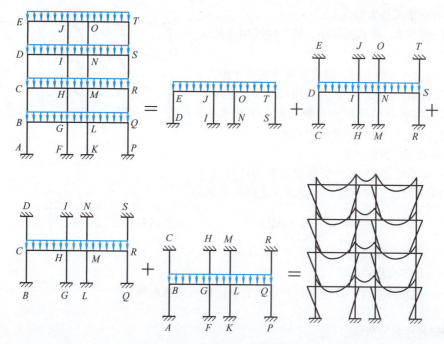

图 14-4 分层法计算框架内力

其余各层柱的线刚度乘以折减系数 0.9，并取弯矩传递系数 1/3；底层柱的线刚度不折减，弯矩传递系数取 1/2，如图 14-5 所示。按分层法计算的各梁弯矩为最终弯矩，各柱的最终弯矩为与各柱相连的两层计算弯矩的叠加。

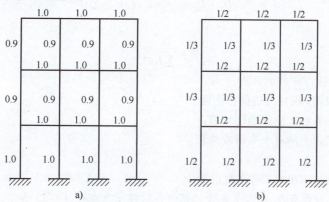

图 14-5 框架各杆的线刚度修正与弯矩传递系数修正
a）线刚度修正 b）弯矩传递系数修正

需要指出的是，最后算得的各梁、柱弯矩在节点处可能不平衡，但一般误差不大，如有需要，可以将各节点的不平衡力矩再分配一次。

二、水平荷载作用下内力的近似计算方法——反弯点法

在工程设计中，通常将作用在框架上的风荷载或水平地震作用化为节点水平力。在节点水平力作用下，框架的弯矩分布规律如图 14-6 所示，各杆的弯矩都是直线分布的，每根柱都有一个零弯矩点，称为反弯点。在该点处，柱只有剪力作用（图 14-6 中的 V_1、V_2、V_3、V_4）。如果能求出各柱的剪力及反弯点的位置，用柱中剪力乘以反弯点至柱端的高度，即可求出柱端弯矩，再根据节点平衡条件又可求出梁端弯矩。所以，反弯点法的关键是确定各柱剪力及反弯点位置。

1. 反弯点法的基本假定

对于层数不多，柱截面较小，梁、柱线刚度比大于 3 的框架，有如下假定：

1）在确定各柱剪力时，假定框架梁刚度无限大，即各柱端无转角，且同一层柱具有相同的水平位移。

2）最下层各柱的反弯点在距柱底 2/3 高度处，上面各层柱的反弯点在柱高度的中点处。

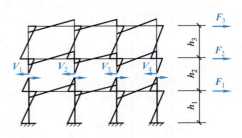

图 14-6　框架在节点水平力作用下的弯矩分布规律

2. 柱剪力与位移的关系

根据上面的假设 1）可知，每层各框架柱的受力状态如图 14-7 所示，柱剪力 V 与位移 Δ 之间的关系为

$$V = \frac{12i_c}{h^2}\Delta = D\Delta \quad (14\text{-}1)$$

式中　i_c——柱的线刚度；

　　　h——柱的高度；

　　　D——抗侧移刚度，即柱的上下端产生单位相对位移时所需施加的水平力。

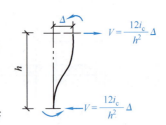

图 14-7　每层各框架柱的受力状态

3. 同层各柱剪力的确定

设同层各柱剪力为 V_1，V_2，$\cdots$，V_j，$\cdots$，根据平衡条件有

$$V_1 + V_2 + \cdots + V_j + \cdots = \sum F \quad (14\text{-}2)$$

将式（14-1）代入式（14-2），得

$$\Delta = \frac{\sum F}{D_1 + D_2 + \cdots + D_j + \cdots} = \frac{\sum F}{\sum D}$$

于是有

$$V_j = \frac{D_j}{\sum D}\sum F \quad (14\text{-}3)$$

式中　V_j——第 n 层第 j 根柱的剪力；

　　　D_j——第 n 层第 j 根柱的抗侧移刚度；

　　　$\sum D$——第 n 层各柱抗侧移刚度总和；

　　　$\sum F$——第 n 层以上所有水平荷载总和。

4. 计算步骤

1）按式（14-3）求出框架中各柱的剪力。

2）假设底层柱反弯点在 (2/3) h 处，其他各层柱反弯点在 (1/2) h 处。

3）柱端弯矩计算式如下：

底层柱上端：

$$M_{上} = V_j \times \frac{1}{3}h$$

底层柱下端：

$$M_{下} = V_j \times \frac{2}{3}h$$

其余各层柱上下端：

$$M = V_j \times \frac{1}{2}h$$

4)梁端弯矩计算。边跨外边缘处的梁端弯矩如图 14-8a 所示,有

$$M = M_n + M_{n+1} \tag{14-4}$$

中间支座处的梁端弯矩如图 14-8b 所示,有

$$M_{左} = (M_n + M_{n+1})\frac{i_{左}}{i_{左} + i_{右}} \tag{14-5}$$

$$M_{右} = (M_n + M_{n+1})\frac{i_{右}}{i_{左} + i_{右}} \tag{14-6}$$

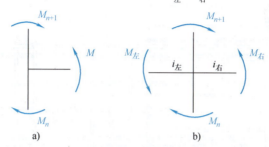

图 14-8 框架梁端弯矩计算简图

任务 3 框架结构构件设计及构造

一、框架结构构件设计

在进行框架结构设计时,对于框架柱可按压弯杆件设计;对于框架梁可按照受弯杆件设计。

对于有抗震设计的高层框架结构,还应按延性框架要求进行设计。延性框架是指既能维持承载力而又具有较大的塑性变形能力的结构,经过合理的设计,可使框架结构在中震作用下允许结构的某些构件屈服,出现塑性铰,使结构刚度降低。要达到延性框架的要求,在设计中应注意以下几点设计原则:

1. 强剪弱弯

要保证框架结构具有一定的延性,就必须保证梁、柱具有足够的延性,对于钢筋混凝土构件应具有较强的抗剪切破坏的能力,以防止构件过早剪坏。

2. 墙柱弱梁

在框架结构中,塑性铰出现在梁上较为有利;而出现在柱上,很容易形成机动体系,引起结构的倒塌。所以,设计时应加强柱的配筋,使结构在地震破坏时塑性铰出现在梁上。

3. 强节点弱构件

要设计延性框架,除了梁、柱构件具有延性外,还必须保证各构件的连接部分(节点)不出现脆性剪切破坏,同时还要保证支座连接和钢筋锚固不发生破坏。

二、框架结构构造

1. 中间层节点

中间层的中间节点和端节点处的柱纵向受力钢筋应在节点处贯通。梁的负弯矩钢筋在中间节点处应贯通,在端节点处既可以直锚也可以弯锚;直线锚固时,锚固长度不应小于 l_{aE},且伸过柱中心线的长度不宜小于 5 倍的梁纵向钢筋直径,如图 14-9 所示。当柱截面尺寸不足时,梁上部纵向钢筋应伸至节点对边并向下弯折,锚固段弯折前的水平投影长度不应小于 $0.4l_{abE}$,弯折后的竖直投影长度应取 15 倍的梁纵向钢筋直径,如图 14-10 所示。

梁下部纵向钢筋在节点内的锚固,直线锚固时的锚固长度不应小于 l_{aE},且伸过柱中线 $5d$,

如图 14-9 所示；弯折锚固时，锚固段的水平投影长度不应小于 $0.4l_{abE}$，竖直投影长度应取 15 倍的梁纵向钢筋直径，如图 14-10 所示。若不考虑抗震，则图 14-9、图 14-10 中的 l_{aE}、l_{abE} 转换为 l_a、l_{ab}。

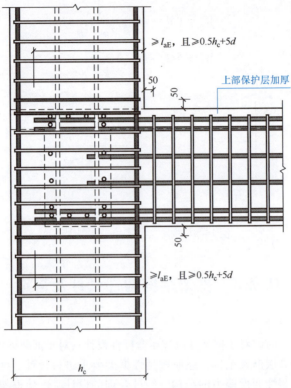

图 14-9 中间层框架梁负弯矩纵筋直锚

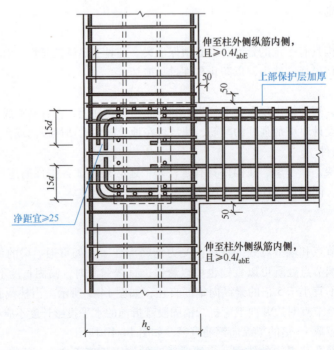

图 14-10 中间层框架梁负弯矩纵筋弯锚

2. 顶层中间节点

顶层中间节点中梁的纵筋锚固同中间层中间节点处。顶层中的节点柱的纵向钢筋和边节点柱的内侧纵向钢筋应伸至柱顶；当从梁底边计算的直线锚固长度不小于 l_a 时，可不必水平弯折，采用直锚，如图 14-11a 所示；否则，应向柱内或梁、板内水平弯折，当充分利用柱纵向节点区的钢筋的抗拉强度时，其锚固段弯折前的竖直投影长度不应小于 $0.5l_{ab}$，弯折后的水平投影长度不宜小于 12 倍的柱纵向钢筋直径，如图 14-11b 所示；当柱顶有现浇楼板且板厚不小于 100mm 时，柱纵筋也可向外弯折，弯折后的水平投影长度不宜小于 12 倍的柱纵向钢筋直径，如图 14-11c 所示。

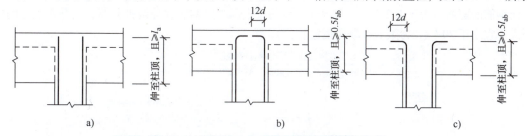

图 14-11 顶层中间节点柱纵筋的锚固

3. 顶层端节点

框架结构顶层端节点柱的外侧纵筋既可弯入梁内作为梁上部纵向受力钢筋使用，也可将梁上部纵向钢筋和柱外侧纵筋在节点处及附近部位搭接。

（1）柱外侧纵向钢筋伸入梁中锚固　在梁宽范围以内的柱外侧纵向钢筋可与梁上部纵向钢筋搭接，搭接长度不应小于 $1.5l_{abE}$，如图 14-12 所示；其中，伸入梁内的柱外侧钢筋截面面积不

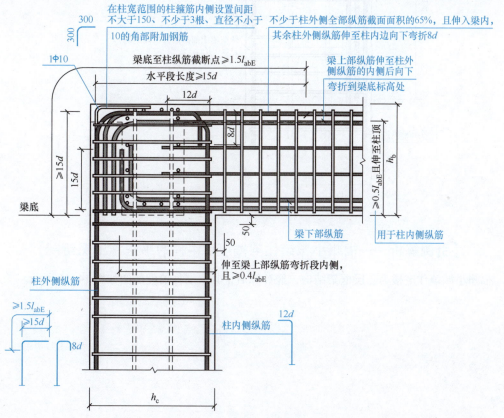

图 14-12 顶层端节点柱纵筋锚入梁

宜小于其全部截面面积的65%。在梁宽范围以外的柱外侧纵向钢筋宜沿节点顶部伸至柱内边锚固，当柱外侧纵向钢筋位于柱顶第一层时，钢筋伸至柱内边后向下弯折不小于8倍纵向钢筋直径后截断，如图14-12所示；当柱外侧纵向钢筋位于柱顶第二层时，可不向下弯折；当现浇板厚度不小于100mm时，在梁宽范围以外的柱外侧纵向钢筋也可伸入现浇板内，其伸入长度与伸入梁内时相同。

（2）梁上部纵向钢筋伸至柱外侧边缘的纵筋内侧锚固　纵向钢筋搭接接头也可沿着节点柱顶的外侧呈直线布置，如图14-13所示，此时的搭接长度自柱顶算起不应小于$1.7l_{abE}$；当梁上部纵向钢筋的配筋率大于1.2%时，弯入柱外侧的梁上部纵向钢筋宜分两批截断，其截断点之间的距离不宜小于$20d$（d为梁上部纵向钢筋直径）。

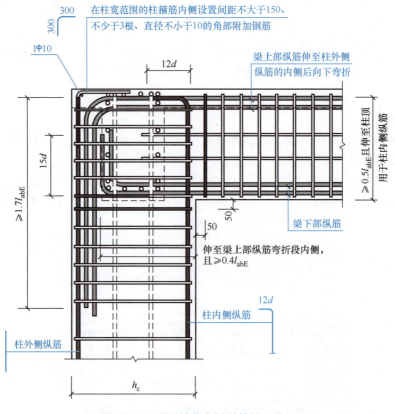

图14-13　顶层端节点梁纵筋锚入柱

【引例解析——福州小城镇住宅楼项目中柱的平法施工图绘制】

福州小城镇住宅楼为三层框架结构，经计算后，其一层柱的配筋图如图14-14所示。

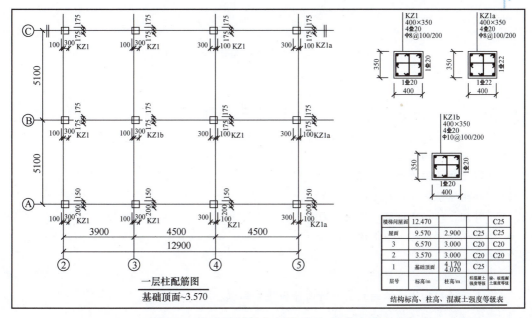

图 14-14 福州小城镇住宅楼项目一层柱配筋图

课后巩固与提升

二、案例分析

框架结构空间布置灵活,在一些公共建筑中得到广泛的应用,乌鲁木齐国际机场 T4 航站楼的主体结构采用的正是框架结构。乌鲁木齐国际机场作为"丝绸之路经济带"的重要节点,国家"一带一路"倡议的门户机场,是重要的交通枢纽。请同学们查阅资料,回答以下问题:

项目 14:一、单项选择题

(1)乌鲁木齐国际机场 T4 航站楼结构设计中面临的主要挑战有哪些?
(2)乌鲁木齐国际机场 T4 航站楼结构设计的主要特点体现在哪几个方面?
(3)在"一带一路"建设中,我们作为新一代建设者,需担负起什么样的责任?

职 考 链 接

项目 14:职考链接

项目 15　设计砌体结构

【知识目标】

1. 了解砌体结构的材料特点及选用原则。
2. 理解砌体结构的构造要求。
3. 理解砌体结构的平面布置方案。
4. 掌握砌体结构的承载力计算方法。
5. 了解砌体结构中过梁、挑梁、雨篷的设计。
6. 掌握砌体结构施工图识读方法。

【能力目标】

1. 能选择合适的砌体材料。
2. 能正确运用砌体结构的相关构造设计和施工知识。
3. 能进行简单砌体构件的设计计算。
4. 能识读砌体结构施工图。

【素质目标】

1. 培养学生的规范意识、标准意识。
2. 通过查阅《小城镇住宅通用（示范）设计——北京地区》（05SJ917-1）图集，提高自学能力和资料查阅能力。
3. 树立一丝不苟的工匠精神。
4. 了解我国建筑业的相关政策，培养绿色建筑意识。

【工程引例——北京小城镇住宅楼项目】

如图 15-1 所示为北京小城镇住宅楼效果图，基于《小城镇住宅通用（示范）设计——北京地区》（05SJ917-1）绘制，该住宅项目的全套建筑施工图详见二维码。

图 15-1　北京小城镇住宅楼效果图

北京小城镇住宅楼项目

【引例分析——北京小城镇住宅楼项目整体结构分析】

北京小城镇住宅楼项目建筑面积 216.91mm²，建筑层数 2 层，建筑高度 5.8m，房间的开间、进深较小，综合考虑其承载能力和经济效益可选用砌体结构。要保证结构满足其功能要求，需要选择合适的砌体材料；进行结构平面布置，确定梁、圈梁、构造柱、过梁等构件的位置；对墙体进行高厚比验算和承载力计算。

任务 1　选择砌体结构材料

一、砌体的种类

砌体是由不同尺寸和形状的起骨架作用的块体材料和起胶结作用的砂浆按一定的砌筑方式砌筑而成的整体，常用作一般工业与民用建筑物受力构件中的墙、柱、基础，多高层建筑物的外围护墙体和内部的分隔填充墙体，以及挡土墙、水池、烟囱等。砌体根据受力性能分为无筋砌体结构、约束砌体结构和配筋砌体结构。

1. 无筋砌体结构

常用的无筋砌体结构有砖砌体、砌块砌体和石砌体。

（1）砖砌体　由砖和砂浆砌筑而成的整体材料称为砖砌体。砖砌体包括烧结普通砖砌体、烧结多孔砖砌体、蒸压粉煤灰砖砌体、蒸压硅酸盐砖砌体、混凝土普通砖砌体和混凝土多孔砖砌体。在房屋建筑中，砖砌体常用作一般单层和多层工业与民用建筑的内外墙、柱、基础等承重结构以及多高层建筑的围护墙与隔墙等自承重结构等。

（2）砌块砌体　由砌块和砂浆砌筑而成的整体材料称为砌块砌体。常用的砌块砌体以混凝土空心砌块砌体为主，其中包括以普通混凝土为块体材料的普通混凝土空心砌块砌体和以轻集料混凝土为块体材料的轻集料混凝土空心砌块砌体，是替代实心黏土砖砌体的主要承重砌体材料。砌块砌体主要用于住宅、办公楼及学校等建筑以及一般工业建筑的承重墙或围护墙。砌块大小的选用主要取决于房屋墙体的分块情况及施工吊装能力。

（3）石砌体　由天然石材和砂浆（或混凝土）砌筑而成的整体材料称为石砌体。石砌体根据石材的规格和施工方法的不同分为料石砌体、毛石砌体和毛石混凝土砌体。毛石混凝土砌体是在模板内交替铺置混凝土层及形状不规则的毛石构成的。

2. 约束砌体结构

通过竖向和水平钢筋混凝土构件约束砌体的结构，称为约束砌体结构，典型的工程实例是由钢筋混凝土构造柱-圈梁形成的砌体结构体系。它在抵抗水平作用时使墙体的极限水平位移增大，从而提高了墙的延性，使墙体裂而不倒。其受力性能介于无筋砌体结构和配筋砌体结构之间。

3. 配筋砌体结构

配筋砌体结构是由配置钢筋的砌体作为主要受力构件的结构。这种结构可以提高砌体强度，减少其截面尺寸，增加砌体结构（或构件）的整体性，是对构造柱作用的一种新发展。

二、砌体材料的种类及强度

构成砌体的材料包括块体材料和胶结材料，块体材料和胶结材料（砂浆）的强度等级主要是根据其抗压强度划分的，强度等级也是确定砌体在各种受力状态下强度的基础数据。块体强度等级以符号"MU"表示，其后数字表示块体的抗压强度值，单位为 MPa。砂浆强度等级以符号"M"表示。对于混凝土小型空心砌块砌体，砌筑砂浆的强度等级以符号"Mb"表示，灌孔混凝土的强度等级以符号"Cb"表示。

1. 砖

砖包括烧结普通砖、烧结多孔砖、非烧结硅酸盐砖和混凝土砖等，通常可简称为砖。

(1) 烧结普通砖　烧结普通砖与烧结多孔砖统称烧结砖。

1) 烧结普通砖包括实心砖或孔洞率不大于35%且外形尺寸符合规定的砖，其规格尺寸为 240mm×115mm×53mm，如图 15-2a 所示。烧结普通砖的重力密度为 $16\sim18kN/m^3$，具有较高的强度、良好的耐久性和保温隔热性能，且生产工艺简单、砌筑方便；但因为占用和毁坏农田，现已逐渐被禁止使用。

2) 烧结多孔砖是指孔洞率不小于35%，孔的尺寸小而数量多，多用于承重部位的砖。烧结多孔砖分为 P 型砖与 M 型砖，P 型砖的规格尺寸为 240mm×115mm×90mm，如图 15-2b 所示；M 型砖的规格尺寸为 190mm×190mm×90mm，如图 15-2c 所示。此外，用黏土、页岩、煤矸石等原料还可经焙烧制成孔洞较大、孔洞率大于35%的烧结空心砖，如图 15-2d 所示，多用于砌筑围护结构。

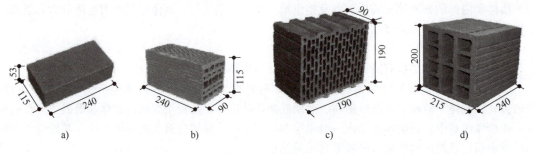

图 15-2　砖的规格

(2) 非烧结砖　非烧结砖包括蒸压灰砂砖和蒸压粉煤灰砖。蒸压灰砂砖与蒸压粉煤灰砖的规格、尺寸与烧结普通砖相同。

(3) 混凝土砖　混凝土砖包括混凝土普通砖和混凝土多孔砖。混凝土多孔砖的主规格尺寸为 240mm×115mm×90mm、240mm×190mm×90mm、190mm×190mm×90mm 等；混凝土普通砖的主规格尺寸为 240mm×115mm×53mm、240mm×115mm×90mm 等。

(4) 砖的强度等级　烧结普通砖、烧结多孔砖等的强度等级为 MU30、MU25、MU20、MU15 和 MU10；蒸压灰砂砖、蒸压粉煤灰砖的强度等级为 MU25、MU20 和 MU15；混凝土普通砖、混凝土多孔砖的强度等级为 MU30、MU25、MU20 和 MU15。

2. 砌块

砌块一般是指混凝土砌块、轻集料混凝土砌块。此外，还有以黏土、煤矸石等为原料，经焙烧制成的烧结空心砌块。砌块材料如图 15-3 所示。

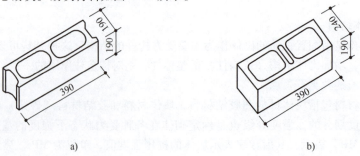

图 15-3　砌块材料

砌块按尺寸可分为小型、中型和大型三种类型，一般把砌块高度为180～350mm的称为小型砌块，高度为360～900mm的称为中型砌块，高度大于900mm的称为大型砌块。

砌块的强度等级是根据标准试验方法，按毛截面面积计算的极限抗压强度值来划分的。混凝土砌块、轻集料混凝土砌块的强度等级为MU20、MU15、MU10、MU7.5、MU5。为了保证承重类多孔砌块的结构性能，用于承重的双排孔或多排孔轻集料混凝土砌块的孔洞率不应大于35%。

3. 石材

用作承重砌体的石材主要来源于重质岩石和轻质岩石。石材按其加工后的外形规则程度分为料石和毛石。料石又分为细料石、半细料石、粗料石和毛料石。毛石的形状不规则，但要求毛石的中部厚度不小于200mm。石材的强度等级划分为MU100、MU80、MU60、MU50、MU40、MU30和MU20。

《砌体结构通用规范》（GB 55007—2021）明确提出砌体结构推广应用以废弃砖瓦、混凝土块、渣土等废弃物为主要材料制作的块体，以实现节能低碳和可持续发展。

4. 砌筑砂浆

将砖、石、砌块等块体材料黏结成砌体的砂浆即为砌筑砂浆。

（1）普通砂浆　普通砂浆按胶结料的成分不同可分为水泥砂浆、水泥混合砂浆以及不含水泥的石灰砂浆、黏土砂浆和石膏砂浆等非水泥砂浆。工程上常用的普通砂浆为水泥砂浆和水泥混合砂浆，砌筑临时性砌体结构时多采用石灰砂浆。普通砂浆的强度等级为M15、M10、M7.5、M5和M2.5。

（2）蒸压灰砂砖和蒸压粉煤灰砖砌体专用砌筑砂浆　蒸压灰砂砖、蒸压粉煤灰砖等蒸压硅酸盐砖是采用半干压法生产的，制砖钢模板十分光滑，在高压成型时会使砖质地密实、表面光滑，吸水率也较小，这种光滑的表面影响了砖之间的砌筑与黏结，使墙体的抗剪强度较烧结普通砖要低，影响了这类砖的推广和应用。这类砖在施工时要采用和易性好、黏结力大、耐候性强且方便施工的专用砌筑砂浆，专用砌筑砂浆的强度等级为Ms15、Ms10、Ms7.5和Ms5.0。

（3）混凝土小型空心砌块砌筑砂浆　对于混凝土小型空心砌块砌体，应采用专门用于砌筑混凝土砌块的砌筑砂浆。这种砂浆的强度等级为Mb30、Mb25、Mb20、Mb15、Mb10、Mb7.5和Mb5。

三、砌体材料的选择

砌体结构所用材料，应因地制宜、就地取材，并确保砌体在长期使用过程中具有足够的承载力和耐久性，还应满足建筑物整体或局部部位所处不同环境条件下正常使用时建筑物对其材料的特殊要求。除此之外，还应使用新型墙体材料来代替传统的墙体材料，以满足建筑结构设计的经济、合理、技术先进的要求。对于具体的设计，砌体材料的选择应遵循如下原则：

1）处于环境类别3类～5类的有侵蚀性介质条件的砌体材料应符合下列规定：

① 不应采用蒸压灰砂砖、蒸压粉煤灰砖。

② 应采用实心砖，砖的强度等级不应低于MU20，水泥砂浆的强度等级不应低于M10。

③ 混凝土砌块的强度等级不应低于MU15，灌孔混凝土的强度等级不应低于Cb30，砂浆的强度等级不应低于Mb10。

④ 应根据环境条件对砌体材料的抗冻指标、耐酸碱性能提出要求，或符合有关规范的规定。

2）对于地面以下或防潮层以下的砌体所用材料，应提出最低强度等级要求，对于潮湿房间所用材料的最低强度等级要求见表15-1。

3）对于长期受热200℃以上、受急冷急热或有酸性介质侵蚀的建筑部位，规范规定不得采用蒸压灰砂砖和蒸压粉煤灰砖，MU15和MU15以上的蒸压灰砂砖可用于基础及其他建筑部位，蒸压粉煤灰砖用于基础或用于受冻融和干湿交替作用的建筑部位时必须使用一等砖。

表 15-1 地面以下或防潮层以下的砌体、潮湿房间墙体所用材料的最低强度等级

潮湿程度	烧结普通砖	混凝土普通砖、蒸压灰砂砖	混凝土砌块	石材	水泥砂浆
稍湿的	MU15	MU20	MU7.5	MU30	M5
很湿的	MU20	MU20	MU10	MU30	M7.5
含水饱和的	MU20	MU25	MU15	MU40	M10

注：1. 在冻胀地区，地面以下或防潮层以下的砌体，不宜采用多孔砖；如采用时，其孔洞应用不低于 M10 的水泥砂浆预先灌实；当采用混凝土砌块时，其孔洞应采用强度等级不低于 Cb20 的混凝土预先灌实。
2. 对于安全等级为一级或设计使用年限大于 50 年的房屋，墙、柱所用材料的最低强度等级应比上述规定至少提高一级。

四、砌体结构力学性能

1. 砌体的受压性能

(1) 普通砖砌体的受压破坏特征　砖砌体轴心受压时，按照裂缝的出现、发展和破坏特点，可划分为三个受力阶段，如图 15-3 所示。

1) 第一阶段，从砌体受压开始，当压力增大至 50%～70% 的破坏荷载时，单砖出现裂缝，如图 15-4a 所示。

2) 第二阶段，当压力增大至 80%～90% 的破坏荷载时，裂缝沿着竖向灰缝通过若干皮砖或砌块形成通缝，如图 15-4b 所示。

3) 第三阶段，随着荷载的继续增加，砌体中的裂缝迅速延伸、扩展，连续的竖向贯通裂缝把砌体分割形成小柱体，个别砖块可能被压碎或小柱体发生失稳，从而导致整个砌体的破坏，如图 15-4c 所示。以砌体破坏时的压力除以砌体截面面积所得的应力值称为该砌体的极限抗压强度。

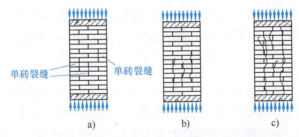

图 15-4　砖砌体受压破坏形态

砌体是由块体与砂浆黏结而成的，砌体在压力作用下，其强度取决于砌体中块体和砂浆的受力状态，这与单一匀质材料的受压情况是不同的。在进行砌体试验时，测得的砌体强度远低于块体的抗压强度，这是由砌体中的单个块体所处的复杂应力状态所造成的，而复杂应力状态是由砌体的自身性质决定的。

(2) 影响砌体抗压强度的因素　砌体是一种复合材料，其抗压性能不仅与块体和砂浆材料的物理、力学性能有关，还受施工质量以及试验方法等多种因素的影响。通过对各种砌体在轴心受压时的受力分析及试验结果表明，影响砌体抗压强度的主要因素有以下几个方面：

1) 砌体材料的物理、力学性能。块体与砂浆的强度等级是确定砌体抗压强度最主要的因素。一般来说，砌体抗压强度随块体和砂浆强度等级的提高而增高，且单个块体的抗压强度在某种程度上决定了砌体的抗压强度，块体抗压强度较高时，砌体的抗压强度也较高，但砌体的抗压

强度并不会与块体和砂浆强度等级的提高等比例增高。

块体表面的规则、平整程度对砌体的抗压强度有一定的影响，块体的表面越平整，灰缝的厚度越均匀，越有利于改善砌体内的复杂应力状态，使砌体抗压强度提高。

砂浆的变形与和易性对砌体抗压强度也有一定影响。低强度砂浆的变形较大，在砌体中随着砂浆压缩变形的增大，块体受到的剪应力和拉应力等也增大，砌体抗压强度降低。和易性好的砂浆，施工时较易铺砌成饱满、均匀、密实的灰缝，可改善砌体内的复杂应力状态，提高砌体的抗压强度。

2）砌体工程施工质量。砌体工程施工质量综合了砌筑质量、施工管理水平和施工技术水平等因素的影响，从本质上来说，它较全面地反映了砌体内复杂应力作用的不利影响的程度。

（3）砌体的抗压强度　施工质量控制等级为 B 级、龄期为 28d、以毛截面计算的烧结普通砖和烧结多孔砖砌体的抗压强度设计值见表 15-2，其他类型砌体的抗压强度设计值可查阅《砌体结构设计规范》（GB 50003—2011）。

表 15-2　烧结普通砖和烧结多孔砖砌体的抗压强度设计值　　（单位：MPa）

砖砌体强度等级	砂浆强度等级					砂浆强度
	M15	M10	M7.5	M5	M2.5	0
MU30	3.94	3.27	2.93	2.59	2.26	1.15
MU25	3.60	2.98	2.68	2.37	2.06	1.05
MU20	3.22	2.67	2.39	2.12	1.84	0.94
MU15	2.79	2.31	2.07	1.83	1.60	0.82
MU10	—	1.89	1.69	1.50	1.30	0.67

注：当烧结多孔砖的孔洞率大于 30% 时，表中数值应乘以 0.9。

（4）砌体的局部受压性能　局部受压是砌体结构常见的一种受压状态，其特点在于轴向压力仅作用于砌体的部分截面上。如砌体结构房屋中，承受从上部柱或墙传来的压力的基础顶面，以及在梁或屋架端部支承处的截面上，均产生局部受压。局部受压根据受压面积上压应力分布的不同，分为局部均匀受压和局部不均匀受压。当砌体局部截面上受均匀压应力作用时，称为局部均匀受压，如图 15-5 所示；当砌体局部截面上受不均匀压应力作用时，称为局部不均匀受压，如图 15-6 所示。

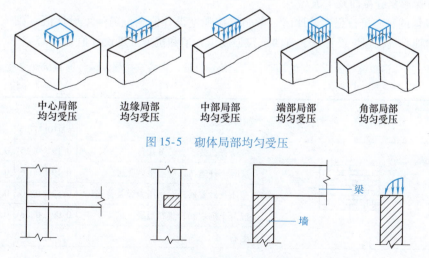

图 15-5　砌体局部均匀受压

图 15-6　砌体局部不均匀受压

根据试验结果可知，砌体局部受压有因竖向裂缝的发展而破坏、劈裂破坏和局部受压面积附近的砌体压坏三种破坏形态。砌体局部受压时，尽管砌体局部抗压强度得到提高，但局部受压面积往往很小，这对于上部结构是很不利的，需对砌体结构的局部抗压承载力进行验算。

2. 砌体的轴心受拉、弯曲受拉和受剪

（1）砌体轴心受拉 砌体轴心受拉时，依据拉力作用于砌体的方向有三种破坏形态。当轴心拉力与砌体水平灰缝平行时，砌体可能沿灰缝Ⅰ-Ⅰ发生齿状截面（或阶梯形截面）破坏，如图15-7a所示。在同样的拉力作用下，砌体也可能沿块体和竖向灰缝Ⅱ-Ⅱ发生较为整齐的截面破坏，如图15-7a所示。当轴心拉力与砌体的水平灰缝垂直时，砌体可能沿Ⅲ-Ⅲ通缝发生截面破坏，如图15-7b所示。设计中不允许采用如图15-7b所示沿水平通缝截面轴心受拉的构件。

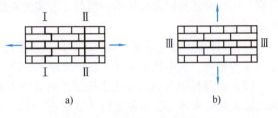

图15-7 砌体轴心受拉破坏形态

（2）砌体弯曲受拉 砌体结构弯曲受拉时，按其弯曲拉应力使砌体截面发生破坏的特征，同样存在三种破坏形态：沿齿缝截面的受弯破坏，如图15-8a所示；沿块体与竖向灰缝截面的受弯破坏，如图15-8b所示；沿通缝截面的受弯破坏，如图15-8c所示。

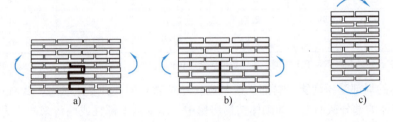

图15-8 弯曲受拉破坏形式

（3）砌体受剪 实际工程中，砌体截面上存在垂直压应力的同时往往同时作用剪应力，因此砌体结构的受剪是受压砌体结构的另一种重要受力形式。砌体在剪力作用下可能沿水平通缝方向或沿阶梯形灰缝截面发生破坏。

（4）砌体的轴心抗拉强度设计值、弯曲抗拉强度设计值和抗剪强度设计值 砌体沿灰缝截面破坏时的轴心抗拉强度设计值、弯曲抗拉强度设计值和抗剪强度设计值见表15-3。

表15-3 砌体沿灰缝截面破坏时的轴心抗拉强度设计值、弯曲抗拉强度设计值和抗剪强度设计值

（单位：MPa）

强度类别	破坏特征及砌体种类		砂浆强度等级			
			≥M10	M7.5	M5	M2.5
轴心抗拉强度	沿齿缝	烧结普通砖、烧结多孔砖	0.19	0.16	0.13	0.09
		混凝土普通砖、混凝土多孔砖	0.19	0.16	0.13	—
		蒸压灰砂普通砖、蒸压粉煤灰普通砖	0.12	0.10	0.08	—
		混凝土砌块和轻集料混凝土砌块	0.09	0.08	0.07	—
		毛石	—	0.07	0.06	0.04

(续)

强度类别	破坏特征及砌体种类		砂浆强度等级			
			≥M10	M7.5	M5	M2.5
弯曲抗拉强度	沿齿缝	烧结普通砖、烧结多孔砖	0.33	0.29	0.23	0.17
		混凝土普通砖、混凝土多孔砖	0.33	0.29	0.23	—
		蒸压灰砂普通砖、蒸压粉煤灰普通砖	0.24	0.20	0.16	—
		混凝土砌块和轻集料混凝土砌块	0.11	0.09	0.08	—
		毛石	—	0.11	0.09	0.07
	沿通缝	烧结普通砖、烧结多孔砖	0.17	0.14	0.11	0.08
		混凝土普通砖、混凝土多孔砖	0.17	0.14	0.11	—
		蒸压灰砂普通砖、蒸压粉煤灰普通砖	0.12	0.10	0.08	—
		混凝土砌块和轻集料混凝土砌块	0.08	0.06	0.05	—
抗剪强度	烧结普通砖、烧结多孔砖		0.17	0.14	0.11	0.08
	混凝土普通砖、混凝土多孔砖		0.17	0.14	0.11	—
	蒸压灰砂普通砖、蒸压粉煤灰普通砖		0.12	0.10	0.08	—
	混凝土和轻集料混凝土砌块		0.09	0.08	0.06	—
	毛石		—	0.19	0.16	0.11

注：1. 对于用形状规则的块体砌筑的砌体，当搭接长度与块体高度的比值小于1时，其轴心抗拉强度设计值 f_t 和弯曲抗拉强度设计值 f_{tm} 应按表中数值乘以搭接长度与块体高度比值后采用。

2. 表中数值是依据采用普通砂浆砌筑的砌体确定的，采用经研究性试验且通过技术鉴定的专用砂浆砌筑的蒸压灰砂普通砖、蒸压粉煤灰普通砖砌体，其抗剪强度设计值按采用相应普通砂浆强度等级砌筑的烧结普通砖砌体采用。

3. 对混凝土普通砖、混凝土多孔砖、混凝土砌块和轻集料混凝土砌块砌体，表中的砂浆强度等级分别为 ≥Mb10、Mb7.5 及 Mb5。

3. 砌体的强度设计值调整系数

考虑实际工程中各种可能的不利因素，各类砌体的强度设计值当符合表15-4所列使用情况时，应乘以调整系数 γ_a。

表15-4 砌体的强度设计值调整系数

使用情况		γ_a
有起重机房屋砌体，跨度≥9m 的梁下烧结普通砖砌体，跨度≥7.5m 的梁下烧结多孔砖、蒸压灰砂砖、蒸压粉煤灰砖砌体，混凝土砌块和轻集料混凝土砌块砌体		0.9
构件截面面积 $A<0.3m^2$ 的无筋砌体		0.7+A
构件截面面积 $A<0.2m^2$ 的配筋砌体		0.8+A
采用水泥砂浆砌筑的砌体（若为配筋砌体，仅对砌体的强度设计值乘以调整系数）	对应表15-2 中的数值	0.9
	对应表15-3 中的数值	0.8
验算施工中房屋的构件时		1.1

注：1. 表中构件截面面积 A 以 m^2 计。

2. 当砌体同时符合表中所列几种使用情况时，应将砌体的强度设计值连续乘以调整系数 γ_a。

施工阶段砂浆尚未硬化的新砌砌体的强度和稳定性，可按砂浆强度为零进行验算。对于冬期施工采用掺盐砂浆法施工的砌体，砂浆强度等级按常温施工的强度等级提高一级时，砌体的强度和稳定性可不验算。配筋砌体不得用掺盐砂浆施工。

【引例解析——北京小城镇住宅楼项目材料选择】

北京小城镇住宅楼项目地处干燥环境，中硬场地土，建筑层数为 2 层，建筑高度为 5.8m，建筑荷载较小，采用砌体结构。响应国家绿色节能、低碳环保的号召，选择 MU10 混凝土小型空心砌块承重；地面以上砌筑砂浆选用 Mb7.5 混凝土小型空心砌块砌筑砂浆，地面以下砌筑砂浆选用 M10 水泥砂浆；圈梁、构造柱中的钢筋选用 HPB300 钢筋。

任务 2 砌体结构平面布置

砌体结构房屋中的墙、柱自重约占房屋总重的 60%，其费用约占总造价的 40%。因此，墙、柱设计是否合理对满足建筑使用功能要求以及确保房屋的安全、可靠具有十分重要的影响。在砌体结构房屋的设计中，承重墙、柱的布置十分重要。因为承重墙、柱的布置直接影响到房屋的平面划分、空间大小、荷载传递，结构的强度、刚度、稳定性、造价及施工的难易程度。

通常将平行于房屋长向布置的墙体称为纵墙；平行于房屋短向布置的墙体称为横墙；房屋四周与外界隔离的墙体称为外墙，外横墙又称为山墙；其余墙体称为内墙。

一、砌体结构房屋的结构布置

在砌体结构房屋的设计中，承重墙、柱的布置不仅影响房屋的平面划分、空间大小和使用，还影响房屋的空间刚度，同时也决定了荷载的传递路径。砌体结构房屋中的屋盖、楼盖、内外纵墙、横墙、柱和基础等是主要承重构件，它们互相连接，共同构成承重体系。根据结构的承重体系和荷载的传递路径，砌体结构房屋的结构布置可分为以下几种方案：

1. 纵墙承重方案

纵墙承重方案是指从屋盖、楼盖传来的荷载由纵墙承重的结构布置方案。对于要求有较大空间的房屋（如单层工业厂房、仓库等）或隔墙位置可能变化的房屋，通常无内横墙或横墙间距很大，因而由纵墙直接承受楼面或屋面荷载，从而形成纵墙承重方案，如图 15-9 所示。这种承重方案房屋的竖向荷载的主要传递路径为：板→梁（屋架）→纵向承重墙→基础→地基。

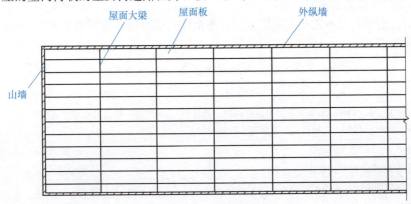

图 15-9 纵墙承重方案

纵墙承重方案适用于使用上要求有较大空间的房屋（如教学楼、图书馆）以及常见的单层及多层空旷砌体结构房屋（如食堂、俱乐部、中小型工业厂房）等。

2. 横墙承重方案

房屋的每个开间都设置横墙，楼板和屋面板沿房屋纵向搁置在横墙上，从板传来的竖向荷载全部由横墙承受，并由横墙传至基础和地基，纵墙仅承受墙体自重起围护作用，这种承重方案称为横墙承重方案,如图 15-10 所示。这种承重方案房屋的竖向荷载的主要传递路径为:楼(屋)面板→横墙→基础→地基。

横墙承重方案适用于宿舍、住宅、旅馆等居住建筑和由小房间组成的办公楼等。横墙承重方案中的横墙较多,承载力及刚度比较容易满足要求,故可建造较高层的房屋。

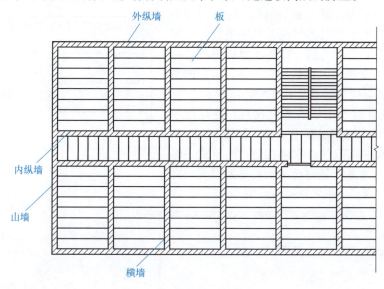

图 15-10 横墙承重方案

3. 纵横墙混合承重方案

纵横墙混合承重方案是指从屋盖、楼盖传来的荷载由纵墙、横墙承重的结构布置方案,如图 15-11 所示。当房间的大小变化较多时,为了结构布置的合理性,通常采用纵横墙混合承重方案。

这种承重方案房屋的竖向荷载的主要传递路径为:楼(屋)面板→$\begin{cases}梁→纵墙\\横墙或纵墙\end{cases}$→基础→地基。

纵横墙混合承重方案既可灵活布置房间,房间又具有较大的空间刚度和整体性,适用于教学楼、办公楼、医院、多层塔式住宅等建筑。

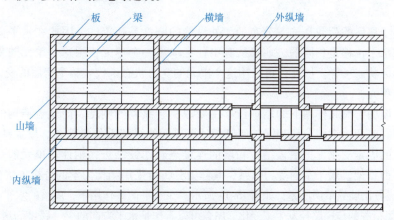

图 15-11 纵横墙混合承重方案

4. 底部框架承重方案

当沿街住宅的底部为公共房屋时,在底部也可以用钢筋混凝土框架结构同时取代内外承重墙体,相关部位形成结构转换层,这就是底部框架承重方案(图 15-12)。此时,梁、板荷载在上部几层通过内外墙体向下传递，在结构转换层部位通过钢筋混凝土梁传给柱，再传给基础。

二、砌体结构房屋的静力计算方案

1. 房屋的空间受力性能

计算墙体内力首先要确定其计算简图，也就是如何确定房屋的静力计算方案的问题。计算简图既要尽量符合结构的实际受力情况，又要使计算尽可能简单。现以单层房屋为例，说明在竖向荷载（屋盖自重）和水平荷载（风荷载）作用下，房屋的静力计算是如何随房屋空间刚度不同而变化的。

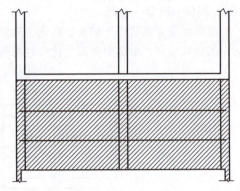

图 15-12　底部框架承重方案

1) 两端没有设置山墙的单层房屋，外纵墙承重，屋盖为装配式钢筋混凝土楼盖，如图 15-13 所示。该房屋的水平风荷载传递路径是：风荷载→纵墙→纵墙基础→地基；竖向荷载的传递路径是：屋面板→屋面梁→纵墙→纵墙基础→地基。

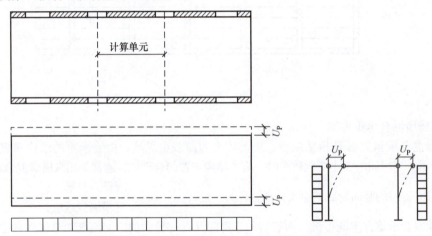

图 15-13　无山墙单层房屋的受力状态及计算简图

假定作用于房屋的荷载是均匀分布的，外纵墙的刚度是相等的，因此在水平荷载作用下整个房屋墙顶的水平位移是相同的。如果从其中任意取出一个单元，则这个单元的受力状态将与整个房屋的受力状态一样。因此，可以用这个单元的受力状态来代表整个房屋的受力状态，这个单元称为计算单元。

在这类房屋中，荷载作用下的墙顶位移主要取决于纵墙的刚度，而屋盖结构的刚度只是保证传递水平荷载时两边纵墙位移相同。如果把计算单元的纵墙看作排架柱、屋盖结构看作横梁，把基础看作柱的固定支座，把屋盖结构和墙的连接点看作铰结点，则计算单元的受力状态就如同一个单跨平面排架，属于平面受力体系，其静力分析可采用结构力学的分析方法。

2) 两端设置山墙的单层房屋，如图 15-14 所示。在水平荷载作用下，屋盖的水平位移受到山墙的约束，水平风荷载的传递路径发生了变化。屋盖可以看作水平方向的梁（跨度为房屋长度，梁宽为屋盖结构沿房屋横向的跨度），两端弹性支承在山墙上，而山墙可以看作竖向悬臂梁支承在基础上。

因此，该房屋的水平风荷载传递路径是：风荷载→纵墙→$\begin{Bmatrix}屋盖结构→山墙→山墙基础\\纵墙基础\end{Bmatrix}$→地基。

从上面的分析可知，在这类房屋中，风荷载的传递体系已经不是平面受力体系，而是空间受

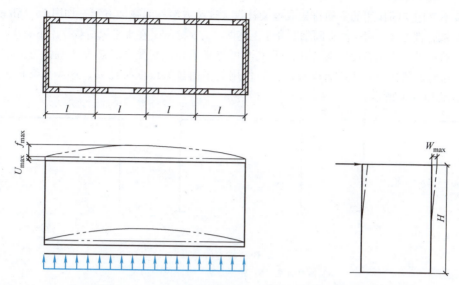

图 15-14 有山墙单层房屋在水平力作用下的变形情况

力体系。此时，墙体顶部的水平位移不仅与纵墙自身刚度有关，而且与屋盖结构的水平刚度和山墙顶部水平方向的位移有关。这种空间作用对房屋的影响可以用空间性能影响系数反映，横墙的间距是影响房屋刚度和侧向位移大小的重要因素。

2. 房屋静力计算方案的划分

影响房屋空间性能的因素有很多，除上述的屋盖刚度和横墙间距外，还有屋架的跨度、排架的刚度、荷载类型及多层房屋层与层之间的相互作用等。《砌体结构设计规范》（GB 50003—2011）为方便计算，仅考虑屋盖刚度和横墙间距两个主要因素的影响，按房屋空间刚度（作用）的大小将砌体结构房屋的静力计算方案分为三种形式，见表 15-5。

表 15-5 砌体结构房屋的静力计算方案

	屋盖或楼盖类别	刚性方案	刚弹性方案	弹性方案
1	整体式、装配整体式和装配式无檩体系钢筋混凝土屋盖或钢筋混凝土楼盖	$s < 32$	$32 \leqslant s \leqslant 72$	$s > 72$
2	装配式有檩体系钢筋混凝土屋盖、轻钢屋盖和有密铺望板的木屋盖或木楼盖	$s < 20$	$20 \leqslant s \leqslant 48$	$s > 48$
3	瓦材屋面的木屋盖和轻钢屋盖	$s < 16$	$16 \leqslant s \leqslant 36$	$s > 36$

注：1. 表中 s 为房屋横墙间距，其长度单位为 m。
  2. 当屋盖、楼盖类别不同或横墙间距不同时，可按《砌体结构设计规范》（GB 50003—2011）第 4.2.7 条的规定确定房屋的静力计算方案。
  3. 对无山墙或伸缩缝处无横墙的房屋，应按弹性方案考虑。

（1）刚性方案　房屋的空间刚度很大，在水平风荷载作用下，墙、柱顶端的相对位移 $u_s/H \approx 0$（u_s 为考虑空间工作时，外荷载作用下房屋排架水平位移的最大值，H 为纵墙高度）。此时，屋盖可看成纵向墙体上端的不动铰支座，墙柱内力可按上端有不动铰支座的竖向构件进行计算，这类方案称为刚性方案，如图 15-15a 所示。

（2）弹性方案　房屋的空间刚度很小，即在水平风荷载作用下有 $u_s \approx u_p$（u_p 为外荷载作用下，平面排架的水平位移值），墙顶的最大水平位移接近于平面结构体系中的情况，其墙柱内力计算应按不考虑空间作用的平面排架或框架计算，这类方案称为弹性方案，如图 15-15b 所示。

（3）刚弹性方案 房屋的空间刚度介于上述两种方案之间，在水平风荷载作用下有 $0<u_s<u_p$，纵墙顶端的水平位移比弹性方案要小，但又不可忽略不计，其受力状态介于刚性方案和弹性方案之间，这时的墙柱内力计算应按考虑空间作用的平面排架或框架计算，这类方案称为刚弹性方案，如图 15-15c 所示。

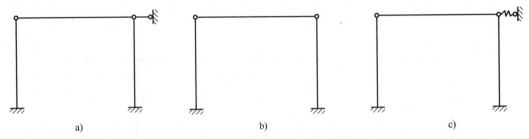

图 15-15 静力计算方案
a) 刚性方案   b) 弹性方案   c) 刚弹性方案

在设计多层砌体结构房屋时，不宜采用弹性方案，否则会造成房屋的水平位移较大，当房屋高度增大时，可能会因为房屋的位移过大而影响结构的安全。

（4）刚性方案和刚弹性方案房屋的横墙要求 由前面的分析可知，刚性方案和刚弹性方案房屋中的横墙应具有足够的刚度，为此刚性方案和刚弹性方案房屋的横墙应符合下列条件：

1）横墙的厚度不宜小于 180mm。

2）横墙中开有洞门时，洞口的水平截面面积不应超过横墙截面面积的 50%。

3）单层房屋的横墙长度不宜小于其高度，多层房屋的横墙长度不宜小于 $H/2$（H 为横墙总高度）。

当横墙不能同时符合上述要求时，应对横墙的刚度进行验算。如其最大水平位移值 $u_{max} \leq H/4000$（H 为横墙总高度），仍可视作刚性方案和刚弹性方案房屋的横墙；凡符合此刚度要求的一段横墙或其他结构构件（如框架等），也可以视作刚性方案和刚弹性方案房屋的横墙。

【引例解析——北京小城镇住宅楼项目结构平面布置】

北京小城镇住宅楼项目选择现浇混凝土楼盖，墙体为 190mm 厚的小型空心砌块，结构平面布置采用纵横墙混合承重方案，二层楼板平面图如图 15-16 所示。楼盖为现浇整体式楼盖，最大横墙间距为 10.2m，根据表 15-5 可知房屋静力计算方案为刚性方案。

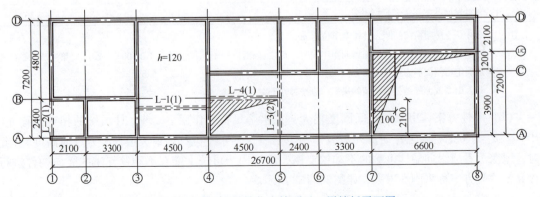

图 15-16 北京小城镇住宅楼项目二层楼板平面图

任务3 无筋砌体结构构件的构造处理

在进行混合结构房屋设计时,不仅要求砌体结构和构件在各种受力状态下具有足够的承载力,而且还要确保房屋具有良好的工作性能和足够的耐久性。然而,有的砌体结构和构件的承载力计算尚不能完全反映结构和构件的实际情况,计算式也未考虑温度变化、砌体的收缩变形等因素的影响。因此,为确保砌体结构的安全和正常使用,采取必要和合理的构造措施尤为重要。

一、墙、柱的一般构造要求

1. **砌体材料的最低强度等级**

块体和砂浆的强度等级不仅对砌体结构和构件的承载力有显著的影响,还影响房屋的耐久性。块体和砂浆的强度等级越低,房屋的耐久性越差,就越容易出现腐蚀、风化现象,尤其是处于潮湿环境或有酸、碱等腐蚀性介质时,砂浆或砖更易出现酥散、掉皮等现象,腐蚀、风化更加严重。此外,地面以下和地面以上墙体处于不同的环境,地基土的含水率很大时,基础墙体维修困难,为了隔断地下水对墙体的不利影响,应采用耐久性较好的砌体材料,并在室内地面以下、室外散水坡面以上的砌体内采用防水水泥砂浆设置防潮层。因此,应对不同受力情况和环境下的墙、柱所用材料的最低强度等级加以限制。

地面以下或防潮层以下的砌体、潮湿房间墙体所用材料的最低强度等级应符合表15-1的要求。

2. **墙、柱的截面、支承及连接构造要求**

(1) 墙、柱截面最小尺寸 承重的独立砖柱截面尺寸不应小于240mm×370mm。毛石墙的厚度不宜小于350mm,毛料石柱的较小边长不宜小于400mm。当有振动荷载时,墙、柱不宜采用毛石砌体。

(2) 垫块设置 对于跨度大于6m的屋架和跨度大于4.8m的砖砌体、跨度大于4.2m的砌块和料石砌体、跨度大于3.9m的毛石砌体,应在支承处砌体上设置混凝土或钢筋混凝土垫块;当墙中设有圈梁时,垫块与圈梁宜浇成整体。

(3) 壁柱设置 当梁的跨度大于或等于6m(采用240mm厚的砖墙)、4.8m(采用180mm厚的砖墙或采用砌块或料石砌体)、3.9m(采用毛石砌体)时,其支承处宜加设壁柱;或采取其他加强措施。山墙处的壁柱宜砌至山墙顶部,屋面构件应与山墙可靠拉结。

(4) 支承构造 混合结构房屋是由墙、柱、屋架或大梁、楼板等通过合理连接组成的承重体系,其支承构造应符合下列要求:

1) 预制钢筋混凝土板的支承长度,在墙上不宜小于100mm;在钢筋混凝土圈梁上不宜小于80mm,板端伸出的钢筋应与圈梁可靠连接,且同时浇筑。

2) 墙体转角处和纵、横墙交接处应沿竖向每隔400~500mm设拉结钢筋,其数量为每120mm墙厚不少于1根直径6mm的钢筋;或采用焊接钢筋网片,埋入长度从墙的转角或交接处算起,对实心砖墙每边不小于500mm,对多孔砖墙和砌块墙不小于700mm。

3) 支承在墙、柱上的吊车梁、屋架及跨度大于或等于9m(对砖砌体)、7.2m(对砌块和料石砌体)的预制梁的端部,应采用锚固件与墙、柱上的垫块锚固,如图15-17所示。

(5) 填充墙、隔墙与墙、柱连接 为了确保填充墙、隔墙的稳定性并能有效传递水平力,防止其与墙、柱连接处因变形和沉降的不同引起裂缝,应采用拉结钢筋等措施来加强填充墙、隔墙与墙、柱的连接。

3. **混凝土砌块墙体的构造要求**

为了增强混凝土砌块房屋的整体刚度,提高其抗裂能力,混凝土砌块墙体应符合下列要求:

1) 砌块砌体应分皮错缝搭砌，上下皮搭砌长度不得小于90mm。当搭砌长度不满足上述要求时，应在水平灰缝内设置不少于2Φ4的焊接钢筋网片（横向钢筋的间距不宜大于200mm），网片每端均应超过该灰缝，其长度不得小于300mm。

2) 砌块墙与后砌隔墙交接处，应沿墙高每400mm在水平灰缝内设置不少于2Φ4、横向钢筋间距不大于200mm的焊接钢筋网片（图15-18）。

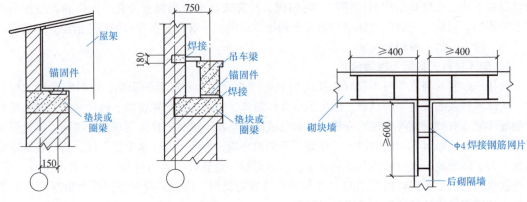

图15-17 屋架、吊车梁与墙连接　　　　图15-18 砌块墙与后砌隔墙连接

3) 混凝土砌块房屋，宜将纵、横墙交接处，距墙中心线每边不小于300mm范围内的孔洞，采用强度等级不低于Cb20的灌孔混凝土灌实，灌实高度应为墙身全高。

4) 砌体中留槽洞及埋设管道时的构造要求。在砌体中预留槽洞及埋设管道对砌体的承载力影响较大，尤其是对截面尺寸较小的承重墙体、独立柱更加不利。因此，不应在截面长边小于500mm的承重墙体、独立柱内埋设管线；不宜在墙体中穿行暗线或预留、开凿沟槽，无法避免时应采取必要的措施或按削弱后的截面验算墙体的承载力。然而，对受力较小或未灌孔的砌块砌体，允许在墙体的竖向孔洞中设置管线。对砌体夹芯墙和框架填充墙有相应的构造要求，具体要求可参考《砌体结构设计规范》（GB 50003—2011）。

二、圈梁的设置及构造要求

为了增强房屋的整体刚度，防止地基不均匀沉降或较大的振动荷载等对房屋的不利影响，应在房屋的檐口、窗顶、楼层、吊车梁顶或基础顶面标高处，沿砌体墙水平方向设置封闭状的现浇钢筋混凝土圈梁。

1. 圈梁的设置

圈梁设置的位置和数量通常取决于房屋的类型、层数，所受的振动荷载以及地基情况等因素。

1) 车间、仓库、食堂等空旷的单层房屋应按下列规定设置圈梁：

① 砖砌体房屋，檐口标高为5～8m时，应在檐口标高处设置圈梁一道；檐口标高大于8m时，应增加设置数量。

② 砌块及料石砌体房屋，檐口标高为4～5m时，应在檐口标高处设置圈梁一道；檐口标高大于5m时，应增加设置数量。

③ 对有起重机或较大振动设备的单层工业房屋，除在檐口或窗顶标高处设置现浇钢筋混凝土圈梁外，尚应增加设置数量。

2) 宿舍、办公楼等多层砌体民用房屋，且层数为3～4层时，应在檐口标高处设置圈梁一道；当层数超过4层时，应在所有纵、横墙上隔层设置。多层砌体工业房屋，应每层设置现浇钢筋混凝土圈梁。设置墙梁的多层砌体房屋应在托梁、墙梁顶面和檐口标高处设置现浇钢筋混凝土圈梁。

3) 位于软弱地基或不均匀地基上的砌体房屋,除按《砌体结构设计规范》(GB 50003—2011) 第 7.1 节的规定设置圈梁外,尚应符合《建筑地基基础设计规范》(GB 50007—2011) 的有关规定。

2. 圈梁的构造要求

圈梁的受力及内力分析比较复杂,目前尚难以进行计算,一般按如下构造要求设置:

1) 圈梁宜连续地设在同一水平面上,并形成封闭状;当圈梁被门窗洞口截断时,应在洞口上部增设相同截面的附加圈梁。附加圈梁与圈梁的搭接长度不应小于其中到中垂直间距的 2 倍,且不得小于 1m,如图 15-19 所示。

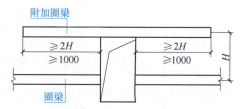

图 15-19 附加圈梁

2) 纵、横墙交接处的圈梁应有可靠的连接,如图 15-20 所示。对于刚弹性方案和弹性方案房屋,圈梁应与屋架、大梁等构件可靠连接。

3) 钢筋混凝土圈梁的宽度宜与墙厚相同,当墙厚 $h \geqslant 240mm$ 时,其宽度不宜小于 $(2/3)h$;圈梁高度不应小于 120mm。钢筋混凝土圈梁的纵向钢筋不应少于 4Φ10,绑扎接头的搭接长度按受拉钢筋考虑,箍筋间距不应大于 300mm。

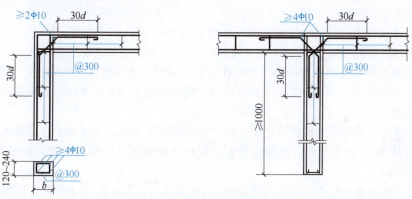

图 15-20 纵、横墙交接处圈梁的连接构造示意

4) 圈梁兼作过梁时,过梁部分的钢筋应按计算用量另行增配。由于预制混凝土楼(屋)盖普遍存在裂缝,因此许多地区采用现浇钢筋混凝土楼板。采用现浇钢筋混凝土楼(屋)盖的多层砌体结构房屋,当层数超过 5 层时,除在檐口标高处设置一道圈梁外,可隔层设置圈梁,并与楼(屋)面板一起现浇。未设置圈梁的楼面板嵌入墙内的长度不应小于 120mm,并沿墙长配置不少于 2Φ10 的纵向钢筋。

三、钢筋混凝土构造柱的设置和构造要求

1. 钢筋混凝土构造柱的设置

根据房屋的用途、结构部位的重要性、设防烈度等条件,将钢筋混凝土构造柱设置在震害较重、连接比较薄弱、易产生应力集中的部位。

各类多层砖砌体房屋,应按下列要求设置钢筋混凝土构造柱(以下简称构造柱):

1) 构造柱设置部位,一般情况下应符合表 15-6 的要求。

2) 外廊式和单面走廊式的多层房屋,应根据房屋增加一层后的层数,按表 15-6 的要求设置构造柱;且单面走廊两侧的纵墙均应按外墙处理。在外纵墙末端与中间一定间距内设置构造柱

后，将内横墙的圈梁穿过单面走廊与外纵墙的构造柱相连接，以增强外廊的纵墙与横墙连接，保证外廊纵墙在水平地震效应作用下的稳定性。

表 15-6　多层砖砌体房屋构造柱设置要求

房屋层数				设置部位	
6 度	7 度	8 度	9 度		
四、五	三、四	二、三	一	楼（电）梯间四角，楼梯斜梯段上下端对应的墙体处 外墙四角和对应转角处 错层部位横墙与外纵墙交接处 大房间内外墙交接处 较大洞口两侧	隔 12m 或单元横墙与外纵墙交接处 楼梯间对应的另一侧内横墙与外纵墙交接处
六	五	四	二		隔开间横墙（轴线）与外墙交接处 山墙与内纵墙交接处
七	≥六	≥五	≥三		内墙（轴线）与外墙交接处 内墙的局部较小墙垛处 内纵墙与横墙（轴线）交接处

注：较大洞口，对于内墙是指不小于 2.1m 的洞口；对于外墙，在内外墙交接处已设置构造柱时应允许适当放宽要求，但洞侧墙体应加强。

3）教学楼、医院等横墙较少的房屋，应根据房屋增加一层后的层数，按表 15-6 的要求设置构造柱；当教学楼、医院的横墙较少的房屋为外廊式或单面走廊式时，应按上述第 2）款的要求设置构造柱；但 6 度不超过四层、7 度不超过三层和 8 度不超过二层时，应按增加二层后的层数对待。

2. 构造柱的构造要求

1）构造柱的作用主要是约束墙体，本身截面不必很大，一般情况下最小截面可采用 240mm×180mm。目前，在实际应用中，一般构造柱的截面多取 240mm×240mm，纵向钢筋宜采用 4Φ12，箍筋间距不宜大于 250mm，且在柱的上下端宜适当加密；7 度时超过六层、8 度时超过五层和 9 度时，构造柱纵向钢筋宜采用 4Φ14，箍筋间距不应大于 200mm；房屋四角的构造柱可适当加大截面及配筋。

2）构造柱与墙连接处应砌成马牙槎，并应沿墙高每隔 500mm 设 2Φ6 拉结钢筋，每边伸入墙内不宜小于 1.0m；但当墙上门窗洞边到构造柱边（即墙体马牙槎外齿边）的长度小于 1.0m 时，则伸至洞边。

3）构造柱与圈梁连接处，构造柱的纵筋应穿过圈梁，以保证构造柱纵筋上下贯通。

4）构造柱可不单独设置基础，但应伸入室外地面下 500mm 或与埋深小于 500mm 的基础圈梁相连。

四、防止或减轻墙体开裂的主要措施

1. 砌体结构裂缝的特征及产生原因

(1) 因地基不均匀沉降而产生的裂缝　支承整栋房屋的下部地基会发生压缩变形，当地基土质不均匀或作用于地基上的上部荷载不均匀时，就会引起地基的不均匀沉降，使墙体发生变形，从而产生附加应力。当这些附加应力超过砌体的抗拉强度时，墙体就会出现裂缝，如图 15-21 所示。

(2) 因外界温度变化而产生的裂缝　砌体结构的屋盖一般采用的是钢筋混凝土材料，墙体一般采用的是砖或砌块，这两者的温度线膨胀系数相差比较大，两者的变形不协调就会引起因约束变形而产生的附加应力。当这种附加应力大于砌体的承受能力时，就会在墙体中产生裂缝，如图 15-22 所示。

(3) 因地基土的冻胀而产生的裂缝　地基土上层温度降到 0℃ 以下时，冻胀性土中的上部水开始冻结；下部水由于毛细作用不断上升，在冻结层中形成水晶，体积膨胀，可向上隆起几毫米至几十毫米不等，建筑物的自重往往难以抵抗，建筑物的某一局部就被顶了起来，引起房屋开

图 15-21　因地基不均匀沉降而产生的裂缝
a) 正八字形裂缝　b) 倒八字形裂缝

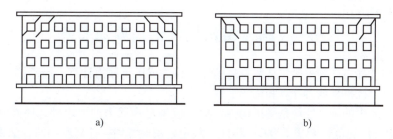

图 15-22　因外界温度变化而产生的裂缝

裂，如图 15-23 所示。

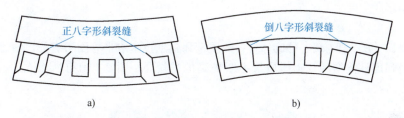

图 15-23　因地基土的冻胀而产生的裂缝

2. 砌体结构裂缝的主要防治措施

防止裂缝出现的方法主要有两种：一种方法是在砌体产生裂缝可能性最大的部位设缝，使此处的应力得以释放；另一种方法是加强该处的强度、刚度，以抵抗附加应力。下面根据不同的影响因素，分析所要采取的防治措施。

（1）因地基不均匀沉降引起的裂缝的防治措施

1）合理设置沉降缝。

2）墙体内加强钢筋混凝土圈梁的布置，特别要增大基础圈梁的刚度。

3）合理安排施工顺序，先施工层数多、荷载大的单元，后施工层数少、荷载小的单元。

（2）因外界温度变化引起的裂缝的防治措施

1）在墙体中设置伸缩缝。伸缩缝应设在因温度和收缩变形可能引起应力集中、砌体产生裂缝可能性最大的地方。

2）屋面应设置保温层、隔热层。

3）采用装配式有檩体系钢筋混凝土屋盖和瓦材屋盖。

4）在钢筋混凝土屋面板与墙体圈梁的接触面处设置水平滑动层。

（3）因地基土的冻胀引起的裂缝的防治措施

1）一定要将基础的埋置深度设置在冰冻线以下。

2）采用独立基础。

【引例解析——北京小城镇住宅楼项目中圈梁、构造柱的布置】

北京小城镇住宅楼项目为二层住宅楼，根据《砌体结构设计规范》（GB 50003—2011）的规定，在基础顶面设置基础圈梁，砌体墙厚度为200mm，基础圈梁截面尺寸为200mm×250mm；屋顶处设置一道屋顶圈梁，尺寸为200mm×200mm。圈梁纵向钢筋采用4Φ12，箍筋采用Φ6@200。

该建筑处于抗震设防烈度为8度的地区，层数为2层，根据《砌体结构设计规范》（GB 50003—2011）的规定，需在外墙四周、Ⓔ轴线纵（横）墙交接处、Ⓖ轴线纵（横）墙交接处和楼梯间四角设置构造柱；根据构造要求，构造柱纵向钢筋选用4Φ12，箍筋选用Φ6@200。

任务4 砌体结构构件的高厚比验算

砌体结构构件静力计算主要包括墙身高厚比验算、抗压承载力计算、局部抗压承载力计算、抗剪承载力计算、抗拉承载力计算和抗弯承载力计算。

砌体结构房屋中的墙、柱均是受压构件，除了应满足承载力的要求外，还必须保证其稳定性，《砌体结构设计规范》（GB 50003—2011）规定，用验算墙、柱高厚比的方法来保证墙、柱的稳定性。构件的高厚比是构件的计算高度 H_0 与相应方向边长 h 的比值，用 β 表示，即 $\beta = H_0/h$。墙、柱的高厚比越大，其稳定性越差，越容易产生倾斜或变形，从而影响墙、柱的正常使用，甚至发生倒塌事故。

一、允许高厚比 [β]

允许高厚比 [β] 值与墙、柱砌体材料的质量和施工技术水平等因素有关，随着科学技术的进步，在材料强度日益增高、砌体质量不断提高的情况下，[β] 值有所增大。[β] 一般按表15-7取用。

表15-7 墙、柱允许高厚比 [β] 值

砌体类型	砂浆强度等级	墙	柱
无筋砌体	M2.5	22	15
	M5.0 或 Mb5.0、Ms5.0	24	16
	≥M7.5 或 Mb7.5、Ms7.5	26	17
配筋砌块砌体	—	30	21

注：1. 毛石墙、柱的允许高厚比应按表中数值降低20%。
2. 组合砖砌体构件的允许高厚比，可按表中数值提高20%，但不得大于28。
3. 验算施工阶段砂浆尚未硬化的新砌砌体的高厚比时，允许高厚比对墙取14、对柱取11。

二、墙、柱高厚比验算

一般墙、柱的高厚比验算式为

$$\beta = \frac{H_0}{h} \leq \mu_1 \mu_2 [\beta] \tag{15-1}$$

式中 H_0——墙、柱的计算高度，按表15-8取用；

h——墙厚或矩形柱与 H_0 相对应的边长；

μ_1——自承重墙允许高厚比的修正系数，按下述规定采用：对于厚度 $h \leq 240$mm 的自承重墙，当 $h = 240$mm 时，$\mu_1 = 1.2$；当 $h = 180$mm 时，$\mu_1 = 1.32$；当 $h = 150$mm 时，$\mu_1 = 1.44$；当 $h = 120$mm 时，$\mu_1 = 1.5$；上端为自由端墙的允许高厚比，除按

表15-7的规定提高外,尚可再提高30%;对厚度小于90mm的墙,当双面用强度等级不低于M10的水泥砂浆抹面,且包括抹面层的墙厚不小于90mm时,可按墙厚等于90mm验算高厚比;

μ_2——有门窗洞口的墙的允许高厚比修正系数,按下式计算:

$$\mu_2 = 1 - 0.4 \frac{b_s}{s} \qquad (15\text{-}2)$$

b_s——在宽度 s 范围内的门窗洞口总宽度,如图15-24所示;

s——相邻窗间墙或壁柱之间的距离。

当按式(15-2)计算的 μ_2 值小于0.7时,应采用0.7;当洞口高度等于或小于墙高的1/5时,μ_2 取1.0;当洞口高度等于或大于墙高的4/5时,可按独立墙段验算高厚比。

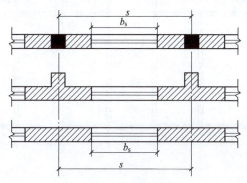

图15-24 门窗洞口宽度示意

表15-8 受压构件的计算高度 H_0

房屋类型			柱		带壁柱墙或周边拉结的墙		
			排架方向	垂直排架方向	$s>2H$	$2H \geq s > H$	$s \leq H$
有起重机的单层房屋	变截面柱上段	弹性方案	$2.5H_u$	$1.25H_u$		$2.5H_u$	
		刚性方案、刚弹性方案	$2.0H_u$	$1.25H_u$		$2.0H_u$	
	变截面柱下段		$1.0H_l$	$0.8H_l$		$1.0H_l$	
无起重机的单层房屋和多层房屋	单跨	弹性方案	$1.5H$	$1.0H$		$1.5H$	
		刚弹性方案	$1.2H$	$1.0H$		$1.2H$	
	多跨	弹性方案	$1.25H$	$1.0H$		$1.25H$	
		刚弹性方案	$1.10H$	$1.0H$		$1.10H$	
	刚性方案		$1.0H$	$1.0H$	$1.0H$	$0.4s+0.2H$	$0.6s$

注:1. 表中 H_u 为变截面柱的上段高度;H_l 为变截面柱的下段高度。
2. 对于上端为自由端的构件,$H_0=2H$。
3. 对于独立柱,当无柱间支撑时,柱在垂直排架方向的 H_0 应按表中数值乘以1.25后采用。
4. 表中 s 为房屋横墙间距。
5. 自承重墙的计算高度应根据周边支承或拉结条件确定。
6. 表中的构件高度 H 应按下列规定采用:在房屋底层,为楼板顶面到构件下端支点的距离,下端支点的位置可取在基础顶面,当埋置较深且有刚性地坪时,可取室外地面下500mm处;在房屋的其他层,为楼板或其他水平支点间的距离;对于无壁柱的山墙,可取层高加山墙尖高度的1/2;对于带壁柱的山墙,可取壁柱处山墙的高度。

【例15-1】 某办公楼平面布置如图15-25所示,采用装配式钢筋混凝土楼盖,纵、横向承重墙厚度均为190mm,采用MU7.5单排孔混凝土砌块,双面粉刷,一层用Mb7.5砂浆砌筑,二至三层用Mb5砂浆砌筑,层高为3.3m,一层墙从楼板顶面到基础顶面的距离为4.1m,窗洞宽均为1800mm,门洞宽均为1000mm,在纵、横墙相交处和屋面或楼面大梁支承处均设有截面为190mm×250mm的钢筋混凝土构造柱(构造柱沿墙长方向的宽度为250mm),试验算各层纵、横墙的高厚比。

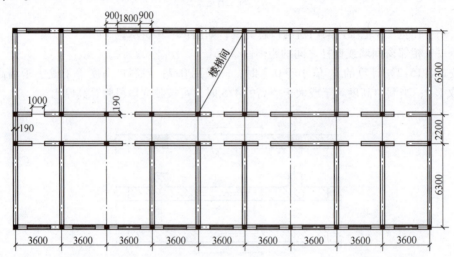

图15-25 例15-1 题图

【解】 1. 纵墙高厚比验算

(1) 静力计算方案的确定

横墙间距 $s_{max} = (3.6 \times 3)m = 10.8m < 32m$,查表15-5可知,属于刚性方案。

(2) 一层纵墙高厚比验算(只验算外纵墙)

$s_{max} = (3.6 \times 3)m = 10.8m > 2H = 8.2m$,查表15-8得 $H_0 = 1.0H = 4.1m$;令 $\mu_1 = 1.0$;由表15-7可查得 $[\beta] = 26$;$\mu_2 = 1 - 0.4 \dfrac{b_s}{s} = 1 - 0.4 \times \dfrac{1800}{3600} = 0.8 > 0.7$,取0.8。则有

$0.05 < \dfrac{b_c}{l} = \dfrac{250}{3600} = 0.069 < 0.25$;$\mu_c = 1 + \gamma \dfrac{b_c}{l} = 1 + 1.0 \times \dfrac{250}{3600} = 1.069$

$\beta = \dfrac{H_0}{h_t} = \dfrac{4.1 \times 10^3}{190} = 21.58 < \mu_1 \mu_2 \mu_c [\beta] = 1.0 \times 0.8 \times 1.069 \times 26 = 22.24$

满足要求。

(3) 二层、三层纵墙高厚比验算同一层。

2. 横墙高厚比验算

(1) 静力计算方案的确定

纵墙间距 $s_{max} = 6.3m < 32m$,查表可知属于刚性方案。

(2) 一层横墙高厚比验算

$s_{max} = 6.3m$,$H = 4.1m < s < 2H = 8.2m$,查表得

$H_0 = 0.4s + 0.2H = (0.4 \times 6.3 + 0.2 \times 4.1)m = 3.34m$

$[\beta] = 26$;$\mu_1 = 1.0$;$\mu_2 = 1.0$

$\beta = \dfrac{H_0}{h} = \dfrac{3.34 \times 10^3}{190} = 17.58 < \mu_1 \mu_2 [\beta] = 1.0 \times 1.0 \times 26 = 26$

满足要求。

(3) 二层、三层横墙高厚比验算

$s = 3.6\text{m}$, $H = 3.3\text{m} < s < 2H = 6.6\text{m}$，查表得

$$H_0 = 0.4s + 0.2H = (0.4 \times 3.6 + 0.2 \times 3.3)\text{m} = 2.1\text{m}$$
$$[\beta] = 24; \mu_1 = 1.0; \mu_2 = 1.0$$

$\dfrac{b_c}{l} = \dfrac{190}{6300} = 0.03 < 0.05$，所以不考虑构造柱的影响，取 $\mu_c = 1.0$，则有

$$\beta = \frac{H_0}{h} = \frac{2.1 \times 10^3}{190} = 11.05 < \mu_1\mu_2\mu_c[\beta] = 1.0 \times 1.0 \times 1.0 \times 24 = 24$$

满足要求。

【引例解析——北京小城镇住宅楼项目砌体高厚比验算】

北京小城镇住宅楼项目二层楼板平面图如图 15-16 所示，采用现浇混凝土楼盖，基础埋深 1.5m，基础顶面标高 -1.000m，基础圈梁截面尺寸为 200mm × 250mm，纵、横墙厚度均为 200mm，采用 Mb7.5 砂浆砌筑，一层层高 2.8m，二层层高 3m，验算纵、横墙高厚比。

【解】 1. 纵墙高厚比验算

一层墙体高度为 $H = 2.8\text{m} + 0.75\text{m} = 3.55\text{m}$，二层墙体高度为 $H = 3\text{m}$，选择一层墙体进行验算。

(1) 静力计算方案的确定

横墙间距 $s_{\max} = 10.2\text{m} < 32\text{m}$，查表 15-5 可知，属于刚性方案。

(2) 一层纵墙高厚比验算

$s_{\max} = 4.5\text{m} + 2.4\text{m} + 3.3\text{m} = 10.2\text{m}$, $H = 3.55\text{m}$, $2H = 2 \times 3.55\text{m} = 7.1\text{m}$, $s_{\max} > 2H$，查表 15-8 得 $H_0 = 1.0H = 3.55\text{m}$；令 $\mu_1 = 1.0$；由表 15-7 可查得 $[\beta] = 26$；$\mu_2 = 1 - 0.4\dfrac{b_s}{s} = 1 - 0.4 \times \dfrac{900 \times 2}{10200} = 0.93 > 0.7$，则有

$$\frac{b_c}{l} = \frac{200}{5700} = 0.035 < 0.05; \mu_c = 1 + \gamma\frac{b_c}{l} = 1 + 1.0 \times 0 = 1$$

$$\beta = \frac{H_0}{h_t} = \frac{3.55 \times 10^3}{200} = 17.75 < \mu_1\mu_2\mu_c[\beta] = 1.0 \times 0.93 \times 1 \times 26 = 24.18$$

满足要求。

2. 横墙高厚比验算

(1) 静力计算方案的确定

纵墙间距 $s_{\max} = 5.1\text{m} < 32\text{m}$，查表 15-5 可知，属于刚性方案。

(2) 一层横墙高厚比验算

$s_{\max} = 5.1\text{m}$, $H = 3.5\text{mm}$, $2H = 2 \times 3.55\text{m} = 7.1\text{m}$, $H < s_{\max} < 2H$，查表 15-8 得 $H_0 = 0.4s + 0.2H = 0.4 \times 5.1\text{m} + 0.2 \times 3.55\text{m} = 2.75\text{m}$；令 $\mu_1 = 1.0$；由表 15-7 可查得 $[\beta] = 26$；$\mu_2 = 1 - 0.4 \times \dfrac{b_s}{s} = 1 - 0.4 \times \dfrac{2100}{5100} = 0.83 > 0.7$，则有

$$\frac{b_c}{l} = \frac{200}{5700} = 0.035 < 0.05; \mu_c = 1 + \gamma\frac{b_c}{l} = 1 + 1.0 \times 0 = 1$$

$$\beta = \frac{H_0}{h_t} = \frac{2.75 \times 10^3}{200} = 13.75 < \mu_1\mu_2\mu_c[\beta] = 1.0 \times 0.83 \times 1 \times 26 = 21.6$$

满足要求。

任务 5　无筋砌体结构构件的抗压承载力计算

在砌体结构中，墙、柱等皆为受压构件。砌体受压构件的承载力主要与构件的截面面积、砌体的抗压强度、轴向压力的偏心距以及构件的高厚比有关。当构件的 $\beta \leqslant 8$ 时称为短柱，反之称为长柱。对短柱的承载力可不考虑构件高厚比的影响。

一、受压构件的受力分析

无筋砌体短柱在轴心受压情况下，如图 15-26a 所示，其截面上的压应力均匀分布，当构件达到极限承载力 N_{ua} 时，截面上的压应力达到砌体的抗压强度。对偏心距较小的情况，如图 15-26b 所示，此时虽为全截面受压，但因砌体为弹塑性材料，截面上的压应力分布为曲线，构件达到极限承载力 N_{ub} 时，轴向压力侧的压应力 σ_b 大于砌体的抗压强度 f，但 $N_{ub} < N_{ua}$。随着轴向压力的偏心距继续增加，如图 15-26c、d 所示，截面从小部分为受拉区、大部分为受压区，逐渐过渡到受拉区开裂且部分截面退出工作的受力情况。此时，截面上的压应力随受压区面积的减小、砌体材料塑性的增大而有所增加，但构件的极限承载力减小。当受压区面积减小到一定程度时，砌体受压区将出现竖向裂缝导致构件破坏。

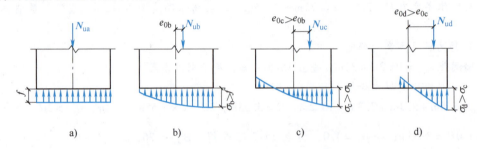

图 15-26　无筋砌体受压短柱压应力分布
a）轴心受压　b）偏心距较小　c）偏心距略大　d）偏心距较大

无筋砌体轴心受压长柱由于构件轴线的弯曲、截面材料的不均匀和荷载作用偏离重心轴等原因，不可避免地产生侧向变形，使柱在轴向压力作用下发生纵向弯曲而破坏。此时，砌体的材料得不到充分利用，承载力较同条件的短柱减小。偏心受压长柱在偏心距为 e 的轴向压力作用下，因侧向变形而产生纵向弯曲，引起附加偏心距 e_i，使得柱中部截面的轴向压力偏心距增大为 $(e+e_i)$，加速了柱的破坏。所以，对偏心受压长柱应考虑附加偏心距对承载力的影响。

《砌体结构设计规范》（GB 50003—2011）在试验研究的基础上，将轴向力偏心距和构件高厚比对受压砌体承载力的影响采用稳定系数 φ（影响系数）来反映。

二、受压构件的承载力计算式

1. 计算式

根据受压构件的受力原理，砌体受压构件的承载力按下式计算：

$$N \leqslant \varphi A f \tag{15-3}$$

式中　N——轴向力设计值，即由荷载设计值产生的轴向力；

A——截面面积；

f——砌体的抗压强度设计值；

φ——高厚比 β 和轴向力的偏心距 e 对受压构件承载力的影响系数，可按下式计算或根据砂浆强度等级、β 及 e/h 或 e/h_T 查表 15-9～表 15-11；

$$\varphi = \frac{1}{1 + 12\left[\frac{e}{h} + \sqrt{\frac{1}{12}\left(\frac{1}{\varphi_0} - 1\right)}\right]^2} \tag{15-4}$$

e——由荷载设计值产生的偏心距，$e = M/N$；
h——矩形截面轴向力偏心方向的边长；
M——由荷载设计值产生的弯矩；
φ_0——轴心受压构件稳定系数，按下式计算：

$$\varphi_0 = \frac{1}{1 + \alpha\beta^2} \tag{15-5}$$

α——与砂浆强度等级有关的系数，当砂浆强度等级大于或等于 M5 时，$\alpha = 0.0015$；当砂浆强度等级等于 M2.5 时，$\alpha = 0.002$；当砂浆强度等级为 0 时，$\alpha = 0.009$；
β——构件高厚比，当 $\beta \geq 3$ 时，$\varphi_0 = 1.0$。

对 T 形或十字形截面受压构件，将式（15-4）中的 h 用 h_T 代替即可。h_T 是 T 形或十字形截面的折算厚度，$h_T = 3.5i$，i 是指截面的回转半径。

表 15-9　影响系数 φ（砂浆强度等级 ≥ M5）

β	e/h 或 e/h_T						
	0	0.025	0.05	0.075	0.1	0.125	0.15
≤3	1	0.99	0.97	0.94	0.89	0.84	0.79
4	0.98	0.95	0.90	0.85	0.80	0.74	0.69
6	0.95	0.91	0.86	0.81	0.75	0.69	0.64
8	0.91	0.86	0.81	0.76	0.70	0.64	0.59
10	0.87	0.82	0.76	0.71	0.65	0.60	0.55
12	0.845	0.77	0.71	0.66	0.60	0.55	0.51
14	0.795	0.72	0.66	0.61	0.56	0.51	0.47
16	0.72	0.67	0.61	0.56	0.52	0.47	0.44
18	0.67	0.62	0.57	0.52	0.48	0.44	0.40
20	0.62	0.595	0.53	0.48	0.44	0.40	0.37
22	0.58	0.53	0.49	0.45	0.41	0.38	0.35
24	0.54	0.49	0.45	0.41	0.38	0.35	0.32
26	0.50	0.46	0.42	0.38	0.35	0.33	0.30
28	0.46	0.42	0.39	0.36	0.33	0.30	0.28
30	0.42	0.39	0.36	0.33	0.31	0.28	0.26

β	e/h 或 e/h_T					
	0.175	0.2	0.225	0.25	0.275	0.3
≤3	0.73	0.68	0.62	0.57	0.52	0.48
4	0.64	0.58	0.53	0.49	0.45	0.41
6	0.59	0.54	0.49	0.45	0.42	0.38
8	0.54	0.50	0.46	0.42	0.39	0.36
10	0.50	0.46	0.42	0.39	0.36	0.33

（续）

β	e/h 或 e/h_T					
	0.175	0.2	0.225	0.25	0.275	0.3
12	0.49	0.43	0.39	0.36	0.33	0.31
14	0.43	0.40	0.36	0.34	0.31	0.29
16	0.40	0.37	0.34	0.31	0.29	0.27
18	0.37	0.34	0.31	0.29	0.27	0.25
20	0.34	0.32	0.29	0.27	0.25	0.23
22	0.32	0.30	0.27	0.25	0.24	0.22
24	0.30	0.28	0.26	0.24	0.22	0.21
26	0.28	0.26	0.24	0.22	0.21	0.19
28	0.26	0.24	0.22	0.21	0.19	0.18
30	0.24	0.22	0.21	0.20	0.18	0.17

表 15-10　影响系数 φ（砂浆强度等级为 M2.5）

β	e/h 或 e/h_T					
	0	0.025	0.05	0.075	0.1	0.125	0.15
≤3	1	0.99	0.97	0.94	0.89	0.84	0.79
4	0.97	0.94	0.89	0.84	0.78	0.73	0.67
6	0.93	0.89	0.84	0.78	0.73	0.67	0.62
8	0.89	0.84	0.78	0.72	0.67	0.62	0.57
10	0.83	0.78	0.72	0.67	0.61	0.56	0.52
12	0.78	0.72	0.67	0.61	0.56	0.52	0.47
14	0.72	0.66	0.61	0.56	0.51	0.47	0.43
16	0.66	0.61	0.56	0.51	0.47	0.43	0.40
18	0.61	0.56	0.51	0.47	0.43	0.40	0.36
20	0.56	0.51	0.47	0.43	0.39	0.36	0.33
22	0.51	0.47	0.43	0.39	0.36	0.33	0.31
24	0.46	0.43	0.39	0.36	0.33	0.31	0.28
26	0.42	0.39	0.36	0.33	0.31	0.28	0.26
28	0.39	0.36	0.33	0.30	0.28	0.26	0.24
30	0.36	0.33	0.30	0.28	0.26	0.24	0.22

β	e/h 或 e/h_T					
	0.175	0.2	0.225	0.25	0.275	0.3
≤3	0.73	0.68	0.62	0.57	0.52	0.48
4	0.62	0.57	0.52	0.48	0.44	0.40
6	0.57	0.52	0.48	0.44	0.40	0.37
8	0.52	0.48	0.44	0.40	0.37	0.34
10	0.47	0.43	0.40	0.37	0.34	0.31

（续）

β	e/h 或 e/h_T					
	0.175	0.2	0.225	0.25	0.275	0.3
12	0.43	0.40	0.37	0.34	0.31	0.29
14	0.40	0.36	0.34	0.31	0.29	0.27
16	0.36	0.34	0.31	0.29	0.26	0.25
18	0.33	0.31	0.29	0.26	0.24	0.23
20	0.31	0.28	0.26	0.24	0.23	0.21
22	0.28	0.26	0.24	0.23	0.21	0.20
24	0.26	0.24	0.23	0.21	0.20	0.18
26	0.24	0.22	0.21	0.20	0.18	0.17
28	0.22	0.21	0.20	0.18	0.17	0.16
30	0.21	0.20	0.18	0.17	0.16	0.15

表 15-11　影响系数 φ（砂浆强度等级为 0）

β	e/h 或 e/h_T					
	0	0.025	0.05	0.075	0.1	0.125	0.15
≤3	1	0.99	0.97	0.94	0.89	0.84	0.79
4	0.87	0.82	0.77	0.71	0.66	0.60	0.55
6	0.76	0.70	0.65	0.59	0.64	0.50	0.46
8	0.63	0.58	0.54	0.49	0.45	0.41	0.38
10	0.53	0.48	0.44	0.41	0.37	0.34	0.32
12	0.44	0.40	0.37	0.34	0.31	0.29	0.27
14	0.36	0.33	0.31	0.28	0.26	0.24	0.23
16	0.30	0.28	0.26	0.24	0.22	0.21	0.19
18	0.26	0.24	0.22	0.21	0.19	0.18	0.17
20	0.22	0.20	0.19	0.18	0.17	0.16	0.15
22	0.19	0.18	0.16	0.15	0.14	0.14	0.13
24	0.16	0.15	0.14	0.13	0.13	0.12	0.11
26	0.14	0.13	0.13	0.12	0.11	0.11	0.10
28	0.12	0.12	0.11	0.11	0.10	0.10	0.09
30	0.11	0.10	0.10	0.09	0.09	0.09	0.08

β	e/h 或 e/h_T					
	0.175	0.2	0.225	0.25	0.275	0.3
≤3	0.73	0.68	0.62	0.57	0.52	0.48
4	0.51	0.46	0.43	0.39	0.36	0.33
6	0.42	0.39	0.36	0.33	0.30	0.28
8	0.35	0.32	0.30	0.28	0.25	0.24
10	0.29	0.27	0.25	0.23	0.22	0.20

（续）

β	\multicolumn{6}{c}{e/h 或 e/h_T}
	0.175	0.2	0.225	0.25	0.275	0.3
12	0.25	0.23	0.21	0.20	0.19	0.17
14	0.21	0.20	0.18	0.17	0.16	0.15
16	0.18	0.17	0.16	0.15	0.14	0.13
18	0.16	0.15	0.14	0.13	0.12	0.12
20	0.14	0.13	0.12	0.12	0.11	0.10
22	0.12	0.12	0.11	0.10	0.10	0.09
24	0.11	0.10	0.10	0.09	0.09	0.08
26	0.10	0.09	0.09	0.08	0.08	0.07
28	0.09	0.08	0.08	0.08	0.07	0.07
30	0.08	0.07	0.07	0.07	0.07	0.06

2. 计算式使用中注意的问题

1) 对矩形截面构件，当轴向力偏心方向的截面边长大于另一方向的边长时，除按偏心受压计算外，还应对较小边长方向按轴心受压进行验算，验算式为 $N \leq \varphi_0 Af$，φ_0 既可按式（15-5）计算，也可查表 15-9 ~ 表 15-11 按 $e=0$ 取 φ 值。

2) 由于砌体材料的种类不同，构件的承载能力有较大的差异，因此在计算或查表求 φ_0 时，构件高厚比 β 按下列计算式确定：

对矩形截面

$$\beta = \gamma_\beta \frac{H_0}{h} \tag{15-6}$$

对 T 形截面

$$\beta = \gamma_\beta \frac{H_0}{h_T} \tag{15-7}$$

式中 γ_β——不同砌体材料构件的高厚比修正系数，按表 15-12 采用；

H_0——受压构件的计算高度，按表 15-8 确定。

表 15-12 高厚比修正系数 γ_β

砌体材料的类别	γ_β
烧结普通砖、烧结多孔砖	1.0
混凝土砌块及轻集料混凝土砌块	1.1
蒸压灰砂砖、蒸压粉煤灰砖、细料石、半细料石	1.2
粗料石、毛石	1.5

注：对灌孔混凝土砌块砌体，$\gamma_\beta = 1.0$。

3) 轴向力的偏心距 e 较大时，构件在使用阶段容易产生较宽的水平裂缝，使构件的侧向变形增大，承载力显著下降，既不安全也不经济。因此，《砌体结构设计规范》（GB 50003—2011）规定，按内力设计值计算的轴向力的偏心距 $e \leq 0.6y$，y 为截面重心到轴向力所在偏心方向截面边缘的距离。当轴向力的偏心距 e 超过 $0.6y$ 时，宜采用组合砖砌体构件；也可采取减少偏心距的其他工程措施。

【例 15-2】 某房屋中截面尺寸为 400mm×600mm 的柱，采用 MU10 混凝土小型空心砌块和

Mb5 混合砂浆砌筑,柱的计算高度 $H_0 = 3.6\text{m}$,柱底截面承受的轴向压力标准值 $N_k = 220\text{kN}$(其中由永久荷载产生的为 170kN,已包括柱自重)。试验算柱的承载力。

【解】 查表得砌块砌体的抗压强度设计值 $f = 2.22\text{MPa}$。因为 $A = 0.4 \times 0.6\text{m}^2 = 0.24\text{m}^2 < 0.3\text{m}^2$,故砌体的抗压强度设计值 f 应乘以调整系数 γ_a,由表15-4有 $\gamma_a = 0.7 + A = 0.7 + 0.24 = 0.94$。

由于柱的计算高度 $H_0 = 3.6\text{m}$,$\beta = \gamma_\beta H_0/h = 1.1 \times 3600/400 = 9.9$,按轴心受压 $e = 0$ 查表得 $\varphi = 0.87$。

考虑为独立柱,且双排组砌,故乘以强度降低系数 0.7,则柱的极限承载力为
$$N_u = \varphi A \gamma_a f \cdot 0.7 = (0.87 \times 0.24 \times 10^6 \times 0.94 \times 2.22 \times 10^{-3} \times 0.7)\text{kN} = 305.0\text{kN}$$
柱截面的轴向压力设计值为
$$N = 1.35 S_{GK} + 1.4 S_{QK} = (1.35 \times 170 + 1.4 \times 50)\text{kN} = 299.5\text{kN}$$
$N < N_u$,满足承载力要求。

【引例解析——北京小城镇住宅楼项目砌体墙片承载力验算】

北京小城镇住宅楼项目二层楼板平面图如图 15-16 所示,墙体采用 MU10 混凝土小型空心砌块,纵、横墙厚度均为 200mm,砂浆采用 Mb7.5 混凝土小型空心砌块砌筑砂浆。采用现浇钢筋混凝土楼盖。基础埋深 1.5m,基础顶面标高 -1.000m,基础圈梁截面尺寸为 200mm×250mm。一层层高 2.8m,二层层高 3m,试验算该住宅楼的墙体承载力(其他数据可参考建筑施工图)。

1. 确定静力计算方案

本房屋楼盖为现浇钢筋混凝土楼盖,根据图 15-16 可知,最大横墙间距为 $s_{max} = 6.6\text{m} < 32\text{m}$,为刚性方案。

根据《砌体结构设计规范》(GB 50003—2011)和《砌体结构通用规范》(GB 55007—2021)的规定,该建筑层高 3m<4m,总高 5.8m<24m,可不考虑风荷载作用。

2. 选取设计单元

内外墙厚度相同,外纵墙无洞口或洞口很小,内外纵墙相比,内纵墙更薄弱;分析整体平面布置,横墙和内纵墙相比,⑦轴横墙承载面积更大、洞口尺寸更大、更为薄弱,选取⑦轴横墙进行验算。

⑦轴横墙承受从左侧房屋楼板传来的荷载,楼板荷载按 45°塑性铰呈线性传递,⑦轴横墙的承载面积为两个三角形。

3. 确定控制截面

上下两层墙厚形同,均无梁支撑,取荷载最大的每层墙的底部为控制截面。

4. 荷载计算

根据建筑施工图可知,⑦轴横墙支撑的屋面做法为不上人瓦屋面,查阅《住宅建筑构造》(11J930)可知,从上到下的做法为块瓦、挂瓦条、顺水条、35mm 厚 C15 细石混凝土找平层、80mm 厚聚苯板保温层、4mm 厚 SBS 改性沥青防水卷材、15mm 厚 1:3 水泥砂浆找平层、100mm 厚钢筋混凝土楼板、铝条板吊顶。

二层楼面从上到下的做法为 10mm 厚地面砖、20mm 厚 1:3 水泥砂浆结合层、60mm 厚 CL 轻集料混凝土找平层、100mm 厚钢筋混凝土楼板、铝条板吊顶。

墙面由外到内的做法为丙烯酸涂料外墙、45mm 厚聚苯板保温层、200mm 厚砌体墙、乳胶漆内墙。

(1)屋面荷载

屋面恒荷载为 $g_k = (1.1 + 24 \times 0.035 + 0.5 \times 0.08 + 10.5 \times 0.004 + 20 \times 0.015 + 25 \times 0.1 +$

$0.12)\text{kN/m}^2 = 4.94\text{kN/m}^2$

屋面活荷载为 $q_k = 0.5\text{kN/m}^2$。

（2）二楼楼面荷载

楼面恒荷载为 $g_k = (0.65 + 20 \times 0.02 + 19.5 \times 0.06 + 25 \times 0.1 + 0.12)\text{kN/m}^2 = 4.84\text{kN/m}^2$。

楼面活荷载为 $q_k = 2.0\text{kN/m}^2$。

（3）屋面、楼面传到墙上的荷载

1）屋面传到二层墙顶的荷载：

恒荷载为 $(4.94 \times \dfrac{1}{2} \times 3.3 \times \dfrac{3.3}{2} + 4.92 \times \dfrac{1}{2} \times 3.9 \times \dfrac{3.9}{2})\text{kN} = 32.16\text{kN}$。

活荷载为 $(0.5 \times \dfrac{1}{2} \times 3.3 \times \dfrac{3.3}{2} + 0.5 \times \dfrac{1}{2} \times 3.9 \times \dfrac{3.9}{2})\text{kN} = 3.26\text{kN}$。

2）二楼楼面传到一层墙顶的荷载：

恒荷载为 $(4.84 \times \dfrac{1}{2} \times 3.3 \times \dfrac{3.3}{2} + 4.84 \times \dfrac{1}{2} \times 3.9 \times \dfrac{3.9}{2})\text{kN} = 31.58\text{kN}$。

活荷载为 $(2 \times \dfrac{1}{2} \times 3.3 \times \dfrac{3.3}{2} + 2 \times \dfrac{1}{2} \times 3.9 \times \dfrac{3.9}{2})\text{kN} = 13.05\text{kN}$。

（4）墙体自重

二层墙体自重为 $(3 \times 7.2 - 2.1 \times 1.5 - 1.8 \times 1.5) \times (8.5 + 0.36 + 0.045 \times 0.5)\text{kN} + (2.1 \times 1.5 + 1.8 \times 1.5) \times 0.45\text{kN} = 142.53\text{kN}$。

一层墙体自重为 $(3.55 \times 7.2 - 0.9 \times 1.5 - 1 \times 2.1 - 1.2 \times 1.5) \times (8.5 + 0.36 + 0.045 \times 0.5)\text{kN} + (0.9 \times 1.5 + 1 \times 2.1 + 1.2 \times 1.5) \times 0.45\text{kN} = 182.76\text{kN}$。

（5）控制截面荷载

二层墙体底部恒荷载为 $(32.16 + 142.53)\text{kN} = 174.69\text{kN}$。

二层墙体底部活荷载为 3.26kN。

一层墙体底部恒荷载为 $(174.69 + 31.58 + 182.76)\text{kN} = 389.03\text{kN}$。

一层墙体底部活荷载为 $(3.26 + 13.05)\text{kN} = 16.31\text{kN}$。

二层墙体底部截面荷载设计值为 $N = (1.3 \times 174.69 + 1.5 \times 1 \times 3.26)\text{kN} = 231.99\text{kN}$。

一层墙体底部截面荷载设计值为 $N = (1.3 \times 389.03 + 1.5 \times 1 \times 16.31)\text{kN} = 530.20\text{kN}$。

5. 控制截面承载力验算

一层和二层墙体底部截面验算过程见表15-13。

表15-13 一层和二层墙体底部截面验算

项目	控制截面	
	二层墙体底部	一层墙体底部
N/kN	231.99	530.20
e/mm	0	0
$\beta = H_0/h$	2800/200 = 14	3550/200 = 17.75
γ_β	1.1	1.1
φ	0.7425	0.6318
A/mm^2	$(7200 - 1800 - 2100) \times 200 = 6.6 \times 10^5$	$(7200 - 900 - 1000 - 1200) \times 200 = 8.2 \times 10^5$
f/MPa	2.5	2.5
$\varphi f A/\text{kN}$	1225.125	1295.19
验算	231.99 < 1225.125，满足承载力要求	530.20 < 1295.19，满足承载力要求

任务6 砌体结构中的过梁和雨篷

一、过梁的设计

为了承受门窗洞口上部墙体的重量和从楼盖传来的荷载,在门窗洞口上沿设置的梁称为过梁。

1. 过梁的类型

过梁的类型主要有钢筋混凝土过梁、钢筋砖过梁、砖砌平拱过梁和砖砌弧拱过梁等几种不同的形式,如图15-27所示。

由于砖砌过梁延性较差,跨度不宜过大,因此对有较大振动荷载或可能产生不均匀沉降的房屋,应采用钢筋混凝土过梁。钢筋混凝土过梁端部的支承长度不宜小于240mm。

砖砌过梁一般适用于小型无不均匀沉降的非地震区的建筑物,过梁跨度一般不超过1.2m,钢筋砖过梁的跨度不超过1.5m。砖砌过梁的构造要求应符合下列规定:

1)砖砌过梁截面计算高度内的砂浆强度等级不宜低于M5。

2)砖砌平拱过梁用竖砖砌筑部分的高度不应小于240mm。

3)钢筋砖过梁底面砂浆层处的钢筋,其直径不应小于5mm,间距不宜大于120mm,钢筋伸入支座砌体内的长度不宜小于240mm,砂浆层的厚度不宜小于30mm。

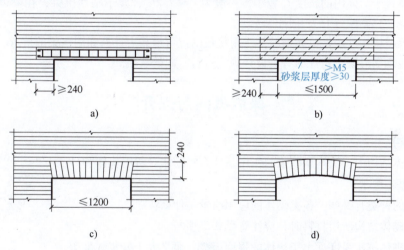

图15-27 过梁的形式

a)钢筋混凝土过梁 b)钢筋砖过梁 c)砖砌平拱过梁 d)砖砌弧拱过梁

2. 过梁上的荷载

过梁上的荷载有两种:一种是仅承受墙体荷载;另一种是除承受墙体荷载外,还承受其上梁、板传来的荷载。

(1)墙体荷载

1)对砖砌体,当过梁上的墙体高度$h_w < l_n/3$时,墙体荷载应按墙体的均布自重采用,其中l_n为过梁的净跨;当墙体高度$h_w \geq l_n/3$时,墙体荷载应按高度为$l_n/3$墙体的均布自重采用。

2)对混凝土砌块砌体,当过梁上的墙体高度$h_w < l_n/2$时,墙体荷载应按墙体的均布自重采用;当墙体高度$h_w \geq l_n/2$时,墙体荷载应按高度为$l_n/2$墙体的均布自重采用。

(2)梁、板荷载 对砖和小型砌块砌体,当梁、板下的墙体高度$h_w < l_n$时,应计入由梁、

板传来的荷载；当梁、板下的墙体高度 $h_w \geq l_n$ 时，可不考虑梁、板荷载。

3. 过梁的计算

钢筋混凝土过梁的承载力应按钢筋混凝土受弯构件计算。过梁的弯矩按简支梁计算，计算跨度取 $(l_n + a)$ 和 $1.05 l_n$ 二者中的较小值，其中 a 为过梁在支座上的支承长度。在验算过梁下砌体的局部抗压承载力时，可不考虑上部荷载的影响，即取 $\psi = 0$。由于过梁与其上砌体共同工作，构成刚度很大的组合深梁，其变形非常小，故其有效支承长度可取过梁的实际支承长度，并取应力图形完整系数 $\eta = 1$。

砌有一定高度墙体的钢筋混凝土过梁按受弯构件计算，严格地说是不合理的。试验表明，过梁也是偏拉构件。过梁与墙梁并无明确的分界定义，主要差别在于过梁支承于平行的墙体上，且支承长度较长；并且，一般跨度较小，承受的梁、板荷载较小。当过梁跨度较大或承受较大的梁、板荷载时，应按墙梁设计。

二、雨篷的设计

在住宅和公共建筑的主要出入口处，雨篷作为遮挡雨雪的构件，它与建筑的类型、风格、体量有关。常见的雨篷由雨篷板和雨篷梁两部分组成。

雨篷板按悬挑板设计。受力钢筋布于板上部，钢筋伸入雨篷梁的长度应满足受拉钢筋的锚固要求。施工时不得踩塌板的上部受力钢筋，否则易造成事故。

雨篷梁除支承雨篷板外，还兼有过梁的作用，内力有弯矩、剪力、扭矩，按简支梁计算。

雨篷梁埋置于墙体内的长度 l_1 较小，一般为 $l_1 < 2.2 h_b$，属于刚性挑梁，在墙边的弯矩和剪力作用下，绕计算倾覆点 O 发生刚体转动。

雨篷梁等悬挑构件需做抗倾覆验算。雨篷板的抗弯承载力计算和雨篷梁的抗弯、抗扭、抗剪承载力计算按钢筋混凝土构件的有关设计规定进行，此处从略。

课后巩固与提升

三、简答题

1. 在砌体结构中，块体和砂浆的作用是什么？砌体对所用块体和砂浆各有什么基本要求？
2. 砌体的种类有哪些？各类砌体的应用前景是什么？
3. 选择砌体结构所用材料时，应注意哪些事项？
4. 试述砌体抗压强度远小于块体的强度等级，而又大于砂浆强度等级（砂浆强度等级较小时）的原因。
5. 砌体结构耐久性设计要考虑哪些方面因素？
6. 在混合结构房屋中，按照墙体的结构布置分为哪几种承重方案？它们的特点是什么？
7. 刚性方案房屋的墙、柱的静力计算简图是怎样的？对刚性方案、刚弹性方案房屋的横墙有哪些要求？
8. 为什么要验算墙、柱的高厚比？
9. 过梁有哪几种？过梁上的荷载如何考虑？
10. 分析雨篷梁的受力特点。

项目15：一、填空题，二、单项选择题

四、计算题

1. 某实验楼部分平面图如图 15-28 所示，采用预制钢筋混凝土空心楼板，外墙厚为 370mm，内纵墙及横墙厚为 240mm，底层墙高 3.8m（从基础顶面到楼板顶面）；隔墙厚 120mm，高 3.3m。

砂浆强度等级为 M5，砖强度等级为 MU10，纵墙上窗宽为 1800mm，门宽为 1000mm。试验算纵墙、横墙及隔墙的高厚比。

2. 某柱的截面尺寸为 370mm × 370mm，采用 MU10 烧结普通砖及 M5 水泥砂浆砌筑，柱的计算高度 $H_0 = 3.6$ m，柱底截面处承受的轴向压力设计值 $N = 110$ kN，试验算柱的承载力。

3. 某房屋砖柱截面尺寸为 370mm × 490mm，采用 MU10 烧结多孔砖及 M5 混合砂浆砌筑，柱的计算高度 $H_0 = 3.2$ m，柱顶截面处承受的轴向压力标准值 $N_k = 155$ kN（其中永久荷载 128kN，已包括柱自重），试验算柱的承载力。

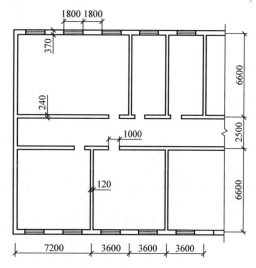

图 15-28　某实验楼部分平面图

职 考 链 接

项目 15：职考链接

附 录

附录 A 钢筋面积表

附表 A-1 每米板宽内的钢筋截面面积

钢筋间距/mm	当钢筋直径为下列数值时的钢筋截面面积/mm²											
	4	4.5	5	6	8	10	12	14	16	18	20	22	25
70	180	227	280	404	718	1122	1616	2199	2872	3635	4488	5430	7012
75	168	212	262	377	670	1047	1508	2053	2681	3393	4189	5068	6545
80	157	199	245	353	628	982	1414	1924	2513	3181	3927	4752	6136
90	140	177	218	314	559	873	1257	1710	2234	2827	3491	4224	5454
100	126	159	196	283	503	785	1131	1539	2011	2545	3142	3801	4909
110	114	145	178	257	457	714	1028	1399	1828	2313	2856	3456	4462
120	105	133	164	236	419	654	942	1283	1676	2121	2618	3168	4091
125	101	127	157	226	402	628	905	1232	1608	2036	2513	3041	3927
130	97	122	151	217	387	604	870	1184	1547	1957	2417	2924	3776
140	90	114	140	202	359	561	808	1100	1436	1818	2244	2715	3506
150	84	106	131	188	335	524	754	1026	1340	1696	2094	2534	3272
160	79	99	123	177	314	491	707	962	1257	1590	1963	2376	3068
170	74	94	115	166	296	462	665	906	1183	1497	1848	2236	2887
175	72	91	112	162	287	449	646	880	1149	1454	1795	2172	2805
180	70	88	109	157	279	436	628	855	1117	1414	1745	2112	2727
190	66	84	103	149	265	413	595	810	1058	1339	1653	2001	2584
200	63	80	98	141	251	392	565	770	1005	1272	1571	1901	2454
250	50	64	79	113	201	314	452	616	804	1018	1257	1521	1963
300	42	53	65	94	168	262	377	513	670	848	1047	1267	1636

附表 A-2 钢筋的计算截面面积及公称质量

直径 d/mm	钢筋不同根数直径的计算截面面积/mm²									单根钢筋公称质量/(kg/m)
	1	2	3	4	5	6	7	8	9	
3	7.1	14.1	21.2	28.3	35.3	42.4	49.5	56.5	63.6	0.0555
4	12.6	25.1	37.7	50.3	62.8	75.4	88.0	100.5	113.1	0.0986
5	19.6	39	59	79	98	118	137	157	177	0.154
6	28.3	57	85	113	141	170	198	226	254	0.222
6.5	33.2	66	100	133	166	199	232	265	299	0.260
8	50.3	101	151	201	251	302	352	402	452	0.395
8.2	52.8	106	158	211	264	317	370	422	475	0.415
10	78.5	157	236	314	393	471	550	628	707	0.617
12	113.1	226	339	452	565	679	792	905	1018	0.888
14	153.9	308	462	616	770	924	1078	1232	1385	1.208

（续）

直径 d/mm	钢筋不同根数直径的计算截面面积/mm²									单根钢筋公称质量/(kg/m)
	1	2	3	4	5	6	7	8	9	
16	201.1	402	603	804	1005	1206	1407	1608	1810	1.578
18	254.5	509	763	1018	1272	1527	1781	2036	2290	1.998
20	314.2	628	942	1257	1571	1885	2199	2513	2827	2.466
22	380.1	760	1140	1521	1901	2281	2661	3041	3421	2.984
25	490.9	982	1473	1963	2454	2945	3436	3927	4418	3.853
28	615.8	1232	1847	2463	3079	3695	4310	4926	5542	4.834
32	804.2	1608	2413	3217	4021	4825	5630	6434	7238	6.313
36	1017.9	2036	3054	4072	5089	6107	7125	8143	9161	7.990
40	1256.6	2513	3770	5027	6283	7540	8796	10053	11310	9.865

附录 B　等截面三等跨连续梁常用荷载作用下的内力系数

在均布荷载作用下：$M = $ 表中系数 $\times ql^2$；$V = $ 表中系数 $\times ql$。
在集中荷载作用下：$M = $ 表中系数 $\times Pl$；$V = $ 表中系数 $\times P$。
内力正负号规定：M——使截面上部受压，下部受拉为正；
　　　　　　　　V——对邻近截面所产生的力矩沿顺时针方向的为正。

荷载图	跨内最大弯矩		支座弯矩		剪　力			
	M_1	M_2	M_B	M_C	V_A	$V_{B左}$ $V_{B右}$	$V_{C左}$ $V_{C右}$	V_D
满跨均布 q (A B C D)	0.080	0.025	-0.100	-0.100	0.400	-0.600 0.500	-0.500 0.600	-0.400
第1、3跨均布 q	0.101	—	-0.050	-0.050	0.450	0 -0.550	0 0.550	-0.450
第2跨均布 q	—	0.075	-0.050	-0.050	0.050	-0.050 0.500	-0.500 0.050	0.050
第1跨均布 q	0.073	0.054	-0.117	-0.033	0.383	-0.617 0.583	-0.417 0.033	0.033
第1、2跨均布 q	0.094	—	-0.067	0.017	0.433	-0.567 0.083	0.083 -0.017	-0.017
满跨集中 P	0.175	0.100	-0.150	-0.150	0.350	-0.650 0.500	-0.500 0.650	-0.350
第1、3跨集中 P	0.213	—	-0.075	-0.075	0.425	-0.575 0	0 0.575	0.425
第2跨集中 P	—	0.175	-0.075	-0.075	-0.075	-0.075 0.500	-0.500 0.075	0.075

（续）

荷 载 图	跨内最大弯矩		支座弯矩		剪 力			
	M_1	M_2	M_B	M_C	V_A	$V_{B左}$ $V_{B右}$	$V_{C左}$ $V_{C右}$	V_D
	0.162	0.137	-0.175	-0.050	0.325	-0.675 0.625	-0.375 0.050	0.050
	0.200	—	-0.010	0.025	0.400	-0.600 0.125	0.125 -0.025	-0.025
	0.244	0.067	-0.267	0.267	0.733	-1.267 1.000	-1.000 1.267	-0.733
	0.289	—	-0.133	-0.133	0.866	-1.134 0	0 1.134	-0.866
	—	0.200	-0.133	-0.133	-0.133	-0.133 1.000	-1.000 0.133	0.133
	0.229	0.170	-0.311	-0.089	0.689	-1.311 1.222	-0.788 0.089	0.089
	0.274	—	-0.178	0.044	0.822	-1.178 0.222	0.222 -0.044	-0.044

注：等截面二等、四等、五等跨连续梁在常用荷载下的内力系数，可参考相关规范。

参考文献

[1] 中华人民共和国住房和城乡建设部. 工程结构通用规范：GB 55001—2021［S］. 北京：中国建筑工业出版社，2021.
[2] 中华人民共和国住房和城乡建设部. 混凝土结构通用规范：GB 55008—2021［S］. 北京：中国建筑工业出版社，2022.
[3] 中华人民共和国住房和城乡建设部. 混凝土结构设计规范：GB 50010—2010［S］. 北京：中国建筑工业出版社，2010.
[4] 中华人民共和国住房和城乡建设部. 建筑结构可靠性设计统一标准：GB 50068—2018［S］. 北京：中国建筑工业出版社，2018.
[5] 中华人民共和国住房和城乡建设部. 建筑结构荷载规范：GB 50009—2012［S］. 北京：中国建筑工业出版社，2012.
[6] 中华人民共和国住房和城乡建设部. 砌体结构设计规范：GB 50003—2011［S］. 北京：中国计划出版社，2012.
[7] 中华人民共和国住房和城乡建设部. 砌体结构工程施工质量验收规范：GB 50203—2011［S］. 北京：中国建筑工业出版社，2012.
[8] 中华人民共和国住房和城乡建设部. 建筑抗震设计规范：GB 50011—2010［S］. 北京：中国建筑工业出版社，2010.
[9] 中华人民共和国住房和城乡建设部. 建筑地基基础设计规范：GB 50007—2011［S］. 北京：中国计划出版社，2012.
[10] 中华人民共和国住房和城乡建设部. 混凝土结构工程施工质量验收规范：GB 50204—2015［S］. 北京：中国建筑工业出版社，2015.
[11] 中国建筑标准设计研究院有限公司. 混凝土结构施工图平面整体表示方法制图规则和构造详图（现浇混凝土框架、剪力墙、梁、板）：22G101-1［S］. 北京：中国标准出版社，2022.
[12] 中国建筑标准设计研究院有限公司. 混凝土结构施工图平面整体表示方法制图规则和构造详图（现浇混凝土板式楼梯）：22G101-2［S］. 北京：中国标准出版社，2022.
[13] 中国建筑标准设计研究院有限公司. 混凝土结构施工图平面整体表示方法制图规则和构造详图（独立基础、条形基础、筏形基础、桩基础）：22G101-3［S］. 北京：中国标准出版社，2022.
[14] 上官子昌. 22G101图集应用——平法钢筋算量［M］. 北京：中国建筑工业出版社，2022.